Einbandgestaltung: Frank Zähringer

Sämtliche Grafiken stammen von Dietmar Röttler.
Sonstige Bildquellen finden Sie auf S. 350

ISBN: 978-3-613-04396-1

Sie finden uns im Internet unter:
www.motorbuch-verlag.de

2. Auflage 2022

Lektorat: Wolfgang Borgmann
Layout, Satz und Prepress: schreiberVIS, Seeheim
Druck und Bindung: Graspo CZ, 76302 Zlin
Printed in Czech Republic

Inhaltsverzeichnis

Vorwort

Kennen Sie die ersten Worte von Menschen auf dem Mond? Ich meine jetzt die „wirklichen" ersten Worte auf dem Mond. Nicht die, von denen Sie bisher geglaubt haben, dass sie es wären. Oder die letzten Worte der Challenger-Crew bei ihrem fatalen Start am Morgen des 28. Januar 1986? Wissen Sie, wie sich die Landung der beiden Mars-Rover Spirit und Opportunity abgespielt hat? Oder wie es Wladimir Dschanibekow gelang, die Raumstation Salut 7 zu retten? Nun, wenn Sie dieses Buch gelesen haben, dann wissen Sie es. Und noch vieles mehr von den spannenden Dingen aus der Welt der Raumfahrt.

Nachdem ich Ihnen jetzt den Mund etwas wässrig gemacht habe, ist als Nächstes eine kleine Beichte fällig. Das Buch vor Ihnen trägt den Titel „Raumfahrtgeschichte – Die 100 wichtigsten Ereignisse". Wäre schön, wenn dem so wäre. Ist es aber nicht. Ein wenig präziser sollte es nämlich heißen „Meine ganz persönliche Auswahl von 100 Ereignissen, die aus meiner Sicht für die Raumfahrt von großer Bedeutung waren, es immer noch sind oder in Zukunft sein werden".

Sie können sich bestimmt vorstellen, dass ein solch langer Titel beim Vertrieb des Verlages eine eher geringe Chance auf Akzeptanz findet. Also blieb es nach einigem Gerangel bei dem deutlich plakativeren Titel, den Sie jetzt auf dem Cover sehen. Kurz, knackig und ohne Umschweife. Aber auch eine Objektivität bei der Auswahl unterstellend, die so nicht existiert, denn wie fast überall gibt es auch auf dem Gebiet der Raumfahrt berechtigt unterschiedliche Ansichten, was „wichtig" ist und was „weniger wichtig".

Ich habe einige Freunde zum Themenkatalog dieses Buches befragt und ihnen dazu das Inhaltsverzeichnis vorgelegt. Einige waren der Meinung, bemannte Raumfahrt sei doch deutlich überrepräsentiert. Andere wiesen darauf hin, da wäre zu viel über Raumsonden drin. Militärische Raumfahrt, bemäkelten Dritte, fände sich leider nur in Nebenlinien. Man müsste mehr über Wissenschaftssatelliten schreiben, teilte mir eine vierte Befragte mit. Das Thema Erdbeobachtung sei schauderhaft unterrepräsentiert, meinten wieder andere. Dem Weltraumtourismus müsste viel mehr Platz eingeräumt werden. Ein bisschen mehr zum Thema Astronomie sollte es schon sein. Und wo bitte bleibt eine umfangreiche Würdigung der wirtschaftlichen Möglichkeiten der Raumfahrt? Und so ging es immerzu weiter. Die Folge war, dass ich am Ende die Themen danach ausgesucht habe was ich selbst für eine halbwegs objektive und für alle schmackhafte Auswahl wichtiger Ereignisse der Raumfahrt halte.

Das Gebiet der Raumfahrt wird seit Jahrzehnten immer größer und vielfältiger. Und immer spannender. Ich selbst besitze etwa ein Dutzend verschiedener Werke mit dem Titel „Geschichte der Raumfahrt". Angefangen von den sechziger Jahren bis in die unmittelbare Gegenwart. In den ersten Jahren wuchsen sie zusammen mit der Raumfahrt in Umfang und Größe an. Schon in den siebziger Jahren waren das meist übergroße Folianten mit vielen hundert Seiten Umfang und mehreren Kilogramm Gewicht. Heute würde eine Geschichte der Raumfahrt, aufgemacht im Stil dieser Zeit, ganze Regalwände füllen.

Wir beschränken uns also auf 100 Ereignisse. Das ist ja auch nicht ganz wenig. Aber ich konnte mir dennoch ein kleines Experiment nicht verkneifen: Nur 94 dieser Ereignisse haben sich tatsächlich wie beschrieben abgespielt. Die sechs Kapitel am Ende des Buches liegen aber nur zu einem kleinen Teil in der Gegenwart und zum weitaus größeren Teil in der Zukunft. Sie schreiben Ereignisse fort, die bei Redaktionsschluss (Juli 2021) zwar bereits begonnen hatten oder sich zumindest abzeichneten, deren Fertigstellung und Realisierung aber noch auf uns wartet. Vor allem die letzten fünf Kapitel wurden aus der Sicht kommender Jahre und Jahrzehnte geschrieben und zeigen die Ereignisse auf, wie sie sich bis dahin entwickelt haben KÖNNTEN. Insofern stellen sie ein wenig Science Fiction dar. Sie basieren aber auf den zur Drucklegung verfügbaren neuesten Daten.

Es kann also gut sein, dass Ihnen diese letzten Kapitel ein leichtes Schmunzeln entlocken, wenn Sie das Buch in einigen Jahren noch einmal zur Hand nehmen. Zu diesem Zeitpunkt sind Sie ja schon in der Zukunft angekommen, und wissen, wie sich die Dinge wirklich entwickelt haben.

Start des Erdbeobachtungssatelliten Saocom 1A am 8. Oktober 2018 von der Luftwaffenbasis Vandenberg an Bord einer Falcon 9-Rakete. Das Bild zeigt den Start in einer Langzeitbelichtung. Links oben eine so genannte „Kerolox-Qualle", ein Phänomen, das man manchmal bei Starts in der Dämmerung beobachten kann. Gut zu erkennen auch das „Abbiegen" der ersten Stufe im Scheitelpunkt der Bahn. Das ist der zum Startplatz zurückfliegende Booster. Über der gebogenen Linie des Starts ist rechts noch ein kürzerer heller Strich zu erkennen. Der stammt vom Wiedereintritts-Brennmanöver mit bei dem die zurückfliegende Boosterstufe ihre Geschwindigkeit reduziert.

Und dann sollten Sie sich dran erinnern: Das Werk, das Sie in der Hand halten, wurde auf dem Stand vom 31. Juli 2021 „eingefroren".

Zum Schluss noch eine Danksagung: Dietmar Röttler, der viele meiner Bücher mit Grafiken begleitet, und mit dem zusammen ich auch bereits zwei Werke verfasst habe, bei denen er als Co-Autor auftritt, hat wie immer einiges aus seinem Fundus speziell für dieses Werk bearbeitet und dafür auch eine ganze Reihe anschaulicher Infografiken angefertigt.

Und nun viel Spaß bei der Lektüre,
Ihr Eugen Reichl

Spätes 10. Jahrhundert

Die Erfindung der Rakete

Chinesischer Artillerist des 13. Jahrhunderts.

Die Details um die Erfindung der Rakete liegen im Dunkel der Geschichte verborgen. Es kann weder ein einzelner Erfinder noch ein genaues Datum dazu ermittelt werden. Fest steht aber, dass sie nicht Gegenstand sorgfältig geplanter Forschungsarbeiten war. Sie ist ein Zufallsprodukt, entstanden aus Versuch und Irrtum.

Um die Rakete möglich zu machen, brauchte es zuvor noch eine andere Erfindung: Die des Schwarzpulvers. Dessen Entdeckung war in Europa lange Zeit einem Freiburger Franziskanermönch namens Berthold Schwarz zugeschrieben, der die Rezeptur dafür im Jahre 1353 ermittelt haben soll. Nach ihm soll sie auch benannt worden sein. Doch kann man das mit Sicherheit in den Bereich der Legende verweisen, denn im 14. Jahrhundert war das Pulver in Mitteleuropa schon weit verbreitet. Schon Jahrzehnte vor dem Datum, das Berthold Schwarz zugeschrieben wurde, gibt es vielfache Nachweise für seinen Einsatz.

Tatsächlich datiert die Erfindung des Pulvers – man sollte hier eher von einer Entdeckung sprechen – schon einige Jahrhunderte vor Berthold Schwarz. Und die im deutschen Sprachraum übliche Bezeichnung „Schwarzpulver" erhielt es wohl eher aufgrund seiner dunklen Farbe, als vom Namen des Mönchs.

Berthold Schwarz auf einem Kupferstich aus dem 17. Jahrhundert.

Schwarzpulver (auch „Büchsenpulver" genannt) ist ein Gemisch dreier einfach zu gewinnender Grundstoffe: Kaliumnitrat (auch bekannt als „Salpeter"), Schwefel und Holzkohlepulver. Auch die Herstellung ist einfach, wenngleich nicht ganz ungefährlich. In China wird der Mönch Li Tan, der während der Tan-Dynastie (zwischen 617 und 907) lebte, mit der Erfindung des Schwarzpulvers in Verbindung gebracht. Im 10. Jahrhundert war es in China bereits in allgemeinem Gebrauch. Dort wurden für Anlässe wie das Neujahrsfest schon eine Art von Knallfröschen hergestellt: Stücke von Bambusrohren, die mit Schwarzpulver gefüllt wurden.

Im 13. Jahrhundert beschreibt der syrische Autor Hasan al-Rammah in einem Buch über Kriegstechniken schon sehr detailliert die Herstellung des Pulvers. Von der erforderlichen Vorbereitung der einzelnen Bestandteile, der dazu notwendigen Werkzeuge, bis hin zu den prozentualen Anteilen der Zutaten. Die definierte er, ein wenig abweichend vom heute üblichen Mischungsverhältnis, mit sechs Teilen Salpeter, zwei Teilen Holzkohlestaub und einem Teil Schwefel.

Die Grundzutaten und die Herstellung von Schwarzpulver sind so einfach, dass es durchaus auch zu verschiedenen Zeiten und an verschiedenen Orten erfunden worden sein kann. Schon für die Spätantike gibt es Belege seines Vorhandenseins, wenn etwa vom „griechischen Feuer" die Rede ist. Die Wahrscheinlichkeit ist hoch, dass es entweder im Laufe der Eroberungsfeldzüge der Mongolen im 13. Jahrhundert nach Europa kam, oder aber ganz profan über die Handelswege der Seidenstraße.

Vom Knallfrosch bis zur Feuerwerksrakete war danach kein weiter Weg mehr. Bereits Anfang des 12. Jahrhunderts waren Feuerwerke in China ein normaler und weit verbreiteter Bestandteil bei Festen aller Art. Speziell in der Stadt Liuyang im Südosten Chinas soll die Herstellung von Schwarzpulver und Feuerwerkskörpern fast schon industrielle Ausmaße angenommen haben.

Chinesischer Raketenwerfer des 13. Jahrhunderts.

Und auch der Weg vom friedlichen zum kriegerischen Einsatz war kurz. Gesichert gilt, dass Dschingis Khan im Jahre 1215 bei der Eroberung Pekings und Batu Khan 1241 in der Schlacht von Liegnitz „Pfeile des fliegenden Feuers" als Angriffswaffe einsetzte. Das waren von Abschussvorrichtungen aus gestartete Bambuspfeile, die mit einem kleinen Raketentreibsatz hohe Reichweiten erzielten.

Als Verteidigungswaffe sind sie erstmals 1232 bei der Belagerung der chinesischen Stadt Kai-Fung-Fu verbürgt, als sich die belagerten Stadtbewohner damit der Angreifer erwehren wollten. Und als der Mongole Timur Lenk im Jahre 1398 vor Delhi erschien, hatten auch die Inder diese Technik schon übernommen, und überschütteten ihre Gegner mit Raketengeschossen.

Der materielle Schaden dürfte sich dabei in Grenzen gehalten haben. Nicht zu unterschätzen war aber die psychologische Wirkung. Vor allem die Pferde der Angreifer dürften durch Feuerwerkskörper nachhaltig verschreckt worden sein.

Insgesamt war die militärische Bedeutung der Rakete aber eher gering. Mehr geschätzt wurde sie für Feuerwerke oder für rituelle Anlässe. Aber auch schon, so will es eine beliebte chinesische Sage, als Transportmittel für die Raumfahrt.

Handkolorierte Radierung eines Feuerwerks an der Themse im Jahre 1798.

Etwa um das Jahr 1500

Die unglückliche Reise des Mandarins Wan Hu

Jedes Kind in China kennt die Geschichte von Wan Hu, dem verträumten Mandarin, der alles über die Sterne wissen wollte und sich nach der Mondgöttin Chang'e sehnte. Eines Tages im 15. Jahrhundert, so heißt es, setzte er sich in einen fliegenden Stuhl. An diesem Stuhl waren 47 Feuerwerksraketen befestigt. Er befahl 47 Dienern, jeder von ihnen ausgerüstet mit einer brennenden Lunte, die Raketen gleichzeitig zu entzünden.

Die Lakaien taten, wie ihnen geheißen. Und es kam, wie es kommen musste: Die Explosion war gewaltig, und Wan Hu war verschwunden. Niemand sah ihn jemals wieder. Die Raumfahrt hatte ihr erstes Opfer gefordert.

Diese anrührende Geschichte wurde in Europa durch Willy Ley (dem wir in Kapitel 5 noch einmal begegnen werden) in seinem Buch *Die Fahrt ins Weltall* bekannt gemacht.

Der verhinderte Raumfahrer Wan Hu hat übrigens sein Ziel doch noch erreicht, und zwar mit sowjetischer Hilfe. Bald nachdem die Sonde Zond 3 Mitte der 60er-Jahre Bilder von der Mondrückseite zur Erde gefunkt hatte, wurde ein Krater nach dem chinesischen „Raumfahrer" benannt. Wan Hu ist ein sehr alter, stark verwitterter Krater, der einen Durchmesser von 58,3 Kilometern aufweist.

Erste wissenschaftliche Forschungsarbeiten zu Raketen gehen auf das 16. Jahrhundert zurück. Hier machte sich der Zeugwart (oder wie er sich selbst bezeichnete

Artillerist der indischen Raketentruppen.

„Arsenalmeister") von König Ferdinand dem Ersten einen Namen. Ein Mann namens Conrad Haas. Er lebte von 1509–1576 und beschäftigte sich in seiner militärischen Funktion intensiv mit der Theorie und Praxis von Raketen und ihrer Nutzung. Er erkannte als Erster das Wirkprinzip der Expansionsdüse, um größere Leistungen zu erzielen, und das Prinzip der Mehrstufigkeit, um größere Reichweiten zu erreichen.

In den nachfolgenden Jahrhunderten wurde die Rakete zunehmend militärisch genutzt. Einer der auslösenden Ereignisse dafür war das Geschehen im dritten Krieg der britischen Ostindien-Kompanie gegen das Königreich Mysore. Während der Kampfhandlungen im Jahr 1792 verwendeten die Verteidiger der Stadt Seringapatam in großem Ausmaß Sprengfallen und Artillerieraketen gegen

Zeitgenössische Darstellung des Mandarins Wan Hu.

Historisches Bild vom Einsatz der Congreve-Raketenartillerie.

die Engländer. Die indischen Raketentruppen, so wird berichtet, verfügten über eine Stärke von 1200 Mann. Obwohl diese Raketen nach heutigen Standards sehr primitiv waren, hatten sie dennoch eine beeindruckende Wirkung. Sie waren etwa 20 Zentimeter lang, wiesen einen Durchmesser von etwa sechs Zentimeter auf und verfügten über Stabilisierungsstäbe aus Metall oder Bambus von etwa einem Meter Länge. Ihre Reichweite betrug gut 300 Meter.

Obwohl das indische Königreich Mysore am Ende die Schlacht verlor, waren die Briten von der Wirkung der Raketen tief beeindruckt. In den frühen 1800er-Jahren unternahm ein britischer Offizier namens William Congreve im Woolwich Arsenal (in Kent) des Royal Laboratory

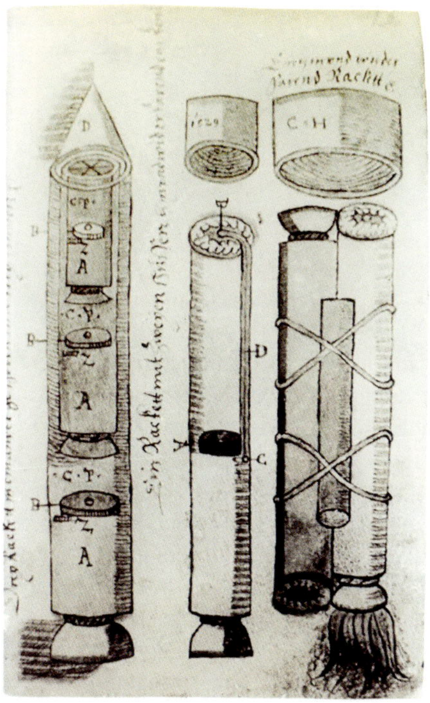

Das Sibiu-Manuskript wurde 1961 von Doru Todericiu, einem Professor für Wissenschaft und Technik, im Stadtarchiv von Sibiu (dem früheren Hermannstadt) gefunden. Es enthält zahlreiche technische Darstellungen und Beschreibungen verschiedener Raketentypen.

Eine Congreve-Rakete. Vom etwa einen Meter langen hölzernen Stabilisierungsstab sind rechts nur etwa zehn Zentimeter zu sehen.

Versuche auf Basis der indischen Raketen. Das Ergebnis war eine ganze Serie von Typen, die nach ihrem Erfinder „Congreve Rockets" getauft wurden. Es gab sie in den Gewichtskategorien 18, 24, 32, 42, 100 oder 300 Pounds. Die meistverwendete Rakete wog 32 Pounds, war gut einen Meter lang und wies einen Durchmesser von gut zehn Zentimetern auf.

Es gab in seinem Arsenal Raketen für unterschiedliche Zwecke. Einige dienten als „Brander", also Raketen, mit denen Schiffe in Brand gesetzt werden sollten. Andere trugen Schrotladungen, die in Pulver eingebettet wurden. Wenn sie beim Gegner explodierten, dann wirkten sie wie Schrapnelle. Die leichtesten dieser Raketen wogen nur wenige Kilogramm und konnten problemlos von Infanterieeinheiten mitgeführt werden.

Ein weiterer Raketentyp warf Leuchtkugeln an kleinen Fallschirmen ab. Sie dienten dazu, das Schlachtfeld bei Nacht auszuleuchten, oder einfach als Signalraketen. Congreve experimentierte auch damit, mittels Raketen Nachrichten zu verschicken. Allerdings war das wenig effizient. Die Reichweite lag nur bei etwa 500 Metern und die Zielgenauigkeit war nicht sonderlich gut.

Bringen wir an dieser Stelle noch einmal Conrad Haas ins Spiel. In seinem 1961 in Hermannstadt (das heute Sibiu heißt) aufgefundenen Buch über Militärtechnik und Raketen schreibt er: „Ich rate aber zu mehr Frieden und keinem Krieg, die Gewehre ruhig im Lager zu lassen, damit die Kugel nicht abgefeuert wird, das Schießpulver nicht verbrannt oder nass wird. Damit der Kriegsfürst sein Geld behält und der Arsenalmeister sein Leben. Das ist der Rat, den Conrad Haas gibt".

Auf Basis all dieser Entwicklungen und Überlegungen hätte der Weg der Rakete zum Transportmittel für Flüge in die Luft und in den Weltraum der nächste Entwicklungsschritt sein können. Doch die bemannte Raumfahrt und speziell der Flug zum Mond wurden mit einer ganz anderen Idee populär.

25. Oktober 1865

Jules Vernes Reise zum Mond

Im 18. und 19. Jahrhundert war die Rakete für Kriegseinsätze, als Hilfsmittel für die Rettung Schiffbrüchiger und als Feuerwerkskörper schon fast Gemeingut. Sogar über die Postversendung mittels Raketen dachte man nach, und experimentierte auch damit. Als Mittel des Reisens in den Weltraum wurde dieses Medium zunächst aber nicht aufgegriffen. Da dachte man an ganz andere Lösungen.

Das vielleicht wichtigste Buch für das Erwachen des Raumfahrtgedankens stammt vom französischen Romancier Jules Verne (1828 – 1905). Seine auf Technik und Wissenschaft basierenden Bücher trafen genau den Zeitgeist des 19. Jahrhunderts. Jules Verne gilt heute als der Vater der modernen Science-Fiction. Er war wohl der erste Autor, der „seriöse", also technisch-wissenschaftlich begründete, Raumfahrtliteratur schrieb.

Seine Bücher *Von der Erde zum Mond* und die *Reise um den Mond* machten den Flug in das Weltall erstmals bei einem breiteren Publikum populär und inspirierten die späteren Pioniere der Raumfahrt.

Die Initialzündung des Raumfahrtgedanken war sein Werk *De la Terre à la Lune. Trajet direct en 97 heures 20 minutes (Von der Erde zum Mond. Direkte Fahrt in 97 Stunden und 20 Minuten).* Es erschien am 25. Oktober 1865. Das Buch war sofort ein großer Erfolg. Das hatte sich schon beim Vorabdruck des Romans abgezeichnet, der vier Wochen zuvor im Feuilleton-Teil des *Journal des Débats* begonnen hatte. Das Buch beschreibt eine Mondreise bei der drei Männer des „Kanonenklubs von Baltimore" mit einem Projektil, das von einer Kanone abgeschossen wird, zum Mond reisen.

Interessanterweise heißt die Kanone „Columbiade", was so ähnlich klingt wie der Name des Raumschiffs (Columbia), mit denen 104 Jahre später Armstrong, Aldrin und Collins tatsächlich zum Mond flogen. Das Buch war so erfolgreich, dass Jules Verne fünf Jahre später eine Fortsetzung zu dieser Geschichte schrieb: Die *Reise um den Mond*, in der er sich mit vielen physikalischen Phänomenen der Raumfahrt auseinandersetzt, wie etwa der Schwerelosigkeit.

De la Terre à la Lune (Von der Erde zum Mond). Der Raumfahrt-Klassiker schlechthin.

Diese Werke beeinflussten die Gründerväter der Raumfahrt nachhaltig. Hermann Oberth las die beiden Mondbücher Vernes als Zwölfjähriger. Aber anders als andere Jugendliche seines Alters begann er schon damals die technische und physiologische Machbarkeit des Unterfangens zu hinterfragen. Er analysierte noch in seinen Schuljahren nüchtern, unter welchen Bedingungen eine solche Reise tatsächlich möglich wäre und kam zum

Jules Verne.

Illustration in *De la Terre à la Lune*. Die Columbiade feuert das Mondprojektil ab.

Resultat, dass die Raumfahrt mit einer Kanone niemals funktionieren kann, und stattdessen die Rakete das einzig probate Mittel für diesen Zweck sei.

Interessant ist auch, dass zwei weitere sehr einflussreiche Science-Fiction Autoren des ausgehenden 19. Jahrhunderts, nämlich Kurd Lasswitz und Herbert G. Wells, sich ebenfalls eine Rakete nicht als Transportmedium vorstellen konnten. Bei Lasswitz wird die Erdumlaufbahn mittels eines „Sogs" erreicht. Zum Mars wird „gefahren" indem man die Gravitation manipuliert.

Ähnlich ist es bei Herbert G. Wells. In seinem 1901 erschienen Buch *Die ersten Menschen auf dem Mond* (*The First Men in the Moon*) entwickelt der Wissenschaftler Cavor ein Material, das die Schwerkraft aufhebt. In einer Hohlkugel, die aus diesem Stoff besteht, fliegen Cavor und sein Reisegenosse dann zum Mond.

In Wells wesentlich bekannterem Werk *Der Krieg der Welten (The War of the Worlds)* geht der Autor gar nicht mehr erst darauf ein, auf welche Weise die Invasoren vom Mars zur Erde gelangen. Sie kommen zur Erde weil die Ressourcen des Mars schwinden. Beobachter auf der Erde stellen mit Teleskopen fest, dass sich auf dem Mars seltsame Explosionen ereignen (was man als Raketenstarts interpretieren könnte). Die Wissenschaftler auf der Erde rätseln, was sie da wohl gesehen haben. Richtig klar wird es ihnen erst Monate später, als zunächst rätselhafte „Meteore" auf der Erde landen, die sich als große künstliche Zylinder entpuppen, denen die schrecklichen Marsianer entsteigen und in ihren dreibeinigen Kampfmaschinen auf der Erde zu wüten beginnen. Glücklicherweise kommen sie am Ende nicht mit den Mikroben auf der Erde zu Rande, und so geht die Gefahr für die Menschen noch einmal vorüber.

Mit diesen und anderen Geschichten war von nun an die Saat des Raumfahrtfiebers in den Köpfen der Menschen gesät. Es wurde Zeit, von den Phantastereien zur Realität zu wechseln.

Zeitgenössische Illustration aus *Autour de la Lune* (*Reise um den Mond*). Verne berichtet erstmals über das Phänomen der Schwerelosigkeit.

1885 bis 1934

Gründerväter und Pioniere

In den ersten Jahrzehnten des vergangenen Jahrhunderts wurden nahezu alle theoretischen Grundlagen der Raumfahrt erarbeitet. Drei Männer werden heute damit in Verbindung gebracht: der Russe Konstantin Eduardowitsch Ziolkowski (1857–1935), der Deutsche Hermann Oberth (1894–1989) und der Amerikaner Robert Goddard (1882–1945).

Konstantin Ziolkowski studierte Physik, Astronomie, Mechanik und Geometrie. Nach seinem Studium arbeitete er zunächst als Lehrer und schrieb Science Fiction-Geschichten, in denen er physikalische und technische Fragestellungen einfließen ließ. Ab 1885 begann er erste Überlegungen zur Realisierung von Raumflügen anzustellen. Dabei erkannte er, dass die für Feuerwerke und militärische Zwecke verwendeten Feststoffraketen ungeeignet sind, um den Weltraum zu erreichen. Daher schlug er als Erster die Verwendung von flüssigen Raketentreibstoffen wie Wasserstoff oder Benzin als Brennstoff, und Sauerstoff als Oxidator vor.

Konstantin Ziolkowski.

Als erster der drei „Gründerväter" ermittelte er die Raketengrundgleichung, die er im Jahre 1903 in einem Werk mit dem Titel *Erforschung des Weltraums mittels Reaktionsapparaten* veröffentlichte. Neben ausführlichen Arbeiten zu Themen wie dem Flüssigkeitsraketentriebwerk, der Brennkammerkühlung und der Steuerung der Rakete stellte er auch das Prinzip der Mehrstufenrakete auf eine wissenschaftliche Basis. Er befasste sich auch mit Fragen des Betriebs von Raumstationen, der industriellen Nutzung des Weltraums und der Nutzung der Ressourcen des Alls.

Hermann Oberth lebte mit seiner Familie in Schäßburg in Siebenbürgen, in Rumänien. Dort besuchte er die Elementarschule und anschließend das Gymnasium. Seine Eltern schenkten ihm im Winter 1905 die beiden Jules Verne-Romane *Von der Erde zum Mond* und *Reise um den Mond*. Oberth war sofort fasziniert von den phantastischen Geschichten und befasste sich von nun an mit der Raumfahrt.

Robert Goddard.

Schon als Gymnasiast fand er heraus, dass die Angaben von Jules Verne bezüglich Fluggeschwindigkeit und Flugdauer zum Mond ziemlich genau zutrafen. Er erkannte aber auch, dass kein Mensch die Beschleunigungswerte einer Kanone überleben könnte. Aufgrund eigener Experimente und Selbstversuche wurde ihm 1908 klar, dass das Rückstoßprinzip auch im luftleeren Raum funktionieren müsste, und nur die Rakete für den Weltraumflug geeignet sei. Weiterhin erkannte er, genau wie Ziolkowski, dass nur eine Flüssigkeitsrakete die erforderliche hohe Ausströmgeschwindigkeit erzeugen konnte.

Nach dem Militärdienst im ersten Weltkrieg an der Ostfront begann er Anfang 1919 in Klausenburg mit dem Studium der Physik. Zu diesem Zeitpunkt hatte er schon die Raketengrundgleichung als mathematische Grundlage der Raumfahrt abgeleitet. Bald wechselte er nach München, dann nach Göttingen, und 1921 schließlich nach Heidelberg. Dort verfasste er seine Doktorarbeit über die Raketentheorie und reichte sie 1922 ein. Er war der Erste, der sich in einer Dissertation mit dem Thema Raumfahrt befasste. Zu seiner großen Enttäuschung wurde die Arbeit jedoch als zu utopisch abgelehnt. Immerhin konnte er sie als Diplomarbeit an der Universität in Klausenburg einreichen und bestand im Mai 1923 das Staatsexamen.

Nur einen Monat später erschien sein heute weltberühmtes Buch mit dem Titel *Die Rakete zu den Planetenräumen*. Dieses Werk löste eine heftige Diskussion über die Möglichkeiten des Raumfluges aus. Die erste Auflage war bald verkauft, und auch die zweite Auflage von 1925 war schnell vergriffen. Eine dritte, überarbeitete Ausgabe erschien 1929 unter dem Titel *Wege zur Raumschifffahrt*. Sie gilt bis heute als das Basiswerk der Raumfahrt.

Robert Goddard begann sich im Jahre 1899 mit der Möglichkeit eines Fluges zum Mars zu beschäftigen. Er prüfte dafür die Möglichkeit der Nutzung starker Magnetfelder, Elektronenkanonen oder Sonnensegel als Antrieb, kam aber dann zum Schluss, dass als einzig realisierbare Lösung die Rakete verblieb. Schon 1909 brachte Goddard Pläne für eine mit flüssigem Sauerstoff und Wasserstoff angetriebene Rakete zu Papier. Zwischen 1907 und 1910 entwickelte er viele technische Details für die Verwirklichung der Raumfahrt. So beschrieb er bereits 1908 in einer Studie, wie der Wiedereintritt eines Raumflugkörpers aus einer Umlaufbahn um die Erde durchzuführen sei. Auch automatische Steuerungen und die Funktionsweise von Raumsonden hatte er bereits durchdacht.

Hermann Oberth.

Robert Goddard (zweiter von rechts) mit einigen seiner Mitarbeiter.

1920 wagte sich Goddard für seine Zeit zu weit vor. Er publizierte eine 69-seitige Schrift, die auch Gedanken zu einer Mondrakete enthielt. Völlig aus dem Zusammenhang gerissen fanden sich Auszüge davon in amerikanischen Tageszeitungen wieder. Fortan wurde er als der verrückte „Moon-man" verspottet. Goddard sah sich dem Vorwurf ausgesetzt, wissenschaftliche Fakten für seine Fantastereien zu verdrehen.

Doch Goddard arbeitete weiter an seinen Raketenideen und kam unabhängig von Hermann Oberth ebenfalls zu dem Ergebnis, dass nur das Stufenprinzip eine Rakete auf große Höhe bringen kann. Am 16. März 1926 startet er auf dem Gelände der Farm seiner Cousine die erste Flüssigkeitsrakete. Der Flug des etwa drei Meter hohen Vehikels dauerte nur knappe 2,5 Sekunden. Goddard entwickelte weiter und schon bald trugen seine Raketen die ersten Messgeräte und Kameras in Höhen von bis zu 1500 Meter.

Obwohl Konstantin Ziolkowski die frühesten theoretischen Arbeiten geschaffen hatte, blieb sein Werk wegen der Sprachbarriere und der Abschottung der Sowjetunion gegenüber dem Westen zunächst außerhalb des Landes unbekannt. Erst ab 1922 begann ein moderater schriftlicher Austausch zwischen Oberth und Goddard und noch später auch mit Ziolkowski.

Sowohl Oberth wie auch Goddard sahen sich in den frühen 20er-Jahren Anfeindungen der „etablierten" Wissenschaft ausgesetzt. Goddard wurde blankweg als „Spinner" bezeichnet und in den Medien verhöhnt, Oberth sah sich der Kritik etablierter Physiker ausgesetzt, die den Einsatz von Raketen im Vakuum für unmöglich hielten. Schließlich, so argumentierten sie, sei dort ja keine Luft

Dieses Bild entstand auf dem Hof der Chemisch-Technischen Reichsanstalt Berlin mit der ursprünglichen UfA-Rakete. Von links: Rudolf Nebel, Dr. Franz Hermann Ritter, Hans Beermüller, Kurt Heinisch, unbekannt, Hermann Oberth, Helmut Zoike, Klaus Riedel (mit Mirak-Stabrakete), Wernher von Braun, unbekannt. Das Foto machte Rolf Engel.

vorhanden, an der sich der Raketenstrahl „abstützen“ konnte.

Im Jahre 1928 holte der Ufa-Regisseur Fritz Lang Oberth als wissenschaftlichen Berater nach Berlin. Lang drehte den Stummfilm *Frau im Mond* und wollte, dass der Film möglichst realistisch wirkte. Zu Werbezwecken sollte zur Filmpremiere eine echte Rakete gestartet werden. Oberth begann auf dem Ufa-Gelände in Babelsberg mit seinen Experimenten. Er plante, ein zwei Meter langes Projektil zu bauen, das mit 16 Litern flüssigem Treibstoff etwa 40 Kilometer hoch fliegen sollte. Trotz intensiver Bemühungen war der Zeitrahmen zu knapp und das spektakuläre Vorhaben konnte nicht verwirklicht werden. Bei der Explosion einer Brennkammer wurde Oberth schwer verletzt.

Die Filmpremiere fand am 15. Oktober 1929 zwar ohne den Raketenstart statt, wurde aber trotzdem ein voller Erfolg. Er beförderte den Gedanken der Raumfahrt mittels Raketen in der Öffentlichkeit noch weiter. Die Gerätschaften und Vorrichtungen, die dafür hergestellt wurden (zum Beispiel ein transportabler Prüfstand) wurden noch Jahre nach dem Film in der praktischen Forschungsarbeit verwendet.

Walter Hohmann.

Animiert durch Oberths Schriften hatte sich in Deutschland bald eine Gruppe weiterer Theoretiker und Praktiker gebildet, die vom Raumfahrtgedanken begeistert waren und sich damit auseinandersetzten. Hier stechen Namen wie Walter Hohmann heraus, der sich vor allem als Bahnanalytiker einen Namen machte, oder Willi Ley, der sich um die Popularisierung des Raumfahrtgedankens verdient machte. Max Valier, der mit seinen Versuchen mit Raketenflugzeugen, Raketenautos und Raketenschlitten zu großer Popularität gelangte, was im Übrigen Hermann Oberth überhaupt nicht gefiel, diese, wie er sagte, „Zirkusnummern“ zu veranstalten und damit die Seriosität des Unterfangens zu untergraben. Oder Namen wie Johannes Winkler, Walter Riedel, Rudolf Nebel und Kurt Heinisch, die sich vor allem als Praktiker hervortaten und Entwicklungen schufen, auf deren Basis noch heute gearbeitet wird.

Dazwischen gab es auch schillernde und egomane Persönlichkeiten wie etwa Hermann Ganswindt, der lautstark auf seine eigenen (eher mageren) Arbeiten hinwies. Er hatte tatsächlich bereits 1883 eine Schrift herausgebracht, die sich mit *Flugapparaten auf Grund der Reaktionsgesetze explodierender Stoffe* befasste, wofür er nun quasi ein Patent für die Erfindung der Rakete beanspruchte.

Willi Ley.

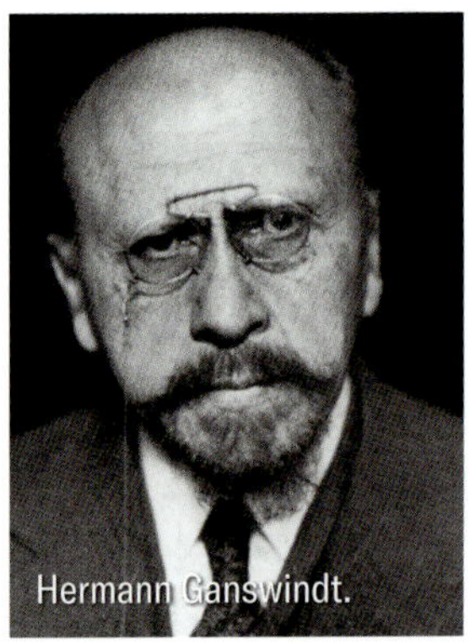

Hermann Ganswindt.

Zusammengehalten wurde diese lose Gruppe zunächst vom Verleger Wilhelm Oldenbourg, bei dem viele der Pioniere veröffentlichten und der dem Raumfahrtgedanken sehr aufgeschlossen war. Aus den Erlösen der bei ihm verlegten Bücher wurde ein Teil der frühen Entwicklung von Bauteilen und Komponenten bezahlt.

Im Sommer 1927 schlossen sich die meisten dieser Personen aus der „Pioniergruppe" im „Verein für Raumschiffahrt" zusammen (mit nur zwei „f", in der damaligen Schreibweise) oder nur kurz VfR. Dieser Verein brachte eine viel beachtete Publikation mit der Bezeichnung *Die Rakete* heraus. Seine Aktivitäten bestimmten für die kommenden sechs Jahre die Entwicklung der Raumfahrt in Deutschland.

Herman Potočnik (alias Hermann Noordung).

Ein weiterer heute nahezu unbekannter Theoretiker, der nie dieser losen Gemeinschaft angehörte, dessen Beitrag zur ersten Entwicklungsstufe der Raumfahrt aber bis heute zu Unrecht unterschätzt wird, war der österreichische Militäringenieur Herman Potočnik, der sich das Pseudonym Hermann Noordung gab. Er entwickelte ein theoretisches Gebäude für die Schaffung von Raumstationen und Reisen zu den Planeten.

Auch enthusiastische Sponsoren wie Fritz von Opel spielten eine große Rolle. Opel finanzierte eine Reihe von Raketenautos sowie erste Raketenflugzeuge und testete diese, zusammen mit Max Valier, auch persönlich.

Zum VfR stieß im Jahre 1928 auch ein Schüler namens Wernher von Braun, der sich in dieser Gruppe in den folgenden Jahren als „Allround-Talent" betätigte. Nach der Schule studierte er in Zürich und Berlin und wurde 1932, sehr zum Missfallen der etablierten Mitglieder, die ihn viel zu jung für diesen Posten befanden, in den Vorstand des Vereins gewählt.

Zu diesem Zeitpunkt lag die Raketenentwicklung in der Sowjetunion (wo sich unter anderem Sergei Koroljow damit beschäftigte) nur wenig hinter den deutschen Entwicklungen zurück, und in den USA unter Robert Goddard war sie in etwa gleichauf. Das sollte sich in den kommenden Jahren jedoch entscheidend ändern.

1932 hatte der VfR seine besten Tage hinter sich. Das lag vor allem daran, dass das Heereswaffenamt (HWA) auf die Aktivitäten der Gruppe aufmerksam geworden war. Bald darauf lief in Deutschland die Entwicklung von Raketen unter strengster Geheimhaltung beim Militär. Ab diesem Zeitpunkt unterband es die bis dahin fast ausschließlich zivilen Aktivitäten. Man wollte damit verhindern, dass diese Umgehung des Versailler Vertrages den Siegermächten des ersten Weltkriegs zu offensichtlich aufs Tablett gelegt wurde. Die permanente öffentliche Berichterstattung, die der VfR in der Zeit seines Bestehens erfuhr, war für die Zwecke und Absichten des HWA kontraproduktiv.

Die Offiziere des HWA taten dies aber nicht, ohne die aus ihrer Sicht vielversprechendsten Kräfte aus der Konkursmasse des VfR einzusammeln. Darunter Wernher von Braun, Klaus Riedel, Kurt Heinisch und andere. Später auch noch Hermann Oberth, aber der spielte da schon keine große Rolle mehr. Sein Werk war bereits getan.

Sergei Koroljow mit GIRD-X Rakete 1933. Koroljow ist auf dem Bild ganz links zu sehen.

15. Mai 1930

Max Valier – Erstes Opfer der Raumfahrt

Max Valier war ein Protagonist der Raumfahrt auf vielen Gebieten. Auch als Schriftsteller.

Die Versuche der frühen Raketenpioniere liefen unter Bedingungen ab, bei denen jeder Sicherheitsbeauftragte der heutigen Zeit vor Entsetzen die Hände über dem Kopf zusammenschlagen würde. Vorsichtsmaßnahmen wurden kaum getroffen. Man experimentierte mit unsicheren Bauteilen und hochbrennbaren Flüssigkeiten, und bald begannen sich die schweren Unfälle beim Hantieren mit den explosiven Stoffen zu häufen.

Max Valier.

Zunächst erwischte es im September 1929 Oberth selbst. Bei Versuchen mit der Treibstoffeinspritzung der Ufa-Rakete in seinem Labor in Berlin explodierte ein Gemisch aus Benzin und flüssigem Sauerstoff, als es ihm nicht gelang, ein Ventil rechtzeitig zu schließen. Oberth wurde mehrere Meter durch die Werkstatt geschleudert, erlitt erhebliche Gesichtsverletzungen und sein Trommelfell platzte. Er musste in der Charité operiert werden, wo ihm ein Chirurg zwölf Splitter aus den Augen entfernte.

Sein Assistent Alexander Scherschewsky wurde durch ein sechs Zentimeter langes Schrapnell am Bein verwundet. Oberth war danach durch die Verletzungen und den Schock über dieses Ereignis für viele Wochen außer Gefecht gesetzt.

Max Valier rührte die Werbetrommel für die Raketenforschung mit Aufsehen erregenden Stunt-Aktionen mit Raketenfahrzeugen. Die Vorführung dieser Vehikel brachte Publicity für die Raumfahrtbewegung und ermöglichte gleichzeitig die praktische Erprobung verschiedener Arten von Raketenantrieben. Fahrzeuge dieser Art waren die Raketenschlitten RAK BOB 1 (Testfahrt am 22. Januar 1929 auf dem Schleißheimer Flugplatz) und RAK BOB 2 (der bei einem unbemannten Test auf dem zugefrorenen Starnberger See schwer beschädigt wurde) oder das Raketenflugzeug Valier-Espenlaub RAK 3. Das wurde gebaut und geflogen vom Flugzeugkonstrukteur Gottlob Espenlaub. Einen Versuchsflug mit dieser Maschine überlebte er am 22. Oktober 1929 nur knapp.

Valier wurde der VALIER-HEYLANDT Rückstoss-Versuchswagen Rak. 7 zum Verhängnis. Das Fahrzeug hatte die Firma Heylandt für ihn gebaut. Damit erprobte er ei-

Fahrt mit Raketenantrieb auf der Berliner Avus.

nen Raketenmotor, der mit flüssigem Alkohol und Sauerstoff betrieben wurde, einen Schub von ungefähr 300 Newton erbrachte und den Wagen auf etwa 85 Kilometer pro Stunde beschleunigte.

Am Abend des 17. Mai 1930 experimentierten Max Valier und Walter Riedel mit einer neuen Treibstoffmischung für den Raketenmotor dieses Fahrzeugs, bestehend aus Rohöl, Wasser und flüssigem Sauerstoff. Mehrere Versuche waren an diesem Tag bereits mit einer Brennkammer von 28 Millimeter Durchmesser gut gelaufen. Nun wollte Valier noch einen abschließenden Versuch mit einer weiteren Brennkammer von 40 Millimeter Durchmesser durchführen. Der Brennkammerdruck wurde dabei durch Handventile manuell auf sieben Bar hochgeregelt. In dem Moment, als dieser Druck erreicht war, explodierte die Vorrichtung. Ein Splitter durchschlug Valiers Lungenschlagader und er verblutete innerhalb weniger Minuten. Walter Riedel und ein Techniker blieben wie durch ein Wunder unverletzt, obwohl eine große Anzahl von Schrapnells durch die Gegend pfiffen und noch Tage später auf dem ganzen Gelände gefunden wurden.

Valier war nur das erste Opfer, das die Raumfahrt forderte. Schon bald starben weitere. Bei der Arbeit mit Pulverraketen kamen im Oktober 1933 Reinhard Tilling, seine Assistentin Angela Buddenböhmer und sein Techniker Friedrich Kuhr ums Leben. Auf der Versuchsanlage in Kummersdorf starben 1934 drei Ingenieure, die mit der Mischung flüssiger, selbstzündender Treibstoffe zugange waren. Die Raketen wurden gefährlicher. Und bald schon nicht mehr nur für ihre Entwickler.

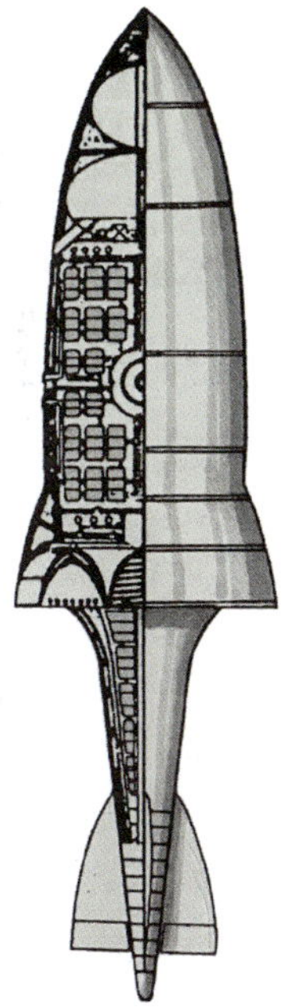

Auch als Raumschiffkonstrukteur versuchte sich Valier. Hier eine seiner Skizzen.

Valier-Heylandt Versuchswagen. Der Antrieb dieses Fahrzeugs wurde Max Valier zum Verhängnis.

Die Raumfahrt beginnt in Peenemünde

Dieses Bild zeigt vermutlich das erste Versuchsmodell der A4 im März 1942. Bei einem statischen Brennlauf am 14. März explodierte diese Rakete.

Etwa ab dem Jahr 1933 wurden alle zivilen Projekte zur Entwicklung von Raketen von der Gestapo systematisch unterbunden. Ein letztes und ziemlich dubioses Projekt, das von einem der VfR-Mitglieder ausging, war das Vorhaben der Magedeburger Pilotenrakete. Dabei gelang es Rudolf Nebel dem Stadtrat von Magdeburg erhebliche Geldmittel abzuschwatzen. Geplant war der Aufstieg einer Rakete, die so groß war, dass sie einen Mann tragen konnte. Dieser Mann war der amtlich zertifizierte „Fallschirmabspringer" Kurt Heinisch, den die Rakete auf eine Höhe von einem Kilometer tragen sollte. In dieser Höhe gedachte er abzuspringen, während die Rakete weiterflog. Der Flug sollte eine Werbemaßnahme für die Stadt Magdeburg sein, die damit an die Experimente von Otto von Guericke erinnern wollte. Wie es beim damaligen Stand der Entwicklung nicht anders zu erwarten war, scheiterte das Vorhaben schon aus technischen Gründen, aber auch weil die Gestapo Rudolf Nebel systematisch die Arbeitsgrundlage entzog.

Zu diesem Zeitpunkt begann Deutschland die weltweite Raketenentwicklung mit immer größerem Vorsprung anzuführen. Enorme Finanzmittel flossen in das Unterfangen, das sich inzwischen in der südlich von Berlin gelegenen Heeresversuchsanstalt Kummersdorf etabliert hatte. Seit 1932 war Wernher von Braun als Zivilangestellter in dieser Militärbehörde angestellt und schon bald in leitender Position tätig. Mit an Bord war auch das VfR-Vorstandsmitglied Walter Riedel, der im Januar 1934 zum Heereswaffenamt stieß.

Unter Wernher von Brauns Leitung wurde zunächst das Aggregat 1 entwickelt, ein reines Prüfstandsmodell, das nicht flog. Es diente dazu, das Zusammenspiel aller neu entwickelten Einzelgeräte wie Tanks, Leitungssystem, Zündautomatik, Brennkammer und ähnlichem in einer praktisch verwendungsfähigen Form gemeinsam zu testen. Die Versuche fanden alle im Januar 1934 statt.

Ein frei flugfähiges Nachfolgegerät, das Aggregat 2, war da schon konzipiert. Aufgrund der Flugleistungen, aber auch um unliebsamen Beobachtern aus dem Weg zu gehen, wurden die Flugversuche mit zwei Raketen, welche die Bezeichnungen „Max" und „Moritz" erhielten, auf der Nordseeinsel Borkum durchgeführt. Beide Raketen flogen im Dezember 1934. Sie waren gut 1,60 Meter lang, beim Start 107 Kilogramm schwer und erreichten Flughöhen von 2,2 Kilometer. Nach den erfolgreichen Tests war der Weg frei für die nächste Iteration.

Diese Rakete, das Aggregat 3, war nun schon deutlich größer. Fast sieben Meter lang, mit einem Durchmesser von 70 Zentimetern und einem Startgewicht von 900 Kilogramm. Mit dieser Rakete fanden im Dezember 1937 vier Flugversuche auf der Greifswalder Oie statt, einer Peenemünde vorgelagerten Insel. Wegen der ungenügenden aerodynamischen Auslegung schlugen sie zwar allesamt fehl, man gewann mit ihnen aber trotzdem viele Erkenntnisse. Zu diesem Zeitpunkt war schon das Aggregat 4 als Zielpunkt der Entwicklungsarbeiten ins Auge gefasst.

Um die Komponententests damit durchführen zu können, wurde daher eine verbesserte und wiederverwendbare Variante der A3 mit der Bezeichnung A5 geschaffen.

Der Beginn des Raumfahrtzeitalters wird heute mit dem 3. Oktober 1942 verbunden. An diesem Tag erfolgte der erste erfolgreiche Start einer A4 vom Prüfstand 7 des Entwicklungs- und Testzentrums Peenemünde an der Ostsee.

Glückwünsche nach dem erfolgreichen Start vom 3. Oktober 1942 durch den Inspekteur der Nachrichtentruppe, General Erich Fellgiebel. Er schüttelt hier die Hand von Oberst Leo Zanssen, dem die Heerestechnische Versuchsanlage Peenemünde unterstand. Dritter von links ist Oberst Walter Dornberger. Hinter ihm im dunklen Anzug Wernher von Braun. Rechts hinter Zanssen steht Luftwaffen-Hauptmann Stölzel und neben ihm mit der Mappe Dr. Rudolf Hermann, Aerodynamiker und Chef der Windkanalversuche in Peenemünde. Ganz rechts Diplomingenieur Gerhard Reisig von der Messabteilung.

Sie erhielt das Triebwerkssystem des Aggregat 3 und die aerodynamische Form des zukünftigen Aggregat 4 und sah damit äußerlich aus wie eine etwas verkleinerte A4.

Diese Versuche waren sehr erfolgreich und die Rakete stellte sich als idealer Versuchsträger heraus. Zwischen 1939 und 1943 erfolgten mit insgesamt 25 Raketen dieses Typs mehrere hundert Starts. Es wurden dabei Flughöhen bis zwölf Kilometer und Reichweiten bis 18 Kilometer erzielt. Die Flüge wurden weiter von der Oie aus durchgeführt, weil das seit dem August 1936 als Entwicklungs- und Flugtestzentrum der deutschen Raketen im Aufbau befindliche Peenemünde noch keinen Einsatzstatus erreicht hatte. Ab August 1940 wurden aber in Peenemünde bereits Testmodelle des 250 Kilonewton-Triebwerkes des zukünftigen A4 getestet.

Am 25. Februar 1942 stand das erste A4-Fluggerät am Prüfstand 7 in Peenemünde. Sie war damals mit weitem Abstand die größte Rakete weltweit und entwicklungstechnisch allen anderen Ländern um mehr als zehn Jahre voraus. Die Rakete war 14 Meter hoch, verfügte über einen Durchmesser von 1,65 Meter, wog beim Start 13 Tonnen, verfügte über eine Schubleistung von 25 Tonnen und sollte in ihrer Gefechtsausführung in der Lage sein, eine Sprengladung von fast einer Tonne Gewicht 300 Kilometer weit zu transportieren.

Für den 13. März war ein statischer Brennversuch geplant. Das Triebwerk explodierte und die Rakete wurde zerstört. Der Startversuch am 13. Juni endete mit einer Explosion kurz nach dem Verlassen der Startrampe. Beim dritten Versuch, am 16. August, erreichte die Rakete immerhin eine Flughöhe von 11,7 Kilometern und eine Geschwindigkeit von Mach 1,9.

Erst am 3. Oktober 1942 gelang der Start vollständig. Die Rakete erreichte eine Geschwindigkeit von fast 5000 Kilometern pro Stunde und eine Flughöhe von 84,5 Kilometer. Sie flog 190 Kilometer weit.

Ein Modell des Prüfstandes 7 in Peenemünde, von dem aus die ersten Flugversuche mit dem Aggregat 4 durchgeführt wurden. Darunter eine Grafik der A4 vom 3. Oktober 1942 (erkennbar an der „Frau im Mond“ im Heckbereich) in der Transportkonfiguration.

Eine erbeutete V2-Rakete wird am 15. September 1945 auf dem Trafalgar-Square in London anlässlich des Beginns der „London National Savings Week" ausgestellt.

Doch dieser erste Abschnitt in der Geschichte der Raumfahrt war ein düsteres Kapitel. Der Propagandaminister des Dritten Reichs, Joseph Goebbels, gab dem Aggregat 4 den Namen „V2". Das stand für „Vergeltungswaffe 2". 3745 Stück davon wurden auf Ziele im europäischen Festland und auf England abgefeuert. Mehrere tausend Menschen kamen durch die Wirkung ihrer Gefechtsköpfe ums Leben, und mehr noch durch die unmenschlichen Bedingungen unter denen sie in einem Bergstollen im Harz – dem „Mittelwerk Dora" – produziert wurden.

Während des Krieges wurden mit der V2 auch eine Reihe von Senkrecht-Versuchsflügen durchgeführt, bei denen sie Höhen bis über 174 Kilometer erreichte, also weit über die „Karman-Linie" hinaus, die heute als die Grenze zum Weltraum definiert wird.

Dann war der Krieg vorbei. Als die West-Alliierten und die Sowjets in das deutsche Kernland eindrangen, gehörten die sagenhaften deutschen Großraketen zu den begehrtesten Beutestücken. Die Sieger nahmen mit, was immer sie ergattern konnten: Konstruktionspläne, Bauteile, Komponenten, Systeme und ganze Raketen. Vor allem aber die Menschen, welche die Rakete konstruiert und gebaut hatten.

Der Vorteil lag zunächst bei den Amerikanern. Sie hatten das „Mittelwerk Dora" noch vor den Russen erreicht. Fast zeitgleich hatte sich im Allgäu Wernher von Braun mit vielen Mitgliedern seiner Entwicklungsmannschaft in ihre Hände begeben. Die Übergabe seines Teams und aller Pläne hatte er schon seit dem Spätherbst 1944 vorbereitet. Wie er es geplant hatte, wurde er mit 125 seiner Mitarbeiter in die USA transferiert. Das Reisegepäck war umfangreich: Es beinhaltete neben den Konstruktionsplänen die Bauteile von etwa 100 V2-Raketen.

Den Sowjets blieben nur noch eine Handvoll Führungskräfte des Entwicklungsteams. Aber sie erbeuteten die Forschungsanlagen auf der Insel Usedom und hunderte von Technikern und Ingenieuren der ausführenden Ebene. Sie fanden auch genug Maschinen und Raketenteile, um die Produktion zunächst in Deutschland wieder aufzunehmen. Später wurden Menschen und Material in die Sowjetunion geschafft, wo die V2 zunächst von gemeinsamen russisch-deutschen Teams produziert und weiterentwickelt wurde. Um 1951 war der Know-How-Transfer abgeschlossen. Der erste Start einer in der Sowjetunion nachgebauten V2-Rakete erfolgte am 17. Oktober 1948

Dieses etwas grieslige Bild zeigt eine R-1-Rakete, die im Jahre 1948 für einen Start am Raketentestgelände Kapustin Jar vorbereitet wird. Die R-1 war ein direkter Nachbau der A4/V2.

auf dem Versuchsgelände von Kapustin Jar am Kaspischen Meer. Ab November 1950 wurde die V2, die nun R-1 hieß, den sowjetischen Streitkräften zugeführt. Im selben Jahr flog bereits ihre Weiterentwicklung, die R-2. Von da an war der Weg zum ersten Orbitalträger der Welt nicht mehr weit.

Semjorka und Sputnik 1 eröffnen das Raumfahrtzeitalter

Sergei Koroljow, im Range eines Oberst der sowjetischen Streitkräfte, besichtigt im Jahre 1946 die verbliebenen deutschen Anlagen in Peenemünde.

War die R-1 Rakete noch ein nahezu reiner Nachbau der deutschen V2, entfernte man sich bei R-2 schon geringfügig vom Ursprungsentwurf. Sie sah zwar immer noch dem Original sehr ähnlich, war aber länger und hatte eine deutlich größere Reichweite, die jetzt etwa 600 Kilometer betrug. Diese Rakete wurde ab 1953 bei den sowjetischen Streitkräften in Dienst gestellt. Die R-2 wurde auch in der Volksrepublik China in Lizenz gebaut und blieb dort als DF-1 bis in die sechziger Jahre im Einsatz.

Nachfolgerin der R-2 war die R-5, die ab 1953 in den Flugversuch ging, und etwa ab 1956 in den Dienst der Streitkräfte gestellt wurde. Sie war nun schon eine deutliche Weiterentwicklung des deutschen Vorbildes und die Speerspitze der Raketentechnologie ihrer Zeit. Sie war in der Lage, einen Atomsprengkopf von etwa 80 Kilotonnen Sprengkraft zu tragen. Sie war einstufig, wog beim Start etwa 30 Tonnen, und konnte ihre 1500 Kilogramm schwere nukleare Fracht 1200 Kilometer weit transportieren.

Im Jahre 1954 begann unter der Leitung von Sergei Koroljow die Entwicklung der weltweit ersten Interkontinentalrakete, der R-7. Das war ein extrem ambitioniertes Vorhaben, denn etwa zur selben Zeit begann gerade eben der Serienbau der R-5, die ebenfalls in Koroljows Konstruktionsfirma, dem OKB-1, in Entwicklung und Produktion war. Deren Sprengkopf definierte zunächst auch die Nutzlastanforderung an die neue R-7. Ihre Reichweite war durch ein Regierungsdekret aus dem Jahre 1953 mit 8000 Kilometern festgelegt worden. Weit genug, um über den Nordpol von Zentralrussland aus die USA zu erreichen. Aus den 1500 Kilogramm Nutzlastgewicht bei der R-5 wurden bei der R-7 allerdings über 3000 Kilogramm, denn wegen ihrer erheblich höheren Fluggeschwindigkeit musste der Nuklearsprengkopf in einen hitzebeständigen Wiedereintrittskörper gepackt werden, um nicht beim Einflug in die Erdatmosphäre zu verglühen. Um diese Leistungswerte zu erreichen, so ermittelte Koroljow, musste die R-7 zweistufig ausgelegt werden. Das Startgewicht, so errechnete er, würde etwa 170 Tonnen betragen. Die Rakete wäre damit sechsmal so schwer wie die R-5 gewesen.

Doch dann ereignete sich etwas, das die Geschicke der Raumfahrt über Jahrzehnte bestimmen sollte. Etwas, das dafür sorgte, dass die Sowjetunion einen fliegenden Start in die Raketentechnologie bekam. Am 12. August 1953 wurde auf dem Kernwaffen-Testgelände in Semipalatinsk die erste thermonukleare Bombe der Sowjetunion erfolgreich gezündet. Einer der Testdirektoren war Wjatscheslaw Malyschew, Mitglied des Präsidiums des Zentralkomitees der KPdSU und seit Juni 1953 Leiter des Ministeriums

Eine R-2 Rakete wird Anfang der 50er-Jahre in Kapustin Jar zur Startanlage gebracht.

für den mittleren Maschinenbau. In dieser Funktion war er nicht nur einer der Hauptverantwortlichen für die Entwicklung der Wasserstoffbombe, in seiner Zuständigkeit lag auch der sowjetische Raketenbau.

Er wusste somit, an welchem Geheimprojekt Koroljow gerade arbeitete, und er kannte die Basis-Spezifikation dieser Rakete. Als an diesem Augusttag in Semipalatinsk bewiesen wurde, dass die sowjetischen Wissenschaftler das Prinzip der Wasserstoffbombe gemeistert hatten, konfrontierte er sie mit der Forderung, die Masse und Dimensionen der Waffe so zu reduzieren, dass sie auf Koroljows neue Rakete passten. Doch so sehr sie sich auch bemühten, das Gewicht und die Abmessungen blieben deutlich größer als bei einer Spaltbombe. Es gelang ihnen nicht, das Gewicht unter drei Tonnen zu drücken.

Sergei Koroljow auf dem Raketenversuchsgelände von Kapustin Jar im Jahre 1953.

Mit diesen Werten ging Malyschew im Mai 1954 zu Koroljow und konfrontierte nunmehr diesen mit den neuen Parametern. Die drei Tonnen für die Bombe allein bedeuteten 5,5 Tonnen für den gesamten Sprengkopf mit seinem Hitzeschutz, den Aktivierungsvorrichtungen und den Adapterelementen zur Rakete. Die Reichweite der R-7 sollte aber, so forderte Malyschew, weiterhin bei 8000 Kilometer verbleiben.

Koroljow und sein Team rechneten die neuen Werte durch. Das Ergebnis war schockierend. Die bereits fertige Konstruktion musste vollständig überarbeitet werden. Um diese massive Nutzlast auf eine solche Reichweite zu bringen, musste die Rakete noch einmal 100 Tonnen mehr wiegen. Statt sechsmal so schwer wie die bislang größte Rakete der Welt musste er sie nun neunmal so schwer auslegen.

Boris Tschertok, einer der Weggefährten Koroljows im OKB-1, erzählt in seiner Autobiografie, dass Koroljow und seine Konstrukteure Wutanfälle bekamen, als sie die neuen Forderungen akzeptieren mussten, die in Regierungs-

Ausstellungsstücke in Kapustin Jar. Links eine Version der R-2 für Höhenflüge mit Hunden. Rechts eine R-5, die erste sowjetische Mittelstreckenrakete.

beschlüssen vom 20. Mai und vom 28. Juni 1954 festgehalten wurden. Aus der bisher beinahe aussichtslosen Aufgabe schien nun eine völlig unmögliche zu werden.

Doch überraschend verstummte nach einer Weile die massive Kritik Koroljows ob der neuen Spezifikation. Er erkannte schnell, welch ungeheuren Möglichkeiten in dieser fast unerfüllbaren Aufgabe lagen. Er würde nicht nur eine große Interkontinentalrakete schaffen, sondern vor allem einen leistungsstarken Raumfahrtträger. Tatsächlich sollte die R-7 mit ihrer enormen Kraft in ihren vielen Einsatzvarianten über Jahrzehnte das Raumfahrtzeitalter dominieren. Eine Variante der R-7, die Sojus 2, ist immer noch der am häufigsten verwendete russische Träger.

Am 30. Januar 1956, mitten in der Entwicklung der R-7, wurde ein Regierungsbeschluss für die Produktion eines Satelliten mit der Bezeichnung „Objekt D" veranlasst, mit einem Gewicht zwischen 1000 und 1400 Kilogramm und einer wissenschaftlichen Nutzlast von 200 bis 300 Kilogramm. Dieses Raumfahrzeug, der spätere Sputnik 3, sollte 1957 oder 1958 in den Orbit gebracht werden. Er war als Beitrag Moskaus für das Internationale Geophysikalische Jahr geplant. Seine Aufgabe war es, dem ebenfalls angekündigten US-Satelliten nicht nur zuvorzukommen, er sollte ihn geradezu vernichten mit seiner schieren Masse und seiner technischen Komplexität.

Im Dezember 1956 wurde die erste R-7 nach Tjuratam (dem heutigen Baikonur) geliefert, ein Testgerät für die Erprobung der Betriebsabläufe. In diesen letzten Tagen des Jahres 1956 kamen die ersten Prüfstandsdaten der Triebwerkstests herein. Es zeigte sich, dass die Triebwerke nicht die vom Design-Büro Gluschko versprochenen Leistungen erbrachten. Ihr spezifischer Impuls lag nur bei 304 Sekunden statt der zugesagten 310 Sekunden. Für die Funktion der R-7 als Interkontinentalrakete hatte das keine sehr großen Auswirkungen, aber als Satellitenträger war ihre Eignung damit stark eingeschränkt. Statt der vorher geschätzten etwa 1500 Kilogramm für einen elliptischen Erdorbit mit einem Perigäum von 220 Kilometern und einem Apogäum von 1000 Kilometern blieben jetzt nur noch etwa 80–100 Kilogramm übrig. Aber auch

Die erste R-7 steht am 15. Mai 1957 auf der Startrampe. Der Startversuch misslingt.

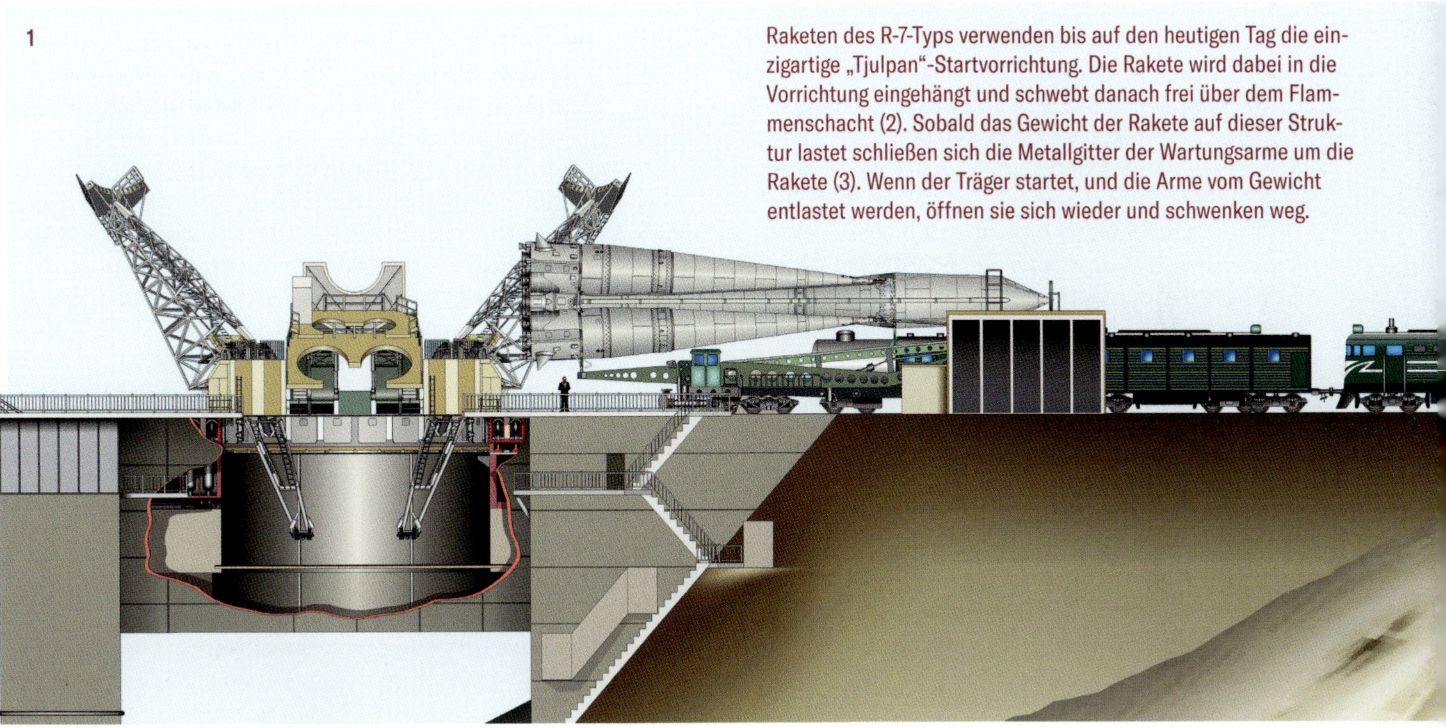

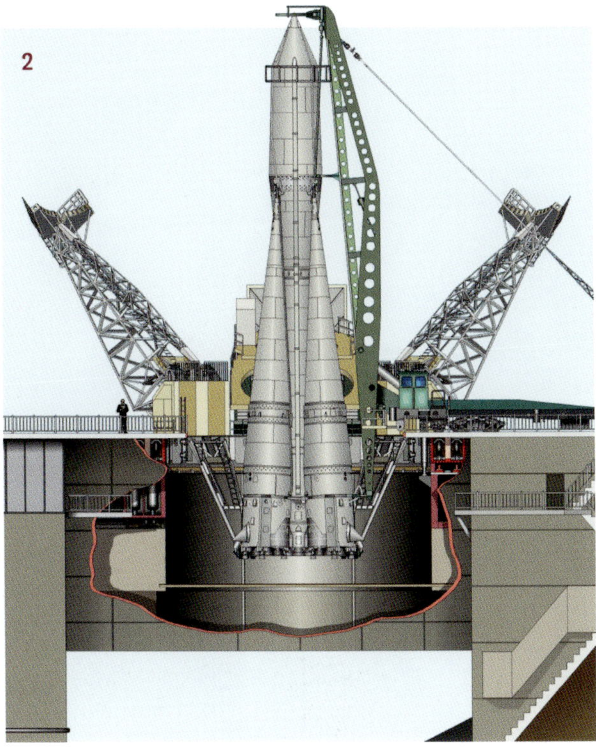

Raketen des R-7-Typs verwenden bis auf den heutigen Tag die einzigartige „Tjulpan“-Startvorrichtung. Die Rakete wird dabei in die Vorrichtung eingehängt und schwebt danach frei über dem Flammenschacht (2). Sobald das Gewicht der Rakete auf dieser Struktur lastet schließen sich die Metallgitter der Wartungsarme um die Rakete (3). Wenn der Träger startet, und die Arme vom Gewicht entlastet werden, öffnen sie sich wieder und schwenken weg.

dann gelang das nur, wenn man die Rakete erheblich abstrippte, den größten Teil der Telemetrie-Einrichtungen entfernte, und die Brennschlussprozedur „tunte“. Der geplante „Objekt D“-Satellit war damit viel zu schwer für die frühen Versionen der R-7-Rakete. Überdies war das Satellitenprojekt wegen seiner Komplexität auch im Entwicklungszeitplan weit zurückgefallen.

Koroljow ließ deshalb in Windeseile einen sehr einfachen Ersatzsatelliten bauen. Er sollte der Nutzlastkapazität der Rakete angemessen sein und er sollte „spacig“ aussehen. Das war ihm besonders wichtig, denn er wusste um die Publicity, die um diesen Satelliten gemacht werden würde.

Das erste Fluggerät der R-7 erreichte Baikonur im März 1957. Am 10. April tagte die Startkommission und am 15. Mai 1957 begann der erste Testflug. Sofort nach dem Abheben entwickelte sich ein Feuer im Bereich der Turbopumpe, das 98 Sekunden später zur Abtrennung eines der Booster-Triebwerke führte. Die Rakete schlug 400 Kilometer vom Startort auf.

Am 12. Juli 1957 fand der zweite Startversuch statt. Diesmal versagte die Flugsteuerung wegen eines Kurzschlusses. Die Rakete begann sehr schnell zu rollen und die Booster trennten sich nach 33 Sekunden von der Zentralstufe. Die Rakete schlug noch in der Nähe des Startortes auf. Der dritte Testflug, am 21. August 1957, glückte. Die Rakete erreichte eine Flughöhe von 1000 Kilometern und steuerte exakt und wie geplant das Zielgebiet auf der Halbinsel Kamtschatka an. Auch der vierte Testflug am 7. September 1957 war ein Erfolg.

Und so eröffnete die Semjorka beim Testflug Nummer fünf mit Sputnik 1 an der Spitze am 4. Oktober 1957 um 20:28 Uhr Mitteleuropäischer Zeit das Raumfahrtzeitalter. Die Meldung der sowjetischen Nachrichtenagentur TASS

Ein Techniker legt letzte Hand an Sputnik 1 an. Links oben abgebildet eine Grafik der Hauptbestandteile des Satelliten, links unten ein Blick in das Innenleben.

über diesen Start war ein immenser Schock für die USA, die sich damals im Weltraum-Wettrennen mit dem „Klassenfeind“ weit voraus sahen. Wegen eines kleinlichen Streits um die Zuständigkeiten der Teilstreitkräfte hatte man in den USA jedoch die durchaus gegebene Gelegenheit verpasst, schon 1956 einen Erdsatelliten in den Weltraum zu starten.

Sputnik 1 hatte zwei Experimente an Bord: Ein Thermometer und einen Funksender, der 21 Tage lang aktiv war. Das erste künstliche Orbitalobjekt in der Geschichte der Menschheit verglühte nach 92 Tagen wieder in der Atmosphäre.

Das ursprünglich für diese Mission vorgesehene „Objekt D“ startete erst am 15. Mai 1958, nachdem für die Semjorka etwas leistungsfähigere Triebwerke zur Verfügung standen.

Sputnik, das Wort heißt auf Deutsch „Begleiter“, wurde in der Folge in der Sowjetunion und den Ländern des Ostblocks, aber auch im Westen, zum Synonym für jede Art von Erdsatelliten. Deshalb fand sich auch in späteren Jahren das Wort „Sputnik“ als Zusatz-Bezeichnung bei einer ganzen Reihe von Raumfahrzeugen. Erstmals tauchte eine Kombinationsbezeichnung dieser Art bei Korabl-Sputnik 1 auf, einem Testmodell des späteren bemannten Wostok-Raumschiffs.

Eine Weile war es auch üblich, sowjetische Raumfahrzeuge unbestimmter Zweckbestimmung, wie beispielsweise die zahlreich im Erdorbit gestrandeten Mars- und Venussonden, einfach als „Sputnik“ zu bezeichnen. So erhielten drei sowjetische Venus-Sonden (denen eigentlich der Name „Venera“ zugestanden wäre), die allesamt zwischen dem 25. August 1962 und dem 12. September 1962 gestartet und aufgrund technischer Defekte in den Oberstufen ihrer Trägerraketen in einer niedrigen Erdumlaufbahn hängen geblieben waren, einfach die Bezeichnungen Sputnik 19, 20 und 21.

Sputnik 1 wird für den Start vorbereitet.

Sputnik 1	
Ursprungsland	UdSSR
Startdatum	4. Oktober 1957
Startort	Baikonur
Trägerrakete	R-7 „Sputnik“
Perigäum Missionsbeginn	215 Kilometer
Apogäum Missionsbeginn	939 Kilometer
Bahnneigung	65,1 Grad
Umlaufperiode zu Beginn	96,2 Minuten
Form	sphärisch
Durchmesser	58 Zentimeter
Startmasse	83,6 Kilogramm
Anzahl Experimente	2
Energieversorgung	Batterien
Rücksturz zur Erde	4. Januar 1958

In diesen Anfangstagen der Raumfahrt gewöhnte man es sich überdies im Westen an, jedes sowjetische Raumfahrzeug, das nicht sogleich einen offiziellen Namen erhielt, als „Sputnik“ zu bezeichnen.

Nach den frühen 60er-Jahren wurde der Name „Sputnik“ zum generellen Gattungsbegriff für Erdsatelliten. Schließlich verselbständigte sich der Begriff immer mehr und wurde zu einem Synonym für etwas das revolutionär und neu war. So bekam der 2020 in Russland entwickelte Covid-Impfstoff „Gam-COVID-Vac“ den Zusatznamen „Sputnik V“. Das Wort „Sputnik“ gehört mit zu den hundert Wörtern, die heute für das 20. Jahrhundert als prägend angesehen werden.

3. November 1957

Laika – Das erste Lebewesen im Orbit

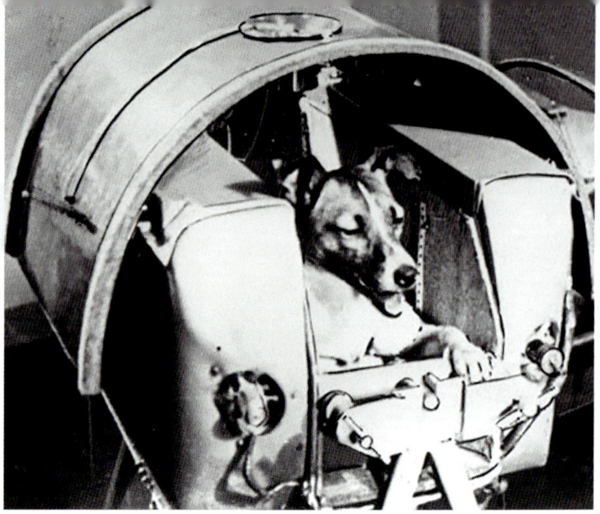

Laika in Sputnik 2.

Der Westen hatte seinen Schock über den Start von Sputnik 1 noch nicht verdaut, als auch schon der nächste folgte. Am 3. November 1957 starteten die Sowjets einen zweiten Satelliten. Noch schockierender als das enorme Gewicht der Nutzlast war aber der Passagier des Raumfahrzeugs: Die Hündin Laika.

Dem Start lag eine Forderung von Staats- und Parteichef Nikita Chruschtschow zugrunde, der für die Feierlichkeiten zum 40. Jahrestag der Oktoberrevolution eine publikumswirksame Inszenierung benötigte, um dem Westen die Überlegenheit des Sozialismus zu demonstrieren.

Sergei Korolojow und seine Ingenieure standen nun vor dem Problem, eine propagandistisch wirksame und gleichzeitig wissenschaftlich sinnvolle Aktion innerhalb von weniger als 30 Tagen nach dem Start von Sputnik 1 auf die Beine zu stellen. So griff er auf ein Programm zurück, das seit Anfang der fünfziger Jahre mit Höhenforschungsraketen in der Sowjetunion lief: raumfahrtmedizinische Versuche mit Hunden. Dafür gab es Expertise und Gerät, das sich schnell modifizieren ließ.

Für den Start von Sputnik 2 musste auf die gleiche Version der R-7-Trägerrakete zurückgegriffen werden, wie für Sputnik 1, also auf die Version, die noch mit den etwas leistungsschwächeren Triebwerken ausgerüstet war und nur Orbitalnutzlasten bis etwa 100 Kilogramm zuließ. Das Dilemma allerdings war, dass Sputnik 2 insgesamt 508 Kilogramm wog.

Biologische Forschungsmissionen auf Höhenforschungsraketen wurden in der Sowjektunion schon sehr früh unternommen. Hier Sergei Koroljow in Kapustin Jar im Jahre 1951 mit einem „Versuchshund“.

Die russischen Ingenieure lösten das Problem, indem Sputnik 2 einfach fest mit der Zentralstufe verbunden blieb, die ja ebenfalls denselben Orbit erreichte. Man sparte Gewicht, indem man auf die Trennelemente verzichtete und für die Funkübertragung auf das Tral-Telemetriesystem der Rakete zurückgriff, anstatt ein eigenes für das Raumfahrzeug zu bauen. Die Triebwerke ließ man bis zum vollständigen Verbrauch der Treibstoffe laufen, anstatt sie wie üblich mittels eines Timers abzuschalten, und zusätzlich modifizierte man auch noch die Aufstiegsbahn der Rakete. Zuletzt führte man noch Testläufe mit einer großen Anzahl von RD-107-Triebwerken durch (mit denen die Rakete betrieben wurde) und wählte dann die fünf mit der besten Leistung für die Sputnik 2-Mission aus.

Die Kombination aus Stufe und Satellit wog zusammen 7790 Kilogramm. Man hätte damit ebenfalls einen Rekord reklamieren können, allerdings dafür zugeben müssen, dass sich Rakete und Nutzlast nicht voneinander trennten.

Zehn Hunde kamen in die Endauswahl. Die drei am besten geeigneten trugen die Namen Laika, Albina und Muschka. Albina hatte schon „Flugerfahrung“, seit sie im Mai 1956 mit einer R-1-Rakete zu einem suborbitalen Flug auf fast 100 Kilometer Höhe gebracht worden war. Doch schließlich wurde Laika für die Mission ausgewählt.

Eine Rückkehr dieses ersten Lebewesens im Orbit war weder vorgesehen noch zu dieser Zeit technisch möglich. Geplant war, Laika sieben Tage lang am Leben zu erhalten, und sie dann mit Gift in der Nahrung schmerzlos zu töten. Tatsächlich starb sie aber schon während der vierten Erdumkreisung durch Überhitzung nach dem Versa-

Sputnik 2	
Ursprungsland	UdSSR
Startdatum	3. November 1957
Startort	Baikonur
Trägerrakete	R-7 „Sputnik“
Perigäum Missionsbeginn	211 Kilometer
Apogäum Missionsbeginn	1659 Kilometer
Bahnneigung	65,33 Grad
Umlaufperiode zu Beginn	103,7 Minuten
Form	kegelförmig
Durchmesser/Höhe	2/4 Meter
Startmasse	508 Kilogramm
Anzahl Experimente	3
Energieversorgung	Batterien
Rücksturz zur Erde	14. April 1958

gen der Klimaanlage. Der Satellit mit der toten Laika an Bord verglühte nach 162 Tagen im Orbit.

Der Flug entfachte seinerzeit im Westen, befeuert durch die Mainstream-Medien, eine beachtliche öffentliche Debatte über die Grausamkeit der sowjetischen Forscher. Heute würde man von einem „Shit-Storm“ sprechen. Die Reaktion der westlichen Öffentlichkeit wäre wahrscheinlich knapp eineinhalb Jahre darauf noch einmal heftiger ausgefallen, denn Laikas „Ersatzhund“ Muschka kam am 1. Dezember 1960 beim Flug von Korabl-Sputnik 3 ums Leben. Bei dieser Mission war es sowohl technisch möglich als auch vorgesehen gewesen, sie zur Erde zurückzuholen. Leider aber kam es zu einer Anomalie bei der Zündung der Retro-Triebwerke für die Landung. Die Raketenmotoren liefen zu lange, und das Raumschiff drohte außerhalb der Sowjetunion niederzugehen. Ganz im besten Stil des Kalten Krieges sprengten daraufhin die Militärs das Raumschiff per Funkbefehl, was das Ende für Muschka und ihres Kompagnons Pschjolka bedeutete, der mit an Bord war.

Die Mission von Korabl-Sputnik 3 wurde seinerzeit allerdings geheim gehalten, so dass die Umstände dieses Fluges erst Jahrzehnte später im Westen bekannt wurden.

Das Foto im Hintergrund zeigt einen Techniker, der die Nutzlastverkleidung für Sputnik 2 montiert. Links darüber gelegt eine Risszeichnung, in der man die Verbindung mit der Rakete erkennen kann. Rechts der Satellit „pur“, ohne Nutzlastverkleidung.

31. Januar 1958

Explorer 1 bringt die USA ins All

Im Jahre 1956 brachten sich die USA selbst um die Chance, den ersten Erdsatelliten der Welt zu starten. In diesem Jahr testete das Team von Wernher von Braun die Jupiter-Mittelstreckenrakete und schlug vor, Feststofftreibsätze als Oberstufen zu verwenden, um damit einen Satelliten in den Orbit zu bringen. Die Regierung lehnte das aber ab, denn der Start des weltweit ersten Satelliten (niemand in den USA nahm auch nur andeutungsweise die Sowjets als ernsthafte Konkurrenten wahr) sollte nicht durch einen Nachfolger der schrecklichen V2 erfolgen. Für diesen Einsatz war die noch in Entwicklung befindliche Vanguard-Rakete des Naval Research Laboratory vorgesehen, die man der Öffentlichkeit als „zivilen" Träger verkaufte. Sie sollte den gleichnamigen Satelliten in den Orbit bringen.

Bis zum 4. Oktober 1957 waren sich die Amerikaner und mit ihnen die ganze westliche Welt somit sicher, dass der

Vanguard 1 wird für den Start vorbereitet.

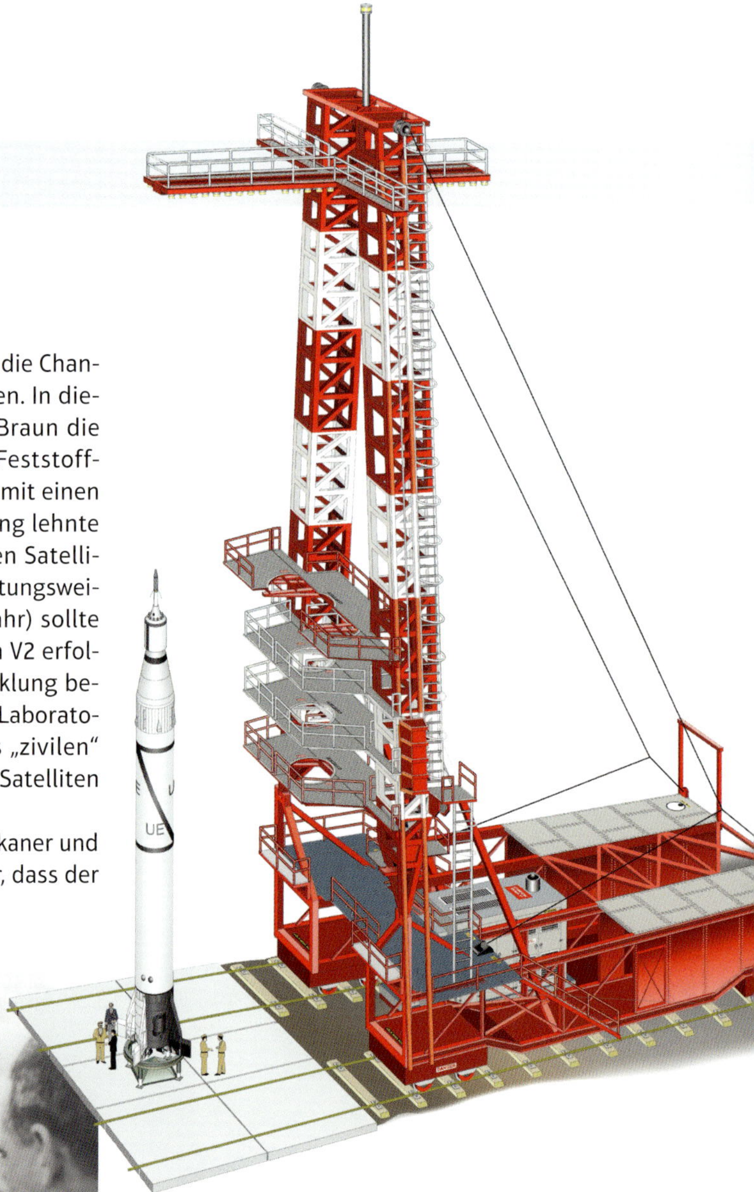

Startanlage 26A der Atlantic Missile Range in Cape Canaveral. Den Start führte die US Army durch. Die NASA existierte zu diesem Zeitpunkt noch nicht.

erste künstliche Erdsatellit aus den USA kommen würde. Doch am Abend dieses Tages waren sie eines Besseren belehrt, und praktisch jeder Erdenbürger beherrschte nun mindestens ein russisches Wort, und das lautete „Sputnik". Die Amerikaner waren entsetzt. Wie vom Donner gerührt waren sie auch über das Gewicht des sowjetischen Satelliten. Sputnik wog über 80 Kilogramm. 53-mal so viel wie der Vanguard-Satellit, für den der Platz in den Geschichtsbüchern ihrer Ansicht nach eigentlich bestimmt war.

Der 6. Dezember 1958 hat sich in das nationale Gedächtnis der USA eingegraben. Der Start, mit dem Amerika den Sowjets Paroli bieten wollte, scheitert vor den Augen der gesamten Nation.

Doch es gab gute Nachricht, und so blickte die US-Bevölkerung hoffnungsvoll nach Cape Canaveral, wo – wie die US-Regierung den Menschen erzählt hatte – der Vanguard-Satellit startfertig auf der Rampe stand. Die Verlautbarung beruhte auf einem schlimmen Fehler von James Hagerty, dem Pressesprecher des Weißen Hauses. In seiner Verzweiflung, dem Publikum eine positive Raumfahrtmeldung zu überbringen, hatte er behauptet, dass Amerikas Vanguard-Satellit schon in wenigen Tagen mit den Russen gleichziehen werde.

Über diese Ankündigung war das Vanguard-Team völlig konsterniert. Die Rakete war weit davon entfernt, einsatzbereit zu sein. Offizielle Satellitenstarts waren nicht vor dem Frühjahr 1958 vorgesehen. Für Anfang Dezember hatte man jedoch geplant, die Rakete erstmals mit allen drei aktiven Stufen zu testen. Für den unwahrschein-

Vanguard 1	
Ursprungsland	USA
Startdatum	17. März 1958
Startort	Cape Canaveral
Trägerrakete	Vanguard
Perigäum Missionsbeginn	654 Kilometer
Apogäum Missionsbeginn	3696 Kilometer
Bahnneigung	34,25 Grad
Umlaufperiode zu Beginn	134,2 Minuten
Funktionsdauer	2200 Tage
Durchmesser	15,2 Zentimeter
Startmasse	1,47 Kilogramm
Anzahl Experimente	2
Energieversorgung	6 Solarzellen
Rücksturz zur Erde	Um das Jahr 2200

Explorer 1 an der Spitze der Jupiter C-Trägerrakete wird für den Start vorbereitet.

lichen Fall, dass das klappen sollte, wollte man einen winzigen Testsatelliten von der Größe einer Grapefruit in den Orbit bringen. Zu ihrem großen Missfallen mussten sie nun ansehen, wie Heerscharen von Reportern in Cape Canaveral einfielen, um dem Publikum über den Start von Vanguard 1 zu berichten. Nirgendwo wurde der Testcharakter des Abschusses erwähnt. Der Erfolg wurde von den Medien als mehr oder weniger sicher vorausgesetzt.

Der Start der Vanguard war für den 6. Dezember 1957 angesetzt. Das Fernsehen brachte damals die erste große landesweite Direktübertragung eines Raumfahrt-Ereignisses in Millionen amerikanische Haushalte. Was dann folgte hat sich bis auf den heutigen Tag tief in das nationale Gedächtnis der USA eingegraben. Das Triebwerk der Rakete zündete, langsam hob die Vanguard etwa einen Meter von der Startrampe ab. Dann fiel sie wieder zurück auf die Rampe und detonierte vor den Augen der gesamten Nation in einer ungeheuren Explosion.

Nach dem spektakulären Fehlschlag der Vanguard erinnerte man sich an Wernher von Brauns Vorschlag vom Vorjahr. Ihm und seinem Team gelang es dann in weniger als 60 Tagen, eine Jupiter C einsatzklar zu machen und schließlich auch für die USA das Weltraum-Zeitalter einzuläuten.

Bei der Jupiter C handelt es sich um eine modifizierte Redstone-Rakete. Heute wird sie durchweg als Juno 1 bezeichnet, doch ist das ein Name, den sie erst eine ganze Weile nach ihrem ersten Satellitenflug erhielt. Die Bezeichnung geht auf Wernher von Braun zurück. Sie ist ein Akronym, das sich aus der Bezeichnung „JUpiter composite NO. 1" zusammensetzte, ein Begriff, der die Rakete recht gut beschrieb, denn tatsächlich war sie aus diversen Bestandteilen des damaligen Army-Raketeninventars zusammengesetzt.

Explorer 1	
Ursprungsland	USA
Startdatum	31. Januar 1958
Startort	Cape Canaveral
Trägerrakete	Jupiter C
Perigäum Missionsbeginn	358 Kilometer
Apogäum Missionsbeginn	2550 Kilometer
Bahnneigung	33,24 Grad
Umlaufperiode zu Beginn	114,8 Minuten
Funktionsdauer	111 Tage
Durchmesser	16 Zentimeter
Startmasse	13,9 Kilogramm
Anzahl Experimente	4
Energieversorgung	Batterien
Rücksturz zur Erde	31. März 1970

Start von Explorer 1.

Explorer 1 war der Stammvater einer langen Reihe von Forschungssatelliten mit der Bezeichnung „Explorer“. Diese Serie ist die älteste Typenreihe der amerikanischen Raumfahrt und wird bis auf den heutigen Tag weitergeführt.

Während die ersten fünf Explorer-Satelliten noch unter der Leitung der US Army liefen, wird das Programm seit Explorer 6 bei der NASA abgewickelt. Seit damals sind – bis zu dem Zeitpunkt an dem diese Zeilen entstehen – insgesamt 96 Satelliten des Explorer-Programms gestartet worden. Sie firmieren allerdings schon lange nicht mehr nur unter dieser Bezeichnung, sondern führen seit den 60er-Jahren jeweils auch missionsspezifische Eigennamen. Die Explorer-Klassifizierung wird nur noch im NDSSC-Master Katalog und in den entsprechenden Budget-Titeln der NASA weitergeführt.

Der bislang letzte Satellit der Explorer-Klasse, Explorer 96, ist auch unter dem Namen ICON (Ionospheric Connection Explorer) bekannt. Er wurde am 11. Oktober 2019 mit einer Pegasus-XL-Rakete in den Orbit gebracht.

Planung und Bau des Satelliten erfolgte durch das Jet Propulsion Laboratory der NASA. Die Messinstrumente entwickelte Dr. James van Allen.

Der Start von Explorer 1 erfolgte am 1. Februar 1958 um 3:48 Uhr Greenwich Mean Time. An der US-Ostküste war es da noch der 31. Januar, um 22:48 Uhr Ortszeit. Explorer 1 war damit nach den beiden sowjetischen Erdtrabanten Sputnik 1 und Sputnik 2 der dritte künstliche Erdbegleiter weltweit.

Der knapp 14 Kilogramm schwere Satellit funktionierte 111 Tage lang. Dann waren seine Batterien erschöpft. Er blieb aber mehr als zwölf Jahre im Orbit und stürzte erst am 31. März 1970 wieder zur Erde zurück.

Nach dem erfolgreichen Start war der Jubel groß. Die Projektverantwortlichen bei der Pressekonferenz nach dem Start mit einem Modell des Satelliten. Rechts: Wernher von Braun (Entwickler der Trägerrakete), Mitte: James van Allen (wissenschaftlicher Leiter), Links: William Pickering (Direktor des Jet Propulsion Laboratory).

15. Mai 1958

Sputnik 3 – Erstes physikalisches Orbitlabor

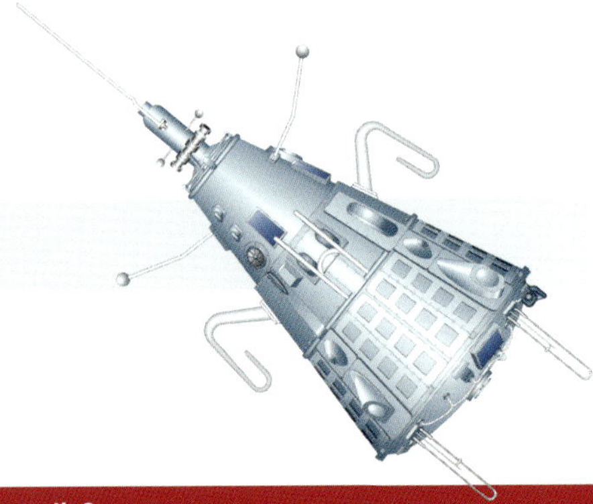

Das OKB 45 unter der Leitung von Valentin Gluschko konnte ab der Fertigungsnummer 13 der R-7-Rakete endlich die leistungsstärkeren Triebwerke liefern. Damit war es nun möglich, den über 1300 Kilogramm schweren Sputnik 3 (der vormals auch als „Objekt D" bezeichnet worden war) zu starten. Die Variante der R-7, die speziell für das Objekt D geschaffen wurde, trug die Bezeichnung 8A91. Sie wurde nur für diesen einen Zweck eingesetzt und flog danach nie wieder. Das Objekt D war einer der offiziellen Beiträge der Sowjetunion für das Internationale Geophysikalische Jahr (das eigentlich 18 Monate dauerte, und vom 1. Juli 1957 bis zum 31. Dezember 1958 lief).

Der erste Versuch, Sputnik 3 zu starten, erfolgte am 27. April 1958. Die Rakete zerlegte sich aber 88 Sekunden nach dem Start und ihre Trümmer regneten 225 Kilometer vom Startplatz entfernt auf die Steppe Kasachstans herunter. Der Satellit selbst hatte sich von der Rakete gelöst und war wie durch ein Wunder kaum beschädigt worden. Erst beim Rücktransport zur Startstelle kam es durch einen Kurzschluss zu einem Feuer, der das Raumfahrzeug dann doch vollständig vernichtete. Angesichts der unzuverlässigen Trägerraketen hatte das OKB-1 von Sputnik 3 sicherheitshalber aber von vorneherein gleich mehrere Exemplare gebaut, und das, so zeigte sich nun, war auch gut so.

Sputnik 3	
Ursprungsland	UdSSR
Startdatum	15. Mai 1958
Startort	Baikonur
Trägerrakete	R-7 8A91
Perigäum Missionsbeginn	217 Kilometer
Apogäum Missionsbeginn	1864 Kilometer
Bahnneigung zum Äquator	65,18 Grad
Umlaufperiode zu Beginn	105,9 Minuten
Form	kegelförmig
Höhe/Durchmesser	3,57/1,73 Meter
Startmasse	1327 Kilogramm
Anzahl Experimente	12
Energieversorgung	Batterien
Rücksturz zur Erde	6. April 1960

Start von Sputnik 3.

Der zweite Startversuch, am 15. Mai, glückte. Damit war die weltweit erste große wissenschaftliche Plattform im Orbit. Das Datum wurde auch deswegen ausgewählt, weil es der Jahrestag des ersten Startversuchs der R-7-Rakete war.

Das Raumfahrzeug war kegelförmig, gut dreieinhalb Meter hoch und an der Basis gut 1,7 Meter breit. Der Satellit verfügte über keine aktive Lageregelung. Die Stromversorgung erfolgte weitgehend über Silber-Zink-Batterien, die nach sechs Wochen erschöpft waren. Von da an bis zum Verglühen in der Erdatmosphäre am 6. April 1960 schwiegen die Instrumente. Mit zwei Ausnahmen allerdings, nämlich dem Telemetrie-Transmitter und dem Szintillationsdetektor, die beide mit experimentellen Solarzellen betrieben wurden und somit bis zum Schluss arbeiteten.

Die zwölf Instrumente an Bord von Sputnik 3 sollten Informationen über den Luftdruck und die Zusammen-

Endmontage von Sputnik 3. Links ein Blick in das Innere des Satelliten.

setzung der oberen Atmosphäre übermitteln, die Zusammensetzung der kosmischen Strahlung erforschen, die Magnetfelder der Erde unter die Lupe nehmen und die Häufigkeit von Mikro-Meteoriten ermitteln. Die hoch komplexe Maschinerie an Bord des Raumfahrzeugs überforderte jedoch die technischen Möglichkeiten der damaligen Zeit, so dass etliche der Instrumente und Bordsysteme schon nach kurzer Zeit ausfielen. So gelang es beispielsweise nicht, Messungen der Strahlungsfelder um die Erde vorzunehmen, weil der Tral-D-Bandrekorder für die Datenaufzeichnungen nicht funktionierte. Dadurch konnte Sputnik 3 immer nur dann Daten direkt übermitteln, wenn er eine Bodenstation überflog.

Nachdem die USA damit erneut von der Sowjetunion deutlich deklassiert worden war, mussten nun energische Gegenmaßnahmen her. Schon im April 1958 hatte Präsident Eisenhower in einer Rede vor beiden Häusern des Kongresses die Schaffung einer zivilen Raumfahrtagentur gefordert. Nach dem Start von Sputnik 3 stand auch die Öffentlichkeit geschlossen hinter dieser Forderung. Die gesetzlichen Rahmenbedingungen für eine solche Institution wurden in Rekordzeit durch den Genehmigungsprozess geschleust, und am 1. Oktober 1958 nahm die National Aeronautics and Space Administration, oder kurz NASA, ihre Arbeit auf.

Modell von Sputnik 3 im staatlichen Konstantin E. Ziolkowski-Museum der Raumfahrt in Kaluga.

2. Januar 1959

Luna 1 – Erster Vorbeiflug am Mond

Mondsonde Luna 1.

Die Trägerrakete R-7 8K72 „Luna"

Für den 41. Jahrestag der Oktoberrevolution, am 7. November 1958, ein Jahr nach dem Start des ersten Sputnik, forderte Staats- und Parteichef Chruschtschow ein neues Raumfahrt-Großereignis von Sergei Koroljow. Etwas, mit dem man dem Westen erneut die Überlegenheit des sozialistischen Systems demonstrieren konnte. Was wäre besser dafür geeignet gewesen als ein Mondflug.

Aufgrund dieser Anordnung unternahm die Sowjetunion zwischen dem 23. September 1958 und dem 4. Oktober 1959 insgesamt sieben Startversuche zum Erdtrabanten. Zwei Missionen erfüllten ihren Flugauftrag wie vorgesehen, eine weitere Mission war ein eher unfreiwilliger Teilerfolg. Die restlichen vier Flüge scheiterten. Was aus heutiger Sicht wie ein recht unerfreuliches Erfolgsverhältnis aussieht, war in diesen Anfangstagen der Raumfahrt aber eine ziemlich gute Quote.

Ein großes Problem, mit dem sich die sowjetischen Konstrukteure konfrontiert sahen war der Umstand, dass der Mond mit der zweistufigen R-7 nicht erreichbar war. Um die nötige Geschwindigkeit von mindestens 10,9 Kilometern pro Sekunde zu erzielen, brauchte diese Rakete noch eine zusätzliche Antriebseinheit. Eine dritte Stufe. Die zu entwickeln war nicht einfach, denn die Zeitvorgabe Chruschtschows war extrem kurz. In Zusammenarbeit mit dem OKB-154 von Semjon Kosberg bekam man das aber hin und bezeichnete die neue R-7-Variante als 8K72 „Luna".

Doch schon tat sich ein neues Problem mit dem Triebwerk auf. Das bestand darin, dass es zuverlässig im Weltraum gezündet werden musste. Um die Schwierigkeiten sequenzieller Zündvorgänge zu umgehen, war die R-7 mit paralleler Stufung ausgelegt worden. So konnte man auf dem Boden erst einmal alle Triebwerke gemeinsam zünden, und die Rakete erst dann starten, wenn sie stabil liefen. Die seitlichen Booster wurden dann nach Verbrauch ihres Treibstoffs abgesprengt, und nur noch das Triebwerk der Zentralstufe lief weiter. Beim Einsatz des RD 105-Oberstufentriebwerks war das aber nun nicht mehr möglich. Es konnte erst im Anschluss der Betriebszeit der zweiten Stufe gezündet werden. Dabei musste vermieden werden, dass die Treibstoffe dieser Oberstufe unter den Einfluss der Schwerelosigkeit gerieten, denn dadurch würde der Treibstoffzufluss zu den Triebwerken unterbrochen werden.

Die Antwort der sowjetischen Entwickler auf dieses Problem war die „heiße" Stufentrennung. Sie wird bis auf den heutigen Tag in russischen Trägerraketen der Typen Sojus (die ja direkte Nachfolger der R-7 sind) und Proton angewendet. Um die Schwerelosigkeitsphase nach dem Abschalten der zweiten Stufe zu vermeiden, zündet die dritte Stufe bereits während die zweite Antriebseinheit noch läuft. Für einige Sekunden laufen zweite und dritte Stufe somit gleichzeitig. Die Abgase werden dabei durch eine Gitterstruktur nach außen abgeführt.

Die Methode des sofortigen sequentiellen Zündens der dritten Stufe, von der Startrampe direkt zum Mond, hatte allerdings auch entscheidende Nachteile. Zum einen nutzte es nicht die maximale Nutzlastkapazität der Rakete, zum anderen war die geforderte Präzision für das Erzielen einer Mondbahn auf diese Weise nur schwer zu erreichen. Schon wenige Jahre später war es sowohl in der Sowjetunion wie auch in den USA üblich, zunächst eine Parkbahn im Erdorbit anzusteuern, und erst danach das translunare Beschleunigungsmanöver durchzuführen. Diese wesentlich präzisere und treibstoffökonomischere Methode mit der Parkbahn hätte es aber erfordert, das Triebwerk der dritten Stufe zunächst abzuschalten und beim Erreichen des „Einschussfensters" erneut in Betrieb zu nehmen. Diesen Neustart des Triebwerks aus der Phase der Schwerelosigkeit beherrschte man damals noch nicht.

Ein Modell der dritten Stufe der R-7 8K72 „Luna"-Trägerrakete. Der Satellit saß an der Spitze unter der Nutzlastverkleidung.

Blick von oben auf den Satelliten und die dritte Stufe.

Die Direktschussmethode ließ keinerlei Ungenauigkeiten beim Startzeitpunkt zu. Und noch weniger beim Zeitpunkt für den Brennschluss von Stufe 3. Eine Abweichung von zehn Sekunden beim Start bedeutete, dass der Zielpunkt auf dem Mond um 250 Kilometer verfehlt wurde. Eine Abweichung von nur einem Meter pro Sekunde bei der Freigabe der Luna-Sonde bedeutete ebenfalls eine Abweichung von 250 Kilometer. Und sollte während der mehr als sechs Minuten langen Brennzeit der Oberstufe die Raumlage nur eine einzige Winkelminute vom berechneten Wert abweichen, dann waren wiederum 200 Kilometer Streuung die Folge. Kursänderungen unterwegs in Richtung Mond konnten diese ersten primitiven Raumsonden nicht durchführen. Man musste ihnen die genau passende Geschwindigkeit und Zielgenauigkeit von vornherein mitgeben.

Luna 1	
Ursprungsland	UdSSR
Startdatum (MEZ)	2. Januar 1959
Startort	Baikonur
Trägerrakete	R-7 8K72 „Luna"
Typenbezeichnung	E1 Nr. 4
Startmasse	361 Kilogramm
Geplantes Missionsziel	Einschlag auf dem Mond
Erreichtes Missionsziel	Vorbeiflug am Mond
Letzter Kontakt	5. Januar 1959
Erdentfernung beim letzten Kontakt	597.000 Kilometer
Startmasse	361 Kilogramm
Heutiger Verbleib	Heliozentrischer Orbit

Soweit die Theorie. Die Praxis sah anders aus. Am 23. September 1958 erfolgte der erste Versuch, eine Sonde zum Mond zu senden. 92 Sekunden nach dem Liftoff zerbrach die Rakete und die erste sowjetische Mondsonde war verloren. Am 12. Oktober 1958 unternahm die Sowjetunion den zweiten Versuch. Dieses Mal hielt die Rakete 104 Sekunden durch. Dann explodierte auch sie. Chruschtschows Geschenk für den 41. Jahrestag der Oktoberrevolution war damit zerstört.

Beim dritten Versuch am 4. Dezember 1958 versagte die Rakete erneut. In einem der Booster der R-7 kam es zu einem Riss in einem Wasserstoff-Peroxidtank, mit dem die Turbopumpe der Zentralstufe betrieben wurde. Nach 245 Sekunden war der gesamte Vorrat an Wasserstoff-Peroxid verbraucht, das Triebwerk verlor an Leistung und schaltete sich schließlich ganz ab. Damit war auch die dritte Luna-Einschlagsonde verloren.

Der vierte Flug einer 8K72 „Luna", am 2. Januar 1959, war vom raketentechnischen Standpunkt weitgehend erfolgreich. Alle drei Stufen funktionierten tadellos, und hätte es nicht einen Fehler im Flugführungssystem gegeben, dann hätten die Sowjets bereits in diesen ersten Januartagen des Jahres 1959 die Mondoberfläche erreicht. So aber war die Mission eigentlich ein Fehlschlag. Eigentlich…

Wie beschrieben war das Problem bei den Direkteinschüssen der ersten Lunas auf die Mondtransferbahn der Umstand, dass die Brennschlusszeiten der jeweiligen Stufen exakt eingehalten werden mussten. Die Ingenieure misstrauten dem automatischen System an Bord der Rakete und beschlossen, Radiosignale an die Block A-Zentraleinheit und danach an die Block E-Stufe zu senden, um den Brennschluss genauer einhalten zu können. Leider war es in diesem Fall dann die Funkstation, die das Abschaltsignal zu spät sendete. Und so verfehlte die Sonde ihr Ziel um 6000 Kilometer, also fast eineinhalb Monddurchmesser. Sie trat in einen heliozentrischen Orbit ein, und wurde damit *zum ersten künstlichen Planeten des Sonnensystems*, wie man es damals ziemlich pathetisch ausdrückte.

Anstatt der erwarteten Schelte, dass man die Mission nach dem erfolgreichen Start am Ende doch noch ver-

Start von Luna 1 im Bildhintergrund. Rechts ein Blick in das Innere der dritten Stufe mit der kugelförmigen Raumsonde obenauf. Links davon ein Schnittbild der Sonde.

masselt hatte, wurden die Ingenieure mit einer Lawine von Grüßen und Glückwünschen überschüttet. Die sowjetische Propaganda leistete ganze Arbeit und machte der Welt glauben, dass ein Vorbeiflug am Mond und der Eintritt in eine heliozentrische Umlaufbahn exakt das Ziel dieser Mission gewesen sei, das man auch zu einhundert Prozent erreicht hätte. Am 5. Januar gab das Zentralkomitee der Partei und der Ministerrat der UdSSR eine Botschaft heraus mit dem Wortlaut: *„Ruhm und Ehre an die Arbeiter der sowjetischen Wissenschaft und Technik, die neue Wege bei der Entdeckung der Geheimnisse der Natur beschreiten, und ihre Kräfte zum Nutzen der Menschheit bündeln“.*

Die Presse interessierte sich besonders für die Natrium-Wolke, welche die Sonde in einem Erdabstand von 113.000 Kilometern ausgestoßen hatte. Diese Wolke hatte einen ganz besonderen Sinn. Sie war von der Erde aus gut zu beobachten und bewegte sich mit der gleichen Geschwindigkeit wie die Sonde und die dritte Stufe in Richtung Mond. Sie konnte von allen Observatorien auf der Erde beobachtet werden und diente so als Beweis dafür, dass die Sowjets tatsächlich den Mond erreicht hatten, oder etwas korrekter in diesem Fall, daran vorbeigeflogen waren.

Noch viele Jahre nach dem historischen Flug gab es Sondermarken zu Ehren der Mission von Luna 1. Diese hier stammt aus Kuba und erschien im Jahr 1984.

12. September 1959

Luna 2 – Aufschlag auf dem Mond

Am 18. Juni 1959 unternahm die Sowjetunion den fünften Versuch, eine Einschlagsonde zum Mond zu senden. Der Start war ein glatter Fehlschlag.

Der nächste Mondschuss erfolgte am 12. September 1959, um 9:39:26 Uhr Moskauer Zeit. Dieses Mal gelang der Start. Die Abweichung vom geplanten Startfenster betrug lediglich eine Sekunde. Das lag noch gut in den Toleranzen.

Die erste Aufgabe Sergei Koroljows, seines Stellvertreters Boris Tschertok, Mstislaw Keldyschs (dem Vorsitzenden der Akademie der Wissenschaften) und den anderen Verantwortlichen war es, nach dem geglückten Start eine Nachricht für die sowjetische Nachrichtenagentur TASS zu verfassen. Danach musste Keldysch bei der staatlichen Kommission die Erlaubnis einholen, mit Professor Bernard Lovell vom Londoner Jodrell Bank Observatorium Kontakt aufzunehmen. Dem musste dann mitgeteilt werden, was die sowjetischen Absichten mit dieser Raumsonde waren. Der Kontakt mit Bernard Lovell war von größter Wichtigkeit, denn das Jodrell Bank Observatorium verfügte seinerzeit über die weltweit größte Parabolantenne.

Koroljow war zunächst gegen Keldyschs Kontaktaufnahme. Was, so fragte er, wenn sie den Mond erneut verfehlten? Dieses Mal würde niemand glauben, dass die Sowjetunion schon wieder einen künstlichen Satelliten um die Sonne schicken wollte, der dabei erneut ausgerechnet in der unmittelbaren Nähe des Mondes vorbeikommen würde. Dennoch setzte sich Keldysch durch. Er gab der sowjetischen Akademie der Wissenschaften den Auftrag, sofort mit Lovell in Verbindung zu treten, und ihm den berechneten Aufschlagszeitpunkt auf dem Mond und die Bahnparameter von Luna 2 zu übermitteln, damit dieser in der Lage war, die schwachen Signale der Sonde zwischen dem Hintergrundrauschen des Weltalls aufzufinden.

Die ganze Aktion war der Angst der sowjetischen Ingenieure und Wissenschaftler geschuldet, dass womöglich niemand auf der Erde von dem Ereignis etwas mitbekam, und man ihnen am Ende nicht glauben würde. Oder aber dass es die Amerikaner zwar mitbekamen (was tatsächlich der Fall war), sie es aber womöglich niemandem sagen würden. Tatsächlich stellte sich am Ende heraus, dass auch das US-Militär mit Lovell Kontakt aufgenommen hatte, damit der ihre eigenen Beobachtungen verifizierte. Und nicht nur die militärischen Stellen setzten sich mit Jodrell Bank in Verbindung, sondern auch noch die NASA.

Modell der Mondsonde Luna 2.

Der Flug dieser sechsten sowjetischen Mondsonde dauerte 38 Stunden, 21 Minuten und 21 Sekunden. Die sowjetischen Wissenschaftler bekamen am 14. September die erhoffte Bestätigung von Professor Lovell, dass das Raumfahrzeug fast exakt zum vorhergesagten Zeitpunkt seine Übertragungen gestoppt hatte. Luna 2 hatte seine Sendungen eine Sekunde später eingestellt, als berechnet. Und selbst diese eine Sekunde Differenz war schnell erklärt. Es stellte sich nämlich heraus, dass in der

Bahnberechnung der Ballistiker die Lichtlaufzeit des Signals vom Mond zur Erde nicht mit in Betracht gezogen worden war.

Am 14. September 1959 meldete die sowjetische Nachrichtenagentur TASS: *„Heute, am 14. September, um 12:02:24 Uhr Moskauer Zeit, erreichte ein zweites sowjetisches Raumfahrzeug die Oberfläche des Mondes. Zum ersten Mal in der Geschichte ist damit ein Raumflug von einem Himmelskörper zu einem anderen erfolgt. In Erinnerung an dieses bemerkenswerte Ereignis wurden Plaketten mit dem Emblem der UdSSR und der Inschrift „Union der sozialistischen Sowjetrepubliken, September 1959" auf der Oberfläche des Mondes platziert. Das Erreichen der Mondoberfläche durch dieses sowjetische Raumfahrzeug ist ein bemerkenswerter Erfolg der Wissenschaft und Technologie. Es ist der Anfang einer neuen Phase in der Weltraumforschung".*

Nachbau der Raumsonde Pioneer 1 im National Air & Space Museum in Washington.

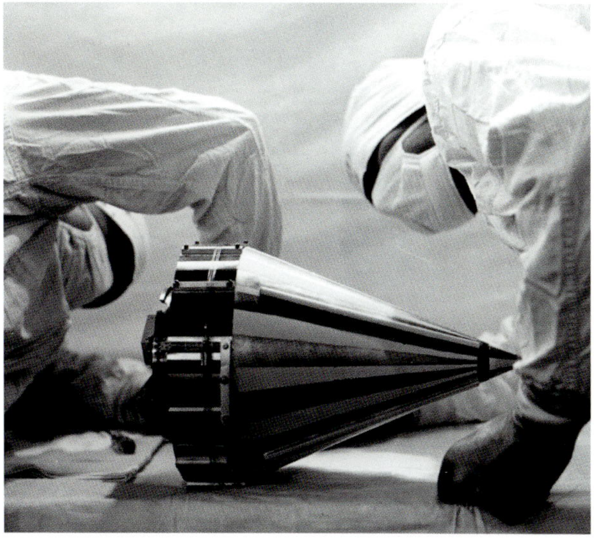

Sie war nicht größer als ein heutiger Cubesat: Mondsonde Pioneer 3.

Am 15. September, um 6:00 Uhr morgens, wurde diese Nachricht über alle Radiostationen der Sowjetunion verbreitet und der gleichlautende Text stand in allen Morgenzeitungen. Koroljow, Keldysch und die anderen Autoren des Textes ärgerten sich gehörig darüber. Er war durch zahllose Kontroll- und Zensurgremien gegangen und sollte eigentlich völlig glatt gebügelt und frei von allen verdächtigen Äußerungen sein. Doch irgendwo hatte sich da ein entscheidender Fehler eingeschlichen, der die scheinbar so erfolgreiche Luna 1-Mission vom Januar in Misskredit zog. Es ging um die Passage, die da besagte: *„... erreichte ein zweites sowjetisches Raumfahrzeug die Oberfläche des Mondes"*. Tatsächlich war Luna 2 natürlich das erste sowjetische Raumfahrzeug auf dem Mond. Luna 1 hatte ja wegen eines Problems mit der Flugsteuerung den Erdtrabanten verfehlt. Und nun gab man indi-

Luna 2	
Ursprungsland	UdSSR
Startdatum	12. September 1959
Startort	Baikonur
Trägerrakete	R-7 8K72 „Luna“
Typenbezeichnung	E1A Nr. 2
Startmasse	390 Kilogramm
Missionsziel	Einschlag auf dem Mond
Letzter Kontakt	14. September 1959, 22:02 Uhr MEZ
Heutiger Verbleib	Palus Putredinus, 0 Grad Länge, 29,1 Grad Breite

rekt zu, dass auch diese erste Sonde eigentlich auf dem Mond hätte niedergehen sollen.

Während die Sowjets ihre Fehlschläge verbargen, und so im Westen den Eindruck einer makellosen Serie entstand, spielten sich die noch vergeblicheren Bemühungen der Amerikaner, den Mond noch vor den Sowjets zu erreichen, in aller Öffentlichkeit ab. Das Ergebnis war ernüchternd und sah so aus:

17. August 1958: Eine Thor-Able mit der ersten Raumsonde des Pioneer-Programms der US Air Luftwaffe explodiert 77 Sekunden nach dem Liftoff in einer Höhe von 16 Kilometern. Das Raumfahrzeug sollte eigentlich die Bezeichnung Pioneer 1 bekommen, wurde aber nach dem Fehlschlag in Pioneer 0 umbenannt.

Pioneer 4 wird für den Start präpariert.

11 Oktober 1958: Eine Thor-Able startet die 34 Kilogramm schwere Pioneer 1-Sonde. Plan war das Erreichen eines Mondorbits. Aufgrund eines um zehn Sekunden zu frühen Brennschlusses der dritten Stufe erreichte Pioneer-1 nur eine ballistische Bahn mit einem Apogäum von 113.000 Kilometern und trat 43 Stunden nach dem Start wieder in die Erdatmosphäre ein.

8. November 1958: Start von Pioneer 2. Die dritte Stufe der Thor-Able Trägerrakete zündete nicht, und so erreichte das kleine Raumfahrzeug nur ein Apogäum von 1550 Kilometern und fiel danach wieder auf die Erde zurück. Die gesamte Mission dauerte nur 45 Minuten bevor die Pioneer 2 über Afrika verglühte.

Angespannte Gesichter im Blockhaus an der Startanlage 5 beim Start von Pioneer 4. Von links: unbekannt, Kurt Debus, der Chef der Anlagen in Cape Canaveral, Wernher von Braun und (abgewandt) General John Medaris und Generalmajor John Barclay, der Chef der Army Ballistic Missile Agency (ABMA).

6. Dezember 1958: Eine Juno-2 Rakete startet die nur knapp sechs Kilogramm schwere Sonde Pioneer 3, die nach einem Vorbeiflug am Mond in eine heliozentrische Umlaufbahn gelangen sollte. Eine Minderleistung der ersten Stufe des Trägers (der Brennschluss erfolgte vier Sekunden zu früh) und ein Irrtum bei der Ausrichtung des Bahnneigungswinkels um drei Grad, führten dazu, dass sich die Sonde nur 102.000 Kilometer von der Erde entfernte. Nach knapp 34 Stunden trat sie wieder in die Erdatmosphäre ein und verglühte über Afrika.

3. März 1959: Pioneer 4 wurde mit einer Juno-2 Rakete auf eine lunare Vorbeiflugbahn in einen heliozentrischen Orbit gebracht. Wegen einer „overperformance" der zweiten Stufe des Trägers verfehlte Pioneer 4 aber die gewünschte Vorbeiflugdistanz (weniger als 30.000 Kilometer) und flog in einer Entfernung von 59.000 Kilometern am Mond vorbei. Pioneer 4 war die erste US-Raumsonde, die den interplanetaren Raum erreichte. Die Sonde übertrug Daten noch aus einer Entfernung von 658.000 Kilometern. Damals Rekord. Der Kontakt brach nach 83 Stunden ab.

26. November 1959: Pioneer 5 (auch Pioneer P-3) war als Mond-Orbitsonde geplant. Der Start auf einer Atlas Able-Trägerrakete misslang jedoch, weil die Nutzlastverkleidung 45 Sekunden nach dem Liftoff kollabierte.

Die beiden letzten Versuche im Rahmen des Pioneer-Programms den Mond zu erreichen unternahmen die USA am 25. September 1960 mit Pioneer P-30 und am 15. Dezember 1960 mit Pioneer P-31. Beide scheiterten schon Minuten nach dem Liftoff. Nach dieser trostlosen Serie gaben es die USA fürs Erste auf, den Erdtrabanten zu erreichen. Die nächsten Mondflüge begannen erst wieder mit dem Ranger-Programm, und auch dann ebenfalls mit einer langen Serie von Misserfolgen.

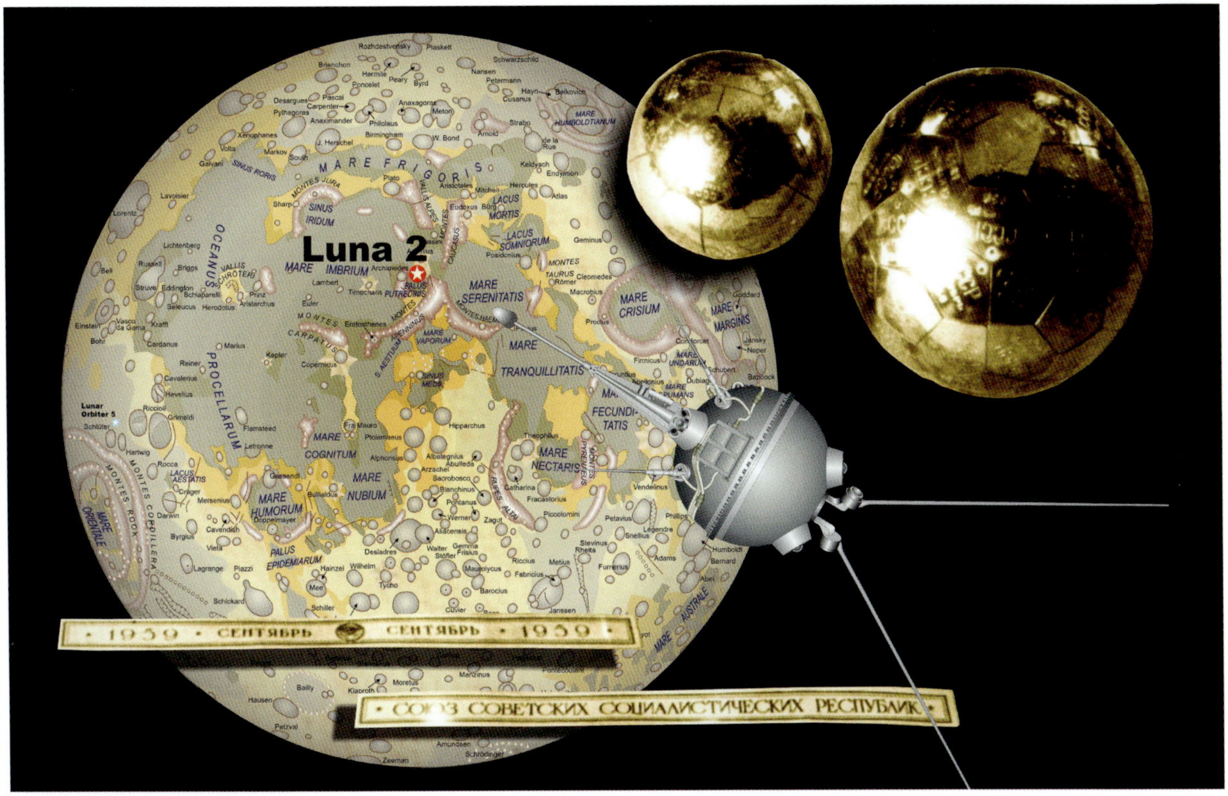

Der Mond mit der Einschlagstelle von Luna 2. Die kleine Raumsonde ist als Grafik im rechten Bilddrittel abgebildet. Darüber zwei Metallkugeln, bestehend aus fünfeckigen Einzelflächen, die beim Aufprall auf dem Mond zerspringen sollten. Die Spruchbänder befanden sich ebenfalls an Bord und besagen: „1959 September" (oberes Band), und auf dem unteren Band: „Union der Sowjetischen Sozialistischen Republiken".

4. Oktober 1959

Luna 3 – Erste Bilder der Mondrückseite

Modell der Mondsonde Luna 3.

Luna 3 startete nur 20 Tage nach Luna 2 zu einer Fotoerkundung des Mondes. Vorsichtig, wie man nach all den Misserfolgen der Vergangenheit geworden war, verkündete TASS zunächst nur den gelungenen Start der Sonde, nicht aber das Missionsziel.

Verglichen mit ihren Vorgängern war Luna 3 ein sehr komplexes Raumfahrzeug. Sie musste genau ausgerichtet werden können, sie trug neben dem Kamerasystem eine komplizierte mechanische Vorrichtung zum Belichten und Entwickeln eines chemischen Films an Bord, einen Scanner, mit dem das Negativ dieses Films abgetastet werden konnte, ein Codierungsgerät und einen Transmitter, mit dem die Bilddaten zur Bodenstation in Koschka am Schwarzen Meer übertragen werden konnten.

Bald nach dem Start verschlechterte sich die Kommunikation mit dem Raumfahrzeug. Die Antennenleute in Koschka riefen um Hilfe, und so mussten die Spezialisten des OKB-1 unter der Leitung von Koroljow auf abenteuerlichen Wegen zur Krim fliegen, um dort nach dem Rechten zu sehen. Wie sich herausstellte, waren es neben technischen Schwächen der Anlage vor allem organisatorische Probleme, die ein effizientes Arbeiten verhinderten. An den technischen Problemen war nichts zu machen, aber es gelang Koroljow eine eindeutige Kommandostruktur herzustellen und die Arbeitsabläufe zu optimieren.

Gegen 18:00 Uhr am 6. Oktober war der Funkverkehr mit der Sonde wiederhergestellt. Am Morgen des 7. Oktobers sollte sie ihre Foto-Session durchführen, danach die Bilder an Bord entwickeln, und diese beim Rückflug zur Erde aus einer Entfernung von etwa 50.000 Kilometer übertragen.

In Koschka befand sich auch die Ausrüstung, mit dem die erhofften Bilder von Luna 3 auf wärmesensitives Papier gedruckt werden sollten, das keine Fotoentwicklung brauchte. Gleichzeitig wurde das Bild auch auf Kinofilm übertragen.

Die Leistung des Transmitters der Sonde war extrem gering, und so galt es, jegliche externe Störung auszuschal-

Luna 3	
Ursprungsland	UdSSR
Startdatum	4. Oktober 1959, 1:43 Uhr MEZ
Startort	Baikonur
Trägerrakete	R-7 8K72 „Luna“
Typenbezeichnung	E2A Nr. 1
Startmasse	279 Kilogramm
Missionsziel	Fotografie der Mondrückseite
Erreichtes Missionsziel	29 Fotos der Mondrückseite. Davon 17 übermittelt.
Letzter Kontakt	22. Oktober 1959
Verbleib	Eintritt in die Erdatmosphäre am 29. April 1960

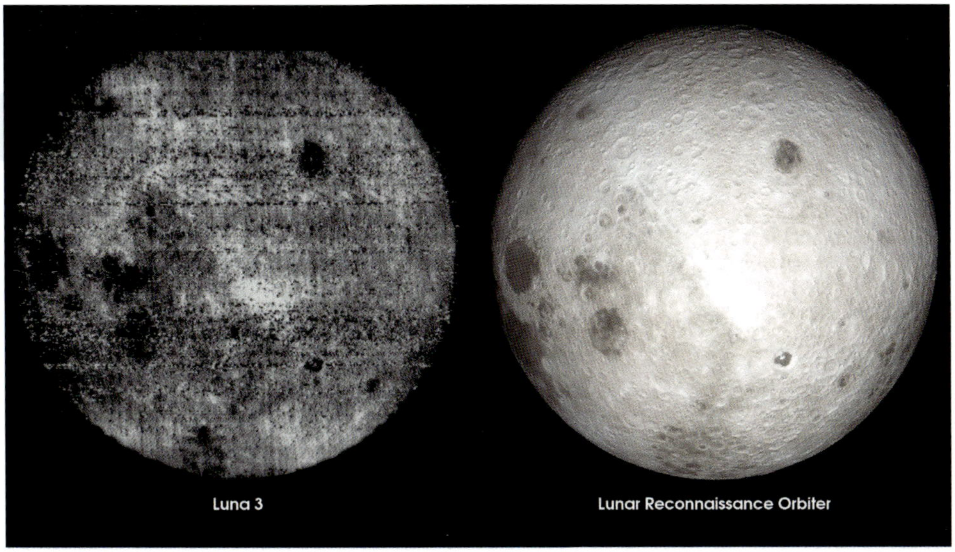

Vergleich der Bildqualität von Luna 3 mit einer modernen Raumsonde (Lunar Reconnaissance Orbiter).

ten. Daher wurde die sowjetische Schwarzmeerflotte angewiesen, in dieser Zeit den Funkverkehr einzustellen, damit es nicht zu Interferenzen mit den schwachen Empfangssignalen kam.

Am anderen Tag, um 6:30 Uhr Moskauer Zeit, begann Luna 3 in einer Entfernung von der Mondrückseite von etwa 63.000 Kilometern (nachdem sie Stunden zuvor den Mondsüdpol in einer Entfernung von nur 6200 Kilometern passiert hatte) mit dem Fotografieren. Nach etwa 40 Minuten war die Aufnahmesequenz abgeschlossen, und der komplizierte Prozess der Bildentwicklung im Inneren der Sonde begann.

Nun stellte sich in letzter Minute heraus, dass vor Ort zu wenig von dem speziellen Magnetband vorrätig war, mit dem man die eingehenden Daten sichern konnte. In Windeseile musste ein Transport von Moskau aus mit einer Düsenmaschine organisiert werden. Das Magnetband erreichte die Empfangsstation in letzter Minute.

Schließlich kamen die Daten herein. Und auf dem wärmesensitiven Papier der Empfangseinrichtung entstand, Zeile für Zeile, das erste Bild von der Rückseite des Mondes. Die Qualität war sehr schlecht. Man konnte die Rundung des Erdtrabanten erkennen und mit einiger Phantasie einige dunkle Flecken. Das war etwas enttäuschend. Erst nachdem die Magnetbänder in Moskau einige Tage später ausgewertet waren, erschienen mehr Details.

Diese Geländeformationen zu benennen war nun die Aufgabe der sowjetischen Akademie der Wissenschaften. Man muss den Akademiemitgliedern um Mstislaw Keldysch zu Gute halten, dass der Kreis der durch Namensgebung geehrten Personen auch viele nichtsowjetische Wissenschaftler enthielt. Darunter Giordano Bruno, Jules Verne, Heinrich Hertz, James Maxwell, Marie Curie und Thomas Edison. Aber natürlich auch Personen wie Nikolay Lobaschewski, Dimitri Mendelejew und Alexander Popow.

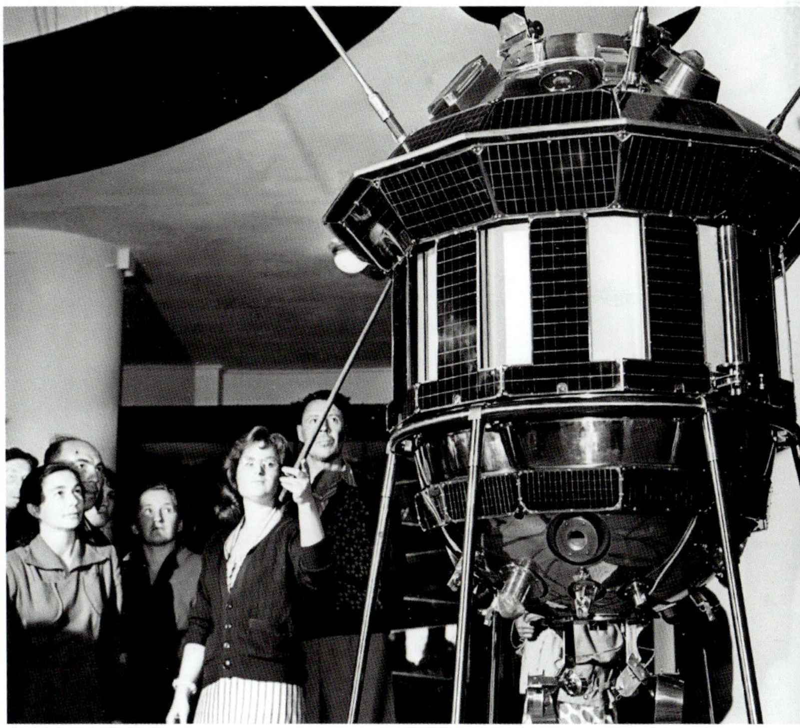

Ein Modell von Luna 3 bei einer Ausstellung an der Akademie der Wissenschaften in Moskau im Jahre 1960.

1. April 1960

TIROS 1 – Der erste Wettersatellit

Neben Kommunikations- und Erdbeobachtungssatelliten sind es Wettersatelliten, an die man sofort denkt, wenn es um den täglichen praktischen Nutzen der Raumfahrt geht. Das erste sinnvoll einsetzbare Raumfahrzeug dieser Art war TIROS 1, der am 1. April 1960 gestartet wurde. Das Akronym stand für **T**elevision **I**nfra**R**ed **O**bservation **S**atellite. Damit nahm eine Serie von Satelliten ihren Dienst auf, deren Traditionsname bis heute fortdauert.

TIROS 1 war dabei noch eher ein Testsatellit, der die technischen Möglichkeiten auslotete, mit Fernsehbildern von Wolkenformationen die Wettervorhersage zu verbessern. Die erste Generation der TIROS-Satelliten hatte die Form einer etwas zu groß geratenen Hutschachtel. Sie waren mit Weitwinkelkameras und Strahlungsmessgeräten ausgerüstet. Betrieben wurden die Raumfahrzeuge von der „Environmental Science Services Administration", kurz ESSA.

TIROS 1 wird auf die Spitze der Trägerrakete montiert.

TIROS 1	
Ursprungsland	USA
Startdatum	01. April 1960
Startort	Cape Canaveral
Trägerrakete	Thor Able 2
Perigäum Missionsbeginn	656 Kilometer
Apogäum Missionsbeginn	696 Kilometer
Bahnneigung	48,4 Grad
Umlaufperiode zu Beginn	98,3 Minuten
Funktionsdauer	78 Tage
Durchmesser	107 Zentimeter
Höhe	48 Zentimeter
Startmasse	123 Kilogramm
Anzahl Kameras	2
Energieversorgung	6000 Solarzellen

Die Außenhülle von TIROS 1 war mit etwa 6000 Silizium-Solarzellen belegt, die nur je etwa zwei Quadratzentimeter groß waren. Sie speisten ihre Energie in 21 wieder aufladbare Nickel-Cadmium-Batterien. Der Satellit war drallstabilisiert. Fünf kleine Feststoff-Raketenmotoren sorgten dafür, dass eine Drehrate von acht bis zwölf Umdrehungen pro Minute erreicht wurde.

Die Bilder von TIROS 1 wurden entweder direkt an eine Bodenstation gesendet, oder aber für einen späteren Abruf an Bord auf Magnetband gespeichert. Der Satellit arbeitete bis zum 15. Juni 1960 wie geplant. An diesem Tag kam es jedoch zu einer Störung im elektrischen Bordnetz und damit waren danach keine weiteren TV-Übertragungen mehr möglich.

Über Jahrzehnte verblieb die Bezeichnung TIROS quasi als Traditionsname für US-Wetter- und Umweltbeobachtungssatelliten, die sich auf polaren, sonnensynchronen Erdumlaufbahnen befinden. Von den zehn Satelliten der ersten TIROS-Generation sind neun noch bis auf den heutigen Tag (Stichtag für dieses Buch: 31. Juli 2021) im Orbit. Lediglich die Umlaufbahn von TIROS 7 war so niedrig angelegt, dass er bereits am 3. Juni 1994 in der Erdatmosphäre verglühte.

Die zweite Generation bekam die Bezeichnung ESSA, benannt nach der Auftrag gebenden Organisation. Sie waren aber auch unter der Bezeichnung TOS (für TIROS Operational System) bekannt. Der erste Satellit, ESSA 1, startete am 3. Februar 1966. Das letzte dieser Raumfahrzeuge war ESSA 9, der am 26. Februar 1969 gestartet wurde.

Von den neun Einheiten der dritten Generation wurde der Prototyp als TIROS-M bezeichnet. Die drei ersten Einheiten trugen die Bezeichnungen ITOS B, ITOS C und ITOS E. Fünf weitere Satelliten wurden nach ihrer Betreiber-Organisation NOAA genannt (für: National Oceanic and Atmospheric Administration) und bekamen die Nummern NOAA-1 bis NOAA-5. Sie wurden zwischen dem 23. Januar 1970 und dem 29. Juli 1976 gestartet.

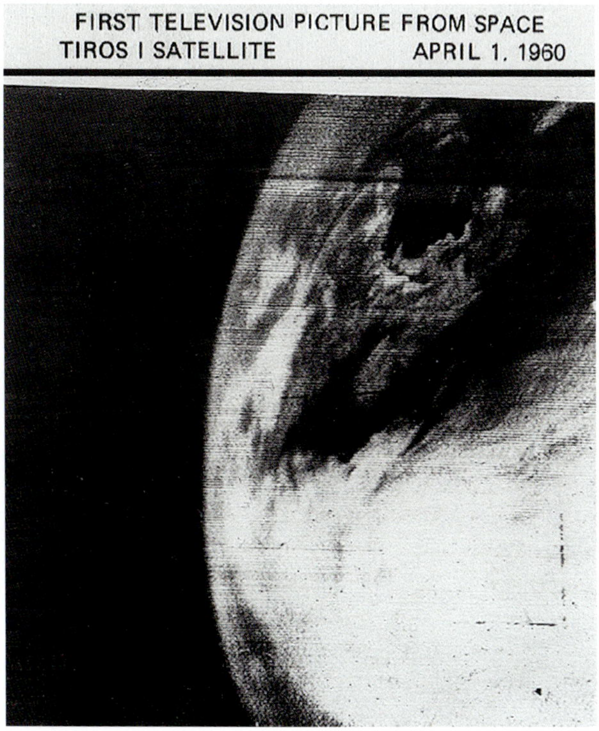

Verglichen mit der Bildqualität die wir heute von Wettersatelliten gewohnt sind, waren die Fotos von TIROS 1 nicht berauschend. Vor 60 Jahren waren sie eine Sensation. Hier das erste von TIROS 1 übermittelte Bild.

Das Hintergrundfoto zeigt den Start von TIROS 1 am 1. April 1960. Die darüber gelegten Grafiken zeigen (von links nach rechts) die Thor-Able 2-Trägerrakete, die Innenansicht des Satelliten und die Montage des Satelliten an der Spitze der Trägerrakete.

Zwischen dem 13. Oktober 1978 und dem 23. Juni 1981 wurden vier Einheiten der TIROS-N Serie der vierten Generation gestartet. Seit dem 28. März 1983 sind die Einheiten der fünften Generation im Einsatz. Der Begriff TIROS-N steht hier weiterhin für das Gesamtprogramm. Die einzelnen Flugeinheiten tragen jedoch den Namen NOAA zusammen mit einer Zählnummer. Der bislang letzte ist NOAA-20, der am 18. November 2017 gestartet wurde.

10. August 1960

Discoverer 13 – Erste Rückholung aus dem Orbit

Start von Discoverer 8 auf einer Thor Agena A.

Schon sehr früh in der Geschichte der Raumfahrt begann man Erdsatelliten für Spionagezwecke einzusetzen. Eine der ersten Baureihen, welche für die militärische Bildaufklärung verwendet wurden, waren in den Vereinigten Staaten die Corona-Satelliten. Ihre Hauptaufgabe war es, militärische Anlagen in der Sowjetunion auszuspähen.

Während ihrer Einsatzzeit waren allerdings weder der Name „Corona" (der ein Codewort war), noch ihre „dienstliche" Bezeichnungen KH-1 bis KH-4B in der Öffentlichkeit bekannt. Vielmehr wurden sie, um ihnen einen ebenso zivilen wie wissenschaftlichen Anstrich zu verleihen, als „Discoverer" bezeichnet.

Die Bezeichnung „KH" stand übrigens, ganz im Einklang mit ihrem Einsatzzweck, für „Keyhole", also „Schlüsselloch". Eine Analogie für das „Spähen" durch ein Schlüsselloch, um jemanden auszuspionieren.

Die ersten vier Discoverer waren reine Versuchssatelliten, die noch keine Kameras an Bord trugen. Die ersten beiden Raumfahrzeuge dieses Typs waren auch nicht mit Rückkehrkapseln ausgerüstet. Die erste Einheit dieser Versuchsreihe startete am 21. Januar 1959 und endete als Fehlschlag, weil die Trägerrakete des Typs Thor Agena keinen Orbit erreichte. Deshalb wurde die zweite Einheit noch einmal „Discoverer 1" getauft. Es war dies der erste Satellit weltweit, der auf eine polare Erdumlaufbahn gebracht wurde.

Erst die dritte Einheit, also Discoverer 2, war der erste „einsatznahe" Satellit.

Gleich zu Beginn der Serie kam es zu einem dramatischen Zwischenfall im besten Stil des Kalten Krieges, da die Rückkehrkapsel von Discoverer 2 auf Spitzbergen niederging und dort möglicherweise von den Sowjets geborgen wurde. Der Vorfall bildete später die Vorlage für das Buch „Eisstation Zebra", das großen Erfolg erzielte und auch verfilmt wurde.

Nach einer ganzen Reihe weiterer Fehlschläge und Teilerfolge war am Ende Discoverer 13 der erste der Corona-Satelliten, der nach einer Weltraummission unbeschadet und an der geplanten Stelle wieder zur Erde zurückkehrte und seine Mission vollständig erfüllte. Er startete am 10. August 1960. Tags darauf, nach 17 Erdumkreisungen, erhielt der Satellit das Kommando, mit der Wiedereintrittsprozedur zu beginnen. Die Rückkehrkapsel wurde mit einem Federmechanismus abgestoßen und kleine

Discoverer 13	
Ursprungsland	USA
Startdatum	10. August 1960
Startort	Vandenberg
Trägerrakete	Thor Agena A
Perigäum Missionsbeginn	239 Kilometer
Apogäum Missionsbeginn	346 Kilometer
Bahnneigung	98 Grad
Umlaufperiode zu Beginn	88 Minuten
Auswurf Rückkehrkapsel	14. April 1959
Funktionsdauer	7 Tage
Länge	5,85 Meter
Durchmesser	1,5 Meter
Startmasse des Satelliten	743 Kilogramm
Masse der Rückkehrkapsel	55 Kilogramm
Energieversorgung	Batterien

Kaltgasdüsen begannen der Kapsel für die bevorstehende Rückkehrzündung eine Drallstabilisierung mitzugeben.

Die Retrozündung verminderte die Geschwindigkeit um etwa 400 Meter pro Sekunde, genug um die Kapsel wieder in die obersten Schichten der Erdatmosphäre zu steuern. Danach erfolgte eine weitere Zündung der Kaltgasdüsen um die Drallstabilisierung wieder aufzuheben.

Beim Rest der Landung gab es dann doch noch ein Missgeschick, weil die Bergung der Rückkehrkapsel aus der Luft nicht gelang. Sie ging am Fallschirm im Wasser nieder, wurde aber von einem Helikopter unbeschadet herausgefischt. Vier Tage später, am 15. August, wurde dem US-Präsidenten Eisenhower eine amerikanische Flagge präsentiert, die mit Discoverer 13 geflogen war. Diese Demonstration diente als „Beweis" für die Öffentlichkeit, dass es sich bei Discoverer um ein ziviles Programm handelte.

Das Einfangen der Rückkehrkapsel aus der Luft mit einer C-119 Transportmaschine der Luftwaffe klappte im Übrigen bereits eine gute Woche später, am 19. August 1960, einwandfrei. Nur einen Tag danach gelang auch den Sowjets erstmals eine erfolgreiche Rückführung eines Raumfahrzeugs aus dem Orbit mit „Korabl-Sputnik 2" (auch Sputnik 5 genannt). Das war ein Testflug für das bemannte Wostok-System, bei dem die beiden Hunde Strelka und Belka an Bord gewesen waren. Sie hatten zuvor 24 Stunden im Orbit verbracht.

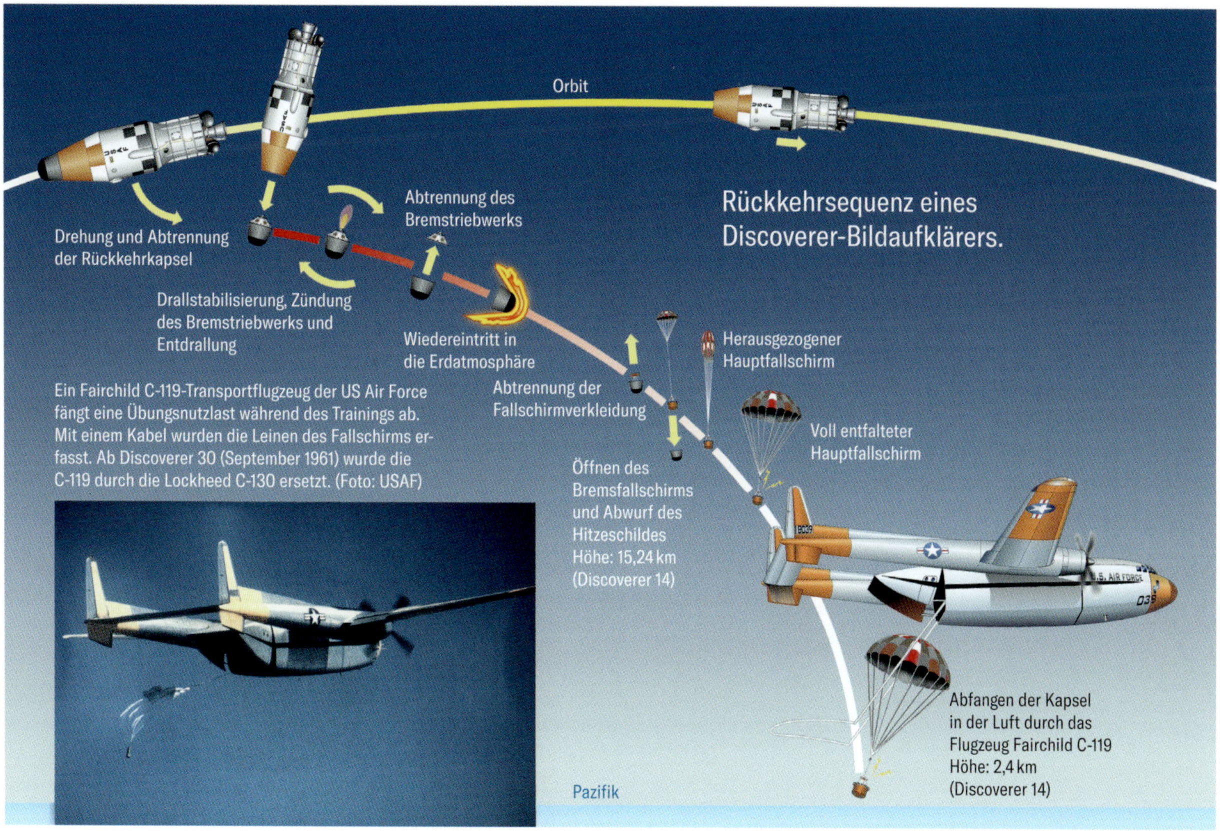

Rückkehrsequenz eines Discoverer-Bildaufklärers.

Ein Fairchild C-119-Transportflugzeug der US Air Force fängt eine Übungsnutzlast während des Trainings ab. Mit einem Kabel wurden die Leinen des Fallschirms erfasst. Ab Discoverer 30 (September 1961) wurde die C-119 durch die Lockheed C-130 ersetzt. (Foto: USAF)

12. August 1960

Echo 1A – Der Ballonsatellit

Vor dem Start wurde Echo 1A probeweise aufgeblasen.

Am 12. August 1960, um 5:40 Uhr US-Ostküstenzeit, startete Echo 1A an Bord eine Thor Delta-Trägerrakete von der Startrampe 17A der Luftwaffenbasis Cape Canaveral. Der Satellit wog nur 66 Kilogramm und war beim Start nicht größer als eine Mülltonne, in die eine große Menge Plastikfolie gestopft war.

Das seltsame Raumfahrzeug war ein so genannter passiver Funksatellit und bestand aus einer mit Aluminium beschichteten Mylar-Folie die nur 0,0127 Millimeter dick war. Diese Folie war zu einem Ballon zusammengenäht und wurde erst nach dem Erreichen der Umlaufbahn aufgeblasen. Er war danach so groß, dass seine Sichtbarkeit trotz der erheblichen Erddistanz der eines Sterns erster Größe entsprach.

So war Echo 1A beim Transport in den Orbit verpackt.

Echo 1A war bereits die zweite Flugeinheit dieses Typs. Das erste Exemplar, das die Bezeichnung Echo 1 trug, wurde am 13. Mai 1960 beim Jungfernflug der Thor Delta gestartet. Wegen eines Fehlers im Lageregelungssystem der dritten Stufe des Trägers erreichte er aber nicht den Orbit.

Echo 1A agierte als Reflektor für Mikrowellensignale. Seine Bedeutung liegt aber weniger in seinem Einsatz als Nachrichten-Relay (hier gewannen sehr schnell die aktiven Systeme die Oberhand) als vielmehr seine Funktion als geodätischer Satellit.

Aufgrund der Einsatzhöhe wäre es theoretisch möglich gewesen, mit Echo 1A Funkverbindungen über eine Distanz von 9000 Kilometern zu betreiben. Der erste Versuch einer Übertragung erfolgte noch am Tag des Starts. Dabei wurde ein Mikrowellensignal von den Jet Propulsion Laboratories in Kalifornien über die große Antenne von Goldstone an die fast 4000 Kilometer entfernte Station der Bell Laboratories in Crawfords Hill in New Jersey gesendet. Die beschichtete Hülle des Satelliten erwies sich dabei als ausreichender Reflektor für die Funkübertragung.

Echo 1A verfügte auch über eine Funkbake, die mit fünf Nickel-Cadmium Batterien betrieben wurde, die ihrerseits wiederum ihren Strom über 70 Solarzellen bekam, die an der Unterseite des Ballons befestigt waren.

Mit Echo 1A gelangen erstmals genaue Messungen des Erdschwerefeldes durch Beobachtung der Bahnstörungen des Satelliten und durch so genannte Stellartriangulation. Dies ermöglichte Ortsbestimmungen mit einer Genauigkeit von nur zehn Metern. Davor lag die Genauigkeit bei interkontinentalen Distanzen bei etwa 100 Metern.

Echo 1A verlor seine Kugelform schon recht bald, und war nach einem Jahr im Orbit nur noch etwa 18 Meter groß. Der Widerstandswert des leichten aber dennoch riesigen Satelliten war so groß, dass er trotz der enormen Orbithöhe nach weniger als acht Jahren wieder in die Erdatmosphäre eintrat.

Weil Echo 1A bei aller Einfachheit wissenschaftlich sehr erfolgreich war, wurde 1964 der noch größere Echo 2 gestartet. Er hatte einen Durchmesser von 41 Metern, war formstabiler und wurde auf eine Bahn mit hoher Inklination ausgesetzt. Echo 2 wurde von vornherein als reiner Geodäsie-Satellit verwendet. Mit beiden Echo-Satelliten wurde auch erstmals die Kraft des Lichtdrucks der Sonne vermessen, der so genannte Sonnensegel-Effekt. Er wird heute bei großen Kommunikationssatelliten für Lageregelungszwecke eingesetzt und könnte bei sehr großen Segelflächen sogar als Antriebsmedium für Raumsonden dienen.

In der Geodäsie-Funktion kamen später noch weitere Ballonsatelliten wie die Explorers 9, 19, 24 und 39 zum Einsatz. 1966 wurde mit PAGEOS noch einmal ein 30-Meter Ballonsatellit gestartet.

Echo 1A	
Ursprungsland	USA
Einsatzzweck	Passiver Funksatellit
Startdatum	12. August 1960
Startort	Cape Canaveral
Trägerrakete	Thor Delta
Perigäum Missionsbeginn	1524 Kilometer
Apogäum Missionsbeginn	1684 Kilometer
Bahnneigung	47,2 Grad
Umlaufperiode zu Beginn	118,3 Minuten
Form	sphärisch
Durchmesser (aufgeblasen)	30 Meter
Gesamtmasse	180 Kilogramm
Energieversorgung	Solarzellen/NiCa-Batterie
Rücksturz zur Erde	24. Mai 1968

Die Thor Delta-Rakete mit Echo 1A an der Spitze wartet, noch ohne Nutzlastverkleidung, am Startkomplex 17 in Cape Canaveral auf ihren Start. Der kugelförmige Transportbehälter von Echo 1A ist an der Spitze der Altair-Drittstufe gut zu erkennen.

31. Januar 1961

Die große Stunde für HAM

Die Little Joe 1A wird für einen Start (ohne Passagier) vorbereitet. Die Rhesus-Affen SAM und Miss SAM flogen jeweils mit einer Rakete dieses Typs.

Bevor im Projekt Mercury, dem ersten bemannten US-Raumfahrtvorhaben, Menschen in den Weltraum geschickt wurden, führte die NASA eine Reihe von Versuchen mit Primaten durch. Die ersten Lebewesen, die mit einer Mercury-Kapsel flogen, waren die beiden Rhesus-Affen SAM und Miss SAM, die von Wallops Island aus zum Einsatz kamen. Als Träger für diese kurzen Flüge wurde die Little Joe verwendet, eine Versuchsrakete, die speziell für die Flugabbruch-Tests im Projekt Mercury entwickelt worden war.

Die Mission *Little Joe 2* mit SAM erfolgte am 4. Dezember 1959. SAM war die Abkürzung für „School of Aviation Medicine", dem Institut, von dem er stammte. Bei dem Flug sollten die Auswirkungen der Schwerelosigkeit erforscht werden. Dabei wurde die Leistungsfähigkeit der Little Joe maximal ausgenutzt. SAM flog in einer kleinen Druckkabine, die sich im Inneren einer Mercury Boilerplate-Kapsel befand bis auf eine Höhe von 87 Kilometern. Er war drei Minuten lang schwerelos. Die Kapsel wurde 312 Kilometer vom Startort entfernt aus dem Atlantik gefischt. SAM überstand den Flug unbeschadet.

Am 21. Januar 1960 startete ein weiterer Rhesus-Affe mit einer Mercury-Testkapsel. Der Name des Versuchstiers: Miss SAM, denn es handelte sich um ein Weibchen. Dieses Mal ging es um einen Test des Mercury-Rettungssystems. In einer Höhe von 14 Kilometern, bei einer Geschwindigkeit von 3300 Kilometern pro Stunde, wurde der Fluchtturm aktiviert, der die Kapsel von der Rakete trennte. Auch Miss SAM überstand den nur achteinhalb Minuten langen Flug in guter Verfassung.

Unmittelbar vor den bemannten Einsätzen für suborbitale und orbitale Flüge kamen im Projekt Mercury ein weiteres Mal Affen zum Einsatz. Der entscheidende Test für die suborbitale Komponente des Projektes wurde mit der Mission Mercury-Redstone 2 durchgeführt. Der Passagier dieses Einsatzes war ein dreieinhalb Jahre alter Schimpanse. Er gehörte zur Gruppe der so genannten „Astro-Chimps", einer Kolonie von vier weiblichen und zwei männlichen Affen, die von Tiertrainern in der Luftwaffenbasis Holloman in New Mexico ausgebildet wurden.

In ihren Unterkünften war ein Mercury-Kapsel Mockup aufgebaut worden, in denen man sie auf ihre Aufgaben trainierte. Sie sollten während des Fluges eine Reihe von Hebeln betätigen. Um sie darauf zu konditionieren, ihre

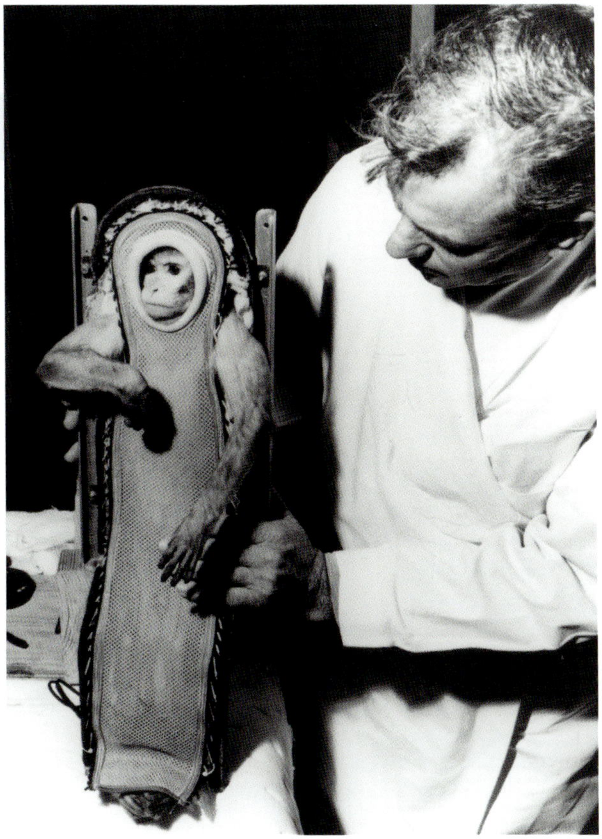

Miss SAM wird am 21. Januar 1960 auf den Flug mit Little Joe 1b vorbereitet. SAM flog sieben Wochen vorher bei der Mission Little Joe 2.

Aufgabe korrekt auszuführen, bekamen sie bei jeder richtigen Reaktion einen Bananen-Chip, bei jeder falschen Reaktion dagegen einen milden Elektroschock.

Am Tag vor dem Start suchten die Veterinäre zwei Kandidaten für den Flug aus. Es waren die Schimpansen „Chang" und „Minnie": ein Männchen und ein Weibchen. Der Affe, der den Flug durchführen würde, sollte auf den Namen HAM umgetauft werden. Dies zu Ehren des **H**olloman **A**erospace **M**edical Center, von dem er und seine „Kollegen" betreut wurde. 19 Stunden vor dem Start wurden die beiden untersucht, mit den Biosensoren versehen und auf „abfallarme" Diät gesetzt. Vier Stunden vor dem Start wurden sie in ihre Konturenliegen geschnallt und zum Transferbus gebracht, der sie zur Startrampe brachte. Erst dort, 90 Minuten vor dem Start, wurde Chang – von nun an HAM genannt – für die Mission ausgewählt. Um 7:53 Uhr wurde er in die Kapsel eingeschlossen und das akustische Signal zum Räumen der Startanlage erklang.

Nun kam es zu einer Reihe technischer Probleme, deren Behebung sich bis 11:40 Uhr hinzog. Als die Verzögerungen andauerten, fragte Flugdirektor Christopher Kraft den Veterinär, ob HAM all diese Warteperioden auch durchstehen könnte. Der Tierarzt überprüfte die Daten der Sensoren, bestätigte, dass mit HAM alles in Ordnung sei, und die Temperatur in der Primatencouch bei komfortablen 20 Grad läge. Schließlich ging der Countdown weiter.

Die Zündung des Triebwerks erfolgte fünf Minuten vor zwölf und in der ersten Minute verlief alles genau nach Plan. Doch dann begannen die Dinge aus dem Ruder zu laufen. Die Computer im Kontrollzentrum stellten fest, dass die Aufstiegsparabel steiler zu werden begann als geplant war. Zwei Minuten nach dem Abheben war sie so steil, dass die Computer für den Wiedereintritt eine Andruckbelastung von 17 g berechneten.

137 Sekunden nach der Zündung war der Oxidator aufgebraucht und das Triebwerk schaltete ab, noch bevor es das Brennschlusskommando erhalten hatte. Das Abbruchsystem der Redstone vermeldete das fälschlicherweise als gefährliche Anomalie und feuerte den Rettungsturm, der die Kapsel hinter sich herzog und ihr einen

Missionsdaten	
Missionsbezeichnung	Mercury-Redstone 2 (MR-2)
Datum	31. Januar 1961
Startort	Cape Canaveral
Trägerrakete	Redstone
Raumfahrzeug	Mercury Nummer 5
Crew	Schimpanse HAM
Masse Raumfahrzeug	1210 Kilogramm
Bahntyp	Suborbital
Maximalgeschwindigkeit	9400 Kilometer pro Stunde
Flugdauer	16 Minuten 39 Sekunden
Flugstrecke	679 Kilometer
Scheitelpunkt Flugbahn	253 Kilometer
Landestelle	Westatlantik
Bergungsschiff	USS Donner

zusätzlichen Geschwindigkeitsimpuls von 300 Kilometer pro Stunde mitgab. Gleich darauf wurde das Retro-Raketenpaket abgeworfen, was zu Folge hatte, dass die Kapsel nicht wie geplant eine Bremszündung durchführen konnte und somit eine noch größere Flugstrecke zurücklegte.

Zwei Minuten und 18 Sekunden im Flug sank der Kabinendruck schlagartig von 380 Millibar auf 70 Millibar. Nur der Umstand, dass HAM in seiner druckbelüfteten Primatencouch eingeschlossen war, rettete ihm das Leben. Durch die starken Vibrationen beim Start war ein Ventil aktiviert worden, das sich eigentlich erst nach dem Öffnen des Hauptfallschirms beim Abstieg auf die Wasseroberfläche hätte öffnen sollen. HAM nahm aber keinen Schaden. Der Druck und die Temperatur in seiner kleinen Kabine blieben im Normalbereich.

Wegen des zu steilen Flugwinkels plus der zusätzlichen Energie durch die Rettungsrakete erreichte die Kapsel eine Geschwindigkeit von 9400 statt der geplanten 7100 Kilometern pro Stunde. Statt dem geplanten Scheitelpunkt der Bahnparabel in 185 Kilometern Höhe erreichte HAM eine Höhe von 253 Kilometern. Die Phase der Schwerelosigkeit dauerte statt vier Minuten 54 Sekunden sechs Minuten und 36 Sekunden. HAM landete nach einem 16 Minuten und 30 Sekunden dauernden Flug (geplant waren 14 Minuten und 25 Sekunden) 680 Kilometer von der Startstelle entfernt im Atlantik. Er war 210 Kilometer über das Ziel hinausgeschossen.

HAM wird in die Primatencouch eingeschlossen.

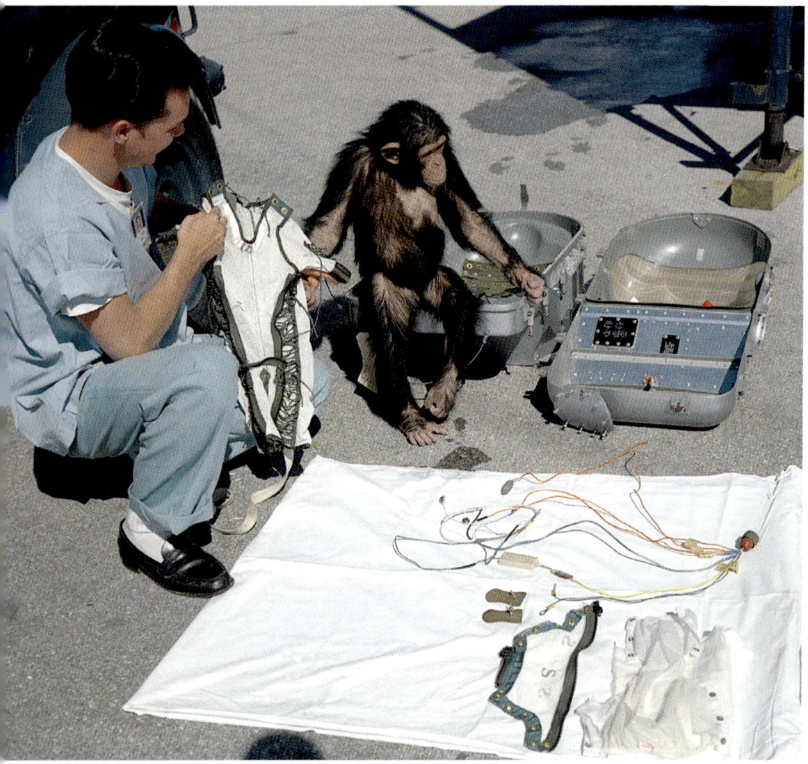

Trotz der widrigen Umstände führte HAM seine Aufgaben nahezu perfekt durch. Seine durchschnittliche Reaktionszeit für die Betätigung der Hebel war fast identisch mit seinen Trainingswerten.

Nachdem HAMs Kapsel weitab vom Ziel gelandet war dauerte es 27 Minuten bis ihn die Crew eines Patrouillenflugzeugs sichtete. Mercury Control berechnete, dass es mindestens zweieinhalb Stunden dauern würde, bis das Bergungsschiff *Ellison* diesen Punkt erreichte und baten deshalb die Navy, Helikopter zu entsenden. Das nächstgelegene Schiff, das Hubschrauber an Bord hatte, war das Landungsschiff *USS Donner*.

Als die Helikopter die Mercury erreichten bot sich den Crews ein bedrohliches Bild. Die Kapsel lag auf der Seite, nahm Wasser auf und drohte zu sinken. Das Lande-Luft-

Die Startvorbereitungen von HAM für die Mission Mercury-Redstone 2 laufen vor dem Hangar S ziemlich informell ab.

Start von Mercury Redstone 2 mit HAM.

kissen war eingerissen, der daran befestigte Beryllium-Hitzeschild hatte sich am Landekissen gedreht, schlug nun im Rhythmus des Wellengangs gegen den Kapselboden und hatte bereits zwei Löcher in die Titanhülle der Druckkabine geschlagen. Noch vor der Bergung hatte sich der Schild komplett gelöst und versank.

Das Wasser war, wie sich herausstellte, durch das offene Lufteinlassventil in die Kapsel gekommen. Als die beiden Hubschrauberpiloten, die Leutnants John Hellriegel und George Cox, die Mercury schließlich um 2:52 Uhr an den Haken bekamen, schätzen sie, dass etwa 400 Liter Wasser an Bord waren. Mittendrin befand sich der unerschütterliche HAM. Wenige Minuten später war er befreit. Er war in guter Verfassung, und aß erst einmal einen Apfel und eine halbe Orange.

HAM lebte nach seinem Raumflug noch 17 Jahre lang im Zoo von Washington D.C.. 1981 kam er in ein Freigehege in North Carolina wo er am 19. Januar 1983 einem Infekt erlag.

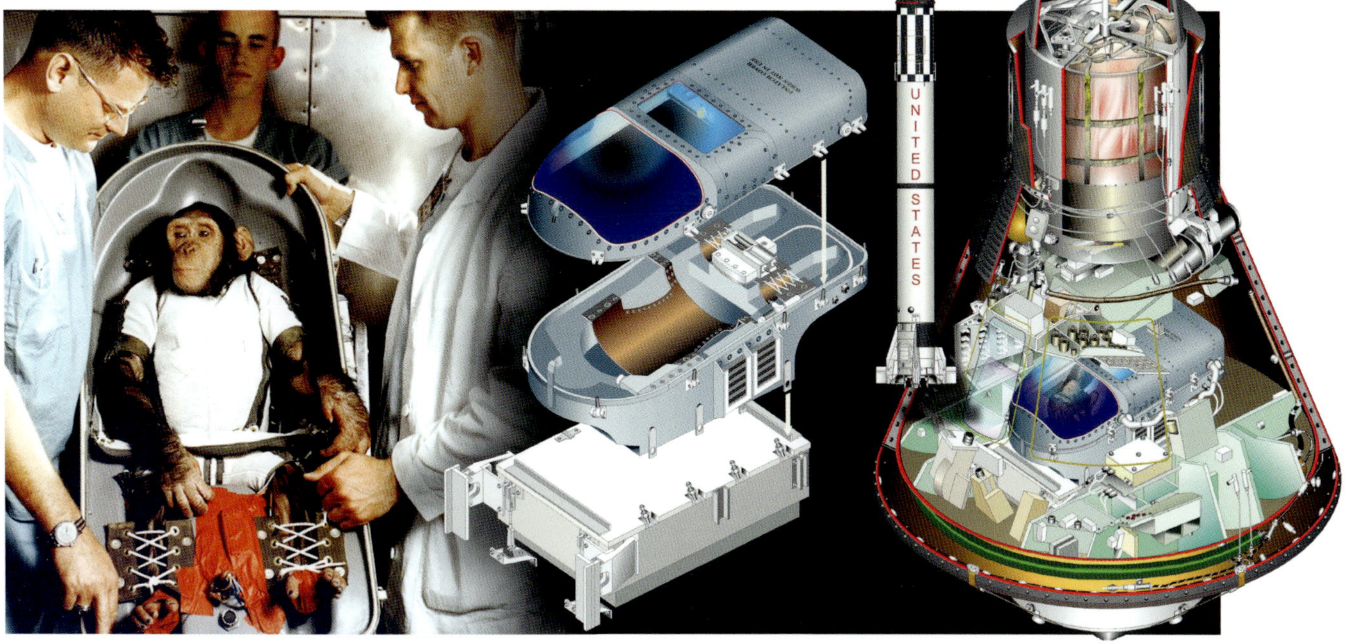

Hintergrundbild: HAM wird für den Flug vorbereitet. Grafiken von links: Die Primatencouch. Quasi ein kleines Raumschiff im Raumschiff. Die Redstone-Trägerrakete und das Innere der Mercury-Kapsel mit HAMs druckbelüfteter „Primatencouch".

12. April 1961

Der erste bemannte Flug in den Orbit

Gagarin wird im Bus zum Startplatz gefahren. Hinter ihm, ebenfalls im Raumanzug, sein Ersatzmann German Titow. Hinter ihm stehend, in Uniform, der zweite Ersatzmann, Grigori Neljubow.

In Vorbereitung auf den ersten bemannten Einsatz eines Wostok-Raumschiffes erfolgten im März 1961 zwei Testmissionen. Am 9. März 1961 startete die Sowjetunion ein Raumfahrzeug, das den offiziellen Namen *Korabl-Sputnik 4* erhielt. An Bord befand sich der Hund Tschernuschka und eine Kosmonauten-Puppe, der man den Namen „Iwan Iwanowitsch" gegeben hatte. Alle Meilensteine der 90-Minuten-Mission verliefen perfekt: Der Einschuss in eine leicht elliptische Umlaufbahn mit einem Perigäum von 183 Kilometern, einem Apogäum von 249 Kilometern und einer Bahnneigung von 65 Grad zum Äquator. Die Retrozündung, die Trennung von Geräteteil und Besatzungskabine, das Ausschleudern der Puppe und die getrennte Landung von Kapsel und „Iwan Iwanowitsch" jeweils am eigenen Fallschirm.

Am 25. März flog Korabl-Sputnik 5 in den Orbit. An Bord befand sich neben einer ganzen Menagerie an Kleintieren der Hund Swesdotschka und zum zweiten Mal auch „Iwan Iwanowitsch". Die geplanten Orbit-Parameter wurden präzise getroffen. Das Perigäum lag bei 178 Kilometern, das Apogäum bei 247 Kilometern und auch die gewünschte Bahnneigung zum Äquator wurde mit 64,9 Grad exakt erreicht.

Bremszündung und Landung verliefen normal. Allerdings herrschte im Landegebiet ein schwerer Schneesturm, und so gelang es den Bergungsmannschaften zunächst nicht, die Kapsel und den Schleudersitz zu lokalisieren. Erst nach einer 24-stündigen Suche mit Pferdeschlitten im eineinhalb Meter tiefen Schnee fanden sie die Rückkehrkapsel mit dem Hund. Es dauerte noch erheblich länger, auch „Iwan Iwanowitsch" aufzuspüren, denn der war mit seinem Schleudersitz in einem Wald heruntergekommen.

Trotz der Probleme bei der Landung wurde die Mission als Erfolg gewertet. Damit war klar, dass der nächste Flug bemannt stattfinden würde. Sergei Koroljow kehrte am 28. März von Baikonur nach Moskau zurück, wo am Tag darauf die Kontrollkommission zusammentrat. Er berichtete ausführlich über die Ergebnisse der beiden Testflüge und ging dann im Detail auf die bevorstehende bemannte Mission ein. Alle Punkte wurden vom Komitee einstimmig akzeptiert.

Eine längere Diskussion entstand um die Frage, wie man das bemannte Raumschiff bezeichnen sollte. Die meisten stimmten zunächst dafür, es Korabl-Sputnik 6 zu nennen, denn „Korabl-Sputnik" war der Begriff, den die sowjetische Presse schon seit Beginn der Wostok-Er-

Das Wostok-Raumschiff bei Systemtests in Baikonur.

probung kannte und verwendete. Es war Michail Tichonrawow, der Chefentwickler von Sputnik und Wostok, der sich vehement dafür einsetzte, anstelle dieser sehr generischen Bezeichnung einen richtigen Namen zu benutzen. Er schlug vor, den bis zu diesem Zeitpunkt top-geheimen Namen „Wostok“ im Bericht der Nachrichtenagentur TASS zu nennen. Nach längerer Beratung stimmte die Kommission dieser Idee zu.

Zwischen dem 5. und 7. April erfolgten die abschließenden Trainingseinheiten der drei Primärkandidaten für den Flug. Alle drei, Grigori Neljubow, German Titow und Juri Gagarin zeigten sich in hervorragender Verfassung. Generalleutnant Kamanin, dem das Kosmonautenteam unterstand, glaubte dennoch eine Reihung zu erkennen, die Titow vor Gagarin und Neljubow platzierte. Er war der Meinung, dass Titow die stärkste Persönlichkeit von den dreien sei. Gagarin beurteilte er als sehr ausgeglichen. Neljubow war brilliant, neigte aber gelegentlich zu exzentrischem Verhalten.

Den Ausschlag gab schließlich die für die sowjetische Propaganda besser geeignete Biographie Gagarins, denn er stammte aus einer Arbeiterfamilie. Der zweite Faktor war der Umstand, dass Kamanin für den nachfolgend geplanten eintägigen Raumflug einer Wostok, der wesentlich komplexer sein würde, lieber Titow einsetzen wollte. So legte man die Reihenfolge für Wostok 1 wie folgt fest: Flugbesatzung: Gagarin. Erster Ersatzmann: Titow. Zweiter Ersatzmann: Neljubow.

Gagarin verabschiedet sich vor dem Start von Sergei Koroljow.

Raumschiff Wostok		
Ursprungsland	UdSSR	
Bezeichnung	3KA Wostok	
Hersteller	Designbüro Koroljow (OKB-1)	
Besatzung	1	
Trägerrakete	R 7A 8K72 und 8K72K „Wostok“	
Einsätze unbemannt/ bemannt	7/6	
Module	**Versorgungsteil**	**Pilotenkabine**
Masse (Kilogramm)	2270 Kilogramm	2460 Kilogramm
Länge (Meter)	2,25 Meter	2,30 Meter
Durchmesser (Meter)	2,43 Meter	2,30 Meter

Und so begann am 12. April, um 7:07 Uhr Mitteleuropäischer Zeit, der erste bemannte Raumflug in der Geschichte der Menschheit. An sich war Gagarins Kosmonautenkollege Pawel Popowitsch als CapCom für die Startphase eingeteilt, also als derjenige, der den Funkverkehr zwischen der Flugkontrolle und dem Kosmonauten halten sollte. De facto übernahm das aber der aufgeregte Koroljow selbst, denn nachdem er einmal das Mikrofon von Popowitsch übernommen hatte, gab er es nicht wieder her. Was auch daran lag, dass die Mission nicht so glatt verlief, wie die beiden unbemannten Testflüge zu-

Vor dem Aufzug, der Gagarin an die Spitze der Rakete bringt. Am Fuß der Treppe wartet bereits Oleg Iwanowski, einer der führenden Wostok-Designer.

vor. Die Orbitparameter ergaben ein Perigäum von 175 Kilometer und ein Apogäum von 302 Kilometer. Das war deutlich zu hoch. In der Inklination gab es eine Abweichung von fast zwei Zehntel Grad. Sie lag statt bei 64,9 Grad bei 65,07 Grad. Das war schlecht für den Fall, dass sich bei der Retrozündung ein Problem ergeben sollte. Gagarin hatte Vorräte für zehn Tage an Bord. Wenn er aber mit diesen Orbitalparametern auf den natürlichen Abstieg durch die Restreibung der Erdatmosphäre hoffen musste, würde das auf dieser Bahn erheblich länger dauern als zehn Tage. Eine „natürliche" Rückkehr war damit unmöglich geworden.

Es gab im Osten wie im Westen zu diesem Zeitpunkt eine erhebliche Anzahl von Medizinern und Psychologen, welche die mentalen und physiologischen Belastungen eines Raumflug für einen Menschen als nicht überlebbar betrachteten. Von einem vernünftigen Arbeitsprozess ganz zu schweigen. Man stellte sich Fragen wie: Kann ein Mensch in der Schwerelosigkeit normal atmen? Kann er schlucken? Wird man in dieser Situation der Orientie-

Gagarin steigt aus dem Lift aus und ist jetzt unmittelbar vor dem Einstieg in sein Raumschiff. Neben ihm Oleg Iwanowski.

Zündung der R-7 8K72K „Wostok"-Trägerrakete.

rungslosigkeit verrückt? Werden die Sinne so überladen, dass das Gehirn die „Reissleine" zieht und der Mensch ins Koma fällt? Wirkt die Schwerelosigkeit wie eine Droge, die einen Menschen handlungsunfähig macht? Vielleicht ist es schmerzhaft? Ist das Erlebnis so schrecklich, dass ein Kosmonaut Selbstmord begehen will? Fragen, die uns heute seltsam erscheinen. Die man sich aber damals ernsthaft stellte. Mit allen diesen Ungewissheiten machte sich Gagarin nun auf den Weg.

Der Flug des Kosmonauten verlief vollständig automatisch, somit hatte er mit der Steuerung des Raumfahrzeugs nichts zu tun. Er führte lediglich einige Beobachtungen durch, machte ein paar einfache Experimente und versuchte den Funkkontakt mit den wechselnden Bodenstationen aufrecht zu erhalten. Um 10:25 Uhr feuerte über Südafrika das Bremstriebwerk für 40 Sekunden. Das Raumschiff begann zu rotieren, mit einer Rate von etwa 30 Grad pro Sekunde. An diesem Punkt sollte eine Sprengschnur Kapsel und Gerätesektion voneinander trennen. Gagarin wartete darauf, dass sich die beiden Einheiten lösten, doch nichts geschah. Schließlich erfolgte eine Trennung, aber nur auf eine kurze Distanz. Offenbar wurden die beiden Komponenten durch einen Kabelstrang zusammengehalten, und begannen nun umeinander zu kreisen.

Nach zehn Minuten schließlich, bereits in den oberen Schichten der Erdatmosphäre, riss die Verbindung zwischen den beiden Modulen und das gefährliche Taumeln hörte auf.

Der weitere Abstieg mit der kugelförmigen Kabine, die über keinerlei Auftriebseigenschaften verfügte, erfolgte mit knochenbrecherischen zehn g. In 7000 Metern Höhe wurde die Luke herausgesprengt, gefolgt vom Schleudersitz mit dem darauf festgeschnallten Gagarin. Dieser Vorgang erfolgte genau über der Wolga.

Einige Sekunden später trennte er sich vom Sitz und sein persönlicher Fallschirm öffnete sich. In den ersten Sekunden befürchtet Gagarin, im Wasser zu landen. Aufgrund der großen Höhe war jedoch die Winddrift beträchtlich und es trieb ihn vom Fluss weg.

Gagarin hatte nun Schwierigkeiten sein Frischluftventil zu öffnen, und bekam deshalb für die nächsten Minuten kaum Luft. Bei den Versuchen, das Ventil zu öffnen hatte er obendrein auch noch versehentlich den Reservefallschirm aktiviert. Der hing zunächst als „Fahne" ungeöffnet neben dem Hauptschirm (mit der latenten Gefahr, dass er sich im Hauptschirm verheddert) und öffnete sich danach. Damit war die Kombination zum einen nun nicht mehr steuerbar, zum anderen war die Sinkgeschwindigkeit nun höher, da sich die beiden Rundkappen gegenseitig aus der optimalen Position verdrängten. Obendrein bestand die Gefahr, dass sich beide Schirme ineinander

Die Besatzungskabine von Wostok 1 landete leer knapp zwei Kilometer vom Wolgograder Stausee entfernt. Gagarin selbst hatte sich – wie geplant – mit dem Schleudersitz aus der Kapsel katapultiert und war etwa zwei Kilometer nordöstlich der Kapsel gelandet.

verhakten. Doch am Ende ging alles glatt und er kam 26 Kilometer südwestlich der Stadt Engels im Bezirk Saratow herunter – in der Nähe eines kleinen Dorfes namens Smelowka. Die Landung erfolgte glücklicherweise in einem frisch gepflügten Acker, so dass sie sehr weich war.

Nun kam es zu einer kleinen Groteske. Die verzögerte Abtrennung der Geräteeinheit und die höhere Bahnneigung hatten dazu geführt, dass er den geplanten Landeort erheblich verfehlte. Statt südlich von Wolgograd landete er viel weiter nördlich. Die Bergemannschaften warteten im Zielgebiet von Wolgograd auf ihn, aber hier in Saratow war niemand.

Also marschierte Gagarin los, um nach einem Telefon zu suchen, mit dem er sich zurückmelden konnte. Auf einer Anhöhe angekommen sah er eine Frau mit einem kleinen Mädchen an der Hand. Die Kleine fürchtete sich vor der Gestalt im roten Raumanzug, riss sich los und lief davon. Die Frau hätte das am Liebsten auch getan, aber schließlich gelang es Gagarin, sie von seiner Harmlosigkeit zu überzeugen.

Die Furcht der Frau hatte einen durchaus realen Hintergrund. Weniger als ein Jahr zuvor war Gary Powers über der Sowjetunion abgeschossen worden, und die Bewohner in der Umgebung von Swerdlowsk, die ihn aufgriffen, hätten ihn beinahe gelyncht. In Erinnerung an den Gary Powers-Vorfall hielt die Frau Gagarin zunächst für einen weiteren amerikanischen Spion.

Die Besorgnis der Offiziellen, dass Gagarin ein Malheur durch die eigene Bevölkerung geschehen könnte, führte auch dazu, dass die Durchführung des Fluges bereits zu einem Zeitpunkt im Rundfunk verbreitet wurde, zu dem der Ausgang der Mission noch ungewiss war. Schließlich

Nach dem Flug wollten die Ehrungen kein Ende nehmen. Hier wird Juri Gagarin in Polen empfangen.

kamen auch einige Männer hinzu, die gerade die Meldung im Radio gehört hatten. Alle machten sich nun gegenseitig höflich miteinander bekannt und plauderten ein wenig.

Gagarin bat dann die Frau auf die Fallschirme aufzupassen, und wollte gerade mit den Männern zum Dorf gehen, als ein Offizier aus dem nächstgelegenen Militärlager vorbeikam. Wieder stellte man sich einander höflich vor. Gagarin fragte, ob er möglicherweise nach Moskau telefonieren könnte. Schließlich wurden an der Rückkehrkapsel (sie war zwei Kilometer entfernt niedergegangen) und an Gagarins Landeort Wachposten aufgestellt. Gagarin fuhr mit dem Offizier in die Kaserne und konnte endlich seinen Raumanzug ausziehen, mit dem Ergebnis allerdings, dass er nun die nächste Zeit in seiner etwas albern aussehenden hellblauen Thermalunterwäsche herumlaufen musste. Erst jetzt erfolgte die telefonische Meldung nach Moskau, und bald darauf wurde der Kosmonaut von einem Hubschrauber abgeholt.

Gagarins erfolgreicher Flug war auch ein erneuter Triumph für Sergei Koroljow. Wieder waren die Amerikaner geschlagen und wieder war, in der Darstellung der zeitgenössischen Propaganda, die Überlegenheit des Sozialismus gegenüber dem Kapitalismus bewiesen worden. Am 14. April kehrte Gagarin nach Moskau zurück und wurde in einem Wagenkorso zum Roten Platz gefahren wo er von Chruschtschow und Breschnew empfangen wurde. Koroljow blieb, wie immer, anonym im Hintergrund. Er saß in einem unauffälligen Wagen einige Autos hinter Gagarin, von niemandem beachtet. Die Angst, dass dieser für die Sowjetunion so wichtige Mann von westlichen Agenten ausspioniert, möglicherweise sogar getötet werden könnte, war so groß, dass man ihm sogar verbot, seine Orden zu tragen.

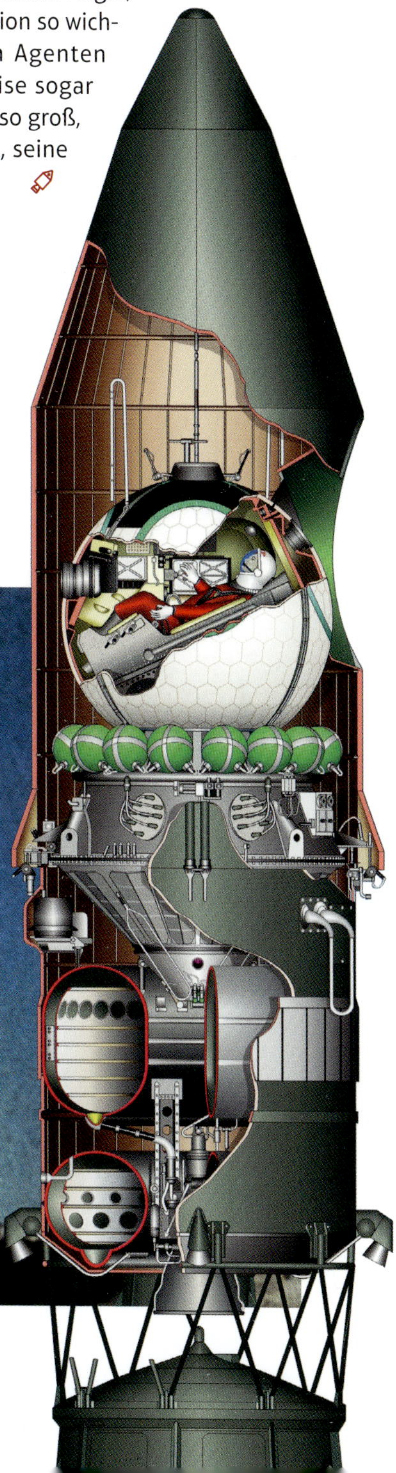

Hintergrundbild: Das startende Wostok-Raumschiff auf der gleichnamigen Version der R-7. Bild links im Vordergrund: Juri Gagarin in Paradeuniform. Rechts: Risszeichnung des Wostok-Raumschiffs und der dritten Stufe der Trägerrakete.

5. Mai 1961

Alan Shepard fliegt suborbital für die USA

Am 22. Februar 1961 gab die NASA bekannt, dass die Astronauten Alan Shepard, John Glenn und Virgil Grissom ausgewählt worden seien, um das Training für den ersten bemannten Flug des Mercury-Programms aufzunehmen. Sollte Shepard ausfallen, aus welchem Grund auch immer, dann würde Grissom einspringen. Dessen Ersatzmann wiederum war John Glenn. Der Öffentlichkeit wurde diese Reihung nicht bekannt gegeben. Für sie konnte es im Prinzip jeder der drei sein. Die Wetten priorisierten den charismatischen John Glenn aber bei weitem vor den beiden anderen.

Die Auswahl der Mercury-Kapsel Nummer 7 für diese Mission war schon fast ein Jahr zuvor geschehen. Zum Zeitpunkt des Starts hätten es im Prinzip auch die Kapseln Nummer 8, 9 oder 11 sein können, die sich ebenfalls schon ausgecheckt am Cape befanden. Kapsel Nummer 7 war aber die Referenzkapsel für die bemannten Missionen, McDonnells bestes Produkt bis dahin. Allerdings hat-

Die sieben Mercury-Astronauten kurz nach ihrer Auswahl im Jahr 1959. Von links: Scott Carpenter, Gordon Cooper, John Glenn, Virgil Grissom, Walter Schirra, Alan Shepard und Donald Slayton.

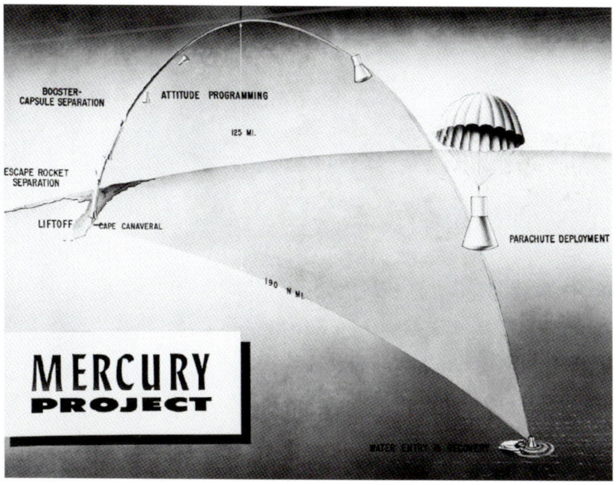

Diese zeitgenössische NASA-Grafik zeigt schematisch den Flugverlauf von Friendship 7 und Liberty Bell 7. Die offiziellen Bezeichnungen der Missionen lauteten Mercury-Redstone 3 und Mercury-Redstone 4.

te sie den Nachteil, dass sie über kein Fenster verfügte, wie die späteren Kapseln, sondern nur über zwei kleine Bullaugen und ein Periskop.

Ursprünglich war für MR-3, wie die Mission offiziell hieß, die Redstone-Rakete Nummer 3 vorgesehen. Die wurde dann aber für den Flug MR-1A benötigt. Im Rahmen dieser Entscheidung legte man fest, Redstone Nummer 7 für die Mission MR-3 einzusetzen. Die 7 wurde somit eine Art Schicksalszahl für das Programm: Kapsel Nummer 7 auf der Rakete Nummer 7 bei der ersten von damals sieben geplanten Mercury-Flügen für die sieben

Missionsdaten MR-3	
Missionsbezeichnung	Mercury-Redstone 3 (MR-3)
Rufname	Freedom 7
Datum	5. Mai 1961
Startort	Cape Canaveral
Trägerrakete	Redstone
Raumfahrzeug	Mercury Nummer 7
Crew	Alan B. Shepard
Masse Raumfahrzeug	1290 Kilogramm
Bahntyp	Suborbital
Maximalgeschwindigkeit	8270 Kilometer pro Stunde
Flugdauer	15 Minuten 22 Sekunden
Flugstrecke	488 Kilometer
Scheitelpunkt Flugbahn	188 Kilometer
Landestelle	Westatlantik
Bergungsschiff	USS Lake Champlain

Alan Shepard besteigt seine kleine Friendship 7-Raumkapsel. Links neben ihm Virgil Grissom, der zweieinhalb Monate später fliegen sollte, zwischen den beiden ist John Glenn zu erkennen, der im Februar 1962 den ersten US-Orbitalflug unternehmen sollte.

Astronauten. Als Shepard gefragt wurde, welches Rufzeichen er für seine Mission wollte, brauchte er nicht lange nachzudenken: „Freedom 7".

Am Dienstag, den 2. Mai, war alles klar für den Start. Nur das Wetter spielte nicht mit. Drei Stunden lang wartete Alan Shepard im Hangar S in seinem Druckanzug darauf, dass er zur Startrampe gefahren werden konnte. Schließlich musste abgesagt werden. Die Neuaufnahme des Countdowns wurde auf den Donnerstag verschoben. Erst an diesem Tag erfuhr die Öffentlichkeit von Robert Gilruth, dem Leiter des bemannten Raumfahrtpro-

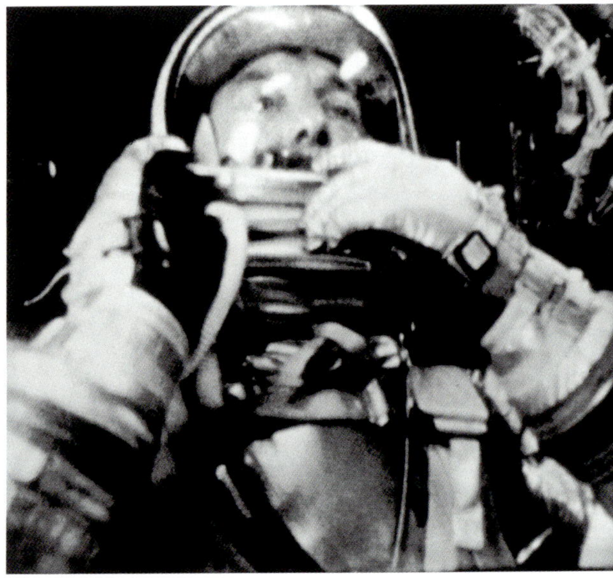

Diese Aufnahme einer automatischen Kamera zeigt Alan Shepard während des Fluges.

gramms der NASA, die wahre Identität des ersten amerikanischen Astronauten.

Am Donnerstag war das Wetter unverändert schlecht, doch für Freitag waren die Aussichten besser. Am Abend des 4. Mai um 20:30 Uhr wurde der Countdown wieder aufgenommen. Um 1:10 Uhr morgens wurde Shepard geweckt.

Um 5:15 Uhr, nach der Morgentoilette, dem Frühstück, dem Anlegen des Raumanzugs und dem Transfer zur Startrampe stieg Shepard die Treppen zum Lift der Gantry hoch. In der rechten Hand die tragbare Klimaanlage, die er brauchte, um im geschlossenen Raumanzug nicht zu überhitzen. Fünf Minuten später kletterte er in das Raumfahrzeug. Joe Schmitt, der Anzugtechniker, zog das Gurtzeug fest. Dann schüttelte er Shepard feierlich die behandschuhte Hand. „Happy landings, Commander!" rief die Gantry-Crew im Chor. Für Alan Shepard war dies der emotionalste Augenblick in seinen 37 Jahren, ein Moment an den er sich für den Rest seines Lebens mit größter Eindringlichkeit erinnerte.

Ab 6:25 Uhr begann er reinen Sauerstoff zu atmen, um das Blut von Stickstoff zu befreien und somit einer möglichen Embolie vorzubeugen. Doch nun kam es zu einer

Der Start zur Mission Mercury-Redstone 3 mit Alan Shepard an Bord am 5. Mai 1961.

Alan Shepard wird nach der Landung an Bord des Bergungshelikopters gehievt.

Reihe von „holds", die sich über zweieinhalb Stunden hinzogen. Erst danach lief der Countdown ohne weitere Unterbrechungen dem Zeitpunkt T 0 entgegen. Als die Startsekunde gekommen war, hatte Shepard vier Stunden und 14 Minuten in der Kapsel zugebracht.

Wegen seiner Aufregung, so gab Shepard später unumwunden zu, bekam er vom Schlusscountdown mit Ausnahme des Startkommandos wenig mit. In dieser Zeit stieg sein Puls von 80 Schlägen in der Minute auf 126. Shepard war nicht alleine mit seiner Nervosität. Mindestens genauso aufgeregt war das Operations-Team, das Pressecorps am Cape und die Millionen von Menschen, die den Start an den Fernsehschirmen beobachteten.

Aus dem Augenwinkel sah Shepard den Versorgungsmasten wegkippen. Er hob die Hand um den Zeitgeber für die Abfolge der Missionsereignisse zu starten und war überrascht wie weich sich der Aufstieg anfühlte und die Klarheit, mit der er die Stimme seines Astronautenkollegen Deke Slayton aus dem Kontrollzentrum hörte. Alle seine Meldungen wurden ohne Rückfragen bestätigt. Der ruhige Flug dauerte 45 Sekunden an. Dann begannen die Vibrationen. Erst leise, dann immer stärker.

Shepard war darauf vorbereitet. Er wusste, dass sich das Raumfahrzeug jetzt im transsonischen Bereich befand. Das Schütteln wurde rauer und härter, je näher der Punkt der maximalen dynamischen Belastung kam. 88 Sekunden nach dem Abheben waren die Vibrationen so stark, dass Shepards Helm derart gegen die Konturenliege ratterte, dass er die Anzeigen am Instrumentenbrett nicht mehr ablesen konnte. Der Lärmpegel war außerordentlich hoch. Höher, als er erwartet hatte, aber noch ertragbar. Kurz nach dem Durchqueren der Zone der maximalen dynamischen Belastung verschwanden jedoch Lärm und Vibrationen und der Flug wurde viel ruhiger.

Der Kabinendruck im Inneren von Freedom 7 riegelte bei 380 Millibar ab, genau wie vorprogrammiert. Ruhig gab Shepard seine Meldungen durch, auch als nach zwei Minuten der Andruck auf über sechs g stieg. Zwei Minuten und 22 Sekunden nach dem Verlassen der Startrampe schaltete das Triebwerk ab. Die Geschwindigkeit

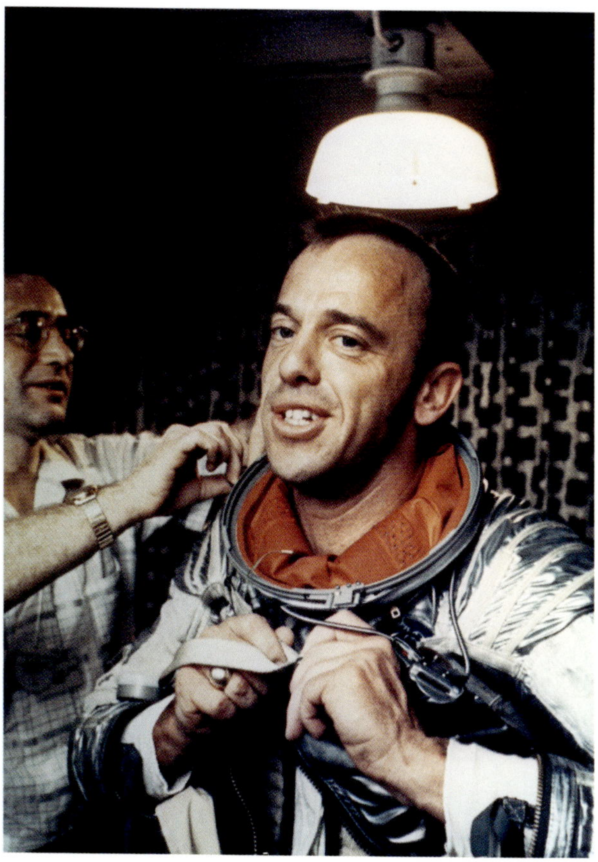

Alan Shepard legt vor seinem Flug den Raumanzug an.

Virgil Grissom vor dem Start mit Liberty Bell 7.

des Astronauten betrug jetzt 8300 Kilometer pro Stunde. Zwei Minuten und 32 Sekunden nach dem Start meldete Shepard an Slayton, dass sich die Kapsel vom Booster getrennt hatte. Drei Minuten nach dem Abheben orientierte das automatische Lageregelungssystem die Kapsel mit dem Hitzeschild in Flugrichtung.

Nun schaltete Shepard das Lageregelungssystem auf manuellen Betrieb. Einzeln, Achse für Achse, probierte er alle Bewegungsmodi durch. Kurz nachdem er den Gipfelpunkt der Bahnparabel in 185 Kilometer Höhe überschritten hatte, ging er wieder zurück in den automatischen Modus und feuerte nacheinander die drei Retroraketen. Die Verzögerungswerte stiegen nun schnell an und erreichten schließlich ein Maximum von 11,6 g. Gleichzeitig nahmen die Oszillationen des Raumfahrzeugs zu. Shepard aktivierte wieder das automatische Kontrollsystem und konzentrierte sich jetzt auf die Abstiegsvorgänge.

Beim Sturz zur Erde pendelte die Kapsel beträchtlich und er machte sich Gedanken über den Auswurf des Stabilisierungsschirms. Das passierte tatsächlich relativ spät, in einer Höhe von 7000 Metern und führte dazu, dass die Pendelbewegung sofort aufhörte.

In 5000 Metern Höhe öffnete sich das Außenluft-Ventil. Von nun an waren Innen- und Außendruck wieder aneinander angepasst. In 4000 Meter wurde der Antennen-Kanister abgeworfen, was den Auswurf des Hauptfallschirms auslöste. Shepard konnte deutlich erkennen, dass der Fallschirm zunächst gerefft war, und sich erst in den nächsten Sekunden auf seinen vollen Durchmesser von knapp 20 Metern aufblähte. Damit waren die kritischsten Momente vorbei und Shepard konnte sich auf die Bergung vorbereiten. Dann schlug er auf dem Wasser auf, ein ziemlich harter Aufprall, wie es ihm erschien, und der Fallschirm trennte sich. Wasser schwappte über die Bullaugen, und Shepard konnte erkennen, dass sich das fluoreszierende Färbemittel (das die Kapsel aus der Luft deutlicher erkennbar machte) schnell ausbreitete. Er prüfte, ob es durch die Landung zu irgendwelchen Lecks gekommen war. Nichts. Die Kapsel war trocken.

Die Hubschrauber der Marine Air Force Gruppe 26, stationiert auf dem Flugzeugträger Lake Champlain, warteten schon in der Luft. Der Primärhubschrauber mit Pilot Wayne Koons und Co-Pilot George Cox hatte die Kapsel schon die letzten fünf Minuten beim Abstieg zur Oberfläche beobachtet. Sofort nach der Wasserung brachten die beiden ihren Hubschrauber in die Position, um Kapsel und Pilot aufzunehmen. Shepard teilte Koons über Funk mit, dass er aussteigen würde, sobald die Luke von Freedom 7 oberhalb der Wasserlinie sei. Der Hubschrauber hob die Kapsel noch ein wenig weiter und Shepard entriegelte die Luke. Dann kroch er über die Schwelle, langte nach dem „Horse Collar" und legte ihn sich um. Dann gab er dem Piloten das Zeichen. Mit der Kapsel am Haken und Shepard an Bord ging es dann zur Lake Champlain. Als Shepard das Deck des Flugzeugträgers betrat waren gerade elf Minuten vergangen, seit er auf dem Wasser aufgesetzt hatte, und nur 30 Minuten seitdem er den Startkomplex 5 in Cape Canaveral verlassen hatte.

Nach diesem Erfolg war die NASA auch für den nächsten bemannten Redstone-Flug zuversichtlich. Es gab am Raumfahrzeug zwei wesentliche Änderungen gegenüber Shepards Kapsel: Es wurde statt der umständlich manuell zu öffnenden Luke eine Sprengluke eingebaut, und es gab ein neues trapezförmiges Fenster, das die beiden 25-Zentimeter durchmessenden und ungünstig positionierten Bullaugen ersetzte.

Bei der Sprengluke war das Design grundsätzlich derselbe wie beim Ausgangsmodell, das in Shepards Freedom 7 verwendet worden war. Es verfügte über die glei-

Bei der Landung der Liberty Bell 7 wäre Virgil Grissom beinahe ertrunken. Ein Bergungshubschrauber fischt ihn gerade noch rechtzeitig aus dem Meer. Sein Raumanzug war schon fast vollständig mit Wasser vollgelaufen.

chen 70 Schrauben, von denen jede einen Durchmesser von 0,65 Zentimetern hatte. In jede davon wurde aber ein 0,15 Zentimeter durchmessendes Loch gebohrt, um eine künstliche Schwachstelle zu schaffen. Um jede der Schrauben wurde dann eine Aussparung geschaffen, in der eine kleine Sprengladung angeordnet war. Wenn die gezündet wurde, scherte sie die Bolzen ab und die Luke sprang weg. Diese Sprengluke konnte entweder auf zweierlei Art vom Astronauten betätigt werden oder auch von außen von den Bergungsmannschaften. Die Sprengluken-Anordnung wog nur ein Drittel der beim Shepard-Flug verwendeten Luke.

Am 21. Juli 1961 startet Virgil Grissom mit seiner Raumkapsel, die er „Liberty Bell 7" nannte, zur Wiederholung von Shepards Einsatz. Seine Missionsparameter waren denen von Freedom 7 sehr ähnlich. Er erreichte neun Kilometer mehr Höhe, seine Flugstrecke war zwei Kilometer kürzer, die Flugdauer 10 Sekunden länger. Ansonsten war die Mission bis zu Landung fast deckungsgleich mit der von Shepard. Auch die Wasserung erfolgte noch normal, doch dann wurde aufgrund einer elektrostatischen Entladung die Luke des kleinen Raumschiffs herausgesprengt, und die Kapsel begann sich schnell mit Wasser zu füllen. Grissom konnte sich aus der Kapsel befreien, doch wäre er in der Folge beinahe ertrunken. Die Kapsel hatte sich bereits am Haken des Hubschraubers befunden. Sie war aber wegen des vielen Wassers im Inneren so schwer, dass der Pilot sie wieder ausklinken musste. Sie versank in 4500 Meter Tiefe, und wurde erst im Jahre 1999 geborgen.

Virgil Grissom auf dem Flugzeugträger USS Randolph, dem Hauptschiff der Bergungsflotte, wo ihn der Hubschrauber eben abgesetzt hat.

20. Februar 1962

John Glenn – Erster Amerikaner im Orbit

Aus den suborbitalen Flügen mit Shepard und Grissom auf der Redstone-Rakete, und einem ersten unbemannten Orbit-Versuchsflug auf dem Atlas-Träger hatten sich eine Reihe von technischen Änderungen an der Mercury-Kapsel ergeben. Schon aus diesem Grund wollten die Verantwortlichen des Manned Spaceflight Center vor der ersten bemannten Orbitmission noch einen weiteren Testflug einschieben, den Flug MA-5 (für: Mercury-Atlas 5). Diese Kapsel sollte zwar ohne einen Menschen an Bord starten, aber dennoch keineswegs unbemannt sein.

Den Job des Testpiloten übernahm der Schimpanse Enos. Auch er stammte aus der Kolonie der Holloman Luftwaffenbasis. Seine Vorbereitung war ähnlich verlaufen, wie die von HAM. Hauptmann Jerry Fineg, der leitende Tierarzt für die Mission, beschrieb Enos als „entspannten und coolen Typ".

Seine Mission am 28. November 1961 verlief nicht ohne Schwierigkeiten. Enos Körpertemperatur stieg wegen eines Fehlers in der Klimaanlage auf 38 Grad, und Flugdirektor Christopher Kraft beschloss, die Mission nach nur zwei der eigentlich geplanten drei Orbits abzubrechen. Die Landung klappte weitgehend problemlos und Enos wurde wohlbehalten geborgen. Alle Fehlfunktionen, die aufgetreten waren, hätte ein Astronaut an Bord innerhalb kurzer Zeit abstellen können.

John Glenn besteigt seine Friendship 7-Raumkapsel.

„Schimpansonaut" Enos. Er umkreiste drei Monate vor John Glenn die Erde zweimal bei der Mission Mercury-Atlas 5.

Mit der Mission von Enos waren alle Flugqualifikationen abgeschlossen. Bei der „Post Flight Conference" für MA-5 interessierte die Pressevertreter daher vor allem die Frage: wer wird der erste Amerikaner im Orbit sein? Robert Gilruth war darauf vorbereitet. Als Pilot für den ersten US-Orbitflug, so verkündete er, hätte man John Herschel Glenn ausgewählt.

Glenns Familie taufte das Raumfahrzeug auf den Namen Friendship 7. Als Starttermin legte man zunächst den 16. Januar fest, doch durch eine lange Reihe technischer, organisatorischer und meteorologischer Probleme wurde es am Ende der 20. Februar, bis John Glenn auf seine historische Reise gehen konnte.

Um 9:47 Uhr, drei Stunden und 44 Minuten, nachdem John Glenn in seine „Friendship 7" geklettert war, erfolgte der Start. Wenige Sekunden nach dem Liftoff schaltete sich das Burroughs-Flugführungssystem auf den Funk-Transponder des Boosters auf und steuerte das Vehikel durch das „Orbit-Einschussfenster". Etwa 100 Sekunden nach dem Verlassen der Startrampe meldete Glenn zunehmende Vibrationen. Nach dem Durchfliegen des Bereichs der maximalen dynamischen Belastung wurde der Flug wieder ruhiger. Dann, zwei Minuten und 14 Sekunden nach dem Abheben, kam das Kommando „BECO": Booster Engine Cut Off. Die beiden äußeren Triebwerke der Atlas schalteten ab und wurden abgeworfen. Kurz darauf wurde auch der Fluchtturm abgetrennt.

Die Vibrationen nahmen gegen Ende des Betriebs des zentralen Triebwerks wieder zu und stoppten abrupt, als es stillgelegt wurde. Die Computer in Maryland berechneten, dass die Kapsel eine Geschwindigkeit erhalten hatte, die nur zwei Kilometer pro Stunde unter dem Planwert lag. Glenn erhielt daraufhin die Meldung, dass er das „go" für „sieben Orbits" habe. Ein Ausruf, der in der Presse später oft so missgedeutet wurde, dass Glenn eigentlich sieben Erdumkreisungen hätte durchführen sollen. Natürlich war er aber nichts anderes als der Hinweis, dass die Bahn über die vorgesehenen drei Orbits hinaus stabil sein würde.

Die erste Erdumkreisung war wie aus dem Lehrbuch, doch dann begannen Probleme aufzutauchen. Das Lagekontrollsystem funktionierte zunächst perfekt. Bald aber begann ihm eines der Gierwinkel-Triebwerke ein Problem zu bereiten, von dem Glenn später erzählte, dass *„…es mir für den Rest der Mission blieb"*. Der Fehler war nicht abzustellen, die automatische Lagekontrolle funktionierte nicht mehr richtig, so dass Glenn am Ende einsah, dass er mit dem Problem leben und für den Rest der Mission als Vollzeitpilot arbeiten musste.

Schließlich wurde es wirklich ernst. Dem für das Landesystem zuständigen Überwachungsingenieur in der Missionskontrolle fiel auf, dass „Segment 51", eine Sensoren-

Der Start von „Friendship 7" am 20. Februar 1962.

Diese Aufnahme stammt von einer in der Kapsel eingebauten Filmkamera während des Fluges.

gruppe, die Telemetriedaten über den Zustand des Landesystems der Mercury lieferte, eine eigenartige Anzeige übermittelte. Wenn dieses Signal stimmte, dann befanden sich der Hitzeschild und der komprimierte Lande-Airbag nicht mehr in der gesicherten und verriegelten Position. In diesem Fall wurde der überlebenswichtige Schild nur noch durch die Bänder des Retro-Raketenpaketes an der Kapsel gehalten.

Während in der Bodenkontrolle fieberhaft über diesen Vorfall und seine Auswirkungen diskutierte wurde, beschloss man zunächst, Glenn nichts über das mögliche Problem mitzuteilen. Stattdessen wurden alle Kontrollstation angewiesen, im Funkverkehr mit dem Piloten „unauffällig" einzustreuen, dass er darauf achten solle, ob sich der Lande-Airbag-Schalter in der „Aus"-Position befinde. Dieses geheimnistuerische Verhalten weckte allerdings schnell Glenns Verdacht, dass irgendetwas nicht in Ordnung sei. Nachdem ihm jede Bodenstation ähnlich lautende Fragen stellte, konnte er eins und eins zusammenzählen und wusste, woran er war.

Die Flugcontroller überlegten nun, wie man die Kapsel mit einem möglicherweise losen Hitzeschild sicher durch die Atmosphäre bringen könnte. Man entschied sich dafür, das Retro-Raketenpaket nach dem Ausbrennen nicht abzuwerfen, da dessen Bänder dann als einzige Halterung den Schild fixierten.

Während des dritten Orbits informierte der Astronaut Walter Schirra, der als CapCom in Kalifornien agierte, Glenn offiziell, das Retropack nach dem Feuern an der Kapsel zu belassen. Vier Stunden und 33 Minuten nach dem Start, als sich Friendship 7 der kalifornischen Küstenlinie näherte, feuerte der erste Treibsatz.

Friendship 7 kam nun zum schicksalhaftesten Punkt ihrer Reise. Die ungeheure Reibungshitze hüllte die Kapsel vollständig in einen Kanal ionisierter Gase und Glenn erfuhr den schlimmsten emotionalen Stress seines Fluges. *„Ich dachte, der Retropack wäre längst weg und nun sah ich wieder große Stücke irgendwelchen Materials an meinem Fenster vorbeifliegen"*, sagte er später. Er fürchtete, dass die Stücke von seinem Hitzeschild stammten und

Das Retro-Raketenpaket, und die Bänder, die es auf der Unterseite der Kapsel festhalten.

Missionsdaten MA-6	
Missionsbezeichnung	Mercury-Atlas 6 (MA-6)
Rufname	Friendship 7
Datum	20. Februar 1962
Startort	Cape Canaveral
Trägerrakete	Atlas D
Raumfahrzeug	Mercury Nummer 13
Crew	John H. Glenn
Masse Raumfahrzeug	1310 Kilogramm
Bahntyp	Orbital
Orbits	3
Flugdauer	4 Stunden 55 Minuten
Perigäum × Apogäum	159 × 265 Kilometer
Inklination	32,5 Grad
Landestelle	Westatlantik
Bergungsschiff	USS Noa

dass der sich eben aufzulösen begann. Er wusste auch: wenn dem so wäre, dann war er verloren.

Der Abstieg durch die Erdatmosphäre war rau, aber am Ende ging alles gut. Er landete nur zehn Kilometer vom Zerstörer *Noa* entfernt. Nur 17 Minuten später lag das Schiff längsseits und konnte die Kapsel und den Astronauten an Bord nehmen.

Noch an Bord der *Noa* rief ihn Präsident Kennedy an und gratulierte ihm. Der Trubel für John Glenn begann da aber erst. Es folgten Besuche bei Präsident Kennedy, eine Parade in Washington D.C. vor geschätzt 250.000 Menschen, eine weitere Parade durch Cocoa Beach und Cape Canaveral, eine Rede vor beiden Häusern des Kongresses, ein „John Glenn Day" (der 1. März) in New York und Ehrungen im Hauptquartier der Vereinten Nationen.

Nicht nur Glenn, auch sein Raumschiff hatte die raue Reise gut überstanden. Das Untersuchungsteam fand außerdem heraus, dass sich der Hitzeschild keineswegs gelöst hatte. Grund für die Warnanzeige war ein loser Kontakt an einem Schalter. Der führte zu dem falschen Abwurfsignal, das alle während des Fluges so beunruhigt hatte.

Nach der detaillierten Analyse ging auch Glenns Raumfahrzeug, die McDonnell-Kapsel Nummer 13, auf Weltreise. Sie wurde allgemein bekannt als der vierte Orbit der Friendship 7.

US-Präsident Kennedy besichtigt nach dem Flug die Kapsel. Rechts hinter ihm: Vize-Präsident Johnson.

Und was John Glenn selbst betraf: Er ging nach seinem Flug in die Politik und war für seinen Heimatstaat Ohio für 25 Jahre im Senat. Noch während seiner letzten Amtszeit, im Jahre 1998, flog Glenn mit der Raumfähre Discovery erneut in den Orbit. Dieses Mal gleich für zehn Tage und nicht in der Funktion als Testpilot sondern als biologisches Testobjekt. Bis auf den heutigen Tag ist John Glenn der älteste Mensch, der je in den Orbit geflogen ist.

Zwei Orbitalflüge. Links der 40-jährige John Glenn in seinem Mercury-Raumanzug. Daneben eine Risszeichnung seines damaligen Raumschiffes, der Mercury-Kapsel „Friendship 7". Rechts der 77-jährige John Glenn mit einer Grafik des Shuttle Discovery, mit dem er im November 1998 knapp zehn Tage im Weltraum verbrachte.

10. Juli 1962

Die ersten aktiven Nachrichtensatelliten

Telstar 1 wird für den Start vorbereitet.

Nach der kurzen Versuchsphase mit dem passiven Kommunikationssatelliten Echo 1A begann mit dem Start von Telstar 1 die Ära der aktiven orbitalen Empfangs- und Sendeeinheiten. Noch im Monat seines Starts wurde mit seiner Hilfe eine Rede des amerikanischen Präsidenten John F. Kennedy zwischen den USA und Europa übertragen. Da sich Telstar 1 nicht auf einer geostationären Umlaufbahn bewegte, sondern auf einer mittelhohen, stark elliptischen Bahn mit einem Apogäum von nur 5900 Kilometern, konnte die Verbindung zwischen zwei Sende- und Empfangsstationen nicht länger als 20 Minuten aufrechterhalten werden. Erst nach einer zweieinhalbstündigen Erdumrundung war eine weitere Sendung von abermals 20 Minuten möglich. Um eine kontinuierliche Übertragung zu gewährleisten, war eine Konstellation aus mehreren Telstar-Satelliten geplant.

Am Äquator des kugelförmigen Satelliten war eine zweireihige Anordnung von Antennenelementen angebracht. Eine weitere ringförmige Antenne gab es an einem der Pole. Damit waren neben der Übertragung einer einzelnen Fernsehsendung auch 600 einseitige oder 60 zweiseitige Telefonverbindungen möglich.

Am Tag vor dem Start von Telstar 1 hatte ein außeratmosphärischer Atombombenversuch mit dem Codenamen *Starfish Prime* die Magnetosphäre im unteren Van Allen Gürtel stark aufgeladen. Im Oktober gab es einen sowjetischen Atombombenversuch im erdnahen Weltraum, der die Strahlungsintensität noch weiter ansteigen ließ. Dies führte dazu, dass die empfindlichen Tran-

Start von Syncom 2.

Syncom 3. Der erste echte geostationäre Nachrichtensatellit.

Telstar 1	
Ursprungsland	USA
Einsatzzweck	Kommunikationssatellit
Hersteller	Bell Laboratories
Startdatum	10. Juli 1962
Startort	Cape Canaveral
Trägerrakete	Thor Delta
Perigäum Missionsbeginn	952 Kilometer
Apogäum Missionsbeginn	5933 Kilometer
Bahnneigung	45 Grad
Umlaufperiode zu Beginn	157 Minuten
Form	Sphärisch
Durchmesser	88 Zentimeter
Gesamtmasse	77 Kilogramm
Energieversorgung	Solarzellen
Verbleib	Im Orbit

sistoren des Satelliten, der sich in diesem Höhenbereich bewegte, von der Strahlung überschwemmt wurden. So wurde Telstar 1 im November 1962 schließlich ein Opfer des Kalten Krieges, nachdem er insgesamt 400 Übertragungen von Telefongesprächen, Telegrafendiensten und Fernsehübertragungen abgewickelt hatte. Anfang Januar 1963 gelang es noch einmal, ihn zu aktivieren, aber er war so angeschlagen, dass er am 21. Februar endgültig seinen Dienst quittierte.

Sein mit einem Gewicht von 79,5 Kilogramm etwas schwererer Nachfolger Telstar 2 wurde am 7. Mai 1963 in eine etwas höhere Umlaufbahn gebracht. Das Perigäum lag bei 973 Kilometern, das Apogäum bei 10.800 Kilometern. Dadurch konnten die Übertragungszeiten um einige Minuten verlängert werden. Telstar 2 blieb zwei Jahre lang in Betrieb.

Die europäische Empfangsstation für Telstar wurde in der Bretagne, in der Nähe des Ortes Pleumeur-Bodou errichtet. Unter einer Kuppel mit 50 Meter Durchmesser befand sich die schwenkbar gelagerte, hornähnliche, 340 Tonnen schwere Antenne. Die Anlage gibt es noch heute und ist jetzt Bestandteil eines Kommunikationsmuseums. Ab 1983 wurde der Name Telstar von AT&T für geostationäre Kommunikationssatelliten wiederbelebt.

Zwei weitere Kommunikationssatelliten auf relativ niedrigen elliptischen Erdumlaufbahnen waren Relay 1 (gestartet am 13. Dezember 1962) und Relay 2 (gestartet am 21. Januar 1964). Doch diese beiden waren schon ein Auslaufmodell, denn bereits kurz nach der Indienststellung der beiden ersten Telstars brach die Zeit der geosynchronen und geostationären Kommunikationssatelliten an, die sich trotz der anspruchsvollen astronautischen Anforderungen an die Flugbahn schnell durchsetzten.

Die erste Einheit dieser neuen Ära sollte eigentlich Syncom 1 werden, der am 14. Februar 1963 startete. Er erreichte zwar eine geosynchrone Bahn, meldete sich aber nicht mehr aus seinem Einsatzorbit. So wurde dann Syncom 2, gestartet am 26. Juli 1963, zum ersten einsatzbereiten geosynchronen Kommunikationssatelliten. Der erste echte geostationäre Satellit war schließlich Syncom 3.

12. August 1962

Wostok 3 und 4 gleichzeitig im All

Am 6. August 1961 brach der Kosmonaut German Titow zu einem Flug von mehr als 24 Stunden Dauer auf, bei dem er mit Wostok 2 die Erde 17-mal umkreiste. Titow überstand seinen Flug unbeschadet, obwohl wieder das alte Problem der Wostok auftrat, dass sich bei der Rückkehr zur Erde das Geräteteil nicht sofort von der kugelförmigen Personenkabine löste. Wie schon Gagarin, und wie auch später alle weiteren Wostok-Kosmonauten, landete Titow am Fallschirm nachdem er sich zuvor mit dem Schleudersitz aus der an einem eigenen Fallschirm herabschwebenden Kapsel herausgeschleudert hatte. Die Landegeschwindigkeit von mehr als zehn Metern pro Sekunde erforderte dieses Verfahren, wollte man den Kosmonauten nicht bei der Landung verletzen.

Um ein Haar wäre es aber dennoch beinahe passiert, denn Titow landet an seinem Fallschirm nur zehn Meter von einem Bahngleis entfernt, auf dem just in diesem Moment ein Zug vorbeikam. Die Empfehlung der Auswertungskommission des Raumflugs lautete daraufhin, bei den zukünftigen Startentscheidungen durch die staatliche Kommission einen Vertreter des Eisenbahnministeriums mit einzubeziehen, damit die Fahrpläne mit den Landezeiten der Kosmonauten abgestimmt werden konnten.

Vorbereitung eines Wostok-Raumschiffs für den Start in Baikonur.

Von diesem und anderen kleineren Missgeschicken einmal abgesehen war der Flug ein voller Erfolg. Titow war nicht nur der erste Mensch, der mehr als einen Tag im Weltraum verbrachte, er war auch der erste Mensch der im Weltraum schlief. Er war auch der Erste, der Erfahrung mit der Raumkrankheit machte. Was man damals geheim zu halten versuchte.

Am 20. Februar 1962 hatten auch die USA ihren ersten Orbitalflug unternommen. John Glenn hatte dabei die Erde dreimal umkreist und den großen Abstand zu den Sowjets ein klein wenig reduziert. Auf Koroljows Vorschlag hin wollte man auf John Glenns Flug eine machtvolle Antwort geben, und den Amerikanern einmal mehr demonstrieren, dass sie der Sowjetunion hoffnungslos hinterherhinkten. Andrian Nikolajew und Pawel Popowitsch sollten in zwei verschiedenen Raumfahrzeugen eine gemeinsame Mission durchführen. Notwendig dafür waren Starts in einem Abstand von nur einem einzigen Tag.

Die Kosmonauten sollten auch, sobald sie sich einander annäherten, über eine Funkverbindung zwischen den beiden Raumschiffen miteinander sprechen. Sergei Koroljow und Mstislaw Keldysch wünschten sich eine Flugdauer von jeweils vierTagen. Der Ausbilder der Kosmonauten, General Nikolai Kamanin, bestand dagegen vehement auf einer nur jeweils 24 Stunden dauernden Mission. Schließlich entschied man sich dafür, die Entscheidung über die endgültige Flugdauer erst im Fortgang der Mission zu treffen.

So startete Wostok 3 mit Nikolajew am 11. August, Wostok 4 mit Popowitsch am 12. August. Die Unsicherheit über die Flugdauer ergab eine kleine Groteske. Am ersten Flugtag war die Frage der Missionsdauer noch immer nicht geklärt und es fand sich niemand, der die Entscheidung darüber fällen wollte. Koroljow weigerte sich,

Pawel Popowitsch beim Training für seinen Wostok 4-Raumflug.

Marschall Rudenko ebenso und auch Marschall Gretschko. Die Frage ging schließlich an Staatschef Chruschtschow selbst, der das salomonische Urteil fällte: „Wenn es keine Probleme mit dem Raumschiff oder Nikolajews Gesundheit gibt, dann fragt ihn doch einfach selbst, ob er will. Und wenn er länger fliegen kann, dann soll er die vier Tage absolvieren".

Also sprachen Koroljow, Kamanin und Gagarin mit Nikolajew, wie der sich fühle. Der meinte: „Ganz ausgezeichnet". Das Resultat dieser Unterredung wurde über den Sekretär des Zentralkomitees der Partei Frol Koslow wieder an Nikita Chruschtschow weitergegeben. Somit war die Entscheidung für die vier Tage gefallen.

Am Ende wurde der Flug wie geplant beendet. Nikolajew landete nach drei Tagen und 22 Stunden. Popowitsch nach zwei Tagen und 23 Stunden. Erneut hatte man, wie beabsichtigt, die Amerikaner weit hinter sich gelassen.

Zwei Orbitalflüge. Links vor dem Hintergrund der Erde zwei Wostok-Raumschiffe. Andrian Nikolajew und rechts Pawel Popowitsch.

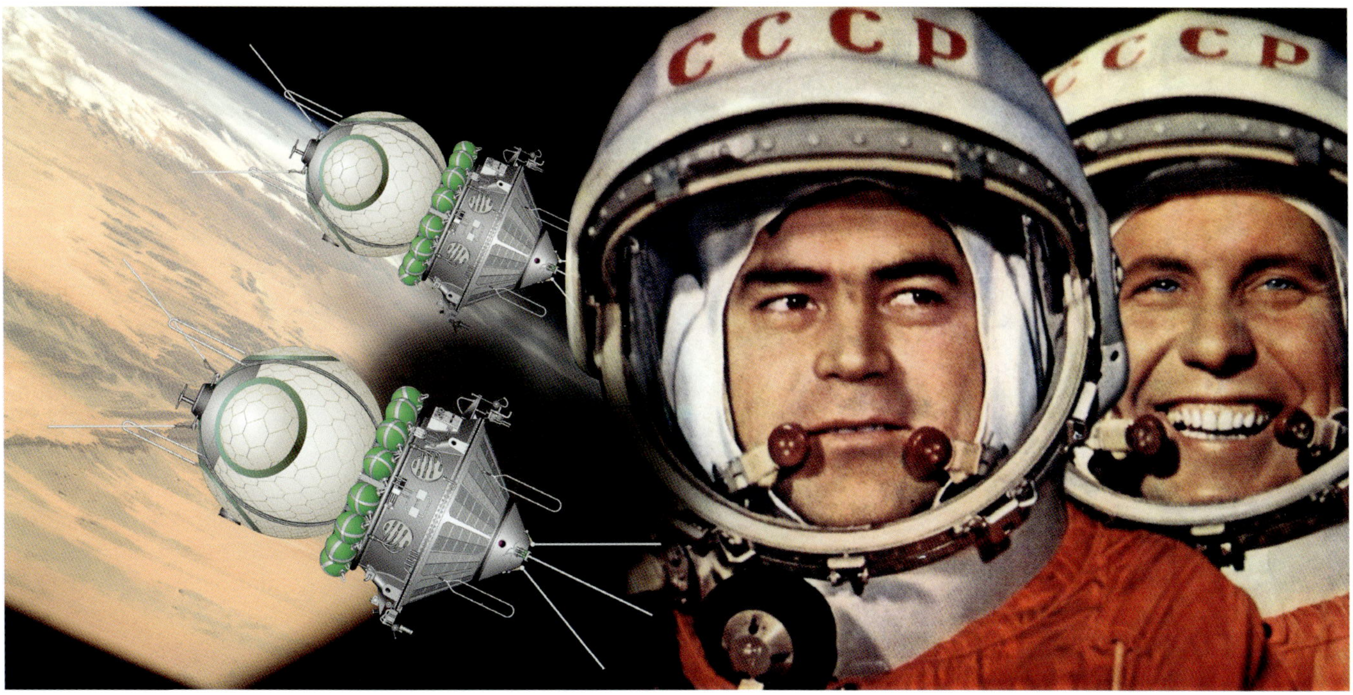

27. August 1962

Mariner 2 – Erste erfolgreiche Planetenpassage

Mariner 2.

Die Karriere der berühmten Mariner-Raumsonden begann am 22. Juli 1962 mit einem Fehlschlag. Mariner 1, die erste Venus-Sonde der USA, wurde 293 Sekunden nach dem Verlassen der Startrampe vom Sicherheitsoffizier per Funkbefehl zerstört, weil die Trägerrakete vom Kurs abgekommen war. Aber der Start der baugleichen Schwestersonde Mariner 2 am 27. August 1962 gelang.

Mariner 1 und 2 basierten auf der Plattform der ersten Version der Ranger-Mondsonden. Anders als diese, die nur etwa drei Tage aktiv waren, mussten die Mariners viele Monate lang funktionieren, was die Ingenieure in diesen frühen Tagen der Raumfahrt vor erhebliche Herausforderungen stellte. So war die Mission dieser ersten US-Planetensonde von zahlreichen Problemen geplagt.

Mariner 2 verfügte über ein sechseckiges Magnesium-Gehäuse mit einem Durchmesser von 104 Zentimetern und einer Höhe von 36 Zentimetern. Diese Struktur war in sechs Segmente unterteilt, in der sich alle Subsysteme der Sonde inklusive der Treibstofftanks befanden. Auf dieser Basis stand der pyramidenförmige Gittermast mit den Experimenten. Das Antriebs- und Lageregelungssystem verfügte über ein 225 Newton leistendes Haupttriebwerk und ein System von Kaltgas-Triebwerken, die mit Stickstoff betrieben wurden. Das Energiesystem der Sonde bestand aus zwei Solargeneratoren. Die Energie konnte in einer wieder aufladbaren 1000-Wattstunden Silber-Zink-Batterie gepuffert werden. Die Kommunikation lief mittels eines 3-Watt-Transmitters über eine 1,2 Meter durchmessende Hochgewinnantenne. Ersatzweise, mit sehr niedriger Datenrate, über eine Rundstrahlantenne an der Spitze des Instrumentenmastes und zwei weitere kleine Antennen an den Enden der Solargeneratoren.

Mariner 1 wird für die Mission vorbereitet. Die Raumsonde wurde beim Startversuch am 22. Juli 1962 zerstört.

Ziel der Mission war ein Vorbeiflug an der Venus und die Übermittlung von Daten der Atmosphäre des Planeten, seines Magnetfeldes, seines Strahlungsumfeldes und seiner Masse. Außerdem wurden Messungen des interplanetaren Mediums während der Transferphase zur Venus und danach vorgenommen. Zu diesem Zweck befanden sich folgende Messinstrumente an Bord der Sonde: Ein Mikrowellen-Radiometer und ein Infrarot-Radiometer zur Messung der Venus-Oberflächentemperatur, ein Magnetometer zur Bestimmung eines möglichen Magnetfeldes und Detektoren für kosmische Strahlung, kosmischen Staub und Sonnenwind.

Am 29. August 1962 wurden mit Ausnahme der Radiometer alle Instrumente aktiviert. Am 8. und am 29. September kam es zu Zwischenfällen mit der Lageregelung. Die Sonde geriet ins Taumeln, konnte ihre Raumlage aber selbst wieder korrigieren. Man vermutet heute den Aufprall eines Mikrometeoriten, der die Sonde kurzfristig die Orientierung verlieren ließ, oder eine Verschmutzung des Sonnensensors. Am 31. Oktober fiel die Leistung eines der Solargeneratoren abrupt ab, und die Instrumente mussten abgeschaltet werden. Eine Woche später aktivierte sich das Panel aus unbekannter Ursache wieder, und die Instrumente konnten wieder zugeschaltet werden. Am 15. November versagte der Solargenerator permanent. Da war die Sonde aber schon nahe genug an der Sonne, so dass die Instrumente auch mit nur einem funktionierenden Solargenerator mit Energie versorgt werden konnten.

Am 14. Dezember wurden auch die Radiometer zugeschaltet. An diesem Tag passierte Mariner 2 die Venus in einem Abstand von 34.770 Kilometern. Am 27. Dezember erreichte die Sonde den sonnennächsten Punkt. Am 3. Januar 1963 bestand zum letzten Mal Verbindung zu Mariner 2.

Mariner 2 entdeckte die langsam retrograde Rotation der Venus, bestimmte die Oberflächentemperatur auf (zu niedrige) 425 Grad, die Wolkenobergrenze auf (korrekte) 60 Kilometer und stellte fest, dass die Venus kein Magnetfeld aufweist.

Mariner 2 wird für den Flug vorbereitet.

16. Juni 1963

Die erste Frau im Orbit

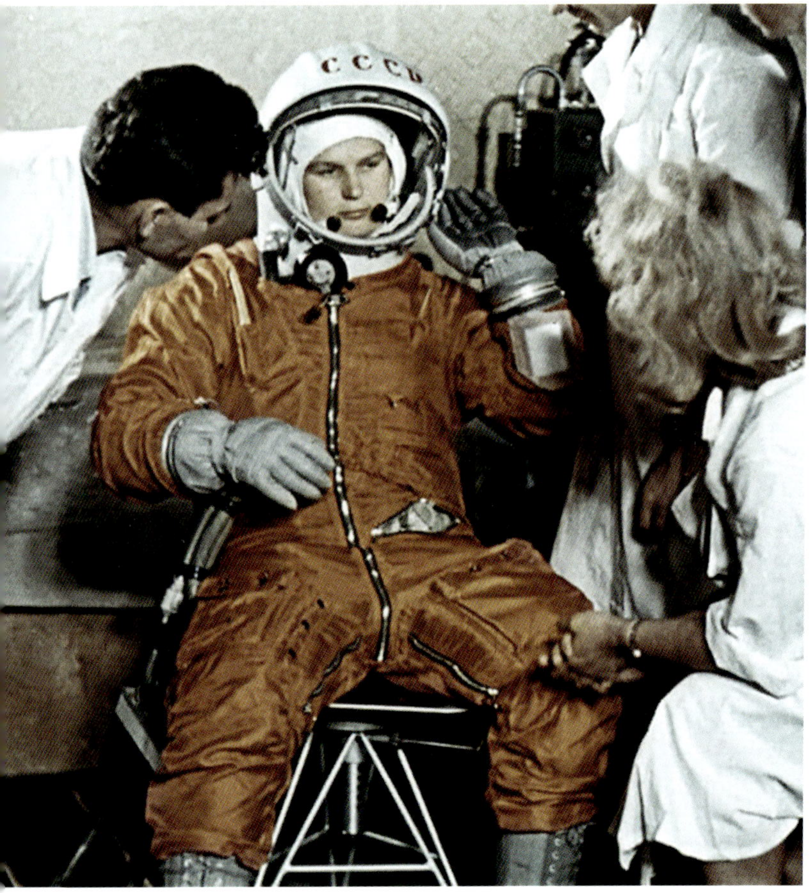

„Einkleiden“ vor dem Flug.

Nach der Doppelmission von Wostok 3 und 4 war man sich relativ bald im Klaren darüber, auch die nächsten beiden Einsätze nach diesem Schema zu gestalten. Erneut stand der Gedanke im Vordergrund, den Amerikanern die sowjetische Überlegenheit zu demonstrieren. Nicht nur in technischer Hinsicht, sondern auch in gesellschaftlicher. In den ersten Planungen für den Flug war vorgesehen, dass sowohl Wostok 5 als auch Wostok 6 jeweils von einer Frau besetzt sein sollten. Die endgültige Entscheidung fiel dann ein wenig anders aus: Die Doppelmission sollten sowohl eine Frau als auch ein Mann fliegen.

Die Idee, weibliche Kosmonauten auszubilden, war schon bald nach Gagarins Flug entstanden. Im Februar 1962 wurden aus 400 Kandidatinnen fünf Frauen ausgewählt: Walentina Ponomarjowa, Irina Solowjowa, Hanna Jerkina, Tatjana Kusnetzowa und Walentina Tereschkowa. Alle waren zwischen 20 und 28 Jahren alt.

Über den männlichen Kosmonauten für die Doppelmission gab es keine Kontroversen. Die Verantwortlichen bestimmten Valeri Bykowski zum Piloten von Wostok 5. Das Problem war die Frau, die Wostok 6 fliegen sollte. Die meisten sprachen sich für Walentina Ponomarjowa aus, denn die hatte einen akademischen Hintergrund. Valentina Tereschkowa sollte ihre „Ersatzfrau“ sein. Gagarin, Koroljow und noch einige andere befürworteten aber Tereschkowa als primäre Pilotin und Ponomarjowa als Ersatz. Die Gründe dafür waren nicht sonderlich objektiv und aus heutiger Sicht ausgesprochen diskriminierend. Tereschkowa war zwar deutlich unerfahrener und weniger gebildet, hatte aber eine Arbeiter-Herkunft, war in der Partei aktiv, war angepasst und sah vor allen Dingen besser aus, als die eher herbe Ponomarjowa. Somit war sie als sozialistische „Vorzeigefrau“ besser vermarktbar.

Am 14. Juni 1963 erfolgte der Start von Bykowski. Der gelang reibungslos, wenngleich die R-7-Trägerrakete Wostok 5 auf einer bedenklich niedrigen, für die Durchführung der Mission gerade noch ausreichenden, Umlaufbahn absetzte. Auch der Start von Tereschkowa am 16. Juni verlief problemlos. Bykowski sollte fünf Tage im Orbit bleiben, Tereschkowa drei. Ihr Flugprogramm sah eine Landung nach dem 49. Orbit vor. Bald schon wurde ihre Leistungsfähigkeit von den Flugkontrollern am Boden in Zweifel gezogen, denn sie gab viele unklare und ausweichende Antworten und vergaß einige Male die Funkverbindung zu aktivieren, oder aktivierte sie absichtlich nicht. Wie später bekannt wurde, hatte sie zeitweilig heftig mit der Raumkrankheit zu kämpfen, gab das aber im Funkverkehr nicht zu.

Am 19. Juni, gegen 13:00 Uhr Mitteleuropäischer Zeit, wurde fast gleichzeitig an beide Raumschiffe das Aktivie-

Formeller Abschied vor dem Flug. Der Mann in der Mitte mit dem etwas schiefen Käppi ist der Kosmonaut Alexei Leonow.

rungskommando für den automatischen Landeablauf gesandt. Bykowski berichtete laufend über den Fortgang seiner Rückkehr, Tereschkowa schwieg. Entweder war irgendetwas mit ihrer Kommunikationsausrüstung nicht in Ordnung, oder sie wollte absichtlich nicht berichten, oder aber es war ihr etwas passiert. Niemand wusste es. Erst gegen 15:00 Uhr, eineinhalb Stunden nach dem berechneten Landezeitpunkt war klar, dass beide Kosmonauten wohlauf waren.

Am Ende gab es noch einen weiteren Misston. Ein Korrespondent und mehrere Anwohner der Landezone waren vor den offiziellen Medizinern, Offizieren und Technikern, die für Tereschkowas Sicherheit verantwortlich waren, vor Ort. Einige hatten Speisen mitgebracht und auf ihrem Fallschirm ausgebreitet. Dann hatten alle, die Kosmonautin und die Besucher, den Köstlichkeiten kräftig zugesprochen. Tereschkowa verteilte ihre eigene „Kosmonautennahrung" unter die „Gäste", so dass man am Ende nicht mehr feststellen konnte, wieviel sie tatsächlich an Bord des Raumschiffes konsumiert hatte. Damit konnte man ihre eigenen, sehr widersprüchlichen Berichte über ihren Zustand und ihren Appetit nicht mehr kontrollieren.

Nach ihrem Flug flammte die Diskussion wieder auf, ob Frauen als Raumfahrer geeignet seien. Sie endete damals in der Beschlussfassung, dass offensichtlich trainierte Piloten notwendig seien, um kritische Situationen während eines Raumflugs zu bewältigen. Tereschkowa war zwar Fallschirmspringerin gewesen, aber keine Pilotin. Außerdem hatten die Frauen des Teams gegenüber ihren männlichen Kollegen nur eine stark verkürzte Ausbildung erhalten. Auch das wurde als Fehler identifiziert.

In ihrem Flugbericht äußerte sie sich kritisch zu einigen damals als eher trivialer eingestuften Gesichtspunkten. Zu Dingen, die Bykowski überhaupt nicht erst erwähnt hatte. So bedauerte sie es, keine Möglichkeit zum Zähneputzen gehabt zu haben und beklagte sich über die Trockenheit des Brotes das zu ihrer Verpflegung gehörte. Sie beklagte sich auch darüber, dass der Raumanzug im Laufe der Zeit immer unbequemer wurde. Dinge, die man bei einem männlichen Kosmonauten als konstruktive Kritik bewertet hätte, wurden ihr später als „Zickigkeit" ausgelegt.

Abschied auch von Sergei Koroljow.

Was am Ende zählte war aber, dass Tereschkowa alleine doppelt so viel Zeit im Weltraum zugebracht hatte als bis zu diesem Zeitpunkt sämtliche US-Astronauten zusammen.

Nach Tereschkowa flog fast zwei Jahrzehnte lang keine Frau mehr in den Orbit. Das nächste weibliche Besatzungsmitglied eines Raumschiffs war dann am 19. August 1982 Swetlana Sawitzkaja, die mit Sojus T-7 zur sowjeti-

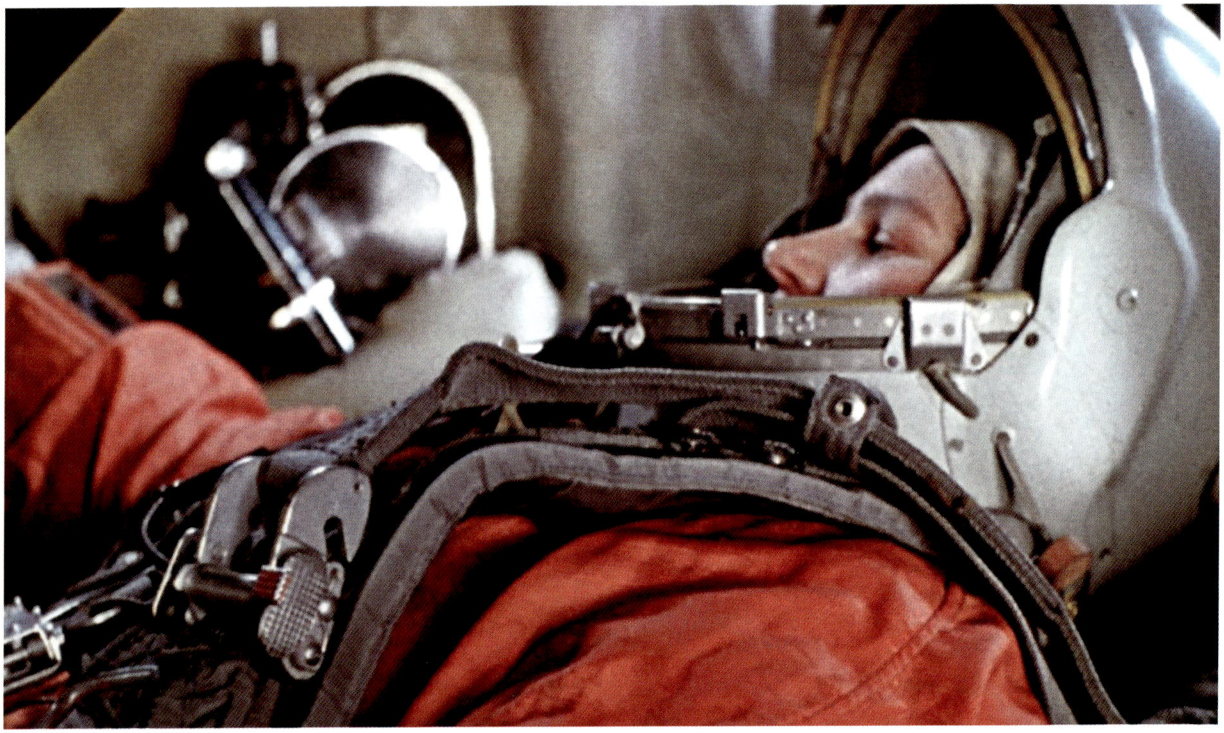

Valentina Tereschkowa im Innern der Kabine von Wostok 6.

Valentina Tereschkowa ist nach der Landung von einer großen Zahl von Menschen umringt. Noch haben sie die offiziellen Bergungskräfte nicht erreicht.

Kurz nach der Landung ist Valentina Tereschkowa der Stress und die Anstrengung noch anzusehen, im Gesicht hat sie einige Schrammen von der rauen Rückkehr. Hier erhält sie von Anwohnern des Landegebietes Brot und Milch.

Tereschkowa und Bykowski am Tag nach der Rückkehr.

schen Raumstation Salut 7 flog. Nachdem sie nicht alleine unterwegs war, sondern mit ihren Kosmonautenkollegen Leonid Popow und Alexander Serebrow, war dieser Flug auch gleichzeitig die erste gemischtgeschlechtliche Mission in der Geschichte der bemannten Raumfahrt. Anders als Tereschkowa war Sawitzkaja Testpilotin und sogar Kunstflugweltmeisterin gewesen und von daher schon perfekt für die Aufgabe geeignet. Zwei Jahre später flog sie mit Sojus T-12 erneut zur Salut 7-Station.

Die erste Amerikanerin im Weltraum war Sally Ride, die am 18. Juni 1983 mit dem Shuttle Challenger in den Orbit startete. Die erste Europäerin im All und seinerzeit die 15. Frau überhaupt, war die britische Wissenschaftlerin Helen Sharman, die am 25. November 1989 für eine Woche zur Raumstation Mir startete.

Bis zum Zeitpunkt an dem diese Zeilen entstanden stieg der Prozentsatz von Frauen in der „bemannten" – oder in diesem Fall besser „astronautischen" Raumfahrt deutlich an, ist aber insgesamt immer noch recht gering. Im Juli 2021 lag er bei etwa 14 Prozent.

Sally Ride. Erste Amerikanerin im Weltraum.

19. Juli 1963

X-15 erreicht die Schwelle zum Weltraum

Bis etwa zum Jahre 1958 ging man in den USA davon aus, dass sich bemannte Raumfahrzeuge aus Flugzeugen heraus entwickeln würden, die immer schneller und höher flögen. Die Schritte in diese Richtung schienen sich bereits anzudeuten. Nach der Bell X-2 wurde als nächstes Hochgeschwindigkeits- und Höhenflugzeug die North American X-15 konzipiert. Die darauf folgende Entwicklungsstufe mit dem militärischen Raumgleiter Dyna Soar schien sich bereits abzuzeichnen. Doch die Entwicklung ging dann einen anderen Weg. Man benötigte im Wettstreit mit den Sowjets schnell zu realisierende Konzepte, und da waren die Kapselkonstruktionen besser geeignet. Für die späteren Mondfahrzeuge waren aerodynamische Auslegungen ohnehin nicht mehr praktikabel. Nach der Einstellung des militärischen Dyna Soar-Raumgleiters noch vor seinem ersten Flug verblieb nur noch die X-15 als einziges Hochleistungs-Raketenflugzeug übrig. Einige Höhenmissionen dieses Programms zählen heute als suborbitale Raumflüge.

Die Einsätze mit der ersten von drei Flugeinheiten der X-15 begannen am 10. März 1959 mit einer Serie von vier so genannten „Captive Carry-Flügen“, bei denen nur die Flugeigenschaften der Kombination aus Absetzflugzeug und X-15 erprobt wurden. Die X-15 verblieb dabei mit dem Trägerflugzeug verbunden. Der erste Abwurf von der B-52 erfolgte am 8. Juni 1959. Dabei wurde die unbetankte X-15 in 12.000 Metern Höhe für einen reinen Gleitflugtest freigegeben.

Auch die zweite Flugeinheit der X-15 wurde zunächst in Captive Carry-Einsätzen erprobt, bevor sie am 17. September 1959 ihren ersten raketenbetriebenen Flug unternahm. Bereits der dritte Flug der Seriennummer 2 endete beinahe im Desaster, als in den ersten Sekunden der angetriebenen Flugphase ein Feuer im Triebwerksbereich entstand und North American-Testpilot Scott Crossfield mit noch teilweise vollen Treibstofftanks auf dem Rosamund Dry Lake notlanden musste. Die Maschine erlitt einen Strukturbruch und knickte hinter der Cockpitsektion ab. Der massiv aussehende Schaden konnte aber innerhalb weniger Monate repariert werden und die Maschine nahm im Februar 1960 ihren Flugbetrieb wieder auf.

Bis zum 25. Flug wurden die Maschinen mit zwei XLR-11 Raketenmotoren betrieben, weil das eigentlich vorgesehene Antriebsaggregat noch nicht fertig entwickelt war. Mit diesen relativ schwachen Triebwerken, die zusammen nur 71 Kilonewton Schub entwickelten, konnte die Maschine bei weitem nicht ihre volle Leistungsfähigkeit ausspielen. Das gelang erst mit dem XLR-99 Raketenmotor. Dieses Triebwerk war im Schub regelbar. Schon die „Leerlaufleistung“ lag bei 67 Kilonewton, der Höchstschub bei 313 Kilonewton.

Der letzte Einsatz einer X-15 fand am 24. Oktober 1968 statt. Dazwischen lagen 199 Missionen, die mit drei Maschinen absolviert wurden. Insgesamt 12 Piloten flogen die X-15, darunter auch die späteren Astronauten Neil Armstrong (7 Einsätze) und Joe Engle (16 Flüge). Die Maschinen erreichten Flughöhen von über 100 Kilometern und Geschwindigkeiten bis zu 7300 Kilometern pro Stun-

Nach einer sehr harten Landung von Scott Crossfield am 15. November 1959 aufgrund eines Notfalles knickte die X-15 Nummer 2 hinter dem Cockpit regelrecht ab.

Eine X-15 unter dem Flügel ihres B-52-Trägerflugzeugs. Das Bild stammt aus dem Jahr 1959.

de. Das ist in etwa die gleiche Höhe aber die doppelte Geschwindigkeit, die heute das suborbitale New Shepard-Raumfahrzeug erreichen kann.

Für die Flüge in den dichteren Schichten der unteren Atmosphäre benutzte die X-15 für die Flugsteuerung konventionelle Ruder und Klappen. Für die Flüge außerhalb der Atmosphäre wurde ein Lageregelungssystem mit Raketendüsen eingesetzt, die mit Wasserstoffperoxid betrieben wurden. Diese Triebwerke befanden sich in der Nase des Fluggeräts und an den Flügelspitzen.

Wegen ihres enormen Treibstoffverbrauchs wurden die X-15 von einem modifizierten strategischen Bomber des Typs B-52 aus gestartet. Die Abwurfhöhe betrug etwa 12.500 Meter, die Abwurfgeschwindigkeit etwa 850 Kilometer pro Stunde. Je nach Mission betrug die Brenndauer des X-15 Triebwerkes zwischen 90 und 120 Sekunden. Die restlichen zehn bis elf Minuten des Einsatzes bestanden jeweils in einem antriebslosen Gleitflug. Die Landung erfolgte bei einer Geschwindigkeit von etwa 330 Kilometern pro Stunde. Nur das Bugfahrwerk war mit Rädern ausgerüstet, das Heckfahrwerk bestand aus zwei Kufen.

Die X-15 erweiterte die Grenzen des Menschenfluges aus der Luft in den Weltraum hinein. Unfälle blieben dabei nicht aus und es kam während des knapp zehn Jahre

Neil Armstrong nach einem Flug mit der X-15 im Jahre 1960. Der Mann rechts in der Lederjacke ist Bruce Peterson, ein weiterer X-15 Pilot. Die Serien-Nummer 56-6670 weist darauf hin, dass es sich hier um die erste der insgesamt drei gebauten X-15 handelt.

Dieses Bild entstand im September 1960. Der traditionelle „Flyover“ des B-52 Trägerflugzeugs nach einer erfolgreich abgeschlossenen Mission.

dauernden Flugprogramms neben einer Reihe kleinerer Schäden auch zu drei schweren Unfällen mit zwei Bruchlandungen und einem Absturz, welche die Piloten Crossfield (wie vorhin beschrieben), John McKay und Michael Adams betrafen.

Am 9. November 1962 verunglückte John McKay beim 74. Flug des Programms mit der X-15 Nummer 2. Das Triebwerk hatte eine Fehlfunktion und bei der Notlandung auf dem ausgetrockneten Seebett des Mud Lake versagten zusätzlich die Landeklappen, wodurch die Landegeschwindigkeit viel zu hoch war. Die X-15 überschlug sich mehrfach, bevor sie auf dem Rücken liegend zur Ruhe kam. McKay wurde schwer verletzt. Obwohl er noch einmal zum Flugstatus zurückkehrte und sogar die X-15 später noch zweimal flog waren seine Verletzungen doch so schwerwiegend, dass er 1975 im Alter von nur 52 Jahren an den Spätfolgen des Unfalls starb.

Der zweite schwere Unfall des Programms ereignete sich am 15. November 1967 und endete für den Piloten Michael Adams tödlich, als er bei der Rückkehr vom 191. X-15 Flug in einen unkontrollierbaren Flugzustand geriet. Seine Maschine zerbrach in 20 Kilometern Höhe, die Trümmer wurden über ein Gebiet von 80 Quadratkilometer gestreut. Bei dieser Mission hatte Adams eine Flughöhe von 80 Kilometern überschritten und sich somit nach den Statuten der US-Luftwaffe als „Astronaut“ qualifiziert.

Der spätere Kommandant von Apollo 11 und erster Mensch auf dem Mond, Neil Armstrong, flog die X-15 insgesamt sieben Mal. Er erreichte dabei Geschwindigkeiten von Mach 5,51 und Flughöhen von über 63 Kilometer. Noch ein weiterer der zwölf X-15 Piloten wurde später Astronaut, und zwar Joe Engle, der im Testprogramm des Shuttle mit eingebunden war und später auch zwei Shuttle-Missionen flog.

X-15 Nr. 2 nach der missglückten Notlandung von John McKay im Mud Lake am 9. November 1962.

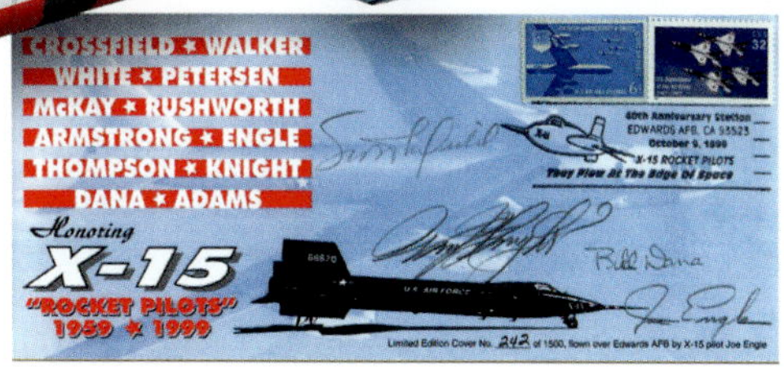

X-15	
Ursprungsland	USA
Hersteller	North American
Besatzung	1
Erstflug	10. März 1959
Einsätze	199
Masse leer	6620 Kilogramm
Startmasse	15.420 Kilogramm
Länge	15,45 Meter
Spannweite	6,80 Meter
Höhe	4,12 Meter
Oxidator/Treibstoff	Sauerstoff/Ammoniak
Antrieb (ab Flug 26)	1 × Thiokol XLR 99 RM-2
Schub XLR 99-Triebwerk	262 Kilonewton
Höchste erreichte Geschwindigkeit	7275 Kilometer pro Stunde
Höchste erreichte Flughöhe	107.960 Meter
Raumflüge nach Standard USAF	13
Raumflüge nach Standard IAF	2
Letzter Einsatz	24. Oktober 1968

Vor dem Hintergrund des Himmels über der Luftwaffenbasis Edwards mit der zweiten X-15 und dem rötlichen Boden ihrer Naturpiste zeigen die in der Infografik eingelagerten Grafiken links das B-52-Trägerflugzeug der X-15, in der Mitte ein Schnittbild der Flugeinheit 1, die gegen Ende ihrer Karriere mit Zusatztanks ausgerüstet wurde und eine Post-Sondersache (in einer limitierten Auflage von 1200 Stück) zum 40. Jahrestag des Beginns der X-15 Flüge, auf der einige ihrer ehemaligen zwölf Piloten unterschrieben haben.

Von dem insgesamt 199 Flüge umfassenden Programm erfüllten 13 Einsätze die Kriterien der amerikanischen Luftwaffe für einen Flug in den Weltraum. Insgesamt acht Piloten flogen dabei höher als 50 Meilen (80 Kilometer), und erhielten den Astronautenstatus der US Air Force und der NASA.

Bei zweien dieser Flüge, beide durchgeführt von Joe Walker im Sommer 1963 überschritt die X-15 sogar die von der FAI als so genannte „Kármán-Linie" bezeichnete Grenze zum Weltraum (benannt nach dem Physiker Theodore von Kármán). Bei einem dieser Flüge, am 19. Juli 1963, erreichte Joe Walker eine Flughöhe von fast 108 Kilometern.

28. Juli 1964

Erste Nahaufnahmen vom Mond

Nach dem wenig glücklichen Verlauf des überhastet durchgeführten Pioneer-Programms war das Vorhaben „Ranger" der zweite Versuch der USA, mit unbemannten Sonden den Mond zu erreichen. Aber auch dieses Projekt zeigte sich zunächst nicht genügend ausgereift und produzierte Fehlschlag auf Fehlschlag. Doch mit Beharrlichkeit wurden die Probleme gelöst, und das Ranger-Programm bildete in der Folge das Fundament für die bemannten Mondlandungen des Apollo-Programms.

In einem ersten Technologieprogramm mit der Bezeichnung Ranger Block I sollten zwei Ranger-Sonden in einen extrem hohen Erdorbit gebracht werden, um die Systeme und die Flugstrategie zukünftiger Ranger-Mondsonden zu erproben. Der angestrebte Orbit hätte ein Perigäum von 60.000 Kilometern und ein Apogäum von 1,1 Millionen Kilometer aufweisen sollen. Ranger 1, gestartet am 23. August 1961 verblieb aber auf einer niedrigen Parkbahn um die Erde, weil die zweite Zündung der Agena-Oberstufe der Atlas-Trägerrakete misslang. Genau das gleiche passierte auch der am 18. November 1961 gestarteten Ranger 2.

Für das Block II-Programm hatte man eine technisch anspruchsvolle Lösung angestrebt, bei der sogar eine Instrumentenkapsel den geplanten harten Aufschlag überleben sollte, doch dieses Konzept ging gründlich schief.

Am 26. Januar 1962 wurde Ranger 3 zu einer Mond-Einschlagmission entsandt. Der Start klappte einwandfrei, aber auf dem Transfer zum Mond kam es zu Navigations- und Steuerungsproblemen. Sie führten dazu, dass die Sonde den Mond um 36.800 Kilometer verfehlte.

Ranger 7 wird für den Start vorbereitet.

Ranger 7	
Ursprungsland	USA
Betreiber	NASA
Hersteller	Jet Propulsion Laboratory
Startdatum	28. Juli 1964
Startort	Cape Canaveral
Trägerrakete	Atlas Agena B
Ziel	Mond – Mare Cognitum
Aufgabe	Einschlag auf dem Mond
Spannweite Solargeneratoren	2,51 Meter
Höhe des Raumfahrzeugs	1,52 Meter
Startmasse	366 Kilogramm
Verfügbare Energie	200 Watt
Flugzeit zum Mond	68,5 Stunden
Leistung Haupttriebwerk	224 Newton
Lageregelungstriebwerke	12
Treibstoff Haupttriebwerk	Hydrazin
Treibstoff Lageregelung	Stickstoff
Anzahl Instrumente	2 TV-Kameras
Einschlag auf dem Mond	31. Juli 1964, 14:26 Uhr MEZ

Start von Ranger 7
am 28. Juli 1964.

Der Start von Ranger 4 am 23. April 1962 gelang erneut einwandfrei, aber aufgrund einer Fehlfunktion des Bordcomputers wurden weder die Solargeneratoren entfaltet noch das Navigationssystem aktiviert. Zehn Stunden nach dem Start waren die Batterien an Bord entleert. Ranger 4 schlug am 26. April, nach einer Flugzeit von 64 Stunden, auf der Mondrückseite auf, und wurde damit das erste US-Raumfahrzeug, das jemals die Mondoberfläche erreichte.

Am 18. Oktober 1962 startete Ranger 5, aber schon bald nach dem Start legte eine Serie von Kurzschlüssen die Sonde lahm, was dazu führte, dass das Raumfahrzeug nach acht Stunden tot war. Das Vehikel verfehlte den Mond um etwa 700 Kilometer.

Nach dieser Fehlschlagserie ging man auf einen Neuentwurf mit einem wesentlich vereinfachten Konzept über. Diese als Block III bezeichnete Konfiguration verzichtete nun auf die Landekapsel und nahezu alle wissenschaftlichen Instrumente und setzte nur noch auf ein leistungsfähiges Kamerasystem, das in den letzten Minuten der Anflugphase vor dem Aufschlag hochauflösende Bilder zur Erde senden sollte. Der Ansatz war richtig, aber zuvor gab es noch einmal einen Misserfolg.

- Ranger 6: Schlug am 30. Januar 1964 nach einem perfekten Flug exakt im vorgesehenen Zielgebiet im Mare Tranquillitatis auf. Die Kameras versagten jedoch, so dass keine Bilder übermittelt wurden.
- Ranger 7: Erste erfolgreiche US-Mondsonde. Schlug am 31. Juli 1964 im Mare Cognitum ein. Übermittelte 4308 Bilder.
- Ranger 8: Schlug am 20. Februar 1965 im Mare Tranquillitatis auf. Übermittelte 7137 Fotos.
- Ranger 9: Schlug am 24. März 1965 im Krater Alphonsus ein. Übermittelte 5814 Bilder.

Auf den von den Ranger-Sonden übermittelten Bildern konnten noch Details von nur 30 Zentimetern Größe identifiziert werden.

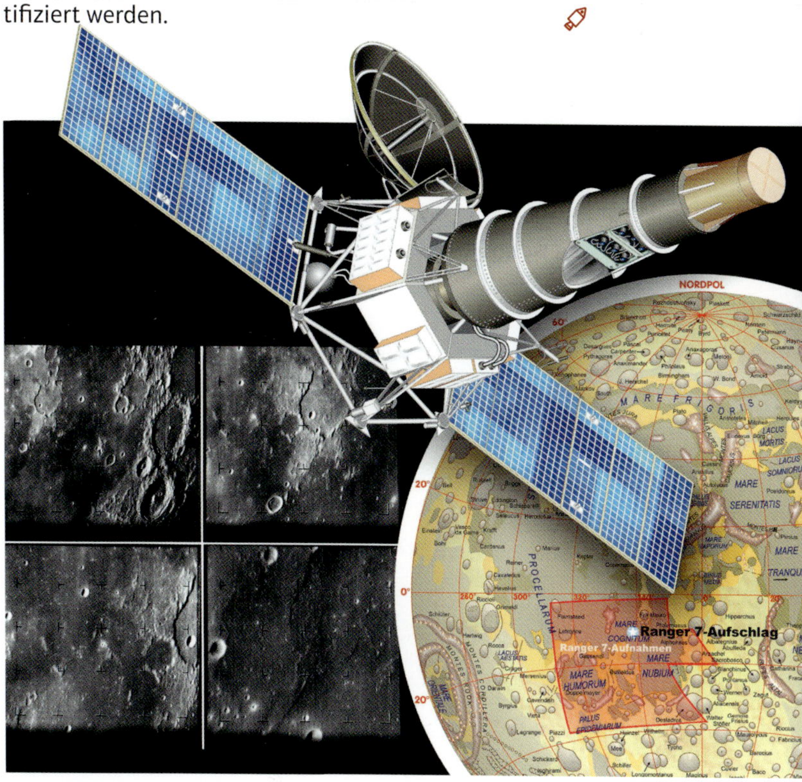

Ranger 7. Rechts, das Aufschlaggebiet, rot markiert die insgesamt fotografierte Fläche. Links: Vier der 4308 übermittelten Bilder.

12. Oktober 1964

Drei Menschen im Orbit

Schon 1963 war es den Verantwortlichen für das sowjetische Raumfahrtprogramm klar, dass das neue Sojus-Raumschiff nicht, wie ursprünglich geplant, im Jahre 1965 flugbereit sein würde. Zusätzlich kamen von den Amerikanern beunruhigende Nachrichten über den Stand des Gemini- und Apollo-Programms herein. Die dreisitzige Apollo sollte – so sah es zumindest zu dieser Zeit aus – 1966 zu ihrem ersten bemannten Flug abheben. Die zweisitzige Gemini sollte bereits Ende 1964 starten. Diese Raumfahrzeuge waren obendrein weitaus leistungsfähiger als das Wostok-System der Sowjetunion. Dem galt es zu begegnen, und die Zeit bis zum ersten Einsatz der Sojus mit weiteren Erstleistungen zu überbrücken und die Amerikaner damit auf Distanz zu halten.

Zu Koroljows größtem Missfallen ordnete Chruschtschow um die Jahreswende 1963/1964 an, die Wostok so zu modifizieren, dass sie drei Personen aufnehmen konnte. Das war natürlich nicht seiner persönlichen Eingebung entsprungen, obwohl er sich sehr für das Raumfahrtprogramm interessierte. Vielmehr lag das an seinem Sohn Sergei, der Raumfahrtingenieur in Wladimir Tschelomeis OKB-52 war, und seinen Vater entsprechend instruierte.

Woschod 1 unmittelbar vor dem Start.

Zunächst schien es völlig aussichtslos, die für einen einzelnen Kosmonauten ausgelegte Kabine der Wostok für drei Kosmonauten umzukonstruieren. Es brauchte eine Reihe genialer Einfälle und viel Bereitschaft zum Risiko, um es am Ende dennoch zu ermöglichen. Man gab der Modifikation die Bezeichnung „Woschod" (Sonnenaufgang). Das unterstellte für westliche Beobachter, dass es sich dabei um ein völlig neuartiges Fahrzeug handelte. Tatsächlich war das Vehikel nichts anderes als eine Wostok-Kapsel, die man so freigeräumt hatte, dass nun mit

Woschod 1 wird für den Start vorbereitet. Eine besondere Abweichung zum Wostok-System war bei der Woschod die Feststoff-Retrorakete auf der oberen Seite der kugelförmigen Mannschaftskabine. Ihr Einsatz war nur für den Notfall vorgesehen.

einem besonderen Sitz-Arrangement drei Personen unterkommen konnten. Diese drei Kosmonauten passten aber nur in Trainingsanzügen in das enge Schiff. Auch bei den Sicherheitsvorkehrungen für Start und Landung wurden erhebliche Abstriche gemacht. So gab es nun keine Schleudersitze mehr, und die Crew musste sich in der Startphase auf Gedeih und Verderb auf die Zuverlässigkeit der Trägerrakete verlassen. Damit musste auch das Landeverfahren geändert werden, damit alle drei Raumfahrer gemeinsam in der Kapsel zum Boden zurückgebracht werden konnten. Bei der Wostok war es bis dahin so gewesen, dass die Kosmonauten mit dem Schleudersitz ausstiegen. Kapsel und Kosmonaut landeten dann getrennt. Bei Woschod war das nun nicht mehr möglich.

Ein unbemanntes Woschod-Raumschiff wurde unter der Tarnbezeichnung Kosmos 47 am 6. Oktober 1964 in den Orbit geschickt und nach einem Tag wieder zur Erde zurückgebracht. Dieser eine Test genügte, um schon wenige Tage darauf eine bemannte Mission mit drei Kosmonauten an Bord zu wagen.

So startete am 12. Oktober 1964 das Raumschiff Woschod 1. Die dreiköpfige Crew bestand aus dem Karriere-Kosmonauten Wladimir Komarow, der auch das Kommando hatte. Dazu kam noch der Mediziner Boris Jegorow und Konstantin Feoktistow, ein leitender Konstrukteur des OKB-1, dessen Teilnahme an dem Flug Sergei Koroljow durchgesetzt hatte.

Die 24-stündige Mission verlief perfekt und hätte damals die ungeteilte Aufmerksam der ganzen Welt genossen, wäre nicht genau am Tag des Fluges der Partei- und Staatschef der UdSSR, Nikita Chruschtschow, gestürzt worden. Der übliche Kosmonautenempfang bei ihm entfiel somit. Aber eine Woche nach dem Flug wurde die Crew zu den neuen Staats- und Parteichefs, Breschnew und Kossygin, eingeladen.

Wie erhofft reagierte der Westen erneut geschockt. Das Dreimann-Raumschiff wurde dort in seiner Auslegung und Leistungsfähigkeit fälschlicherweise mit dem Drei-Mann Apollo-Raumschiff gleichgesetzt. Somit vermutete man, dass die Sowjets im Rennen um den Mond dem Westen nach wie vor mehr als zwei Jahre voraus waren.

Woschod		
Ursprungsland	UdSSR	
Bezeichnung	3KV/3KD „Woschod 1/2“	
Hersteller	Designbüro Koroljow (OKB-1)	
Besatzung	3 / 2	
Trägerrakete	R 7 11A57 „Woschod“	
Einsätze unbemannt/bemannt	2/2	
Modul	**Versorgungsteil**	**Pilotenkabine**
Masse	2270 Kilogramm	3410 Kilogramm
Länge	2,70 Meter	2,30 Meter
Durchmesser	2,43 Meter	2,30 Meter

Von links: Konstantin Feoktistow, Wladimir Komarow und Boris Jegorow. Unten eine Risszeichnung des Woschod 1-Raumschiffs.

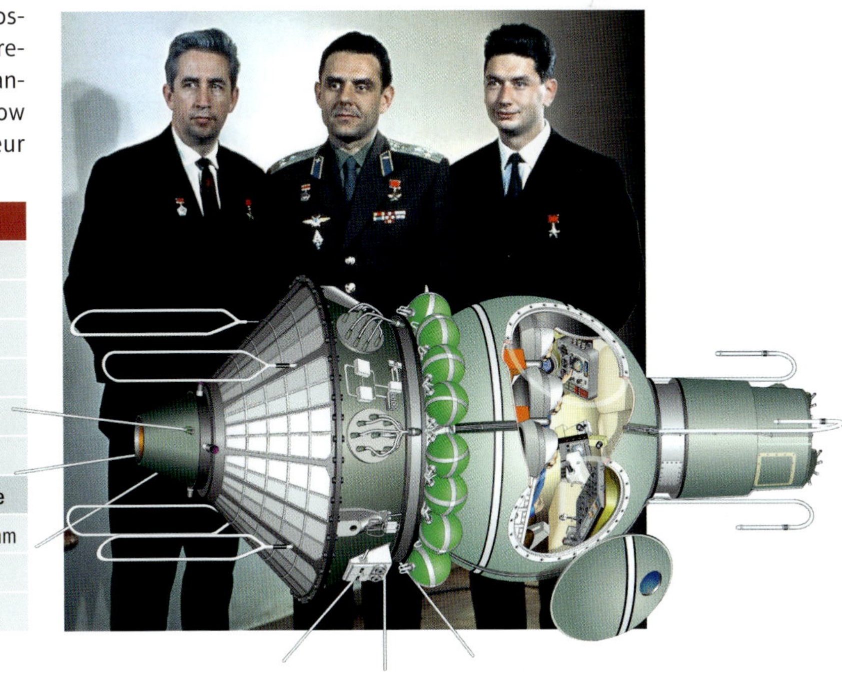

28. November 1964

Mariner 4 – Vorbeiflug am Mars

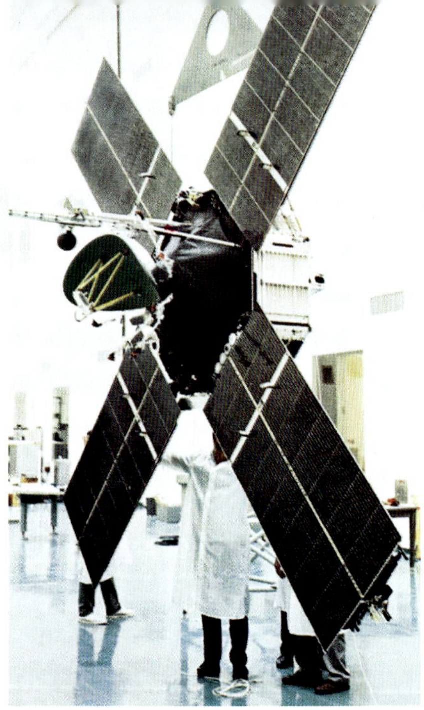

Mariner 4 wird vor dem Start getestet.

Die Doppelmission *Mariner Mars 64*, bestehend aus den beiden Marssonden Mariner 3 und Mariner 4 stand zunächst unter keinem guten Stern. Mariner 3 startete am 5. November 1964, doch beim Weg in den Orbit kam es zu einem Problem mit der Nutzlastverkleidung der Trägerrakete, das dazu führte, dass sich die Antennen und Solargeneratoren des Raumfahrzeugs nicht entfalten konnten. Die Raumsonde wurde zwar noch in Richtung Mars entsandt, aber wenige Stunden nach dem Start waren die Batterien erschöpft und konnten nicht mehr geladen werden.

Bei Mariner 4 klappte der Start am 28. November 1964 einwandfrei. Nach siebeneinhalb Monate währendem Flug, bei dem es am 5. Dezember 1964 zu einem Kurskorrektur-Manöver gekommen war, erreichte die Sonde am 14. Juli 1965 die Nähe des Planeten Mars. Die Instrumente wurden um 15:42 Uhr GMT aktiviert, die Kamera nahm ihre Arbeit am 15. Juli um 0:19 Uhr GMT auf.

Neben der Fernsehkamera waren noch eine Reihe von Messinstrumenten an Bord: Ein Magnetometer, vier verschiedene Strahlungsmessgeräte, mit denen die solare und die kosmische Strahlung gemessen wurde, sowie ein Detektor für kosmischen Staub.

Mariner 4	
Ursprungsland	USA
Betreiber	NASA
Hersteller	Jet Propulsion Laboratory
Startdatum	28. November 1964
Startort	Cape Canaveral
Trägerrakete	Atlas Agena D
Ziel	Mars
Aufgabe	Vorbeiflug
Spannweite Solargeneratoren	6,88 Meter
Höhe des Raumfahrzeugs	2,89 Meter
Startmasse	261 Kilogramm
Verfügbare Energie Erdbahn	310 Watt
Verfügbare Energie am Mars	170 Watt
Flugzeit zum Mars	228 Tage
Leistung Haupttriebwerk	222 Newton
Treibstoff Haupttriebwerk	Hydrazin
Lageregelungstriebwerke	12
Treibstoff Lageregelung	Stickstoff
Anzahl Instrumente	7
Mars-Passage	14. Juli 1965
Größte Annäherung	9846 Kilometer
Anzahl übermittelter Bilder	22
Missionsende	21. Dezember 1967

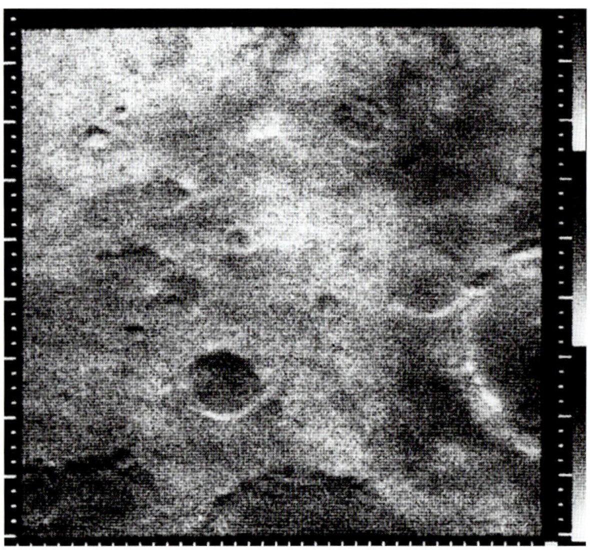

Eine der 21 Aufnahmen in Vergrößerung. Die Qualität ist bescheiden, gemessen an heutigen Ansprüchen.

Erstmals wurde auch der Lichtdruck der Sonne für die Lageregelung mit genutzt. Dazu war die Sonde mit vier Flächen von je 0,65 Quadratmetern ausgerüstet, die an der Spitze der vier Solargeneratoren montiert waren. Positionsdaten erhielt die Sonde über vier Sonnen-Sensoren sowie je einen Sensor der auf die Erde, den Mars und den Fixstern Canopus ausgerichtet war.

Mariner 4 verfügte über ein achteckiges Magnesium-Gehäuse mit einem Durchmesser von 127 Zentimetern und einer Höhe von 46 Zentimetern. In dieser Struktur befanden sich die Elektronik, das Antriebs- und Lageregelungssystem, die Verkabelung und die Tanks. Das Antriebssystem bestand aus einem 222 Newton-Triebwerk mit vier Düsen für die Mittkurskorrekturen und wurde mit Hydrazin betrieben. Für die Lageregelung und kleine Geschwindigkeitsanpassungen gab es insgesamt zwölf mit Stickstoff betriebene Kaltgastriebwerke. Dazu kamen noch drei Lageregelungskreisel.

Am oberen Teil der Struktur ragten vier Solargeneratoren wie die Flügel einer Windmühle heraus. Obenauf befand sich eine parabolische Hochgewinnantenne mit 116 Zentimetern Durchmesser und eine 223 Zentimeter hohe Niedergewinn-Rundstrahlantenne. An der Unterseite des Gehäuses befand sich die drehbare Fernsehkamera. Die vier Solargeneratoren mit einer Fläche von je 176 × 90 Zentimetern waren mit 28.224 Solarzellen belegt. Deren Energie konnte in einer Silber-Zink Batterie von 1200 Wattstunden gepuffert werden. Die Datenübertragung lief über zwei S-Band-Transmitter. Es konnte mit 8,3 Bit pro Sekunde gesendet, und mit 33,3 Bit pro Sekunde empfangen werden.

Die Mission von Mariner 4 war die erste Mission in der Geschichte der Raumfahrt, bei der Fotos von einem anderen Himmelskörper als der Erde oder dem Mond übermittelt wurden. Insgesamt wurden 21 vollständige Bilder und 22 Zeilen eines 22. Bildes gemacht. Die größte Annäherung an den Planeten Mars betrug 9846 Kilometer.

Am 1. Oktober 1965 riss der Kontakt zur Sonde aufgrund der großen Entfernung (309 Millionen Kilometer) ab, konnte aber überraschenderweise 1967 wieder aufgenommen werden. Am 21. Dezember 1967 war der Stickstoffvorrat für die Lageregelung aufgebraucht, wodurch die Funkverbindung endgültig beendet wurde.

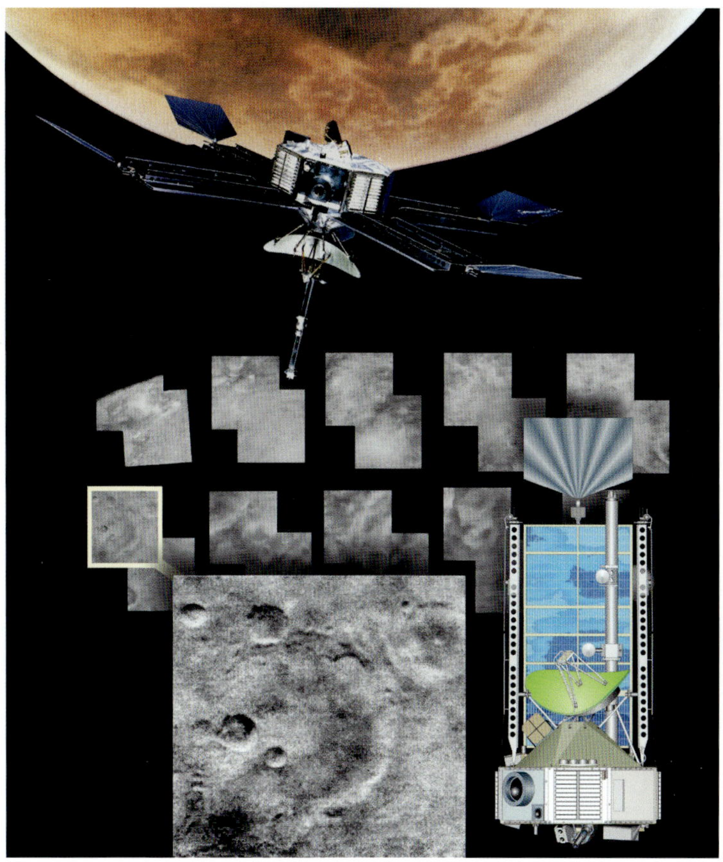

Die Raumsonde Mariner 4 beim Vorbeiflug am Mars. Darunter 18 der 21 Bilder im Kleinformat und eines der Bilder in Vergrößerung. Rechts die Sonde in Startkonfiguration. Unter dem Boden das Kamerasystem, dessen Bilddaten auf einem Magnetband an Bord gespeichert und erst nach dem Vorbeiflug am Mars zur Erde gesendet wurden. Die Übertragung jedes einzelnen Fotos dauerte etwa sechs Stunden. Alle Bilddaten wurden aus Sicherheitsgründen zweimal übertragen.

18. März 1965

Leonow und White schweben im All

Bevor die Amerikaner mit den bemannten Flügen im Gemini-Programm begannen, erzielte die Sowjetunion noch einmal eine historische Erstleistung in der bemannten Raumfahrt: Den ersten Ausstieg eines Menschen aus einem Raumschiff in den freien Weltraum. Dazu musste die Woschod erheblich modifiziert werden. Für das Außenbordmanöver konstruierten die sowjetischen Ingenieure eine aufblasbare Luftschleuse. Durch sie konnte der aussteigende Kosmonaut das Raumschiff verlassen, und nach seinem Ausflug ins All wieder in das Raumschiff zurückkehren. Nach erfolgtem EVA-Manöver wurde diese Schleuse abgesprengt.

Wie schon vor der Mission von Woschod 1 gab es auch für diesen Flug einen unbemannten Vorbereitungseinsatz. Er trug die Bezeichnung Kosmos 57. Die Entfaltung der Luftschleuse gelang wie geplant, der zweite Teil des

Vorbereitung von Woschod 2 zur Integration mit der Trägerrakete, deren Erst- und Zweitstufentriebwerke rechts zu sehen sind. Charakteristisch für Woschod 2 ist die beim Start zusammengefaltete Ausstiegsschleuse links oben an der kugelförmigen Crew-Kabine.

Die Woschod war etwa eine Tonne schwerer als das Wostok-Raumschiff. Um sie in den Orbit bringen zu können musste die Trägerrakete vom Typ R-7 8K72K zur Version 11A57 modifiziert werden. Die Modifikation betraf vor allem ein leistungsfähigeres Triebwerk für die dritte Stufe.

Die Woschod 2-Crew beim Training. Es geht eng her in dieser kleinen Kabine.

Fluges war aber ein Fiasko. Aufgrund sich überlagernder Befehle zweier Bodenstationen leitete Kosmos 57 verfrüht den Wiedereintritt ein. In der Folge löste sich der Selbstzerstörungsmechanismus aus (eine der paranoiden Maßnahmen des Kalten Krieges) und vernichtete die Kapsel.

Trotz des dubiosen Ausgangs dieses Testfluges brachte die Sowjetunion am 18. März 1965 Woschod 2 in eine Erdumlaufbahn, nur eine Woche vor dem Flug des US-Raumschiffs Gemini 3. An Bord befanden sich die beiden Kosmonauten Pawel Beljajew und Alexei Leonow. 90 Minuten nach dem Start verließ Leonow sein Fahrzeug und schwebte etwa zwölf Minuten lang neben der Woschod her. Dann musste er wieder zurück in sein Raumschiff. Und das wurde schwierig.

Leonows Raumanzug hatte sich bei seinem Weltraumausflug so gedehnt, dass er bei der Rückkehr nicht mehr in die nur 70 Zentimeter durchmessende Schleuse passte. Nach einigen vergeblichen Versuchen musste er angesichts der Gefahr, nicht mehr in das schützende Raumschiff zurück zu können, den Druck in seinem Anzug auf ein lebensgefährlich niedriges Niveau reduzieren. Er quetschte sich mit dem Kopf voran hinein, anstatt wie vorgesehen mit den Füßen zuerst. Damit gelang es ihm unter äußerster Anstrengung wieder in der Schleuse Platz zu finden.

Nachdem Leonow wieder in der Kabine zurück war, wurde die Schleuse wie vorgesehen abgesprengt. Dabei kam es zu einem Druckabfall in den Lufttanks. Mit der geringen noch verbliebenen Atemluft hätte die Landung eigentlich maximal bis zum 17. Orbit erfolgen sollen. Doch nun versagte auch noch das automatische Orientierungssystem, wodurch in Konsequenz das Retrotriebwerk nicht zündete. In fliegender Hast wurden Vorbereitungen ge-

Die Woschod 2-Crew im Bus auf dem Weg zur Startrampe. Links Beljajew, rechts Leonow und in der Mitte Wladimir Komarow.

Leonow schwebt frei im Weltraum. Diese Bildsequenz wurde von der Außenkamera gemacht.

troffen, damit am Ende des 18. Umlaufs die Landung manuell durch Beljajew eingeleitet werden konnte. Danach gab es für vier Stunden keine Funkverbindung zu den Kosmonauten mehr. Schließlich kam die Meldung eines Suchhubschraubers, dass die Kapsel statt in der kasachischen Steppe 2000 Kilometer vom geplanten Landepunkt niedergegangen war. Der Landeort lag 30 Kilometer südöstlich der Stadt Bereschnaika im Ural in einem dichten, tief verschneiten Wald. Das Überschießen der Landezone hatte Beljajew verursacht, der die manuelle Zündung 48 Sekunden zu spät ausgelöst hatte.

Die beiden Raumfahrer überstanden die unsanfte Landung mit Prellungen und blauen Flecken und konnten sich durch Morsezeichen bemerkbar machen. Es dauerte

Schnittbild des Innenlebens von Woschod 2 und Ausstieg des Kosmonauten.

aber vier Stunden, bis sie von einem Hubschrauber gesichtet wurden. Eine Landung des Helikopters war in den dichten Wäldern unmöglich. Selbst eine Bergung mit Seilwinde gelang in dem schwierigen Gelände nicht. Schließlich wurde es Nacht, und die Aktion musste abgebrochen werden. Erst 24 Stunden nach der Bruchlandung im Wald gelang es Bergungskräften zur Crew vorzustoßen. Dann mussten alle zusammen eine weitere Nacht im verschneiten Wald biwakieren. Am anderen Morgen fuhren sie auf Skiern zu einer Lichtung, zwei Kilometer von der Landestelle entfernt. Dort hatten Spezialkräfte Bäume und Büsche abgeholzt, um dem Rettungshubschrauber einen Landeplatz zu schaffen.

Obwohl die Mission am Ende noch ein letzter Triumph der bemannten sowjetischen Raumfahrt wurde, stellte Woschod 2 – ohne, dass es damals irgendjemand ahnte – den Wendepunkt im Weltraumwettlauf zwischen der Sowjetunion und den USA dar. Von nun an übernahmen die USA die Führung. In diesem März 1965 sah es jedoch so aus, als hätte die Sowjetunion erneut ihre Überlegenheit im Weltraum demonstriert.

Der Flug zeigte derart schwere technische Mängel am Woschod-System auf, und die Fortschritte der Amerikaner waren inzwischen so weit gediehen, dass die Sowjets nur drei Wochen vor der Mission von Woschod 3 alle weiteren geplanten Missionen mit diesem Raumschifftyp absagten.

Zwar hatten auch in den USA Überlegungen zur Durchführung eines Außenbordmanövers schon recht früh begonnen. Für Gemini 4, den erst zweiten bemannten Flug des Programmes, schien das aber kein Thema zu sein. Tendenziell sollten Außenbordmanöver erst in der zweiten Hälfte des Gemini-Programms stattfinden. Doch dann besann sich die Programmleitung anders, wohl auch aufgrund Leonows EVA. Das machte die Mission ungemein ambitioniert, denn Gemini 4 war zusätzlich für eine Flugdauer von vier Tagen angesetzt. Zweieinhalb mal so lange, wie der bis dahin längste US-Raumflug gedauert hatte.

Die Crew bildeten James McDivitt und Edward White. Der Start erfolgte am 3. Juni 1965, um 10:16 Uhr. Es war das erste Mal, dass ein bemannter Weltraumstart weltweit im Fernsehen gesendet wurde. Die Übertragung lief über „Early Bird", einen der ersten kommerziellen geostationären Kommunikationssatelliten.

Der Start verlief problemlos. Ein geplantes Rendezvous-Manöver mit der ausgebrannten zweiten Stufe musste aber nach einigen vergeblichen Versuchen abgebrochen werden. Auch bei den Vorbereitungen zur EVA, geplant für den zweiten Orbit, gab es Schwierigkeiten. Kommandant McDivitt verschob das Vorhaben um eine Erdumkreisung.

Zwei Tage nach der Woschod 2-Mission wird die Crew endlich aus dem Notlandegebiet ausgeflogen. Zweiter von links: Alexei Leonow.

Über dem Indischen Ozean war White schließlich fertig. Alle Schläuche waren angeschlossen, die Versorgungsleitung präpariert, die *zip gun* in der Hand und die Notversorgung auf dem Bauch festgeschnallt. Über Carnarvon in Australien begannen die beiden den Kabinendruck abzulassen. Doch dann gab es ein mechanisches Problem. Die Luke ließ sich nicht öffnen. Nach einigem Ziehen, Zerren und Stoßen schnellte sie plötzlich auf.

White schwebte einige Zentimeter über seinem Sitz und installierte die Kamera, die seine Bewegungen aufnehmen sollte. Mit der *zip gun*, die an seinem rechten Arm befestigt war, schwebte er langsam zur Luke hinaus. White betätigte das Gerät und bewegte sich über der Luke langsam vom Raumschiff weg. Schließlich waren es fünf Meter. Weiter, als er eigentlich wollte. Er versuchte hinüber zu McDivitts Fenster zu schweben. Es ging so gut wie im Training, zumindest über die Nick- und Gierachse. Rollen war aber deutlich schwieriger und verbrauchte viel Treibstoff. Wenn er frei schwebte, ohne etwas zu tun, hatte er das deutliche Gefühl, sich über alle drei Achsen gleichzeitig zu bewegen. Er wusste, dass er das mit der Pistole ausgleichen konnte, hatte aber Bedenken wegen des

Die Gemini 4-Astronauten McDivitt (vorne) und White unmittelbar vor dem Start.

vielen Treibstoffs, den er schon verbraucht hatte. Stattdessen zog er an seiner Sicherungsleine um seine Lage zu verändern. White sah die Triebwerke der Gemini feuern, die Schwaden von flammendem Gas ausstießen. White steuerte sich von dieser Gefahr weg, über die Oberseite des Raumfahrzeugs bis hinaus hinter die Nase des Vehikels. Er benutzte die Pistole für zwei Überschläge und zwei Körperdrehungen und konnte danach jedes Mal wieder stoppen. Dann waren die beiden kleinen Tanks mit dem komprimierten Sauerstoff plötzlich leer.

Edward White beim ersten EVA eines US-Astronauten. In der rechten Hand hält er die *Zip-Gun* und den Fotoapparat.

Zwischen Hawaii und Guaymas in Mexico kam es zu einer Kommunikationsunterbrechung. Ein weltumspannendes satellitengestütztes Datenrelaysystem gab es damals nicht. Und zwischen den oft tausende Kilometer voneinander entfernten Bodenstationen kam es immer wieder zu langen Übertragungslücken. Während White über dem Pazifk die *zip gun* einsetzte, hatte Mission Control keine Ahnung, wie die Sache weiterlief. Erst nachdem die Sprechfunkverbindung wiederhergestellt war, hatten Houston und die Radiohörer auf der ganzen Welt die Chance, die Eindrücke eines amerikanischen menschlichen Satelliten zu hören.

Allerdings hatten McDivitt und White während einer dieser Übertragungslücken auf Intercom-Betrieb umgeschaltet. Damit konnten sie zwar von Mission Control gehört werden, doch konnte diese die Crew in diesem Betriebsmodus von sich aus nicht rufen. Das ging fast 16 Minuten so. Erst dann bemerkte McDivitt die Fehlschaltung, ging wieder auf den Übertragungsmodus und fragte bei Mission Control an, ob die irgendetwas wünschten. „Ja", meinte Flugdirektor Chris Kraft. „Sag ihm, er soll wieder reinkommen". Als McDivitt White mitteilte, dass es Zeit wäre wieder zurückzukommen hörte ihn die ganze Welt seufzen: „Das ist der traurigste Moment meines Lebens". White montierte die Kamera wieder ab, trennte die elektrischen Verbindungen und reichte McDivitt alles zusammen mit der *zip gun* hinein. McDivitt half White dann wieder Platz zu nehmen und seine Füße wieder unter das Instrumentenbrett in den Fußraum zu bekommen.

White zog die Luke zu und langte nach dem Griff, um sie zu verschließen. Das Drehen am Griff hob ihn aus seinem Sitz heraus und so musste ihn McDivitt festhalten, um ihm die nötige Hebelwirkung zu geben. Schließlich gelang es unter großen Mühen und Anstrengungen, die Luke dicht zu bekommen und die Tür einzurasten. White war völlig erschöpft. Der Schweiß lief in Strömen in seine Augen und das Visier beschlug. So machten die beiden erst einmal eine Rast bevor sie eine Bodenstation suchten, der sie mitteilen konnten, dass alles in Ordnung war.

Nach 48 Erdumkreisungen, 75 Stunden nach Beginn der Mission, sollte während eines Überflugs der USA der Bordcomputer einen Update erhalten. Dazu hätte er heruntergefahren werden müssen. Doch das ging nicht. Nach einigen vergeblichen Bemühungen gab der Computer am Ende völlig auf und stellte seinen Dienst ein. Das hatte zur Folge, dass die Crew bei der Landung den anstrengenden Mercury-Wiedereintritt durchführen musste, den so genannten „rolling reentry", bei der das Raumfahrzeug einer freien ballistischen Rückkehrbahn folgte und sich dabei im „Barbecue-Modus" um die Längsachse drehte.

Edward White beim ersten EVA eines US-Astronauten.

Während der 62. Erdumkreisung, 97 Stunden und 28 Minuten nach dem Start, zündeten McDivitt und White zunächst die Manövriertriebwerke für zwei Minuten und 41 Sekunden. Danach warfen sie den Ausrüstungsadapter ab und feuerten die Retro-Raketen. In 120 Kilometern Höhe steuerte McDivitt die Gemini in den „rolling reentry". Dabei sahen die beiden Astronauten den Adapter, der hinter ihnen herflog und sich innerhalb weniger Sekunden in einen orangeroten Pilz verwandelte bevor er zerschmolz. Ohne den Computer war an eine Präzisionslandung nicht mehr zu denken, und so kam Gemini 4 zwar sicher, aber 80 Kilometer vom Zielpunkt entfernt herunter, 97 Stunden 56 Minuten und 12 Sekunden nach Beginn der Mission.

Gemini 3 ändert die Umlaufbahn

John Young (links) und Virgil Grissom (Mitte, in der Hocke) im Gemini-Missionssimulator bei der McDonnell Aircraft Corporation in Saint Louis.

Nach zwei unbemannten Gemini-Missionen am 8. April 1964 und am 19. Januar 1965 legte die NASA den Start von Gemini 3 auf den 23. März 1965 fest. Niemand konnte damals allerdings ahnen, dass er damit nur fünf Tage nach einer erneuten Erstleistung der Sowjets mit Woschod 2 stattfinden, und damit etwas im Schatten dieses Fluges stehen würde. Sehr zu Unrecht, denn die Gemini war, wie sich erst Jahre später herausstellte, das wesentlich leistungsfähigere Konzept der beiden Raumschifftypen.

Kurz vor 5:00 Uhr wurde die Crew von Gemini 3, bestehend aus den Astronauten Virgil Grissom und John Young, geweckt. Um 7:30 Uhr saßen sie hinter den verriegelten Luken ihres Raumschiffs. Um 9:24 Uhr erwachten die Triebwerke der Titan II-Trägerrakete zum Leben.

Mit dem Ruf „Du bist auf dem Weg, Molly Brown", von Astronaut Gordon Cooper, der als CapCom fungierte, machte sich erstmals in der Geschichte der US-Raumfahrt eine mehrköpfige Crew auf den Weg in den Orbit.

Offiziell war es der Flug von Gemini 3. Inoffiziell war es die Reise der „Molly Brown". Während des Projektes Mercury hatte jeder Pilot seinem Raumschiff einen Namen gegeben. Gordon Cooper war damit seinerzeit auf Schwierigkeiten gestoßen, der NASA den von ihm gewählten Begriff „Faith 7" (also: Glauben 7) zu verkaufen. Die Manager fürchteten, dass die Presse mit diesem Namen leichtes Spiel hätte, falls es zu einem Unfall käme. Jeder stellte sich unwillkürlich schon die Schlagzeile vor: „NASA verliert den Glauben".

Grissom und Young hatten jetzt ähnliche Schwierigkeiten mit „Molly Brown". Molly Brown hieß vollständig eigentlich die „Unsinkbare Molly Brown" und war zur Zeit

Beim Bergungstraining am 5. Februar 1965. Im Wasser: Virgil Grissom. Rittlings auf der Kapsel: John Young.

Die Gemini 3 Crew besteigt die Gemini in der Thermal-/Vakuumkammer für eine Übung.

des Gemini 3-Fluges ein erfolgreicher Broadway-Schlager. Damit spielte Grissom natürlich auf den Verlust seiner ersten Raumkapsel „Liberty Bell 7" an. Dabei wäre er ums Haar ertrunken, als eine statische Entladung kurz nach der Landung im Atlantik die Sprengluke aktivierte und die Kapsel versank. Die „unsinkbare Molly Brown" schien Grissom daher die logische Wahl für sein zweites Kommando.

Der NASA gefiel das nicht besonders. Dem Namen fehlte irgendwie die Würde, und so forderte man Grissom auf, eine andere Bezeichnung zu wählen. Grissom entschied sich daraufhin für „Titanic". Da gab die NASA schließlich nach und Molly Brown blieb. Der Name wurde allerdings nur inoffiziell geführt. Bei dieser und den meisten anderen Gemini-Flügen – eine Ausnahme war Gemini 5 – wurde auf die Mission nur mit der Nummer Bezug genommen. Eigene Rufnamen für Raumfahrzeuge gab es erst wieder ab Apollo 9.

Die Crew von Gemini 3 konnte sich einige historische Erstleistungen auf die Fahnen schreiben. So war es das erste Mal, dass ein bemanntes Raumfahrzeug Bahnhöhe und Inklinationswinkel seiner Umlaufbahn verändern konnte. Grissom und Young erprobten solche Bahnänderungen mehrmals während ihrer Mission. Die verlief nahezu perfekt. Als die Mission sich ihrem Ende näherte, aktivierten sie das Retro-System. Eine nach dem anderen feuerten die vier Feststoffmotoren ihre 5,5 Sekunden an Brennzeit ab, und Molly Brown fiel zurück in die Atmosphäre. Seit dem Start waren viereinhalb Stunden vergangen.

Der Wiedereintritt brachte einige Überraschungen. Zum einen zeigten sich die Simulationen aus dem Training als recht realistisch. Sogar die Farbe und das Flackern des Plasmas um das Raumfahrzeug hatte der Simulator gut wiedergegeben. Soweit also kein Problem.

Die Schwierigkeiten kamen aus einer anderen Richtung, denn „Molly Brown" kam vom Kurs ab. Die erste vorläufige Bahnauswertung ergab, dass Gemini 3 den geplanten Landepunkt um mindestens 70 Kilometer verfehlen würde. Grissoms Versuche diese Lücke zu verkleinern, blieben fruchtlos. Theoretisch – aufgrund der Windkanalversuche – hätte das Gemini-Raumfahrzeug eigentlich genügend Auftriebskapazität haben sollen, um eine solche Abweichung auszugleichen. Die Praxis zeigte leider, dass

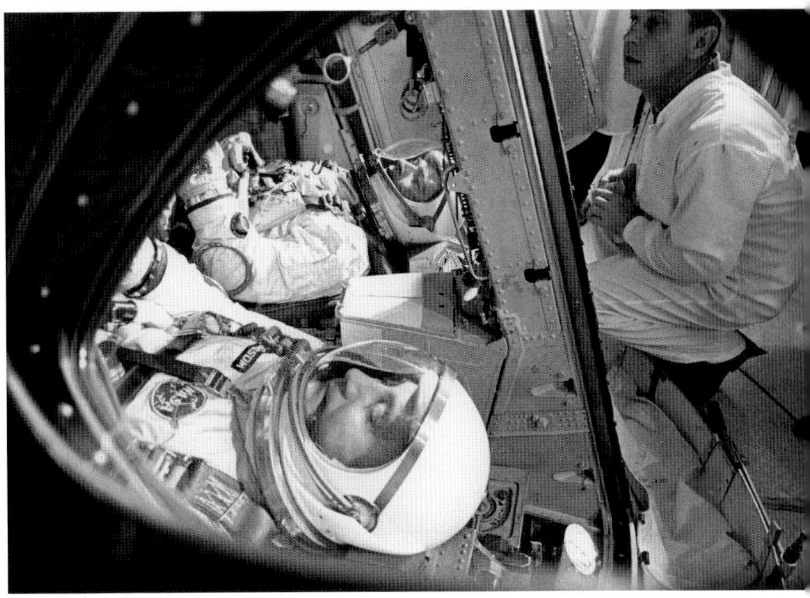

Grissom (vorne) und Young bereiten sich am Morgen des 23. März 1965 auf den Start von Gemini 3 vor.

Start von Gemini 3.

dem nicht so war. Im Gegenteil. Während des Abstiegs vergrößerte sich die Entfernung zum Zielpunkt sogar noch. Am Ende ging Molly Brown 84 Kilometer vom geplanten Aufsetzpunkt entfernt nieder. Das Führungsschiff der Bergungsflotte, der Flugzeugträger Intrepid, war sogar mehr als 100 Kilometer entfernt.

Und dann erlebten die beiden Raumfahrer noch eine Überraschung. Nach dem Entfalten des Fallschirms hing die Kapsel zunächst vertikal an einem einzelnen Aufhängepunkt unter dem Schirm. Die Astronauten sollten kurz vor der Landung auf eine Zweipunkt-Aufhängung wechseln, bei der die Nase des Raumfahrzeugs in die Horizontale zeigte. Dabei fiel die Spitze des Raumschiffs mit einem solchen Schlag nach vorne, dass beide Männer – gottseidank geschützt durch den Helm – mit dem Kopf in die Frontscheibe krachten. Und das mit solcher Gewalt, dass bei Grissom das Helmvisier brach und Youngs Visier einen tiefen Kratzer abbekam.

Verglichen mit dem Schlag gegen die Windschutzscheibe ein paar Minuten zuvor, war die Wasserung vergleichsweise sanft. Die Gemini war so ausgelegt, dass sie schwimmen sollte, aber als Grissom zum Fenster hinaus blickte, sah er nur Wasser und keinen Himmel. Er bemerkte, dass sich der Fallschirm nicht gelöst hatte und jetzt im Wind das Raumfahrzeug hinter sich her zog und ihm die Nase nach unten drückte. Die Erinnerungen an das Schicksal seiner Mercury Liberty Bell 7, das er beinahe selber geteilt hatte, dürften ihm hier wieder hoch ge-

Gemini 3 ging gut 100 Kilometer vom berechneten Landepunkt nieder. Die Bergungshubschrauber brauchten 30 Minuten, um die Kapsel zu erreichen. Grissom weigerte sich nach seinen Erfahrungen mit Liberty Bell 7, die Luke zu öffnen, solange nicht der so genannte „Kragen“, eine Art Schwimmring, um die Kapsel gezogen wurde. Die beiden Astronauten verblieben in der Gemini, bis sie auf das Deck des Flugzeugträgers *Intrepid* gehievt worden war, dem Kommandoschiff der Bergungsflotte.

kommen sein. Er löste den Fallschirm, Molly Brown hob die Nase und tanzte auf den Wellen und zeigte sich vollständig wasserdicht.

Der ursprüngliche Missionsplan war es gewesen – man war ja aufgrund der Ziellande-Eigenschaften des Raumfahrzeugs annähernd von einer Punktlandung ausgegangen – so lange im Raumfahrzeug zu warten, bis das Bergungsschiff die Kapsel aufnahm. Grissom hatte bis zur Landung vermutet, dass sie maximal acht Kilometer von der Intrepid entfernt niedergegangen sein müssten. Jetzt erfuhr er, dass es tatsächlich fast 110 Kilometer waren. So überwand er seine Abneigung gegen Hubschrauberbergungen und forderte einen Helikopter an. Aber das Liberty Bell Abenteuer aus den Mercury-Tagen lag ihm doch noch so in den Knochen, dass er sich strikt weigerte die Luke zu öffnen, bis nicht die Navy-Taucher einen Schwimmkragen um das Raumfahrzeug gelegt hatten. Von diesen kleineren Pannen einmal abgesehen brachte „Projekt Gemini" seine bemannte Feuertaufe erfolgreich hinter sich.

Die Nachbesprechungen und die medizinischen Untersuchungen gingen über einige Tage und brachten nichts Aufregendes zum Vorschein. Eine Sache sorgte bei der Presse aber für Entzücken und bei Managern und Politikern für Verärgerung. Man fand nämlich in der Gemini ein angebissenes Corned Beef Sandwich, ein Objekt, das da ganz gewiss nicht hingehörte. Wie sich herausstellte hatte es der Astronaut Walter Schirra am Morgen vor dem Flug bei „Wolfies" gekauft, in der North Atlantic Avenue in Cocoa Beach. Beim Anlegen der Raumanzüge hatte er es Young gegeben, der es an Bord der Molly Brown schmuggelte. Als es an der Zeit war, die NASA-Weltraumnahrung zu verkosten, einer der weniger wichtigen Programmpunkte der Mission, zog Young das Sandwich aus der Tasche und überreichte es Grissom. Als der Kongress das erfuhr, gab es eine ziemliche Aufregung und hatte zur Folge, dass danach strenge Regeln eingeführt wurden, was Astronauten bei zukünftigen Flügen mitnehmen durften, und was nicht.

Risszeichnung des Gemini-Raumschiffs,
links die Crew mit (von links) Virgil Grissom und John Young.

26. November 1965

Diamant und Astérix bringen Frankreich auf Platz 3

Dieses Modell des Satelliten Astérix kann man heute im nationalen französischen Luft- und Raumfahrtmuseum in Le Bourget sehen.

Im Dezember 1961 beschloss die französische Regierung eine eigene Satellitenstart-Fähigkeit zu entwickeln. Im März 1962 nahm die erst wenige Monate zuvor gegründete französische Raumfahrtbehörde CNES ihren Dienst auf, und bereits im Mai 1962 vergab sie den Entwicklungsauftrag über 54 Millionen französische Franc für ein nationales Raumtransportsystem. Um schnell zum Ziel zu kommen, angepeilt war eine Entwicklungszeit von unter vier Jahren, griff man auf Systeme zurück, die bereits für militärische Zwecke entwickelt worden waren.

Im August 1959 hatte die französische Regierung beschlossen, sich mit einer Palette von Nuklearraketen auszustatten und bald existierten Boden-Boden-Raketen verschiedener Reichweiten, die allesamt Namen von Edelsteinen trugen: die Achat, die Emeraude (Smaragd) und die Topaze. Auch eine zweistufige Rakete war mit der Saphir dabei, deren erste Stufe die Emeraude bildete und die zweite Stufe die Topaze. Dieser Träger sollte die Grundlage für die erste Satellitenrakete Frankreichs bilden. Für die Tests der dritten Stufe wurde die Rubin geschaffen, eine Sonderversion der Achat. Bei all diesen Edelsteinnamen lag es nahe, auch der Satellitenträgerrakete selbst eine solche Bezeichnung zu geben. So bekam der Träger den Namen „Diamant".

Die inkrementelle Entwicklung zahlte sich aus. Die Diamant A war bereits beim ersten Start erfolgreich und am 26. November 1965, nachmittags um 15:47 Uhr, trat Frankreich dem exklusiven Klub der Weltraummächte bei. Nutzlast war der 39 Kilogramm schwere Satellit Astérix. Der Name des kleinen Raumfahrzeugs war der Hauptfigur der Comicreihe Astérix (Deutsch: Asterix und Obelix) entnommen, und der wiederum kam von der griechischen Bezeichnung asteriskos, was soviel wie „kleiner Stern" bedeutet. In Verbindung mit dieser nationalen Comicfigur war das ein sehr passender Name für den kleinen Satelliten.

Mit der Diamant A wurde Frankreich nach den USA und der UdSSR zur dritten Nation, die einen Satelliten mit einer eigenen Trägerrakete in den Erdorbit bringen konnte. Der Start der Diamant A-Raketen erfolgte vom algerischen Hammaguir aus. Obwohl Algerien seit 1962 nicht mehr französische Kolonie war, konnte dieser Startplatz aufgrund eines Vertrages mit der neuen unabhängigen Regierung noch fünf Jahre genutzt werden.

Die Diamant A verwendete in der ersten Stufe die ungewöhnliche Treibstoffkombination Salpetersäure und Terpentin. Das Vexin-Triebwerk der Erststufe war schwenkbar, die Regelung um die Rollachse übernahmen Hilfsruder. Die Treibstoffförderung erfolgte mit Druckgas, ebenso ungewöhnlich wie ineffizient für die erste Stufe eines Satellitenträgers. Allerdings auch sehr einfach, schnell zu entwickeln und wenig störanfällig. Aufgrund der relativ geringen thermischen Belastung und der nur kurzen Brennzeit genügte eine ablative Kühlung der Düse. Die Innenwand war mit Graphit ausgekleidet.

Die zweite Stufe namens Topaze, sie wurde wie die erste Stufe von Nord-Aviation hergestellt, war aus der französischen Lenkwaffe MSBS-1 abgleitet worden. Sie be-

Asterix, der Namensgeber, sitzt auf seinem Satelliten.

Diamant A	
Hersteller	SEREB
Startort	Hammaguir
Länge	19,00 Meter
Basisdurchmesser	1,30 Meter
Durchmesser über Flossen	2,30 Meter
Startmasse	18,4 Tonnen
Nutzlast LEO	80 Kilogramm
1. Stufe	**Emeraude**
Triebwerk	1 × LRBA Vexin B
Schub Meereshöhe	274 Kilonewton
Brenndauer	93 Sekunden
Treibstoff	Terpentin
Oxidator	Salpetersäure
2. Stufe	**Topaze**
Triebwerk	1 × SEP P2.2
Schub	130 Kilonewton
Brenndauer	45 Sekunden
Treibstoff	Isolane 28/7
3. Stufe	**P064**
Triebwerk	1 × SEP P0.6
Schub	38 Kilonewton
Brenndauer	44 Sekunden
Treibstoff	Isolane 28/7
Erstflug	**26. November 1965**
Anzahl Starts	**4**
Davon erfolgreich	**3**
Letzter Start	**15. Februar 1967**

stand aus einem Feststofftriebwerk mit dem Treibstoff Isolane 29/9. Im Zwischenring zwischen zweiter und dritter Stufe befand sich das Rollkontrollsystem mit Stickstoffdruckgas zur Lageregelung des Trägers.

Die dritte Stufe, hergestellt von Sud-Aviation, war technisch der Zweiten vergleichbar. Sie wurde nach der Trennung von der zweiten Stufe durch vier Feststoffraketen in eine Rotation von 180 Umdrehungen pro Minute versetzt und somit drallstabilisiert. Die Diamant A kam viermal zum Einsatz. Dreimal war sie vollständig erfolgreich, einer der Flüge (mit dem Satelliten Diadème an Bord) war ein Teilerfolg, weil er auf einer zu niedrigen Umlaufbahn abgesetzt wurde. Das Nachfolgemodell Diamant B startete ab 1970 bereits von Kourou in Französisch Guyana aus.

Eine Diamant A wartet an der Rampe im algerischen Hammaguir auf den Start.

15. Dezember 1965

Gemini 6 und 7 – Erstes Rendezvous im Weltraum

War es beim Vorhaben Mercury nur darum gegangen, schnellstmöglich einen Amerikaner in den Weltraum zu bringen, war das Programm Gemini ein sehr systematisches Unterfangen, bei dem sich die amerikanische bemannte Raumfahrt all die Fertigkeiten aneignete, welche für die späteren Mondflüge des Apollo-Programms notwendig waren.

Nach dem bemannten Jungfernflug des Systems mit Gemini 3, und der Mission von Gemini 4, bei der Edward White als erster US-Astronaut ein Außenbordmanöver unternahm, war zwischen dem 21. und 29. August 1965 die Mission von Gemini 5 erfolgt. Dieser Flug war seinerzeit der längste Raumflug in der Geschichte der Raumfahrt und die beiden Astronauten Gordon Cooper und Charles Conrad umkreisten bei der achttägigen Mission die Erde 120-mal. Acht Tage, das hatten die Planer der NASA errechnet, galt als die Mindestdauer für einen Mondflug.

Bei der nächsten Mission stand nun die Aufgabe „Rendezvous & Docking" auf dem Programm. Am Tag des geplanten Starts von Gemini 6, dem 24. Oktober 1965, liefen am Cape zwei simultane Countdowns. An der Startrampe 14 war das Team von General Dynamics dabei, die Atlas-Agena mit dem GATV-5002 Zielsatelliten vorzubereiten. Auf der knapp zwei Kilometer weiter nördlich gelegenen Startrampe 19 stand die Titan II mit Gemini 6. Beide Startvorbereitungen liefen problemlos, es gab keine Verzögerungen. 15 Minuten, bevor die Agena auf die Reise gehen sollte, kletterten Walter Schirra und Thomas Stafford in ihr Raumschiff und schnallten sich in ihren Sitzen fest.

Exakt um 10:00 Uhr donnerte die Atlas himmelwärts. Doch nur Minuten später kamen die ersten Anzeichen, dass irgendetwas falsch lief. Die Telemetrie wies darauf hin, dass die beiden Vorbeschleunigungstriebwerke gezündet hatten, und sich auch das Ventil des Gasgenerators geöffnet hatte, um das Haupttriebwerk zu feuern. Doch das war auch schon die letzte Meldung, die von der

Der Start von GATV-5002 scheiterte Minuten nachdem dieses Bild entstand. Dies machte eine Neuplanung der Mission Gemini 6 notwendig.

Rakete selbst kam. Die nächste stammte vom Radar einer Bahnverfolgungsstation der Luftwaffe. Wo zuvor die Agena war, befanden sich nun fünf Bruchstücke, die schnell von den Überwachungsschirmen verschwanden. Der Start von Gemini 6 machte nun keinen Sinn mehr und wurde abgesagt.

Die düstere Stimmung nach dem spurlosen Verschwinden von GATV-5002 wurde aber schon bald aufgehellt, denn schnell kam die kühne Idee auf, eine Gemini anstelle der Agena als Ziel zu starten. Zwar könnte dann kein Docking mehr stattfinden, aber der Rendezvous-Teil der Mission verblieb und eine spektakuläre Erstleistung wäre es obendrein. Dieser Plan wurde nach einigen Diskussionen von allen Verantwortlichen und vor allem den Astronauten begeistert akzeptiert.

Das neue Rendezvous-Ziel für Gemini 6 war nun das Raumschiff Gemini 7 mit Kommandant Frank Borman und Pilot James Lovell. Deren Mission war als Langzeitflug von zwei Wochen Dauer geplant. Eine Grenzerfahrung in einem winzigen Raumschiff, in dem die Crew so viel Platz hatte, wie auf den Vordersitzen eines VW-Käfers.

Am 4. Dezember 1965 kletterten Borman und Lovell in ihr Raumfahrzeug. Ohne die geringste Countdown-Unterbrechung verließ die Titan II die Rampe um exakt 14:30 Uhr Ortszeit und brachte ihre wertvolle Fracht in den vorgesehenen Orbit.

Die ersten Tage in der Umlaufbahn verliefen für die Crew von Gemini 7 planmäßig, sah man davon ab, dass es eine lang anhaltende Debatte mit der Flugkontrolle darüber gab, ob die Astronauten die Raumanzüge ausziehen konnten oder nicht. Es war geplant gewesen, dass immer einer der Astronauten ohne den Raumanzug in der Kapsel arbeiten konnte, während ihn der andere anbehalten sollte. Das Problem war, dass es der Astronaut ohne den Raumanzug angenehm kühl hatte, während der andere permanent schwitzte. Schließlich stimmte die Flugkontrolle zu, dass beide Astronauten den Raumanzug ablegten.

Noch während Gemini 7 auf der Startrampe stand, waren die Techniker der Startanlage 19 schon in Wartestellung gewesen. Borman und Lovell hatten noch nicht den Orbit erreicht, als sie sich schon auf die Startrampe stürzten und die Anlage für Gemini 6 bereit machten.

Die Arbeiten verliefen derart schnell, dass man schon bald einen Start am achten Flugtag von Gemini 7 für möglich hielt – anstatt wie ursprünglich geplant erst am

Frank Borman und James Lovell am 4. Dezember 1965 auf dem Weg zur Startrampe. Der flexible Leichtgewichts-Raumanzug der David Clarke Company, eine Spezialanfertigung für Langzeit-Raumflüge, wog statt der üblichen elf Kilogramm nur 7,3 Kilogramm.

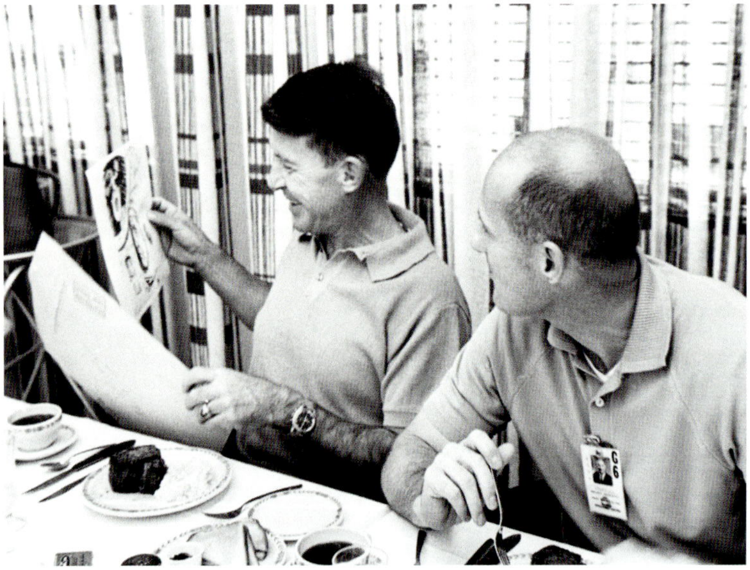

Auch beim insgesamt dritten Startversuch (denn am 25. Oktober hatte es ja bereits mit GATV 5002 einen ersten Versuch gegeben) sind Schirra und Stafford hier beim Frühstück vor dem Start guter Dinge.

Tag neun. Am Sonntag dem 12. Dezember bestiegen die Astronauten Walter Schirra und Thomas Stafford ihre Gemini 6-Raumkapsel, die sie zum ersten Weltraum-Rendezvous in die Umlaufbahn bringen sollte. Nach einem problemlosen Countdown erwachten beide Raketenmotoren der Titan II präzise um 9:54 Uhr zum Leben. 1,2 Sekunden lang liefen die Triebwerke kreischend hoch und die Missionsuhr an Bord der Gemini begann zu laufen. Dann aber

Sekunden nach dem abgebrochenen Start von Gemini 6 am 12. Dezember 1965. Die Rauchwolke verzieht sich langsam. Schirras Entscheidung, den Schleudersitz nicht zu betätigen, erwies sich als richtig.

erstarben die Raketenmotoren wieder und Stille senkte sich über das Startgelände. Langsam trieb die Rauchwolke von der Rakete weg.

Die Sekunden, die jetzt folgten, waren vielleicht die spannungsgeladensten Momente des ganzen Gemini-Programms. Wenn es je einen Zeitpunkt gegeben hätte, die Schleudersitze zu betätigen, um sich schnellstmöglich von dieser hochbrisanten Riesenbombe zu entfernen, dann jetzt.

Gemäß den Regeln, die für diese Art von Notfall festgelegt waren, hätte sich die Mannschaft jetzt aus der Gemini herauskatapultieren müssen. Wenn sich das Fahrzeug auch nur fünf Zentimeter von der Rampe abgehoben hätte, wäre es zur Katastrophe gekommen. Doch nichts geschah. Schirra war derjenige, der die Schleudersitze hätte aktivieren müssen. Und er entschied sich, das nicht zu tun. Trotz der bereits laufenden Missionsuhr. In diesem Krisenmoment blieb der erfahrene Testpilot gelassen.

Raumschiff Gemini		
Ursprungsland	USA	
Bezeichnung	Gemini	
Hersteller	McDonnell	
Besatzung	2	
Trägerrakete	Titan II	
Einsätze unbemannt/ bemannt	2/10	
Module	**Antriebs- und Servicemodul**	**Mannschafts-modul**
Masse (Kilogramm)	1850 Kilogramm	1950 Kilogramm
Länge (Meter)	2,32 Meter	3,35 Meter
Durchmesser (Meter)	3,05 Meter	2,32 Meter
Triebwerke	16 × 100 Newton	8 × 100 Newton 2 × 380 Newton 6 × 420 Newton
Retro-Triebwerke (Feststoff)	4 × 11,1 Kilonewton	

Er wusste, dass sich Gemini 6 nicht bewegt hatte. Ohne sonderliche Erregung in der Stimme meldete er sich wenige Sekunden nach dem Stilllegen des Triebwerks und gab schlicht und einfach eine technische Meldung durch: „Tankdruck sinkt".

Was war geschehen? Monate zuvor war im Werk in Baltimore der Gasgenerator für eine Reinigung entfernt worden. Als das Absperrventil am Sauerstoffzugang abmontiert wurde hatten die Techniker auf die Zugangsleitung eine Staubkappe gesetzt um zu verhindern, dass Schmutz in die Einheit kam. Als der Generator nach der Reinigung wieder installiert wurde hatte man übersehen die Staubkappe wieder zu entfernen. Und die hatte nun den Startabbruch verursacht.

Am 15. Dezember 1965 konzentrierten sich die Erwartungen auf den dritten Versuch, das erste Rendezvous im Weltraum durchzuführen. Um 8:37 Uhr morgens verließ Gemini 6 die Startrampe. Walter Schirras Worte drückten die Erwartung und Ungeduld aus. Im Moment des Abhebens sagte er: „Und jetzt zum dritten Mal: go". Fünfeinhalb Minuten später meldete der Bordcomputer eine Geschwindigkeit von 7830 Metern pro Sekunde. Sie waren im Orbit angekommen.

Im dritten Anlauf gelingt am 15. Dezember 1965 der Start von Gemini 6.

Gemini 6 nähert sich Gemini 7.

Die Verfolgungsjagd begann. Drei Stunden und 15 Minuten nach dem Start meldete der als CapCom eingesetzte Astronaut Elliot See an Schirra, dass von nun an der Radarkontakt mit Gemini 7 möglich sein sollte. Schirra und Stafford bekamen ein intermittierendes Signal, aber schließlich blieb es stabil. Es zeigte die Entfernung mit 434 Kilometer an. Fünf Stunden und vier Minuten nach dem Start konnten Schirra und Stafford Gemini 7 mit bloßem Auge erkennen. Aus einer Entfernung von 100 Kilometern.

Insgesamt drei Erdumkreisungen lang führen Gemini 6 und Gemini 7 Formationsflugmanöver durch.

Etwas erschöpft aber glücklich. Die Crew von Gemini 7. Links James Lovell, rechts Frank Borman.

Schirra führte weitere Bahn-Anpassungsmanöver durch. Das eine fünf Stunden und 32 Minuten nach dem Start, das andere bei fünf Stunden und 44 Minuten. Sechs Minuten später, in einem Abstand von nur noch 900 Metern, bremste Schirra noch einmal mit den vorderen Triebwerken. Die Entfernung verringerte sich auf 200 Meter und schließlich auf 40 Meter. In dieser Entfernung ging Schirra auf den „Stationkeeping-Modus". Die Relativgeschwindigkeit zwischen den beiden Fahrzeugen betrug jetzt Null. Am 15. Dezember 1965, um 14:33 Uhr amerikanischer Ostküstenzeit war das erste Rendezvous-Manöver in der Geschichte der Raumfahrt Wirklichkeit.

Für mehr als drei Erdumkreisungen blieben die beiden Raumschiffe nun in Abständen von 30 Zentimetern bis 90 Meter zusammen. Schirra und Stafford wechselten sich ständig in der Steuerung ab. Die Astronauten waren beeindruckt über ihre Fähigkeit, das Raumschiff mit kleinsten Schubimpulsen sehr präzise zu bewegen. Schließlich entfernte sich Gemini 6 wieder von Gemini 7.

Die Landung von Gemini 6 erfolgte schließlich 13 Kilometer vom Flugzeugträger *Wasp* entfernt, erstmals direkt vom Fernsehen über den geostationären Kommunikationssatelliten Early Bird übertragen. Am 16. Dezember 1965, nach 16 Erdumkreisungen und einer Gesamtdauer von 25 Stunden und 16 Minuten, war die erste bemannte Rendezvous-Mission der Raumfahrtgeschichte beendet.

Als Gemini 6 zur Erde zurückkam brach für Gemini 7 gerade der zwölfte Flugtag an. Die Ereignisse des Vortages hatten den Enthusiasmus und den Durchhaltewillen ihrer Crew noch einmal stimuliert. Doch nachdem ihre Gäste wieder weg waren, sank Bormans und Lovells Motivation ein wenig, und ihre Gedanken richteten sich heimwärts.

Zwei Tage später arbeitete das Wiedereintrittssystem von Gemini 7 nahezu perfekt und die Kapsel ging nur elf Kilometer von der *USS Wasp* entfernt nieder. Eine halbe Stunde nach der Wasserung standen Borman und Lovell ein wenig schwankend auf dem Deck des Flugzeugträgers, der damit die zweite Raumschiff-Crew innerhalb von drei Tagen aufnahm.

Nach der Landung von Gemini 7 am 18. Dezember 1965. Gleich zwei Gemini-Raumkapseln befinden sich an Bord der *Wasp*.

Luna 9 – Die erste weiche Landung auf dem Mond

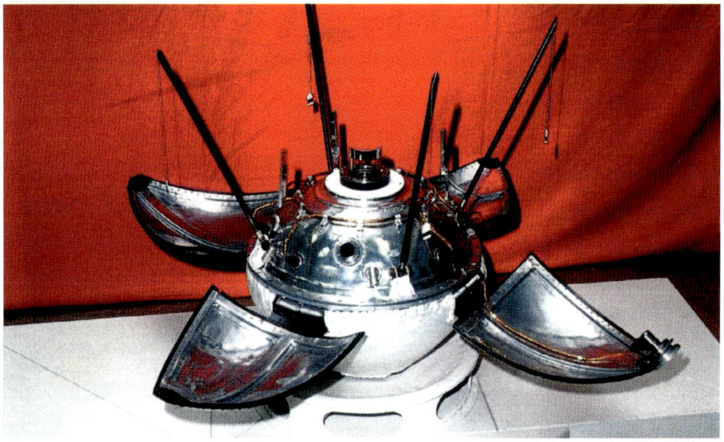

Modell einer Landekapsel des E-6 Typs.

Nach der ersten Reihe von Luna-Sonden, die zwischen dem 23. September 1958 und dem 19. April 1960 starteten, kam es zu einer Pause von fast drei Jahren. In dieser Zeit entwickelte die Sowjetunion die nächste Generation von Mondsonden, welche die interne Programmbezeichnung E-6 bekam. Sie sollten nun in der Lage sein, weich auf dem Erdtrabanten zu landen oder aber in eine Umlaufbahn um den Mond einzuschwenken. Doch hier war die Fehlschlag-Serie noch ungleich höher als bei der Serie der ersten Sonden.

Zwischen dem 4. Januar 1963 und dem 3. Dezember 1965 startete die Sowjetunion nicht weniger als elf Landeeinheiten der E-6-Reihe, die allesamt scheiterten. Nur fünf davon, Luna 4 – Luna 8, gelangten überhaupt auf eine Mond-Transferbahn. Das machte sie für den Westen sichtbar, so dass ihnen die sowjetische Nachrichtenagentur TASS die übliche „Luna"-Bezeichnung geben musste. Dagegen erreichten die anderen sechs noch nicht einmal eine Erdumlaufbahn. Von deren Existenz erfuhr der Westen erst Jahrzehnte später. Doch dann endete die Serie der Fehlschläge.

Der Beginn der Mission von Luna 9 war für den 31. Januar 1966, um 12:42 Uhr Mitteleuropäischer Zeit, festgelegt. Der Start gelang perfekt, und bald war die Sonde auf dem Weg zum Mond. Als der Einschuss in die Transferbahn bestätigt war, erhielt die Raumsonde von der Nachrichtenagentur TASS die Bezeichnung Luna 9.

Die Landeprozedur begann drei Tage später in einer Höhe von 8300 Kilometern mit einem Stabilisierungsmanöver. 75 Kilometer über der Mondoberfläche wurden die seitlichen Module mit den Ausrüstungselementen abgeworfen. Sie wurden für die Landung nicht mehr benötigt. Das Isajew-Hauptriebwerk mit seinem Schub von viereinhalb Tonnen zündete wie geplant und brachte Luna 9 präzise nach unten. Als die Elektronik die geplante kumulierte Geschwindigkeitsänderung ermittelt hatte, schaltete sie das Triebwerk ab. Das geschah in etwa 250 Metern Höhe. Dann liefen nur noch die vier seitlich an Auslegern angebrachten Stabilisierungstriebwerke. In einer Höhe von fünf Metern meldete ein Sensor Bodenkontakt und deaktivierte auch diese Raketenmotoren. Das war das Signal für die Sonde, die 58 Zentimeter durchmessende Landekapsel abzuwerfen, die dann mit einer Geschwindigkeit von 22 Kilometern pro Stunde auf den Boden fiel, nach mehrmaligem Aufprall zum Stillstand kam, und schließlich ihre vier „Flügel" öffnete. Der Bodenkontakt erfolgte um 19:45:04 Uhr Mitteleuropäischer Zeit. Exakt 258

Luna 9	
Ursprungsland	UdSSR
Startdatum	31. Januar 1966, 12:45 MEZ
Startort	Baikonur
Trägerrakete	R-7 8K78M „Molnija-M"
Typenbezeichnung	E-6 Nr. 13
Startmasse	1580 Kilogramm
Landemasse	99 Kilogramm
Erreichtes Missionsziel	Erste weiche Landung auf dem Mond am 3. Februar 1966, 19:45 MEZ. Übermittlung von neun Bildern
Letzter Kontakt	6. Februar 1966, 23:55 MEZ
Verbleib	7,08 Grad Nord, 64,37 Grad West (nahe Krater Reiner und Marius)

Die Landekapsel von Luna 9
wird für den Start vorbereitet.

Sekunden nachdem die Landekapsel zum Stillstand gekommen war, aktivierte ein Zeitgeber die Funkübertragung. Die erste weiche Landung auf dem Mond war geglückt.

Sieben Stunden nach der Landung übermittelte Luna 9 die ersten Bilder zur Erde. Aufgrund der üblichen Geheimniskrämerei der Sowjetführung dauerte die interne Freigabe der Bilder einige weitere Stunden. Dies genügte den Wissenschaftlern des Jodrell Bank Observatoriums, einen besonderen Public Relations-Coup zu landen. Wie immer in den Jahren zuvor hatte man dort auch diese sowjetische Mondmission genau beobachtet und auch die Funksignale aufgefangen. Nach der Landung fiel einem der Ingenieure auf, dass ein Teil der Signale im Standard des international vereinbarten Radiofax-Systems hereinkamen. Das war in den sechziger Jahren ein Verfahren der Presse, um Bilder per Funk übertragen zu können. Ein Anruf beim Daily Express genügte, und einer der Journalisten fuhr in Windeseile mit einem passenden Wiedergabegerät nach Jodrell Bank. Dort wurden die Signale dekodiert und weltweit verbreitet. Noch bevor es die verblüfften und verärgerten Sowjets selber tun konnten.

Endphase der Landung von Luna 9 wie im Text beschrieben. In der Landekapsel befanden sich die links oben abgebildete Plakette und der Wimpel.

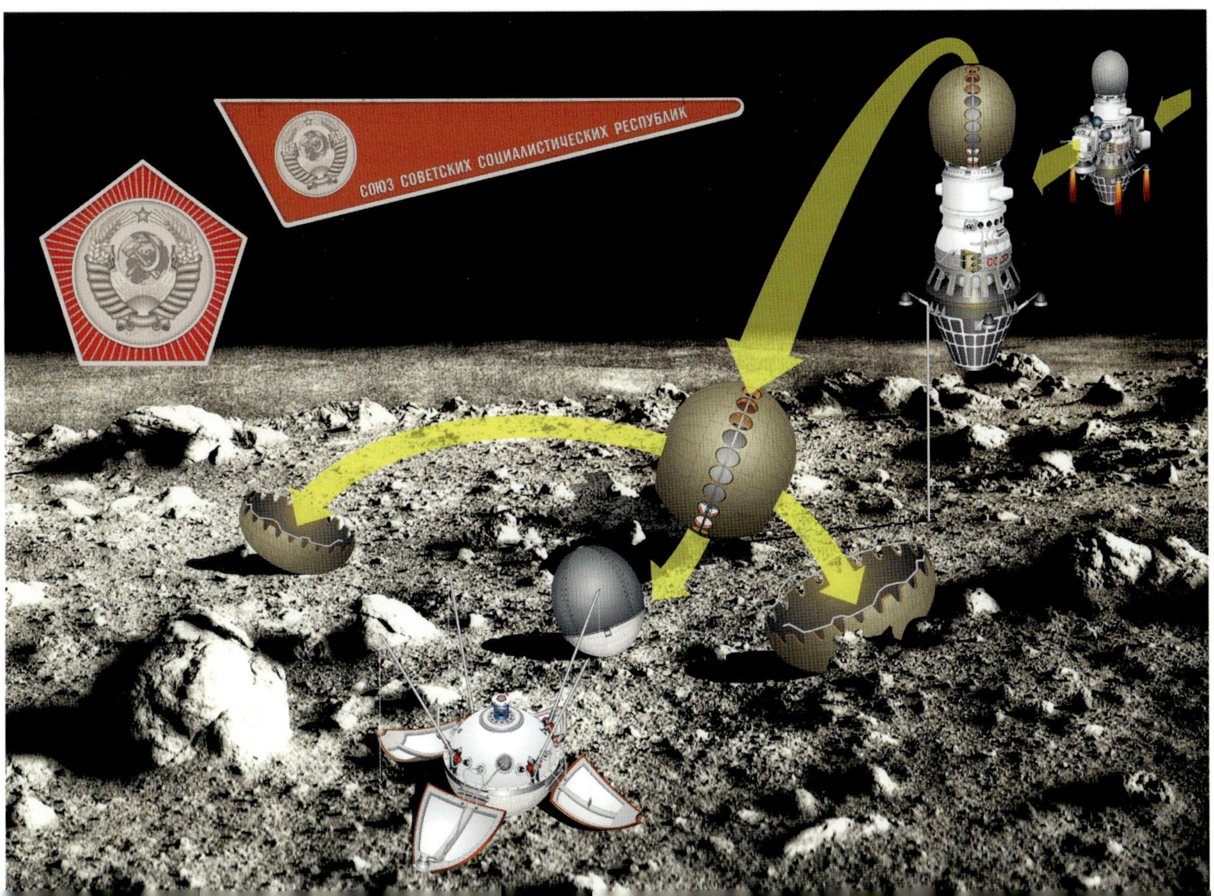

16. März 1966

Gemini 8 – Erstes Dockingmanöver im Orbit

Primär- und Backup-Crew von Gemini 8. Unten von links: David Scott und Neil Armstrong, oben Richard Gordon und Charles Conrad.

Für die Mission von Gemini 8 standen zwei große Aufgaben an. Zum einen das erste Docking-Manöver der Raumfahrtgeschichte. Voraussetzung dafür war der erfolgreiche Start von GATV-5003. Zum anderen die Durchführung eines sehr ambitionierten Außenbordmanövers, bei dem ein spezielles Lebenserhaltungssystem und eine Art Raketenrucksack erprobt werden sollte, der an der Rückseite des Raumschiffs befestigt war.

Als Kommandant für Gemini 8 wurde Neil Armstrong bestimmt, ein ehemaliger ziviler NASA-Testpilot, der bereits mit der X-15 eine Flughöhe von über 60 Kilometer erzielt hatte. Sein Pilot war David Scott.

Am 16. März 1966 war alles bereit. Das Zielfahrzeug startete auf die Sekunde pünktlich um 10:00 Uhr morgens Ortszeit. Nach etwas mehr als fünf Minuten hatte die Atlas ihren Dienst perfekt erledigt. Ohne das geringste Problem brachte sie sich selbst mit dem Docking-Adapter in eine Kreisbahn in 298 Kilometer Höhe. Exakt zum berechneten Zeitpunkt um 11:40:59 Uhr verließ auch Gemini 8 die Startanlage. Kurz darauf befand sich das Raumfahrzeug auf seinem elliptischen Übergangsorbit knapp 2000 Kilometer hinter der Agena und nahm die Verfolgung auf. Fünf Stunden und 43 Minuten nach Beginn der Mission betrug die Relativgeschwindigkeit der beiden Fahrzeuge Null. Die Agena und die Gemini waren noch 45 Meter voneinander entfernt.

Die folgenden 36 Minuten hielt Armstrong mit dem Zielfahrzeug Position. Die beiden manövrierten sich bis auf einen Meter heran und inspizierten die Agena genau. Sechs Stunden und 33 Minuten nach Beginn der Mission gab Keith Kundel, der CapCom auf dem Bahnverfolgungsschiff *Rose Knot Victor*, die Freigabe zum Anlegen. Armstrong schlich sich an das Ziel mit kaum wahrnehmbaren acht Zentimeter pro Sekunde heran. Nur Momente später meldete er: „Flight, wir haben angelegt". Das erste An-

Die Gemini und der Docking-Adapter der Agena werden einer „Verträglichkeitsprüfung" unterzogen. Im Freien. Das wäre heute undenkbar.

Am 16. März 1966 um 10:00 Uhr morgens Ortszeit, und 91 Minuten vor dem Liftoff von Gemini 8, startete das Gemini Agena Target Vehicle (GATV) 5003 vom Startkomplex 14 in Cape Canaveral.

dockmanöver in der Geschichte der Raumfahrt war gelungen.

Wenige Minuten danach gab Scott einen Befehl in den Bordcomputer der Gemini ein, mit dem er ein Aufzeichnungsgerät an Bord der Agena in Betrieb nehmen wollte. Dabei streifte der Blick über sein Instrumentenpaneel. Da war etwas nicht in Ordnung. Gemini 8 sollte genau horizontal zur Erdoberfläche liegen, aber der Lagekontrollanzeiger, der so genannte „Ball indicator", meldete eine Abweichung von 30 Grad. Scott wusste, dass es sinnlos war zum Fenster hinauszuschauen, um das zu verifizieren. Die Kombination aus Gemini und Agena befand sich im Erdschatten,und um sie herum war es Nacht. Gemini 8 befand sich überdies außerhalb der Reichweite aller Bodenstationen. Erst in zehn Minuten würden sie die Nächste erreichen, von dort war somit keine Bestätigung zu erhalten.

„Neil, wir drehen uns" sagte Scott. Er dachte zunächst, dass sein Lageregelungsanzeiger defekt sei, aber ein Blick auf das baugleiche Gerät auf Armstrongs Seite zeigte ihm, dass das nicht der Fall war. Die Drehung nahm nun schnell zu. Die Crew nahm an, dass der Fehler in der angekoppelten Agena läge, und dass sie von ihr weg mussten, um die Situation zu klären.

„Go" rief Armstrong, und Scott schlug auf den Trennschalter. Armstrong gab einen langen Retro-Schubimpuls und die beiden Fahrzeuge schoben sich mit einem harten Ruck auseinander.

Im selben Augenblick wurde den Astronauten klar, dass es sich bei ihrem Problem um einen Fehler in der Gemini handeln musste, denn sofort nach der Trennung beschleunigte sich die Rotationsgeschwindigkeit.

Gemini 8 kam jetzt in die Erfassungsreichweite eines NASA-Bahnverfolgungsschiffes, der *Coastal Sentry Quebec*. CapCom an Bord dieses Schiffes war James Fucci. Und der war beim Blick auf die eingehenden Daten perplex. Er konnte das Raumschiff nicht elektronisch erfassen. Was er auf seinem Anzeigegerät sah war ein Blinksignal: An, aus, an, aus. Die Trägerwelle der Agena dagegen war sta-

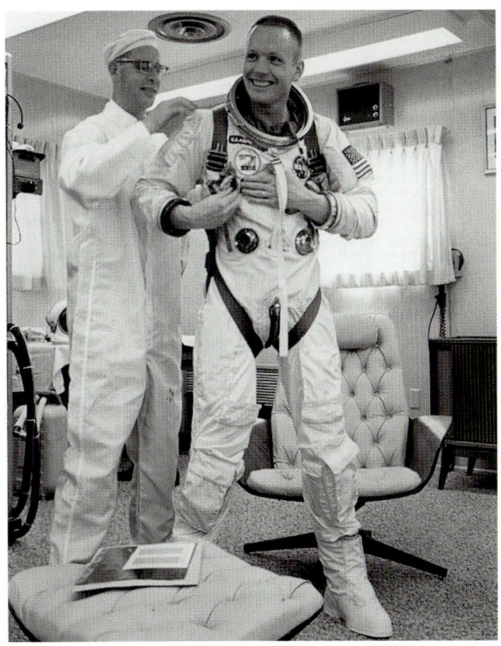

Wenige Stunden vor dem Start von Gemini 8 legt Neil Armstrong seinen Raumanzug an.

91 Minuten nach GATV 5003 startete auch Gemini 8.

bil. Offensichtlich waren beide Fahrzeuge nicht mehr miteinander gekoppelt, was sie zu diesem Zeitpunkt der Mission eigentlich sein sollten. Fucci wusste nicht, dass das An-aus-Signal deshalb entstand, weil sich die Gemini inzwischen rasend schnell um sich selbst drehte. Nun rief er die Gemini.

Fucci: „Gemini 8, Coastal Sentry Quebec CapCom. Kommunikationscheck. Können Sie mich hören?“

Scott: „Wir haben hier ein ernstes Problem ... wir taumeln Ende über Ende und haben eine zusätzliche schnelle Rollkomponente. Zunehmend. Wir haben uns von der Agena abgekoppelt“.

Fucci: „Okay. Wir haben eure „Raumfahrzeug entkoppelt“-Anzeige hier.... Was ist das Problem?“

Armstrong: „Wir rollen und können es nicht abstellen. Wir rollen nach links. Kontinuierlich und zunehmend“.

Fucci: „Roger“

37 Sekunden vergingen, in denen Fucci die Daten per Kurzwelle nach Houston sendete. Dann rief Fucci erneut Gemini 8:

„Gemini 8. Hier Coastal Sentry Quebec“.

Armstrong: „Warten Sie“.

Scott: „Wir haben gegenwärtig eine wilde Rollbewegung nach links und wir können die Lagekontrolle nicht mehr abschalten. Wir können nicht mehr steuern. Die Handsteuerung blockiert“.

Die Rollrate erreichte schließlich den unglaublichen Wert von mehr als einer Umdrehung pro Sekunde. Die beiden Astronauten waren nahe an ihren körperlichen Limits. Ihnen war schwindlig und durch die rasende Rotation war die Wahrnehmungsfähigkeit stark eingeengt. Die einzige Rettung lag darin, das Orbit-Manövriersystem stillzulegen und das Wiedereintrittssystem zu aktivieren.

Schließlich bekam Armstrong die Gemini wieder unter Kontrolle. Aber der Preis dafür war hoch. Das Hauptkontrollsystem war jetzt tot, wegen „Burn to depletion“ (Brenndauer bis zum vollständigen Verbrauchs des Treib-

Knapp sechs Stunden nach dem Start erreichen Armstrong und Scott das Gemini Agena Target Vehicle 5003.

Nach der Notlandung im Pazifik wird Gemini 8 mit seiner Crew vom den Seeleuten des Zerstörers *USS-Mason* aufgenommen.

stoffes) wie der spätere Untersuchungsbericht vermeldete. Und auch vom Landekontrollsystem waren drei Viertel des Treibstoffs verbraucht. Die extrem prekäre Treibstoffsituation forderte die augenblickliche Beendigung der Mission. Denn sollte sich jetzt auch nur noch das allerkleinste Problem mit den Kontrolldüsen ergeben, dann hätte die Besatzung keinerlei Möglichkeit mehr gehabt, das Raumfahrzeug für die Landung und den Abstieg in die Erdatmosphäre in die richtige Position zu bringen. Missionsdirektor Gene Kranz ordnete die Rückkehr zur Erde noch während der siebten Erdumkreisung an. Die einzige passende Notlandezone befand sich im Westpazifik.

Für einen Not-Wiedereintritt in dieser Region hatte Kranz drei Bodenstationen zur Verfügung, über die er jeweils nur für wenige Minuten Kontakt zur Crew hatte: Die beiden Schiffe *Coastal Sentry Quebec* und *Rose Knot Victor*, und die Station Hawaii 73. Das einzige Schiff in diesem Gebiet, das die Bergungsoperation durchführen konnte, war der Zerstörer *USS Leonard F. Mason*. Und der holte jetzt alles aus seinen Motoren heraus, um unter „Military Power" den erwarteten Landepunkt zu erreichen, der sich 800 Kilometer östlich von Okinawa und 1000 Kilometer südlich von Yokosuka befand.

Das Raumfahrzeug war in der Dunkelheit über dem Kongo, als der Countdown für die Retro-Zündung begann. Durch das Knistern und Rauschen hörten die Missionskontroller in Houston die von den abgelegenen Sendestationen übermittelten Kurzwellen-Meldungen der Crew:

Scott: „Automatische Retrofire-Sequenz aktiviert"

Armstrong: „Bleibt dran, wir berichten gleich".

Scott: „Vier Triebwerke auf Auto Retrofire". Und nach einer langen Pause meldete Armstrong: „Antrieb aus".

Über Zentralchina trat Gemini 8 in die Erdatmosphäre ein. Der Abstieg aus dem Orbit, der feurige Wiedereintritt und das Öffnen des Pilot- und des Hauptfallschirms verliefen glatt. Zehn Stunden und 41 Minuten nach dem Verlassen der Startrampe war Gemini 8 wieder zurück auf der Erde. Eine Reihe von Flugzeugen war schon auf dem Weg zum Landepunkt, darunter auch zwei „HC-54 Rescuemaster" (eine Spezialversion der Douglas DC 4), die Froschmänner absetzten. Drei Stunden nach der Landung nahm der Zerstörer *USS Leonard F. Mason* die zwei Männer auf.

Das Foto in der unteren Hälfte der Infografik wurde von David Scott beim Anflug auf den GATV-Zielsatelliten gemacht. Darüber eine Grafik der gekoppelten Kombination.

31. März 1966

Luna 10 tritt in den Mondorbit ein

Nach der erfolgreichen Landung von Luna 9 galt es für die Sowjets noch eine weitere Erstleistung am Mond abzuholen: Die erste Mondorbit-Sonde der Welt. Dazu modifizierten die Ingenieure und Techniker eine Sonde des Luna 9-Typs zur Baureihe E-6S. Dabei wurde die Landekapsel durch eine kleine, etwa 245 Kilogramm schwere, nicht lagegeregelte Orbitaleinheit ersetzt. Das Haupttriebwerk wurde in diesem Fall nicht für die Landung verwendet, sondern um in eine Mondumlaufbahn einzubremsen. Sieben dieser Orbiter wurden gebaut und zwischen dem 1. März 1966 und dem 7. April 1968 gestartet. Drei davon scheiterten bereits beim Start und erhielten keine Luna-Bezeichnung. Zwei dieser drei Fehlschläge wurden international registriert, denn sie schafften es immerhin in die Erdumlaufbahn. Ihre Existenz konnte somit nicht verheimlicht werden und sie erhielten deswegen die üblichen unverfänglichen und nichtssagenden Kosmos-Seriennummern (Kosmos 111 und Kosmos 159), mit denen suggeriert wurde, dass es sich hierbei um planmäßige Erdorbit-Starts handelte. Eine dritte gescheiterte Sonde erreichte am 7. Februar 1968 wegen eines Versagens der dritten Stufe nicht einmal den Erdorbit, stürzte nach 30 Minuten suborbitalem Flug in den Pazifik, und wurde seinerzeit international nicht wahrgenommen.

Luna 10	
Ursprungsland	UdSSR
Startdatum	31. März 1966, 11:48 MEZ
Startort	Baikonur
Trägerrakete	8K78M „Molnija-M“
Typenbezeichnung	E-6S Nr. 206
Startmasse	1582 Kilogramm
Orbiter	245 Kilogramm
Erreichtes Missionsziel	Erster Mond-Orbiter
Letzter Kontakt	30. Mai 1966
Verbleib	Zu einem unbekannten Zeitpunkt auf den Mond abgestürzt

Modell der Mondsonde Luna 10.

Am 31. März 1966 startete die Ersatzeinheit von Kosmos 111 (der am 1. März im Erdorbit gestrandet war), und dieses Mal verlief alles nach Plan. Nach dem translunaren Brennmanöver der Block-L-Oberstufe der Molnija-M-Trägerrakete bekam das Vehikel die Bezeichnung Luna 10. Die Kurskorrekturen verliefen problemlos, und am 3. April trat die Sonde als weltweit erstes Raumfahrzeug in eine Mondumlaufbahn ein. Danach trennte sich die Transferstufe vom Orbiter. Ihre elliptische Umlaufbahn wies einen mondnächsten Punkt von 350 Kilometern auf, und einen mondfernsten von 1000 Kilometern. Die Bahnneigung zum Mondäquator betrug 71,9 Grad.

Luna 10 hatte keine Fotoausrüstung an Bord. Die wäre auch nicht sinnvoll gewesen, denn sie verfügte über kein Lageregelungssystem. Die Sonde erlangte aber dennoch wissenschaftlichen Ruhm, weil sie erstmals die so genannten „Mascons“ feststellte, Massekonzentrationen unter den Mond-Maria, die einen bedeutenden Einfluss auf die Bahnen mondumkreisender Raumfahrzeuge haben. Das nur mit chemischen Batterien betriebene Raumfahrzeug blieb bis zum 30. April in Betrieb.

Zeitgenössische sowjetische Darstellung von Luna 10.

Am 24. August 1966 startete Luna 11. Auch sie basierte auf der E-6-Plattform, war aber technisch fortschrittlicher ausgelegt als Luna 10. Sie verfügte über eine Fotoausrüstung. Die Übertragung von Bildern war jedoch nicht erfolgreich, da die Kamera wegen eines Fremdkörpers im Lageregelungssystem der Sonde nicht auf die Mondoberfläche ausgerichtet werden konnte. Die letzte Datenübermittlung von Luna 11 erfolgte am 1. Oktober 1966.

Am 22. Oktober 1966 brachten die sowjetischen Wissenschaftler Luna 12 auf eine Bahn zum Erdtrabanten. Der Eintritt in die Mondumlaufbahn am 25. Oktober verlief erfolgreich. Auch diese Sonde war ausschließlich batteriebetrieben und verfügte deswegen nur über eine sehr begrenzte Lebensdauer. Bis zum 19. Januar 1967 übermittelte sie physikalische Daten und eine unbekannte Anzahl von Bildern.

Nach Luna 12 startete die Sowjetunion am 21. Dezember 1966 die Landesonde Luna 13. Sie landete am 24. Dezember um 19:01 Uhr im Meer der Stürme und begann vier Minuten später mit der Übermittlung von Panorama-Aufnahmen. Es war dies seinerzeit schon die weltweit dritte weiche Landung, denn inzwischen hatten die Amerikaner Surveyor 1 auf den Mond gebracht. Es war auch die zweite und letzte Landemission für die Sowjetunion, die im Rahmen des E-6-Programms erfolgte.

Am 7. April 1968 begann die Mondorbit-Mission von Luna-14. Diese Sonde erprobte die Kommunikationsausrüstung für die geplanten sowjetischen bemannten Mondlandungen. Der Flug war der letzte Einsatz einer sowjetischen Mondsonde der E-6-Reihe, der zweiten Generation unbemannter sowjetischer Mondforschungssonden.

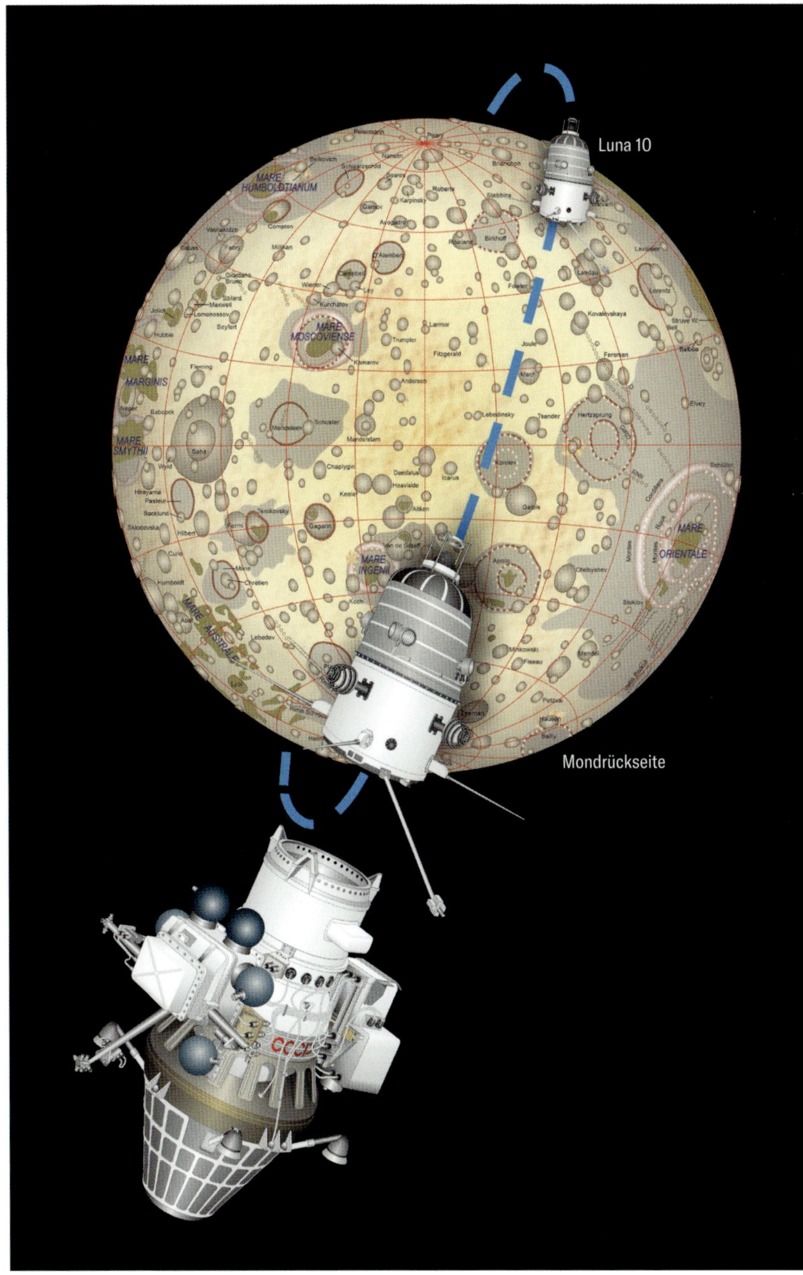

Luna 10, Transferstufe und Orbiter und ihre Bahn um den Mond.

30. Mai 1966

Surveyor 1 bringt die USA auf den Mond

Dieses Bild des Lunar Reconnaissance Orbiter zeigt die exakte Landestelle von Surveyor 1 im Oceanus Procellarum. Bei genauem Hinsehen kann man die Sonde und ihren langgezogenen Schatten erkennen.

Nur zwei Monate nach der historischen Landung von Luna 9 waren die USA am Zuge und entsandten mit Surveyor 1 ihrerseits eine unbemannte Mondlandesonde zum Erdtrabanten. Auch ihr gelang eine weiche Landung im Meer der Stürme. Surveyor 1 war technologisch wesentlich fortschrittlicher als Luna 9 und sandte in den nächsten Monaten über 11.000 Bilder zur Erde. Ziel des Surveyor-Programms war es, die generelle Durchführbarkeit von Mondlandungen zu demonstrieren und die Oberflächenbedingungen, die Tragkraft und die Morphologie des Bodens für die späteren bemannten Landungen zu ermitteln.

Die von der Firma Hughes (die heute zu Boeing gehört) gebauten Sonden wogen auf dem Mond (irdische) 300 Kilogramm und machten keine Anstalten im Staub zu versinken, was die Ingenieure und Wissenschaftler des Apollo-Programms ungemein beruhigte. Der Mondboden zeigte sich aus feinem Granulat bestehend, mit kleineren und größeren Steinchen durchsetzt. Wie schon Luna 9 bestätigte somit auch Surveyor, dass der Mond in der Lage ist, eine Landefähre zu tragen. Und Astronauten, die auf seiner Oberfläche herumgehen können. Im Gegensatz zu Luna 9, die nur sieben Tage nach der Landung verstummte, blieb Surveyor 1 sieben Monate lang im Einsatz.

Nach den Misserfolgen des Pioneer-Mondprogrammes und den sechs aufeinanderfolgenden Fehlschlägen des Ranger-Projektes rechneten die Programmverantwortlichen des Jet Propulsion Laboratory der NASA nur mit einer Erfolgswahrscheinlichkeit von etwa 10-15 Prozent für diesen ersten Landeversuch. Umso größer die Überraschung über den erfolgreichen Ausgang der ersten Mission des Programmes.

Surveyor 1 startete am 30. Mai 1966 um 15:41 Uhr MEZ mit einer Atlas Centaur D-Rakete vom Startkomplex 36A der Luftwaffenbasis Cape Canaveral direkt und ohne Umweg über eine Parkumlaufbahn auf eine lunare Trajektorie. Am 31. Mai, um 7:45 Uhr MEZ, erfolgte eine Mittkurskorrektur. Etwa 63 Stunden nach dem Start war die Endanflugphase gekommen.

In einer Höhe von 75,3 Kilometern, bei einer Geschwindigkeit von 9400 Kilometern pro Stunde relativ zur Mondoberfläche erfasste das Bordradar die Mondoberfläche

Modell einer Surveyor-Sonde auf der Erde.

und gab das Zündsignal für das feststoffbetriebene Haupttriebwerk. Das feuerte für etwa 40 Sekunden und wurde dann, zusammen mit dem Radar, abgeworfen. Danach war die Geschwindigkeit in einer Höhe von etwa 11.300 Metern über Grund auf etwa 580 Kilometer pro Stunde abgebaut. Der weitere Abstieg dauerte nun noch zweieinhalb Minuten. Dabei wurden nur noch die drei im Schub regelbaren und mit flüssigen Treibstoffen betriebenen Abstiegstriebwerke verwendet – unterstützt von einem Doppler- und Höhenmessradar. Für die Lageregelung in dieser Abstiegsphase gab es noch drei kleine mit Stickstoff betriebene Kaltgasdüsen.

Surveyor 1	
Ursprungsland	USA
Betreiber	NASA
Hersteller	Hughes Aircraft Corporation
Startdatum	30. Mai 1966
Datum der Landung	2. Juni 1966
Startort	Cape Canaveral
Trägerrakete	Atlas Centaur D
Ziel	Mond – Mare Procellarum
Aufgabe	Weiche Landung
Anzahl übermittelter Bilder	11.240
Breite über die Landebeine	4,3 Meter
Höhe des Raumfahrzeugs	3,00 Meter
Startmasse	995 Kilogramm
Landemasse	292 Kilogramm
Verfügbare Energie	90 Watt
Flugzeit zum Mond	63 Stunden 30 Minuten
Leistung Haupttriebwerk	40 Kilonewton
Treibstoff Haupttriebwerk	Festtreibstoff
Landetriebwerke	3
Leistung Landetriebwerke	170 – 470 Newton
Treibstoff Landetriebwerke	Monomethylhydrazin
Oxidator Landetriebwerke	MON 10
Anzahl Instrumente	2 TV-Kameras
Letzter Kontakt	7. Januar 1967

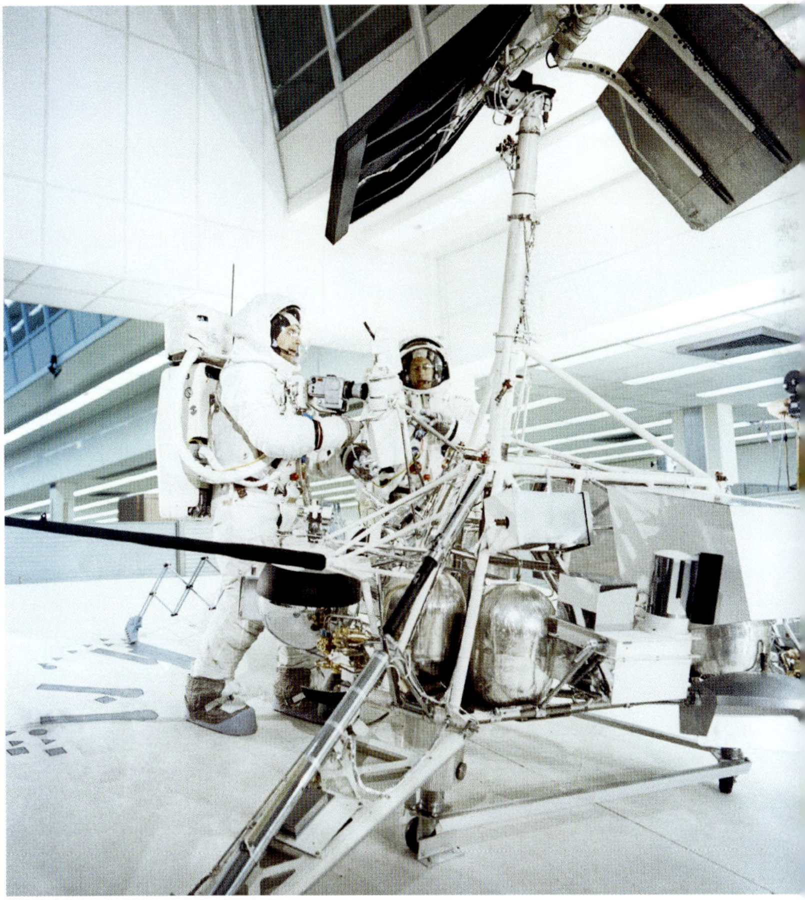
Alan Bean (links) und Charles Conrad von der Apollo 12 Crew trainieren im Flight Crew Training Building am Kennedy Space Center ein Außenbordmanöver. Sie simulieren hier eine fotografische Inspektion von Surveyor 3. Tatsächlich gelang den beiden im November 1969 die Landung in unmittelbarer Nähe der Sonde, die seit April 1967 auf dem Mond war. Sie entfernten auch einige Bauteile des Raumfahrzeugs und brachten sie zur Erde zurück.

Surveyor 3 fotografiert von den Apollo 12-Astronauten Conrad und Bean. Die Sonde sitzt an der Innenseite eines flachen Kraters.

Dreieinhalb Meter über dem Boden wurden die Triebwerke abgestellt, was schließlich in einer Landegeschwindigkeit von etwa drei Metern pro Sekunde resultierte. Dieses Verfahren sollte eine eventuelle Kontaminierung der Landestelle durch die Triebwerksabgase verhindern. Der finale Aufprall wurde durch verformbare Aluminium-Stoßdämpfer in Honigwabenform in der Struktur und den Landebeinen abgemildert.

Die Landung erfolgte am 2. Juni 1966 um 7:17:36 Uhr MEZ in einem flachen Gebiet im südwestlichen Oceanus Procellarum, etwa 100 Kilometer nördlich des Kraters Flamsteed.

Am ersten lunaren Tag wurden bis zum Sonnenuntergang an der Landestelle am 14. Juni 10.338 Bilder übermittelt. Eine Überraschung war nach der 14 Erdentage langen Mondnacht, dass das komplexe Kamerasystem die harschen Temperaturbedingungen überlebt hatte. Zwischen dem 7. und 14. Juli 1966 übertrug die Sonde noch einmal fast 1000 Bilder.

Surveyor 1 trug neben den beiden TV-Kameras keine weiteren wissenschaftlichen Instrumente. Das geschah erst ab Surveyor 3. Obwohl nach dem zweiten lunaren Tag keine Bilder mehr übermittelt wurden, liefert die Sonde dennoch bis zum 7. Januar 1967 Telemetriedaten zur Erde. Ein knapp einen Quadratmeter großes Solarzellen-Paneel lieferte bis zu 85 Watt elektrische Leistung, die in zwei wiederaufladbaren Silber-Zink-Batterien mit einem Aufnahmevermögen 176 und 45 Amperestunden gepuffert wurde.

Die technischen Angaben in der Tabelle stimmen im Grunde für alle sieben Surveyors, doch aufgrund ihrer von Mission zu Mission unterschiedlichen Ausstattung mit Instrumenten variierten sowohl das Start- als auch das Landegewicht. Die späteren Sonden, die neben der Kamera noch mit zusätzlichen Instrumenten ausgestattet waren, wogen bis zu 45 Kilogramm mehr als Surveyor 1.

Grafik von Surveyor 1 vor einer Bildcollage, die aus einer großen Anzahl von Einzelbildern gemacht wurde. Die Sonde fotografierte dabei ihren eigenen Schatten.

Mission Commander Charles Conrad arbeitet an der Surveyor 3-Sonde, fotografiert von Alan Bean. 185 Meter im Hintergrund die Apollo 12-Landefähre Intrepid.

Dass aber auch die Mondlandung mit kleinen, unbemannten Sonden ein Hochrisiko-Unternehmen war, erfuhren die USA bereits mit Surveyor 2 im September 1966. Eine Mittkurs-Korrektur scheiterte, die Sonde geriet ins Taumeln, konnte nicht wieder stabilisiert werden und schlug mit einer Geschwindigkeit von mehreren tausend Kilometern pro Stunde in der Nähe des Kraters Kopernikus auf dem Mond auf. Insgesamt war das Programm aber sehr erfolgreich. Von sieben Surveyor-Sonden gelang immerhin fünf die weiche Landung und die Übermittlung von Daten. Das Schicksal der Sonden, die nach Surveyor 1 kamen, war wie folgt:

- Surveyor 2 sollte am 22. September 1966 südöstlich des Kraters Kopernikus landen. Eines der Landetriebwerke (die auch bei der Mittkurs-Korrektur verwendet wurden) zündete nicht. Die Sonde geriet in eine Rotationsbewegung, die nicht mehr abgestellt werden konnte. Das Feststoff-Retrotriebwerk zündete am folgenden Tag zwar, aber nach einer Betriebszeit von 30 Sekunden ging der Kontakt mit der Sonde verloren. Sie stürzte südöstlich des Kraters Kopernikus ab.
- Surveyor 3 landete am 20. April 1967 im Meer der Stürme und sandte in der Folge 6326 Bilder. Sie blieb bis zum 4. Mai 1967 im Einsatz. Die Astronauten von Apollo 12 montierten am 20. November 1969 einige Teile dieser Sonde ab und brachten sie zurück zur Erde.
- Surveyor 4 sollte am 17. Juli 1967 im Sinus Medii landen. Der Funkkontakt zur Sonde brach nur 150 Sekunden vor der Landung ab. Die Fehlerursache konnte nie ermittelt werden.
- Surveyor 5 landete am 11. September 1967 im Meer der Stürme. Er übertrug 19.049 Bilder und blieb bis zum 17. Dezember 1967 im Einsatz.
- Surveyor 6 landete am 10. November 1967 im Sinus Medii. Er übertrug 29.914 Bilder. Eine erneute Zündung der Triebwerke am 17. November resultierte in einem „Hüpfer" von vier Metern. Er blieb bis zum 14. Dezember 1967 im Einsatz.
- Surveyor 7 landete am 10. Januar 1968 in der Nähe des Kraters Tycho. Er übertrug 21.091 Bilder und blieb bis zum 21. Februar 1968 im Einsatz.

3. Juni 1966

Gemini 9 – Knapp an der Katastrophe vorbei

Im Oktober 1965 erfuhren Elliot See und Charles Bassett, dass sie für die Mission Gemini 9 eingeteilt waren. Am letzten Februartag des Jahres 1966 flogen die beiden mit einem T-38-Jet nach Saint Louis zu den McDonnell-Werken, wo ihre Kapsel vor dem Transport zum Cape letzten Tests unterzogen werden sollte. Die Maschine wurde von Elliot See gesteuert, mit Bassett auf dem Rücksitz. Eine zweite T-38 flog der Kommandant der Ersatzcrew, Thomas Stafford mit Eugene Cernan als zweitem Mann. Die vier hatten geplant, einige Tage im Rendezvous-Simulator bei McDonnell zu verbringen.

Beim Wetterbriefing erfuhren sie, dass die Sicht in St. Louis schlecht war: Regen, Nebel und eine sehr niedrig hängende Wolkendecke. Sie starteten um 7:35 Uhr in Ellington Field bei Houston. See führte die kleine Formation, Stafford flog als „Wingman". Kurz vor neun Uhr morgens erreichten sie St. Louis. Dort lag die Wolkenuntergrenze bei 240 Meter. Schnee- und Regenschauer wechselten sich mit Nebelschwaden ab. Als die beiden Flugzeuge die Wolkenschicht durchstoßen hatten waren sie für eine sichere Landung schon zu weit die Runway entlang geflogen. See kurvte daraufhin unterhalb der Wolkendecke weg, um einen neuen Anflug nach Sichtflugbedingungen zu unternehmen. Stafford entschied sich für einen so genannten „Missed approach" und stieg wieder in die Wolken, um seine Instrumente für einen neuen Landeversuch auf den elektronischen Gleitpfad aufzuschalten.

Die ursprüngliche Primär- und Reservecrew von Gemini 9. Sitzend die Primärcrew mit Elliott See (links) und Charles Bassett. Nachdem die beiden beim Absturz ihrer T-38 in Saint Louis am 28. Februar 1966 ums Leben gekommen waren, wurde die Reservecrew mit Thomas Stafford (links) und Eugene Cernan zur Primärcrew.

Als Stafford und Cernan wenige Minuten später sicher landeten, waren Elliot See und Charles Bassett schon tot. Ein unerklärlicher Irrtum hatte See die Sinkgeschwindigkeit seiner Maschine unterschätzen lassen. Er hatte noch den Nachbrenner eingeschaltet als er bemerkte, dass er zu niedrig und zu langsam in der Kurve war. Aber es half nichts mehr. Die Maschine kollidierte mit dem Dach des Gebäudes 101 der McDonnell-Werke und stürzte auf den Rasen vor dem Gebäude. Es war derselbe Bau, in dem sich seine Gemini 9 befand.

Die NASA bestimmte nun die bisherige Ersatzcrew, bestehend aus Stafford und Cernan zur Flugmannschaft. Neben einem Rendezvous- und Dockingmanöver mit einem GATV-Zielsatelliten war das Ziel dieser Mission die Erprobung der so genannten AMU, der „Astronaut Maneuvering Unit", einer Art Raketenrucksack mit Lebenserhaltungssystem. Das System war hoch kompliziert, wog auf der Erde mehr als 75 Kilogramm und konnte nicht in der Kabine der Gemini verstaut werden. Um dieses Gerät erreichen zu können, musste der Astronaut erst einmal zur Rückseite des Gemini-Raumschiffes klettern.

Am 17. Mai 1966 war alles bereit. Nach einem ruhigen Countdown startete die Atlas mit dem GATV 5004 um 10:12 Uhr vom Pad 14. Erst lief alles nach Plan, doch nur zehn Sekunden bevor die beiden Boostertriebwerke ihre Arbeit beenden sollten, gab es ein Problem mit der Steuerung.

Als sich nach der Ankunft von Gemini 9 dieses Bild bot, war das eine Enttäuschung. Das Docking-Manöver entfiel damit. Die Crew bezeichnete diese Konfiguration als den „angry alligator“ (den „wütenden Alligator“).

Zunächst kam noch Telemetrie von der Agena, doch sieben Minuten und 36 Sekunden nach dem Verlassen der Startrampe war Stille. Die Rakete stürzte 198 Kilometer von der Startrampe entfernt in den Atlantik.

Noch während sich General Dynamics in die Fehlersuche vergrub, war die NASA mit der Notwendigkeit für einen schnell realisierbaren "Plan B" konfrontiert. Tatsächlich hatte die Agentur etwas im Hangar: das ATDA, das die NASA nach der Explosion der Agena von Gemini 6 hatte anfertigen lassen. In weiser Voraussicht hatte die Agentur gleichzeitig mit General Dynamics einen Vertrag geschlossen, welcher die Bereitstellung einer Reserve-Atlas innerhalb von nur zwei Wochen nach einer Anforderung beinhaltete. Dieser Fall war nun eingetreten.

Der neue Starttermin war der 1. Juni. An diesem Tag war erneut alles bereit, die Mission von Gemini 9 auf den Weg zu bringen. Exakt zum geplanten Zeitpunkt um 10:00 Uhr morgens hob die Atlas mit dem ATDA ab und lieferte das Gerät knapp sechs Minuten später präzise im vorgesehenen Orbit von 298 Kilometern Höhe ab. Doch gleich kam der Wermutstropfen: Die Telemetrie deutete an, dass sich die aerodynamische Abdeckung über dem Docking-Port nur teilweise geöffnet hatte und nicht abgeworfen worden war.

Auf der Startrampe 19 bereiteten sich inzwischen Stafford und Cernan auf ihren Flug vor. Als der Countdown die Drei-Minuten-Marke erreicht hatte gab es einen „hold“, weil die Übermittlung der aktuellen Aufstiegsdaten an den Computer der Titan II nicht gelang. Aufgrund des sehr engen Startfensters blieben nur 40 Sekunden, um

Noch einmal der „wütende Alligator“.

das Problem zu lösen. Dies gelang nicht, und der Start von Gemini 9 musste um 48 Stunden verschoben werden.

Erst am 3. Juni verlief alles nach Plan und Gemini 9 startete endlich in den Orbit. Sofort nach Erreichen der Umlaufbahn begannen die beiden Astronauten mit dem Rendezvous-Manöver. Nach zwei Stunden 20 Minuten, 240 Kilometer von ihrem Ziel entfernt, erfasste das Bordradar den Satelliten, und eine weitere Stunde später bekamen sie auch Sichtkontakt zu ihrem Ziel, das noch über 90 Kilometer entfernt war. Als sie nach vier Stunden dem Vehikel näherkamen, erkannten sie, was die Telemetrie schon gezeigt hatte: Der Nasenkonus hatte sich nicht komplett gelöst. Damit war klar: Es konnte kein Docking-Manöver durchgeführt werden. Immerhin gelangen aber eine Reihe von Rendezvous-Übungen aus unterschiedlichen Richtungen und Entfernungen mit dem Gerät.

Nach einer Ruhephase und der Durchführung einiger Experimente stand 45 Stunden und 30 Minuten nach dem Start die wichtigste Aufgabe der Mission auf dem Flugplan: Die EVA, das Eugene Cernan mit dem „Raketenrucksack“ durchführen sollte. Den musste er aber erst auf der Rückseite der Gemini „abholen“. Während der 31. Erdumkreisung öffnete Cernan die Luke, und schwebte, nur durch die so genannte „Nabelschnur“ mit dem Raumschiff verbunden, hinaus in den Weltraum. Durch diese Verbindung lief vorläufig seine Sauerstoffversorgung und seine Kommunikation mit dem Raumschiff. Hier stieß er auf erste Probleme, denn er konnte sich im Weltraum nicht dorthin bewegen wohin er wollte. Die Ingenieure hatten erwartet, dass er durch Ziehen und Drehen an seiner „Nabelschnur“ manövrieren könnte, aber das erwies sich als Trugschluss. Es dauerte 30 Minuten, bis er wieder die Luke zu fassen bekam, und er hatte das Ziel seines Ausfluges, die Rückwand der Gemini, an der sein Rückentornister befestigt war, noch immer nicht erreicht.

Dort sollte er sich, so der Plan, von der „Nabelschnur“ abstöpseln und sich dann am Lebenserhaltungssystem des Gerätes anschließen. Danach sollte Stafford einen Schalter umlegen, und den Raketenrucksack mit dem darauf festgeschnallten Gene Cernan freigeben. Schließlich sollte Cernan an einer 40 Meter langen dünnen Nylonleine unter Zuhilfenahme der Manövriertriebwerke seines Rückentornisters als unabhängiger Satellit herumfliegen. Gegen Ende seines Ausfluges musste diese Übung dann in umgekehrter Reihenfolge stattfinden.

Doch erst galt es die Rückseite der Gemini zu erreichen, was ihm nur unter größten Kraftanstrengungen gelang. Das Hauptproblem war, dass es praktisch keine Halterungen gab, an denen er sich festhalten konnte, und dass der Raumanzug in seinem aufgepumpten Zustand fast völlig unbeweglich war. Das machte jede kleine Bewegung zu einer immensen Kraftanstrengung. Sein Puls lag dauerhaft bei über 150 Schlägen pro Minute, oft bei 180 oder mehr. Der Schweiß brannte in seinen Augen, aber er konnte ihn wegen des Helms nicht abwischen. Schließlich gelang es ihm, sich den Rückentornister umzuschnallen und die Systeme hochzufahren. 107 Minuten, nachdem die EVA begonnen hatte, hätte es nun losgehen können.

Doch nun konnte er nichts mehr erkennen. Vorher war er auf der Nachtseite der Erde gewesen, und hatte die Schalter und Hebel mehr ertastet als gesehen. Inzwischen musste die Gemini aber längst wieder auf der Tag-

Der NASA-Ingenieur Fred Spross demonstriert hier das AMU, mit dem im Weltraum Eugene Cernan fliegen sollte.

Die neue Ersatzcrew für Gemini 9 bestand aus James Lovell und Edwin „Buzz“ Aldrin. Der ist hier bei einer Trainingseinheit in der Position auf der Rückseite der Gemini abgebildet, welche die Ausgangsposition für Eugene Cernans Flug mit dem AMU bilden sollte.

seite der Erde sein. Doch er konnte immer noch nichts sehen. Cernan hatte so hart gearbeitet, dass die künstliche Atmosphäre im Inneren seines Raumanzuges das viele Kohlendioxid und vor allem die Feuchtigkeit, die er in den Anzug pumpte, nicht mehr bewältigen konnte. Die Sichtscheibe seines Helms hatte sich beschlagen und war durch die Kälte auf der Nachtseite der Erde vollständig eingefroren.

Er teilte es Tom Stafford mit. „Tom, mein Visier ist komplett zugefroren. Ich kann nichts mehr erkennen.“ Das war der Punkt, an dem der Kommandant seiner Pflicht nachkam, und Gene Cernan in das Raumschiff zurück beorderte. Das war schwierig genug, sich wieder von dem Tornister abzunabeln, die Nabelschnur erneut zu befestigen und wieder zurück ins Raumschiff zu klettern. Einen Tag später, nach einer Gesamtflugzeit von 72 Stunden und 21 Minuten, landete Gemini 9 im Atlantik, nur 700 Meter vom Zielpunkt entfernt unmittelbar neben dem Flugzeugträger *Wasp*. Es war dies die mit Abstand präziseste Landung einer bemannten Raumkapsel im gesamten US-Raumfahrtprogramm.

Die Landung von Gemini 9 war die genaueste, die je mit einem bemannten Kapselsystem erzielt wurde. Das Raumschiff landete am 6. Juni 1966 nur 700 Meter querab vom Bergungsflugzeugträger, der *USS Wasp*.

27. Januar 1967

Apollo 1 – Tod auf der Startrampe

Am 27. Januar 1967 befand sich das Kommando- und Servicemodul 012 schon seit einigen Wochen an der Spitze ihrer Saturn IB am Startkomplex 34 des Kennedy Space Centers. Seither war die Rakete von der Service-Struktur umgeben. Im oberen Bereich des Turms umschloss der White Room, ein klimatisierter Reinraumbereich, die Kommandokapsel. Alles war bereit für eine wichtige Startsimulation, eine von mehreren in den letzten Tagen und Wochen, und ein wichtiger Schritt, der zum Startdatum am 21. Februar hinführen sollte.

Bei diesem Test wollte man erstmals „alle Stecker ziehen". Also alle elektrischen Kabel, alle Versorgungsleitungen und alle anderen Verbindungen entfernen, die zur Bodenausrüstung führten. Damit sollte überprüft werden, ob das Raumfahrzeug und die Trägerrakete mit interner Energie alleine funktionierte, auch nachdem alle Leitungen zur „Außenwelt" getrennt worden waren.

Gegen 8:00 Uhr morgens waren etwa 1000 Menschen dabei, die Systeme zu checken, um sicherzustellen, dass auch alles in Ordnung war, bevor man „abnabelte". Sie arbeiteten im Blockhaus, dem Kommando- und Kontrollbunker 300 Meter neben der Rakete, im Service-Turm, im Schwenkarm-Bereich des Kabelturms und im einige Kilometer entfernten Manned Spacecraft Operations Buil-

CM-012, das Kommandomodul von Apollo 1 1966 in der Endmontage.

Dieses Bild entstand zwei Tage vor dem Unglück. Die Crew bereitet sich am 25. Januar 1967 auf einen Test mit der Kapsel vor, der dem Test vom 27.1. voranging. Von links nach rechts: Roger Chaffee, Edward White und Virgil Grissom.

ding. Diese Brigade von Technikern ging alle notwendigen Schritte durch um zu prüfen, ob das Kommando- und Servicemodul 012 bereit war, drei Männer bei einem Orbitalflug am Leben zu erhalten.

25 dieser Techniker arbeiteten auf dem Stockwerk A-8 der Service-Struktur in der Nähe des Kommandomoduls. Fünf Angestellte von North American waren im Reinraum selbst. Weitere Trupps von Männern befanden sich auf anderen Plätzen im Service-Turm. Wenn es zu Unterbrechungen und Verzögerungen kam, und das war oft der Fall, war eine rund um die Uhr verfügbare technische Bereitschaftsgruppe da, die sich sofort auf das jeweilige Problem stürzte und es zu beheben versuchte. An diesem Morgen musste diese schnelle Eingreiftruppe allerdings selten tätig werden. Die Vorbereitungen gingen größtenteils problemlos voran. Eine Arbeitsgruppe nach der anderen hakte die letzten Positionen auf ihrer Checkliste ab und meldete ihr Subsystem einsatzbereit.

Grissom, White und Chaffee erreichten gegen 13:00 Uhr die Startrampe, und bestiegen ihr Raumschiff. Techniker verschlossen die Luke der inneren Druckzelle, danach die der äußeren Druckzelle, brachten dann die Schutzkappe des Fluchtturms in die Startposition und verriegelten sie. Alle drei Astronauten hatten ihre Biosensoren am Körper. Sie waren mit dem Kommunikationskreislauf verbunden und waren festgeschnallt, so als würden sie auf einen realen Start warten. Die Tests begannen.

Die Atmosphäre in der Kabine und in den Anzügen wurde nach und nach durch eine reine Sauerstoff-Atmosphäre mit einem Druck von 11,5 Newton pro Quadratzentimeter ausgetauscht. Es herrschte somit ein leichter Überdruck zur Umgebungsatmosphäre außerhalb des Raumschiffs, um Leck-Tests durchführen zu können. Die Crew ging Checklisten durch und ärgerte sich zunehmend über die permanenten Kommunikationsprobleme, die nun immer häufiger zu Verzögerungen im Ablauf führten.

Gegen Sonnenuntergang gab es erneut eine Unterbrechung wegen Kommunikationsproblemen. Dieses Mal für zehn Minuten. Der eigentliche Test des Tages hatte zu diesem Zeitpunkt noch gar nicht begonnen. Die Techniker warteten gerade auf das Signal, die Leitungen von der Rakete zu lösen, als sie über das Funknetz einen Ruf aus der Kapsel hörten: „There is a fire in here" (Hier drin ist ein Feuer).

Vier Männer befanden sich in unmittelbarer Nähe der Kapsel, als eine lange Flammenzunge vom Raumfahrzeug herüberschoss. Dann wurden sie von einer Druckwelle in Richtung Tür gestoßen. In einer Panikattacke stürzten sie von der Kapsel weg, hatten sich aber nur Sekunden später wieder in der Gewalt und rannten zum Raumschiff zurück. Sie suchten nach Atemgeräten und Feuerlöschern. Überall entstanden jetzt Flammenherde um die Kapsel. Die vier Männer, würgend und keuchend in dem dichten Rauch, der sich in Sekunden entwickelte, versuchten die Luken des Raumfahrzeugs zu öffnen.

Dieses Bild entstand am 18. Oktober 1966. Es zeigt die Apollo 1 Crew, die am Kennedy Space Center ihr Raumfahrzeug in der Thermal-Vakuumkammer besteigt, wo sie bei integrierten Tests mit an Bord war. Virgil Grissom klettert hier gerade in das Raumfahrzeug, hinter ihm steht Roger Chaffee. Die Szene dürfte derjenigen sehr ähnlich gewesen sein, die sich vor dem fatalen Test am 27. Januar 1967 im White Room der Startanlage 34 abspielte.

Das Fernsehbild des Überwachungsmonitors im Kontrollraum zeigte ein helles Glühen und Flackern im Inneren des Raumschiffs. Auch außerhalb des Fensters waren Flammen zu sehen. Das Innere des Raumfahrzeugs begann sich gleich danach mit dichtem Rauch zu füllen. Vor den Augen der Beobachter am Bildschirm spielte sich eine grausige Horrorszene ab. Schemenhaft sichtbare silberne Arme machten sich hinter der Scheibe an der Luke zu schaffen. Im einige hundert Meter entfernten Blockhaus sahen Chefastronaut Slayton und der Astronaut Stuart Roosa entsetzt die gleiche Szene am Monitor. Roosa versuchte ein ums andere Mal Verbindung mit dem Raumschiff zu bekommen.

Im Reinraum kämpften in der Zwischenzeit, trotz der immensen Hitze, vier Techniker gegen die Flammen. Von Zeit zu Zeit musste einer von ihnen kurz nach draußen, um wieder für ein paar Atemzüge Luft zu bekommen, doch nur um gleich darauf wieder hereinzustürzen und weiterzumachen. In dichtem Rauch und glühender Hitze entfernten sie erst die Schutzkappe über der Kapsel, dann die äußere Tür und schließlich, mit dem Brecheisen, die innere Luke. Fünfeinhalb Minuten waren vergangen, seit dem Ausruf der Astronauten. Schließlich war die Luke offen.

Zunächst konnte man die Astronauten wegen des dichten Rauchs nicht erkennen. Nur fühlen. Es war kein Lebenszeichen mehr in ihnen. Als weitere fünf Minuten später die ersten Feuerwehrmänner eintrafen, hatte sich der Rauch soweit gelegt, um die Körper sichtbar zu machen. Chaffee war noch auf seiner Liege festgeschnallt. Grissom und White waren an der Luke so ineinander verknäult, dass man im ersten Moment nicht sagen konnte wer von ihnen wer war. Vierzehn Minuten nach dem Ruf erreichten die beiden Ärzte aus dem Blockhaus den kokelnden Reinraum. Es war ihnen fast unmöglich, die Körper der Astronauten aus der Kabine zu ziehen. Die Raumanzüge hatten sich fest mit dem geschmolzenen Nylon im Inneren der Kommandokapsel verbunden.

Die Tragödie traf alle völlig überraschend. In den vergangen sechs Jahren waren 19 Amerikaner in den Weltraum geflogen, sieben von Ihnen, darunter Grissom, sogar zweimal. Oft war es sehr knapp gewesen, auch schon für Grissom selbst, aber in keinem Fall war es am Ende zu wesentlichen Verletzungen gekommen. Elliot See, Charles Bassett und Theodore Freeman waren bei Flugzeugabstürzen ums Leben gekommen. Aber niemand von ihnen bei einem Raumflug. Es war eine traumatische Erfahrung, dass die ersten Toten des Programms, die in direktem Zusammenhang mit einem Raumflug standen, ausgerechnet bei einem Bodentest zu beklagen waren. Der Schlag hätte nicht grausamer sein können.

Die Trauerfeier für die Crew von AS-204 fand am 30. Januar in Houston statt. Grissom und Chaffee fanden auf dem amerikanischen Nationalfriedhof in Arlington ihre letzte Ruhestätte, White wurde auf dem Friedhof der Militärakademie von West Point beerdigt.

Nachdem sich Schock, Verzweiflung und Trauer ein wenig gelegt hatten, begann die Analyse des Desasters. Noch am 28. Januar wurde ein Gremium einberufen, das die Bezeichnung „AS-204 Review Board" bekam. Der Schlussbericht vom 25. Februar 1967 bestand aus 14 Bänden die zusammen 3000 Seiten umfassten. Er bestätigte, dass es Unkenntnis, Schlamperei und Leichtsinn gegeben hatte. Das Schlüsselwort, das immer wieder im Bericht erschien war aber „Fahrlässigkeit". Niemand, so schien es, war sich im Klaren darüber gewesen, obwohl es doch offensichtlich war, wie extrem feuergefährlich es in einer hermetisch geschlossenen, mit reinem Sauerstoff gefüllten und unter Überdruck stehenden Kabine sein musste.

Die Außenhülle von CM-012 nach dem Feuer.

Blick in das Innere von CM-012 nach dem Feuer.

23. April 1967

Sojus 1 – Katastrophe beim Erstflug

Am 23. April 1967 gab die Sowjetunion über die Nachrichtenagentur TASS den Start der ersten Einheit eines neuen Raumschifftyps mit der Bezeichnung „Sojus" bekannt. An Bord, so wurde verlautbart, befände sich Wladimir Komarow, derselbe Kosmonaut, der schon im Jahre 1964 die Woschod 1-Mission geleitet hatte.

Dem Einsatz von Komarow waren drei unbemannte Testflüge vorausgegangen. Alle drei waren mehr oder weniger gescheitert. Die Mission vom 28. November 1966, von den Sowjets als Kosmos 133 bezeichnet, war ein Fiasko mit vielen Systemfehlern, und am Ende war das Retro-Brennmanöver so ungenau, dass die Verantwortlichen fürchteten, das Raumfahrzeug würde in China landen. Aus diesem Grunde wurde sie, im besten Stil des Kalten Krieges, noch vor dem Öffnen der Fallschirme in der Luft gesprengt.

Der zweite Testflug endete in einem bizarren Vorfall, als beim Start zwar die Zentralstufe der Trägerrakete zündete, nicht aber die Booster. 27 Minuten nach dem erfolglosen Startversuch zündete unvermittelt der Rettungsturm des Sojus-Raumschiffs, der dann die gesamte übrige Rakete zur Explosion brachte. Es gab einen Toten und zahlreiche Verletzte.

Beim dritten Test am 7. Februar 1967 glückte der Start, aber in der Umlaufbahn kam es zu vielen Problemen, die darin gipfelten, dass der Abstiegswinkel durch die Erdatmosphäre zu steil war, und die heißen Gase ein Loch in den Hitzeschild brannten. Zu allem Unglück landete die

Wladimir Komarow war der „Star" unter den sowjetischen Kosmonauten. Er hatte bereits das Raumschiff Woschod 1 kommandiert und sollte nun die Leitung des Gruppenfluges mit Sojus 1 und 2 übernehmen. In der Mitte ein Rissbild der Sojus 1, das den Flugzustand mit nur einem ausgefahrenen Sonnenkollektor abbildet. Das Foto links zeigt die Beerdigung, ein Staatsbegräbnis an der Kremlmauer.

Wladimir Komarow steigt in den frühen Morgenstunden des 23. April 1967 an der Startanlage 1 in Baikonur die Treppen zum Lift empor der ihn an die Spitze seiner Sojus-Rakete bringen wird.

Kapsel am Ende auch noch inmitten des zugefrorenen Aral-Sees, schmolz sich durch die Eisdecke und versank.

Nach diesen drei missglückten Missionen den nächsten Flug bemannt anzusetzen, war unverantwortlich. Zusätzlich war der Einsatz überaus ambitioniert geplant. Die Raumschiffe Sojus 1 und Sojus 2 sollten dabei im Abstand von 24 Stunden starten. Sojus 1 mit dem Kosmonauten Wladimir Komarow hätte dabei die aktive Rolle gehabt, und sollte am dritten Flugtag an Sojus 2 andocken in der sich die Kosmonauten Bykowski, Chrunow und Jelissejew befunden hätten. Nach dem Anlegen sollten Chrunow und Jelissejew aus dem Orbitalmodul von Sojus 2 in das Orbitalmodul von Sojus 1 umsteigen.

Am 23. April 1967 gab die Nachrichtenagentur TASS den Start der ersten Einheit eines Raumschifftyps mit der Bezeichnung „Sojus“ bekannt. Die Startvorbereitungen waren perfekt verlaufen, auch der Start selbst war fehlerlos. Doch die Mission stand sofort nach dem Erreichen der Umlaufbahn unter einem schlechten Stern. Bereits die Entfaltung eines der beiden Solargeneratoren misslang. Damit musste das Docking-Manöver mit Sojus 2, das für den folgenden Tag angesetzt war, gestrichen werden. Weitere Probleme führten dazu, dass Komarow sein Schiff immer weniger steuern konnte. Während der 17. Erdumkreisung versuchte er eine Bremszündung mit dem automatischen System durchzuführen. Doch die Triebwerke wurden nicht aktiviert, weil der Bordcomputer die korrekte Ausrichtung der Sojus für die Landung nicht durchführen konnte. Während der 18. Erdumkreisung leitete Komarow daher eine manuelle Zündung ein.

Der letzte Bericht von Komarow, nach dem Retro-Brennmanöver und unmittelbar bevor die Service- und Orbitalmodule abgetrennt wurden, lautete wie folgt: *„Das Triebwerk arbeitete für 146 Sekunden und schaltete um 5 Uhr 59 Minuten und 38,5 Sekunden ab. Um sechs Uhr, 14 Minuten und 9 Sekunden kam das Kommando „Notfall 2“* Das waren die letzten Worte, die durch das statische Rauschen drangen. „Notfall 2“ bedeutete, dass ein ballistischer Abstieg erfolgen würde anstatt einer gesteuerten Landung. Das lag am instabilen Verhalten des Raumfahrzeugs bei der improvisierten Retrozündung und sollte an sich keinen großen Anlass zur Sorge geben. Es bedeutete zwar für den Kosmonauten eine wesentlich höhere Andruckbelastung, war aber nicht lebensbedrohlich.

Das Manöver gelang. Doch im weiteren Verlauf der Landung kam es zu einer weiteren schweren Fehlfunktion. Durch eine Kombination aus einem Fertigungs- und Konstruktionsfehler entfaltete sich nur der Pilotschirm. Weder der Hauptschirm noch der Reserveschirm konnten aus dem Container gezogen werden. So schlug die Kapsel mit etwa 150 Kilometern pro Stunde auf. Komarow war sofort tot.

Die Flugeinheiten Sojus 1 und 2 waren nach denselben Kriterien gefertigt worden. Hätte sich der zweite Solargenerator bei Sojus 1 korrekt entfaltet und wären demzufolge auch der Sonnensensor und die Antennen korrekt entfaltet worden, dann wäre Sojus 2 gestartet, das denselben Fehler in sich barg. Dann wären auch Bykowski, Chrunow und Jelissejew ums Leben gekommen.

Bei der Landung hatte sich nur der kleine Pilotschirm geöffnet, der den Hauptschirm aus seinem Kanister ziehen sollte. Wegen eines zu hohen Reibungswiderstandes gelang das aber nicht. Auch der Reserveschirm entfaltete sich nicht, und die Sojus zerschellte auf dem Boden.

21. Dezember 1968

Apollo 8 – Die erste bemannte Mondumkreisung

Das Missionslogo der Apollo 8-Mission.

Zwischen dem 11. und 22. Oktober 1968 hatte schließlich, eindreiviertel Jahre nach der Apollo 1-Katastrophe, der erste bemannte Flug des Apollo-Programms stattgefunden. Walter Schirra, Walter Cunningham und Don Eisele waren dabei mit einer Saturn IB-Rakete, der „kleineren Schwester" der gewaltigen Saturn V, in eine Erdumlaufbahn geflogen und hatten das umkonstruierte Apollo-Raumschiff ausgiebig getestet. Nun stand die nächste Mission an. Und dafür hatte die NASA schon vor dem Abflug von Apollo 7 erste Pläne gemacht.

Die Primär- und Reservecrew von Apollo 8. Reihe unten (von links): Neil Armstrong, Edwin „Buzz" Aldrin und Fred Haise. Reihe oben (von links): Frank Borman, James Lovell und William Anders.

Auf Anweisung des NASA-Administrators James Webb durfte der Flugauftrag von Apollo 8 zunächst offiziell nur als Erweiterung der Mission von Apollo 7 dargestellt werden. Den Medien teilte man mit, dass der detaillierte Missionsplan noch nicht festgelegt sei. Intern traf man aber alle Vorbereitungen für eine Mondorbit-Mission.

Am 10. November rief der stellvertretende NASA-Administrator Thomas Paine alle Apollo-Entscheidungsträger in Houston zusammen. Es war eine große Runde, und er forderte jeden der Anwesenden noch einmal auf, seine Meinung darzulegen. Alle sprachen sich für die Mondorbit-Mission aus, mit Ausnahme von Walter Burke von McDonnell Douglas, der für die S-IVB Stufe der Saturn V zuständig war. Er favorisierte aus Sicherheitsgründen eine zirkumlunare Mission auf einer freien Rückkehrbahn.

George Mueller übernahm nun die Aufgabe, das Science Advisory Committee des Präsidenten zu benachrichtigen. Auch von dort kam Zustimmung. Am 11. November ließ es sich Paine nicht nehmen Frank Borman persönlich anzurufen, und ihm offiziell den Auftrag zu geben, mit seiner Crew am 21. Dezember 1968 zum Mond zu fliegen. Die Reservecrew bildeten Neil Armstrong, Edwin Aldrin und Fred Haise.

Die Mission von Apollo 8 war der erste bemannte Einsatz der Saturn V, nach zwei vorausgegangenen unbemannten Testflügen. Es war gleichzeitig die erste bemannte Mission des Apollo-Programms, die vom Kennedy Space Center aus erfolgte, denn Apollo 7 war von der Startrampe 37B der, wie sie zwischen 1964 und 1973 hieß, südlich davon gelegenen Cape Kennedy Air Force Station aus gestartet. Vor allem aber war es die erste bemannte Mission in der Geschichte der Menschheit, die zu einem anderen Himmelskörper führte.

Die Crew bestand aus den beiden flugerfahrenen Astronauten Frank Bormann und James Lovell, sowie dem „Rookie" William Anders. Ursprünglich war Apollo 8 als

„Ankleiden" vor dem Start. Vorne Frank Borman, im Hintergrund James Lovell.

gemeinsamer Test der Mondlandefähre und des Kommando- und Servicemoduls in einem mittelhohen Erdorbit geplant gewesen. Die Flugbahn sollte dabei bis in 6400 Kilometer Erdabstand gehen. Nun aber stand das Lunar Module nicht rechtzeitig zur Verfügung und obendrein gab es gewisse Anzeichen, dass die Sowjets im Dezember eine bemannte zirkumlunare Umfliegung des Mondes planten. So überließ man die Erprobung des Mondlanders in der Erdumlaufbahn dem Team von Apollo 9 und beschloss, Apollo 8 ohne die Landefähre gleich zu einem Flug in den Mondorbit zu senden.

Eine dreiviertel Million Menschen fanden sich am Cape und den umliegenden Gemeinden ein, um den Beginn dieser historischen Mission mitzuerleben. Am 21. Dezember 1968, um 7:51 Uhr Ortszeit, war für Frank Borman, James Lovell und William Anders der Startzeitpunkt gekommen.

Anders beschrieb den Start mit der gigantischen Saturn wie die Fahrt mit einem *„... uralten Güterzug, der mit viel zu hoher Geschwindigkeit über ausgeschlagene Gleise und Weichen schlingert"*. Die S-IC Erststufe warf die Astronauten gehörig hin und her. Aber es war auszuhalten. Trotz all ihrer Kraft erreichte die Beschleunigung beim Brennschluss nur etwa 4 g. Nach der Stufentrennung begann die zweite Stufe mit einer Beschleunigung von zunächst nur einem g und steigerte sich langsam. Die gefürchteten Pogo-Effekte waren gegen Ende der Brennzeit der S-II deutlich zu spüren, und blieben nur knapp in den Limits. Die drei waren froh, als sechs Minuten nach ihrer Zündung auch die zweite Stufe abgetrennt wurde und zurückblieb.

Nun begann die dritte Stufe zu feuern. Für zunächst zwei Minuten und 37 Sekunden. Um 000:11:35 MET war ein erster Übergangsorbit erreicht und das J-2 Triebwerk der dritten Stufe wurde stillgelegt. Borman, Lovell, Anders und die Flugkontroller am Boden checkten nun das Raumfahrzeug und die S-IVB-Drittstufe mit der sie weiterhin verbunden blieben. Um 002:27:22 MET bekamen sie von Michael Collins, der in Houston als CapCom eingesetzt war, die Meldung, die eine neue Ära in der Raumfahrt einleitete: *„Apollo 8, you are go for TLI"*. TLI war die NASA-Abkürzung für „Trans Lunar Injection" und zusammen bedeutete das nicht weniger als: *„Apollo 8, ihr habt die Freigabe für den Einschuss in die Mondtransferbahn"*.

Um 002:50:38 MET begann die zweite Brennphase der S-IVB Stufe. Dieses Mal feuerte sie für fünf Minuten und

„Walk-out" der Crew aus dem Mannschaftsgebäude zum Van, der die Astronauten zur Startrampe bringt. Von vorne nach hinten: Bormann, Lovell und Anders.

Apollo 8 startet am 21. Dezember 1968 um 12:51 Uhr GMT.

18 Sekunden, und erhöhte die Geschwindigkeit der Kombination von 7790 Metern pro Sekunde auf 10.820 Meter pro Sekunde. Borman, Lovell und Anders waren nun mit einer größeren Geschwindigkeit unterwegs, als je ein Mensch vor ihnen.

Um 003:20:59 MET trennte sich das Kommando- und Servicemodul von der S-IVB und drehte sich herum, so dass die Crew jetzt den leeren Adapter fotografieren konnte. Bei späteren Missionen nahm er die Mondlandefähre auf, jetzt war darin nur ein Gewichtsdummy.

Am 24. Dezember 1968, kurz vor elf Uhr Mitteleuropäischer Zeit, trat Apollo 8 in eine Mondumlaufbahn ein. Dazu war ein gut vier Minuten langes Brennmanöver des Apollo-Service Moduls notwendig, das aus bahnmechanischen Gründen auf der Mondrückseite stattfinden musste. Als das Brennmanöver endete, wussten Borman, Lovell und Anders, dass es erfolgreich verlaufen war. Die Welt erfuhr es erst etwa zehn Minuten später, nachdem das Raumschiff wieder die erdzugewandte Seite des Mondes erreichte.

Apollo 8 verblieb etwa 20 Stunden in der Umlaufbahn und umkreiste dabei den Mond zehnmal. Vor dem Flug hatte die Crew Freunde konsultiert, um eine Botschaft,

Im Adaptersegment der S-IVB Oberstufe der Saturn V befand sich beim Start dieser Mission nicht die Mondfähre sondern ein ringförmiger Gewichtsdummy.

Apollo Command & Service Module (CSM)		
Ursprungsland	USA	
Hersteller	North American Aviation	
Besatzung	3	
Trägerrakete	Saturn IB und Saturn V	
Einsätze unbemannt/ bemannt	4/15	
Module	**Command Module**	**Service Module**
Masse	5900 Kilogramm	25.000 Kilogramm
Länge	3,23 Meter	7,50 Meter
Durchmesser	3,91 Meter	3,91 Meter
Lageregelungstriebwerke	12 × 420 Newton	16 × 240 Newton
Haupttriebwerk	–	1 × 98 Kilonewton

Saturn V	
Hersteller	NASA
Länge (über Fluchtturm des CSM)	111,0 Meter
Durchmesser Basis	10,1 Meter
Startmasse	2970 Tonnen
Nutzlast LEO	140.000 Kilogramm
Startschub	35.100 Kilonewton
1. Stufe: Boeing S-IC	
Triebwerke	5 × F1
Schub Meereshöhe	5 × 7020 Kilonewton
Brenndauer	161 Sekunden
Treibstoff/Oxidator	Kerosin/LOX
Leermasse	135.220 Kilogramm
Startmasse	2.286.200 Kilogramm
Länge	42,1 Meter
Durchmesser	10,1 Meter
2. Stufe: North American S-II	
Triebwerke	5 × J2
Schub	5 × 1033 Kilonewton
Brenndauer	390 Sekunden
Treibstoff/Oxidator	LH_2/LOX
Leermasse gesamt	39.050 Kilogramm
Startmasse	490.790 Kilogramm
Länge	24,9 Meter
Durchmesser	10,1 Meter
3. Stufe: Douglas S-IV	
Triebwerk	1 × J2
Schub	1033 Kilonewton
Brenndauer	475 Sekunden
Treibstoff/Oxidator	LH_2/LOX
Leermasse	13.300 Kilogramm
Startmasse	119.900 Kilogramm
Länge	17,80 Meter
Durchmesser	6,60 Meter
Erstflug	**9. November 1967**
Anzahl Starts/Davon erfolgreich	**13/13**
Letzter Start	**14. Mai 1973**

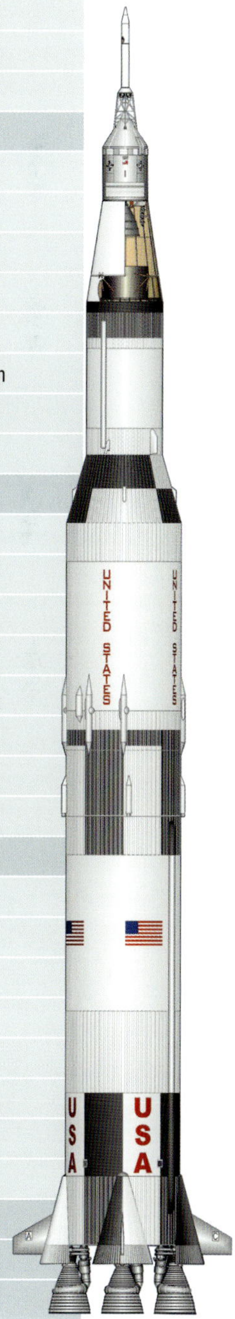

ein Symbol oder ein Zeichen zu finden, das Bezug zur Mission hatte. Etwas, das jeder auf der Erde verstand, und das vom Raumschiff aus durchführbar war. Dabei war die Idee entstanden, den Beginn der Schöpfungsgeschichte aus der Bibel vorzulesen. Und genau das taten die Astronauten während ihrer neunten und damit vorletzten Mondumkreisung. Sie schlossen ihre Lesung mit den Worten: *„Good night, good luck, a Merry Christmas and God bless all of you – all of you on the good earth"*. Also *„Gute Nacht, viel Glück, Frohe Weihnachten und möge Gott euch alle segnen – euch alle auf der guten Erde"*.

Kurz danach war es an der Zeit, an die Rückkehr zur Erde zu denken. Damit stand erneut ein kritisches Manöver an, im NASA-Jargon TEI genannt: Trans Earth Injection. Der Einschuss in die Rückkehrbahn zum Heimatplaneten. Während der zehnten Mondumrundung, um 089:19:17 MET zündete die Crew auf der Rückseite des Mondes das Triebwerk des Service-Moduls für drei Minuten und 23 Sekunden, und erhöhte dadurch ihre Geschwindigkeit um 3850 Kilometer pro Stunde. Achteinhalb Minuten später kamen sie – aus der Sicht der Erdbewohner – wieder hinter dem Mond hervor, und verließen damit auch den Funkschatten. Lovell meldete sich bei CapCom Thomas Mattingly: *„Lasst euch sagen, es gibt einen Weihnachtsmann"*.

Nun endlich ließ die Spannung ein wenig nach. Der Rückflug zur Erde verlief ohne Zwischenfälle. Überhaupt hatte das Raumfahrzeug während der ganzen Mission nahezu perfekt funktioniert. Es kam nur zu den „erwarte-

Kraterlandschaft auf der Mondrückseite. Fotografiert von den Apollo 8-Astronauten.

ten“ Unregelmäßigkeiten, wie beschlagenen Fenstern, Wasseransammlungen an den Leitungen und klappernden Ventilatoren. Die abgekämpften Raumfahrer konnten nun ein wenig rasten, essen, schlafen und die Fernsehübertragungen zur Erde fortsetzen. Lovell unternahm Navigationsübungen für die späteren Flüge, aber die Kontrolle der Flugbahn blieb weiterhin bei Mission Control. Die Crew ließ in dieser Phase, wie Borman es ausdrückte, „Isaac Newton“ ans Steuer.

Auf dem Weg zur Erde war nur eine einzige Kurskorrektur notwendig. Sie fand um 104:00:00 MET statt und resultierte in einer Geschwindigkeitsänderung von weniger als zwei Meter pro Sekunde. Am frühen Samstagmorgen, 14.500 Kilometer über der Erde, feuerte die Crew die pyrotechnischen Ladungen, mit denen sie das Service-Modul von der Kommandokapsel trennte. 15 Minuten später, um 146:46:13 MET, erreichte das Rückkehrmodul 122 Kilometer über Nordost-China den so genannten „entry

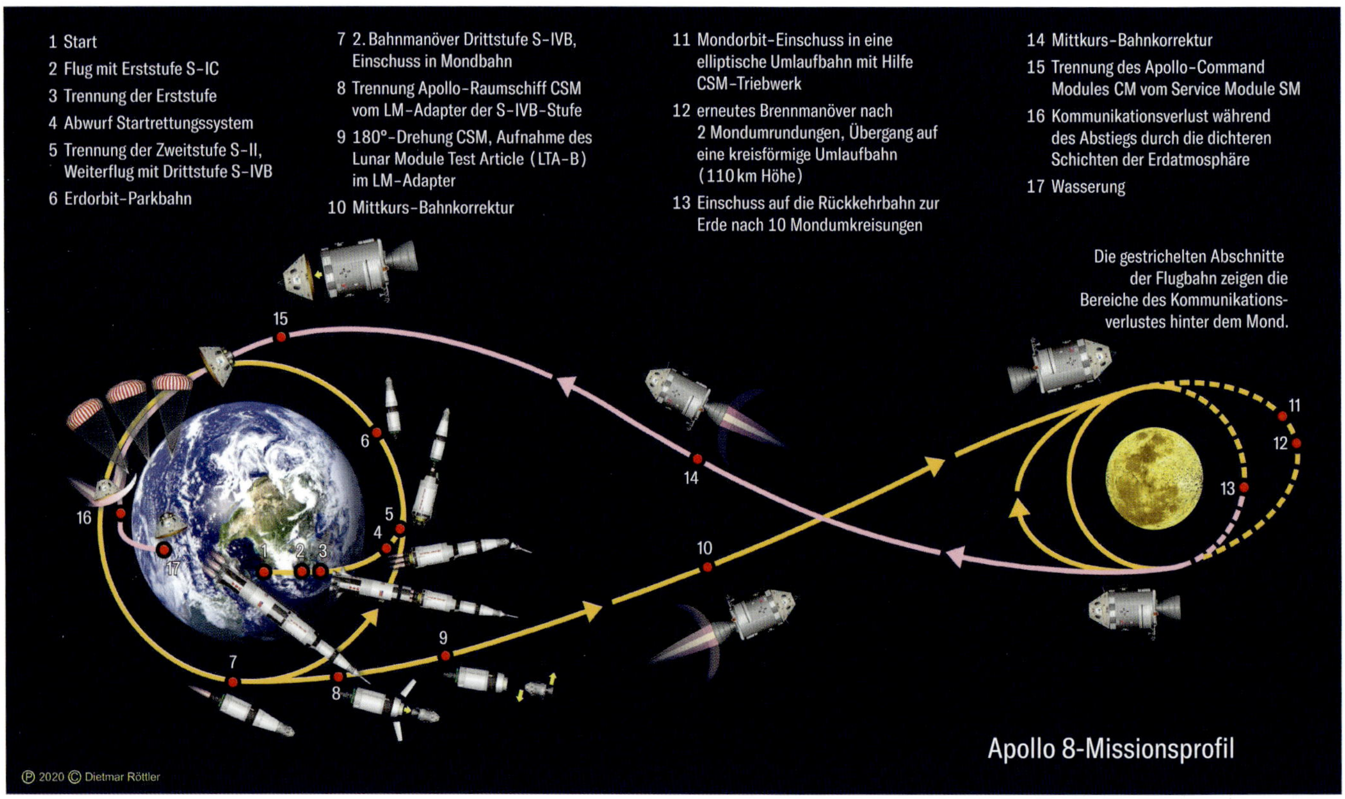

point“, in den obersten Schichten der Atmosphäre. Der Punkt war dadurch definiert, dass durch die beginnende Luftreibung erstmals wieder eine spürbare Bremswirkung von mehr als 0,05 g für die Astronauten vorlag.

Die Geschwindigkeit des Raumfahrzeugs betrug zu diesem Zeitpunkt fast elf Kilometer pro Sekunde. Nun stieg die Andruckbelastung rapide an, und erreichte 85 Sekunden später, in der ersten Senke der Abstiegskurve in etwa 80 Kilometern Höhe, sieben g. Subtile, genau berechnete Verlagerungen des Schwerpunktes der Kapsel bewirkten, dass das Raumschiff wieder in einer weit geschwungenen Kurve in den Weltraum hinaus stieg. Erneut war die Crew für kurze Zeit schwerelos. Nach dem Überschreiten des Scheitelpunktes der Abstiegskurve begann die Schlussphase der Mission. Die Landesequenz mit dem Auswerfen und Öffnen der Stabilisierungsfallschirme bis hin zur Wasserung verlief perfekt. Sie erfolgte 147 Stunden nach dem Start, nur 4,5 Kilometer vom Kommandoschiff der Bergungsflotte, dem Flugzeugträger *USS Yorktown*, entfernt.

Das vielleicht berühmteste Bild der Reise von Apollo 8: „Erdaufgang“ über dem Mond.

Der Stress der Reise ist ihr anzusehen. Die Apollo 8-Crewkapsel wird an Bord des Flugzeugträgers *USS Yorktown* gehievt.

21. Februar 1969

Die N1 – Moskaus unglückliche Mondrakete

Die sowjetische Großträgerrakete N1 war Dreh- und Angelpunkt des bemannten sowjetischen Mondlandeprogramms. Ihre Existenz blieb bis zu Gorbatschows „Glasnost“ geheim. Erst ab dem Jahre 1989 wurde das Projekt publik gemacht. Damit war der Beweis erbracht, dass es tatsächlich ein Rennen um den ersten Menschen auf dem Mond gegeben hatte. In den sechziger und siebziger Jahren hatten nicht nur die Sowjets, sondern auch viele Wissenschaftler und Politiker im Westen behauptet, dass es gar keinen „Wettlauf“ mit den USA um den Mond gäbe.

Der US-Geheimdienst wusste allerdings in den sechziger Jahren sehr wohl Bescheid um das bemannte sowjetische Mondprogramm. Die gewaltigen Anlagen die es brauchte, um diese Raketen zu bauen und startfertig zu machen, die ungeheure Größe der Raketen selbst, machten es unmöglich, sie vor den Augen der CORONA- und GAMBIT-Spionagesatelliten zu verbergen.

Eine N1 (hier die Flugeinheit 5L) wird mit der Doppelschienenbahn zum Startplatz transportiert.

Die enormen Explosionen, die sich bei den vier Fehlstarts ereigneten, wurden über tausende von Kilometern gemessen. Damals vermuteten viele Länder Nukleartests der Sowjets in der Atmosphäre und wunderten sich über die milden oder gar nicht vorhandenen Reaktionen der Amerikaner.

Die N1 war kaum kleiner als die Saturn V. Auch ihre Startmasse entsprach ziemlich genau der ihres amerikanischen Pendants. Sie war aber insgesamt wesentlich weniger leistungsfähig. Ihre Nutzlast in den niedrigen Erdorbit hätte selbst in der Serienversion nur etwa 95 Tonnen betragen. Die Saturn V konnte dagegen in ihren späten Versionen bis zu 145 Tonnen Nutzlast in eine niedrige Erdumlaufbahn bringen.

Da die Sowjetunion damals über keine Großtriebwerke verfügte, blieb nichts anderes übrig, als viele kleinere Einzeltriebwerke zu bündeln. Diese Raketenmotoren verfügten pro Einheit über einen Schub von 1510 Kilonewton. Das ist zwar deutlich mehr als die Antriebskraft eines Vulcain-2 Raketenmotors der europäischen Trägerrakete Ariane 6, trotzdem aber brauchte die N1 allein in ihrer Basisstufe 30 Stück davon. Damit wurde sie zum Mess- und regeltechnischen Monstrum, das mit den damaligen technischen Möglichkeiten kaum zu beherrschen war. Zum Vergleich dazu: Die F-1 Triebwerke der Saturn V leisteten jeweils etwa 7500 Kilonewton Schub, so dass diese Rakete nur fünf dieser Aggregate in der Basisstufe benötigte.

Die Struktur der unteren drei Stufen, genannt Block A, B und V, war in Kegelform ausgeführt. Dieser Kegel hatte an der Basis einen Durchmesser von mehr als 22 Metern. Er verjüngte sich bis zur Spitze der dritten Stufe, die auch der Verbindungspunkt zur L3-Sektion (wie die Kombination aus Transferstufe, Sojus-Mutterfahrzeug und Lander genannt wurde) war, auf 4,4 Meter. Ab hier war die Rakete zylindrisch geformt. Die konische Form der drei Basisstufen wurde durch die Anordnung der Treibstoff- und Oxidatortanks vorgegeben. Damit die Strukturmasse so gering wie möglich blieb, und das Volumen der Rakete nicht zu groß wurde, brachte man Treibstoff und Oxidator in kugelförmigen Tanks unter. Und da man volumenmäßig

N1-Flugeinheit 3L wird für ihre Mission vorbereitet.

wesentlich mehr Sauerstoff benötigte als Kerosin, war der kleinere Kerosintank in allen Stufen über dem größeren Sauerstofftank untergebracht.

Die N1 war vierstufig ausgelegt. Die drei ersten Stufen dienten dazu, die L3-Mondkombination in eine niedrige Erdumlaufbahn zu befördern. Stufe vier, der so genannte „Block G", wurde benötigt, um den Mondtransfer zu bewerkstelligen.

Über dem „Block G" befand sich der „Block D". Er war bereits Bestandteil des Mondraumschiffes. Seine Aufgabe war es, die Sojus LOK, mit der zwei Kosmonauten zum Mond fliegen sollten, zusammen mit dem angekoppelten LK-Mondlander zunächst in eine Mondumlaufbahn zu bringen, und danach den Abstieg des Landers bis etwa 3000 Meter über der Mondoberfläche zu unterstützen.

Es fanden insgesamt vier unbemannte Testflüge mit der N1 statt. Sie endeten allesamt im Inferno.

Beim ersten Startversuch am 21. Februar 1969 stellte das Steuerungssystem bereits 0,37 Sekunden vor dem Abheben eine Fehlfunktion in Triebwerk 12 fest und stellte diesen Motor, zusammen mit dem gegenüberliegenden Triebwerk 24, ab. Der Fehler ereignete sich, als aufgrund der unerwartet hohen Vibrationen im Gasgenerator des Triebwerks eine Leitung brach und sich der Treibstoff entzündete. Dies allein hätte die Mission aber nicht gefährdet. Es kam jedoch bald nach dem Abheben zu einem Treibstoffleck im Bereich der Triebwerke 3 sowie 21 bis 24. In der Flugsekunde 54 brach in diesem Bereich ein Feuer aus. In der Flugsekunde 69 hatte das Feuer den Kabelbaum erreicht. Durch den darauf erfolgenden Ausfall der Messwerte schaltete der Bordrechner alle Triebwerke ab. Die Rakete erreichte eine Höhe von 12.200 Metern und schlug 45 Kilometer vom Startplatz entfernt in der Steppe auf.

Mission Nummer zwei am 3. Juli 1969 war der einzige Nachtstart der N1. Dieser zweite Flugversuch erfolgte nur zwei Wochen vor dem Start von Apollo 11 und endete noch katastrophaler als der erste. Die Rakete hob nur in Zeitlupentempo ab und begann sofort heftig zu schlingern. Ein loser Bolzen war von einer Treibstoffpumpe angesaugt worden, die sofort versagte. Das automatische Triebwerkskontrollsystem schaltete daraufhin aufgrund eines Programmfehlers 29 der 30 Triebwerke ab – an-

Im Juli 1969 sind beide Startplätze an der Anlage 110 belegt. Im Vordergrund die Flugeinheit 5L, im Hintergrund das Mockup 1M1.

statt lediglich zwei. Die noch voll betankte Rakete stürzte zurück auf den Startkomplex und vernichtete ihn vollständig. Es war dies die gewaltigste Explosion in der Geschichte der Raumfahrt und eine der größten nichtnuklearen Explosionen, die je von Menschen verursacht wurde.

Am 27. Juni 1971 startete die dritte N1. Nach dem Abheben wurde das neu eingeführte Sicherheitsmanöver zum Wegschwenken von der Startrampe durchgeführt. Doch war dabei die Rollrate so hoch, dass das Kontrollsystem die Bewegung nicht vollständig kompensieren konnte. In der Folge geriet die Rakete immer mehr aus dem Gleichgewicht. 47 Sekunden nach dem Abheben brach durch die aerodynamische Belastung der Kopfteil mit dem Mondlandemodul ab. Nach 51 Sekunden wurden die Triebwerke abgeschaltet und die Rakete schlug 20 Kilometer vom Startplatz entfernt auf.

Der vierte Start erfolgte am 23. November 1972. Diesmal schien alles nach Plan zu verlaufen, doch nach 107 Sekunden, nur 13 Sekunden vor dem Brennschluss von Block A, explodierte die Rakete in 40 Kilometer Höhe. Durch das Abschalten der sechs zentralen Triebwerke war es zu so starken Schwingungen gekommen, dass die Sauerstoffpumpe am Triebwerk 4 brach und die Zerstörung der Rakete auslöste.

Bei den vier Fehlstarts der N1 konnten nie die Stufen zwei bis vier gezündet werden. Stets versagte bereits die

Unmittelbar vor der Explosion wird das Rettungssystem des 7K-L1S Raumfahrzeuges an der Spitze der Rakete aktiviert.

erste Stufe. Die sowjetischen Ingenieure bekamen das komplexe Zusammenspiel derart vieler Einzeltriebwerke nie in den Griff. Ein weiterer Faktor für das Scheitern des Programmes lag darin, dass es nicht möglich war, große, vorintegrierte Komponenten der Rakete nach Baikonur zu bringen. Das machte es notwendig, den Träger per Bahn dorthin zu schaffen. Dafür mussten alle Stufen der Rakete beim Hersteller auseinander genommen und am Startort wieder zusammengebaut werden. Ein Resultat dieser vielen getrennten Einzelteile war eine Kakophonie komplexer und destruktiver Schwingungen und Vibrationen, sobald die Triebwerke liefen.

Der entscheidende Fehler des gesamten Programms war es aber, keinen Groß-Teststand zur Verfügung zu haben, mit dem das Zusammenspiel der vielen einzelnen Erststufentriebwerke erprobt werden konnte. Somit war der Erstflug der Rakete gleichzeitig auch der erste gemeinsame Test aller Erststufen-Komponenten.

Nach dem vierten Fehlschlag wurden alle weiteren Flüge eingestellt. Insgesamt zehn Flugeinheiten und zwei statische Testmodelle waren bis dahin gebaut worden. Zwei komplett flugfertige N1 wurden nach der Programmeinstellung auseinandergenommen. Die Teile wurden zum Teil verschrottet und zum Teil auch einfach in der Landschaft deponiert. Noch viele Jahre später konnten Besucher in der Umgebung von Baikonur Unterstände und Vorratsschuppen sehen, die aus den Tanks der N1 hergestellt worden waren. Die Booster waren absichtlich zerstört worden um das fehlgeschlagene sowjetische Mondprogramm zu kaschieren.

Der zweite N1-Start am 4. Juli 1969 endete schon nach wenigen Sekunden in einem flammenden Inferno.

N1 (Flugeinheit 1)	
Hersteller	OKB-1 (Energija)
Länge über Rettungssystem	105,0 Meter
Durchmesser Basis	16,90 Meter
Startmasse	2735 Tonnen
Nutzlast LEO	70.000 Kilogramm
Startschub	45.780 Kilonewton
1. Stufe: Block A	
Triebwerke	30 × NK 15
Schub (Meereshöhe)	30 × 1526 Kilonewton
Brenndauer	125 Sekunden
Treibstoff/Oxidator	Kerosin/LOX
Leermasse	125.000 Kilogramm
Startmasse	1.875.000 Kilogramm
Länge	30,10 Meter
Basisdurchmesser	16,90 Meter
2. Stufe: Block B	
Triebwerke	8 × NK 15V
Schub	8 × 1648 Kilonewton
Brenndauer (Sekunden):	120 Sekunden
Treibstoff/Oxidator	Kerosin/LOX
Leermasse	35.000 Kilogramm
Startmasse	540.000 Kilogramm
Länge	20,50 Meter
Basisdurchmesser	10,30 Meter
3. Stufe: Block V	
Triebwerke	4 × NK 9V
Schub	4 × 402 Kilonewton
Brenndauer	370 Sekunden
Treibstoff/Oxidator	Kerosin/LOX
Leermasse	10.000 Kilogramm
Startmasse	185.000 Kilogramm
Länge	11,00 Meter
Durchmesser	7,60 Meter
4. Stufe: Block G	
Triebwerk	1 × NK 19
Schub	441 Kilonewton
Brenndauer	443 Sekunden
Treibstoff/Oxidator	Kerosin/LOX
Leermasse	5000 Kilogramm
Startmasse	61.300 Kilogramm
Länge	9,10 Meter
Durchmesser	4,10 Meter
5. Stufe: Block D	
Triebwerk	1 × RD 58
Schub	83,3 Kilonewton
Brenndauer	600 Sekunden
Treibstoff/Oxidator	Kerosin/LOX
Leermasse	3500 Kilogramm
Startmasse	18.200 Kilogramm
Länge	5,70 Meter
Durchmesser	4,10 Meter
Erstflug	**21. Februar 1969**
Anzahl Starts/davon erfolgreich	**4/0**
Letzter Start	**23. November 1973**

Fotografie und Grafik der N1, wie sie an der Startanlage aufgerichtet wird.

16. Juli 1969

Apollo 11 landet auf dem Mond

Der Start von Apollo 11 am 16. Juli 1969. Ein starkes Teleobjektiv zoomt die Rakete neben der amerikanischen Flagge heran. Tatsächlich befindet sich der Träger schon in mehr als zehn Kilometern Höhe und fliegt im transsonischen Bereich. Die Verdichtungsstöße der komprimierten Luft um die Rakete sind sehr gut im Übergangsbereich zwischen zweiter und dritter Stufe zu erkennen.

Die Vorbereitungsmissionen für den ersten Mondlandeversuch waren erfolgreich verlaufen. Apollo 9 und ihre Crew, bestehend aus Commander James McDivitt, David Scott und Russell Schweickart, hatten die Mondfähre bei einer zehntägigen Mission in der Erdumlaufbahn getestet. Apollo 10 mit Thomas Stafford, John Young und Eugene Cernan hatten die Generalprobe für die Landung durchgeführt, und waren dabei der Mondoberfläche schon auf 15 Kilometer nahe gekommen. Nun ging es ums Ganze. Um den ersten Versuch einer bemannten Landung auf dem Mond.

Am 16. Juli 1969 bevölkerten eine Million Menschen die Highways und die Nebenstraßen im Breward County und im südlichen Volusia County. Zwanzigtausend Gäste hatte die NASA an speziellen Beobachtungspunkten untergebracht. 3500 Medienvertreter aus aller Welt waren anwesend, um die Szene ihren Lesern, Zuschauern oder Zuhörern zu schildern. Fernseh- und Rundfunkstationen weltweit erreichten mit ihren Berichten etwa eine Milliarde Menschen.

Kommandant der Mission war Neil Armstrong, der bereits Flüge mit der X-15 und mit Gemini 8 durchgeführt hatte, Pilot der Kommandokapsel war Michael Collins und als Pilot der Mondlandefähre fungierte Edwin „Buzz" Aldrin. Der Start, der Transfer zum Mond und das Einschwenken in die Umlaufbahn verliefen problemlos. Extrem aufregend wurde es aber beim Abstieg zum Landeplatz im Mare Tranquillitatis. Der Anflug war mit Systemalarmen durchsetzt und wäre möglicherweise abgebrochen worden, wenn nicht ein geistesgegenwärtiger Flugcontroller in Mission Control, der erst 26-jährige Steven Bailes, der Crew immer wieder bestätigt hätte, dass die Systeme trotz der vielen Alarmmeldungen weiterhin „go" seien. Am Schluss war nur noch Treibstoff für wenige Flugsekunden an Bord.

Sechs Stunden nach dem Aufsetzen auf dem Mond betrat Neil Armstrong als erster Mensch den Erdtrabanten, gefolgt von Edwin Aldrin. Sie entfernten sich während des Aufenthaltes auf der Oberfläche nie weiter als etwa 60 Meter von der Fähre. Die beiden stellten das EASEP (für: **E**arly **A**pollo **S**cientific **E**xperiment Package) auf, eine ver-

Lyndon Johnson beobachtet hier den Start von Apollo 11. Unter seiner Präsidentschaft liefen die wesentlichen Phasen des Programms. Rechts neben ihm Spirow Agnew, Nixons Vizepräsident. Johnson war wenige Monate vor dem Flug von Apollo 11 von seinem Amt zurückgetreten. Vor ihm, mit der dunklen Sonnenbrille und der gepunkteten Bluse, seine Frau „Lady Bird" Johnson.

einfachte Version der ALSEPs (für: **A**pollo **L**unar **S**urface **E**xperiments **P**ackage), die bei späteren Mondmissionen aufgebaut wurden. Sie stellten auch eine US-Flagge auf und sammelten insgesamt 21,5 Kilogramm Gestein.

Nach einer Aufenthaltsdauer von 21 Stunden und 36 Minuten erfolgte der Rückstart in die Mondumlaufbahn. Bei der Zündung des Aufstiegstriebwerks fiel die Flagge in den Staub. Um zu verhindern, dass das noch einmal passierte, wurde sie bei späteren Expeditionen deshalb mindestens 30 Meter von der Mondfähre entfernt aufgestellt.

Während der 28. Mondumkreisung berichtete Collins an Mission Control, dass die Crew wieder sicher in der Kommandokapsel zurück war. Gut 130 Stunden nach Beginn der Mission trennten sie sich von der Aufstiegsstufe, die danach in einer Mondumlaufbahn verblieb. Das Trans-Earth-Injection (TEI) Manöver begann noch einmal fünf Stunden später, dauerte knapp über zwei Minuten und verlief völlig problemlos. Nun hatte die Crew keine weiteren Aufgaben mehr, als sich auszuruhen, zu essen, zu trinken, Bilder zu machen und Fernsehübertragungen für die Erdbewohner zu übermitteln. In den letzten Stunden des Anflugs begann man sich in Houston über das zunehmend schlechter werdende Wetter in der Landezone Sorgen zu machen, und so verlegte Mission Control die Landestelle um 580 Kilometer.

15 Minuten vor dem Erreichen des „entry-interface", dem Kontaktpunkt mit den obersten Schichten der Erdatmosphäre, trennten die Astronauten das Service-Modul ab. Die Landung erfolgte schließlich im Zentralpazifik, 2660 Kilometer östlich des Wake-Atolls, nördlich der Marshall-Inseln und 24 Kilometer vom Hauptschiff der Bergungsflotte, dem Flugzeugträger *USS Hornet*, entfernt. Die historische Reise von Apollo 11 hatte genau acht Tage, drei Stunden, 18 Minuten und 18 Sekunden gedauert.

Ein Navy-Kampfschwimmer reichte ihnen nach der Wasserung die Isolieranzüge. Bis zum Nachweis des Gegenteils galten sie als mögliche Infektionsquelle durch außerirdische Mikroben. Dann legten sie sich Schwimmwesten an und kletterten in das vorbereitete Schlauchboot. Dort wurden die Astronauten von den Froschmännern mit einer Jod-Lösung abgeschrubbt. Während ein Hubschrauber die Crew zur *Hornet* brachte wurde auch das Raumfahrzeug desinfiziert. Auf dem Flugzeugträger gingen sie direkt in die mobile Isolationseinheit. Kennedys Auftrag, Menschen noch vor Ablauf der Dekade auf dem Mond zu landen, und sie sicher wieder zur Erde zurückzubringen war damit erfüllt.

Edwin „Buzz" Aldrin steigt aus der Mondfähre „Eagle" aus. Und es sind noch keine 40 Minuten seit dem historischen ersten Schritt auf dem Erdtrabanten vergangen, da liegt bereits das erste Stück „Abfall" auf dem Mond (der „Müllbeutel" unter der Triebwerksglocke).

Erschöpft aber glücklich. Neil Armstrong nach dem Ausflug auf die Mondoberfläche im Inneren der Mondfähre.

Die ersten Worte auf dem Mond

Die Frage nach den ersten Worten auf dem Mond scheint kinderleicht zu sein, und ist doch tückisch. Selbst gewiefte Raumfahrthistoriker haben damit ihre Probleme. Bei den meisten am Thema interessierten Menschen kommt die Antwort wie aus der Pistole geschossen: „This is a small step for a man, but a giant leap for mankind". Ein ebenso schöner wie bekannter und einprägsamer Satz. Er hat nur einen kleinen Nachteil: Er wurde erst sechseinhalb Stunden nach der Landung gesprochen, und die Astronauten hatten bis dahin keineswegs geschwiegen.

Aber da gab es doch noch ein paar berühmte Worte. Und fielen die nicht wirklich gleich nach der Landung? „Houston, Tranquillity Base here, the Eagle has landed". Doch auch wer darauf tippt, liegt falsch. Und das hat seinen Grund, denn die wahren ersten Worte auf dem Mond haben nicht das Zeug, um Legenden zu begründen. Schalten wir uns deshalb in den Funkverkehr der letzten Flugminute ein. Es ist 102:44:40 Mission Elapsed Time. Das Triebwerk läuft nun seit mehr als elf Minuten. Laut Plan sollten die Astronauten jetzt schon seit einer Minute auf der Mondoberfläche stehen. Der Treibstoff wird langsam knapp.

In Kirchturmhöhe über dem Meer der Ruhe sind Neil Armstrong und Edwin Aldrin jetzt alles andere als ruhig. Ihr Puls liegt bei über 150 Schlägen. In den vergangenen Minuten des Abstiegs zur Mondoberfläche haben sie einen

nervenzermürbenden Alarm nach dem anderen überstanden, verursacht durch die Überlastung des Bordcomputers.
102:44:40 Aldrin: „40 Meter".
(40 Meter über der Mondoberfläche. Armstrong steuert die Fähre mit der Handsteuerung. In dieser letzten Phase fliegt er nur nach Sicht. Er kann deshalb nicht mehr nach unten auf die Instrumente blicken. Aldrin versorgt ihn deswegen laufend mit den wichtigsten Parametern).
102:44:45 Aldrin: „30 Meter, eins abwärts, drei vorwärts. Fünf Prozent. Treibstoffwarnung".
[Die Angaben bedeuten: 30 Meter Höhe, Sinkgeschwindigkeit ein Meter pro Sekunde, Vorwärtsgeschwindigkeit drei Meter pro Sekunde. Der Treibstoffwarn-Indikator leuchtet auf, wenn sich weniger als 5,6 Prozent Treibstoff in den Tanks befindet. Im reinen Schwebeflugmodus reicht der Sprit damit noch für 90 Sekunden. Danach gibt es einen Warnton, den die Astronauten „Bingo" nennen. Danach besteht noch eine absolute Notfallreserve von 20 Sekunden. Die kann der Kommandant entweder dazu verwenden, die Landung doch noch durchzuführen, was nur geht, wenn er zu diesem Zeitpunkt bereits niedriger als 15 Meter ist, keine Lateralgeschwindigkeit mehr hat, und sich über einem guten Landeplatz befindet. Andernfalls muss er den „Abort-Knopf" drücken, die Landestufe abwerfen, den Oberstufenmotor zünden und für den Rest seines Lebens unzähligen Menschen erklären, warum er diesen historischen Moment vermasselt hat.

Diese Panorama-Aufnahme wurde aus mehreren Bildern Armstrongs zusammengesetzt. Es zeigt die etwa 60 Meter entfernte Mondfähre, seinen Schatten, das Proben-Entnahmegerät, das er abgestellt hatte und den etwa 30 Meter durchmessenden „Ost-Krater" Das Bild zeigt sehr gut das „ondulierte" Gelände, das auf diesem Panorama längst nicht mehr so eben wirkt, wie auf den Nahaufnahmen.

Die wohl berühmteste Plakette zweier Welten wurde von der NASA am Landebein mit der Leiter angebracht.

Die Apollo 11-Crew (von links: Armstrong, Aldrin und Collins) wird, noch im Quarantäne-Container nach der Ankunft auf dem Luftwaffenstützpunkt Ellington von den Ehefrauen begrüßt (von links: Pat Collins, Janet Armstrong und Joan Aldrin).

102:44:54 Aldrin: „Okay. 20 Meter. Sieht gut aus. Einen halben runter, zwei vorwärts".

(Sinkgeschwindigkeit 0,5 Meter pro Sekunde, Vorwärtsgeschwindigkeit zwei Meter pro Sekunde).

102:45:02 Duke: „60 Sekunden".

(Der Astronaut Charles Duke ist in Houston als CapCom eingesetzt, als Verbindungsmann zu den Astronauten auf dem Mond. Er informiert sie, dass es bis zum „Bingo-Ruf" jetzt nur noch 60 Sekunden bleiben).

102:45:04 Aldrin: „Licht an".

(In diesem Moment leuchtet eine Warnlampe auf – zum zweiten Mal während des Abstiegs – die darauf hinweist, dass das Landeradar ausgefallen ist. Der Ausfall dauert nur wenige Sekunden und ist in der niedrigen Höhe ohnehin belanglos, denn Armstrong fliegt bereits nach Sicht).

102:45:08 Aldrin: „20 Meter, 0,7 abwärts, 0,7 vorwärts … 0,7 vorwärts. Das ist gut".

(Höhe 20 Meter, Vorwärtsgeschwindigkeit 0,7 Meter, Sinkgeschwindigkeit 0,7 Meter pro Sekunde).

102:45:17 Aldrin: „16 Meter, 0,7 runter, etwas Staub".

Ab etwa 30 Meter Höhe werden durch den Abgasstrahl des Landers große Mengen Staub weggeblasen. Dies verursacht eine halbtransparente Staubströmung dicht über dem Boden. Sie macht es Armstrong schwer, seine tatsächliche Bewegung und Höhe abzuschätzen. Er braucht einige Sekunden, um die stationären Steine zu erkennen und danach die Landegeschwindigkeit zu justieren).

102:45:21 Aldrin: „10 Meter, 0,7 runter … verwischte Schatten".

Die Strecken, die Armstrong und Aldring während dieser ersten Mondlandung zurücklegten, waren sehr überschaubar. Die linke Hälfte der Infografik zeigt eine Aufnahme des Lunar Reconnaissance Orbiter vom Landeplatz. Rechts eine grafische Aufbereitung.

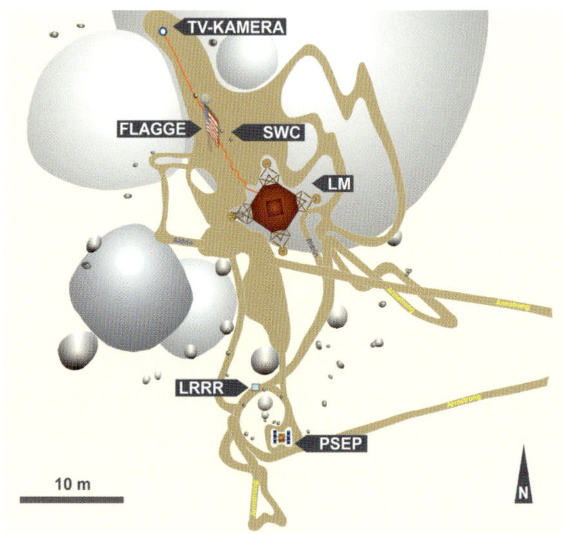

(Aldrin bezieht sich hier auf die Schatten der Steine, die durch den Staub kaum noch zu erkennen sind)
102:45:25 Aldrin: Eins vorwärts … eins vorwärts … treiben etwas nach rechts … sieben Meter … 0,2 abwärts.
102:45:31 Duke: 30 Sekunden.
(bis „Bingo")
102:45:32 Aldrin: „Leichte Drift nach vorne. Das ist gut".
(Um sicher zu gehen, dass er auf einer ebenen Stelle landet, muss Armstrong sich nach vorne orientieren. Aus einem unbekannten Grund beginnt sich die Fähre aber jetzt nach rechts hinten zu bewegen. Armstrong korrigiert, aber zu viel. Eine Bewegung nach links vorne beginnt sich aufzubauen. Das Abbruch-Limit ist jetzt nur noch Sekunden entfernt).
102:45:40 Aldrin: „Kontaktlicht".
(Eine der knapp zwei Meter langen Kontaktsensoren, die an drei der vier Landebeine befestigt sind, hat Bodenberührung festgestellt. Das Landebein mit der Ausstiegsleiter hat keine Kontaktsonde).
102:45:43 Armstrong: „Shutdown".
102:45:44 Aldrin: „Okay. Triebwerk aus".
(Armstrong sollte das Triebwerk eigentlich beim Aufleuchten des Kontaktlichtes ausschalten, also etwa zwei Meter über der Mondoberfläche. Er zögerte aber noch eine kurze Weile, und so geschah das erst im Moment der Bodenberührung. Dadurch war die Landung sehr sanft, und die Landebeine wurden kaum gestaucht. Tatsächlich war es die „weichste" Landung im Programm. Armstrong zeigte sich später außerordentlich verblüfft, dass der Staub, der ihn in der letzten Minute so behindert hatte, im Moment des Abschaltens des Triebwerks von einem Sekundenbruchteil zum anderen verschwand. Eigentlich logisch, aber gegen alle Erfahrung, die wir von der Erde kennen. Es gibt auf dem Mond einfach keine Staubwolken.
Und nun kommen sie. Die wahren ersten Worte, die Menschen auf dem Mond gesprochen haben …
102:45:45 Aldrin: „ACA out of Detent".
102:45:46 Armstrong: „Out of Detent. Auto".
102:45:47 Aldrin: „Mode Control, both Auto … Descent engine command override off … Engine arm off … 413 is in".
(Die „Attitude Control Assembly" oder kurz ACA ist der Steuerknüppel der Mondfähre. „Out of Detent" bedeutete, dass ein Steuerimpuls vorgenommen werden muss, der das Lageregelungssystem abschaltet. Nachdem die Mondfähre jetzt auf der Oberfläche steht, feuern die Steuertriebwerke noch wie wild, um die Lage zu halten, die Armstrong unmittelbar vor der Landung als letzten Steuerinput eingegeben hatte.

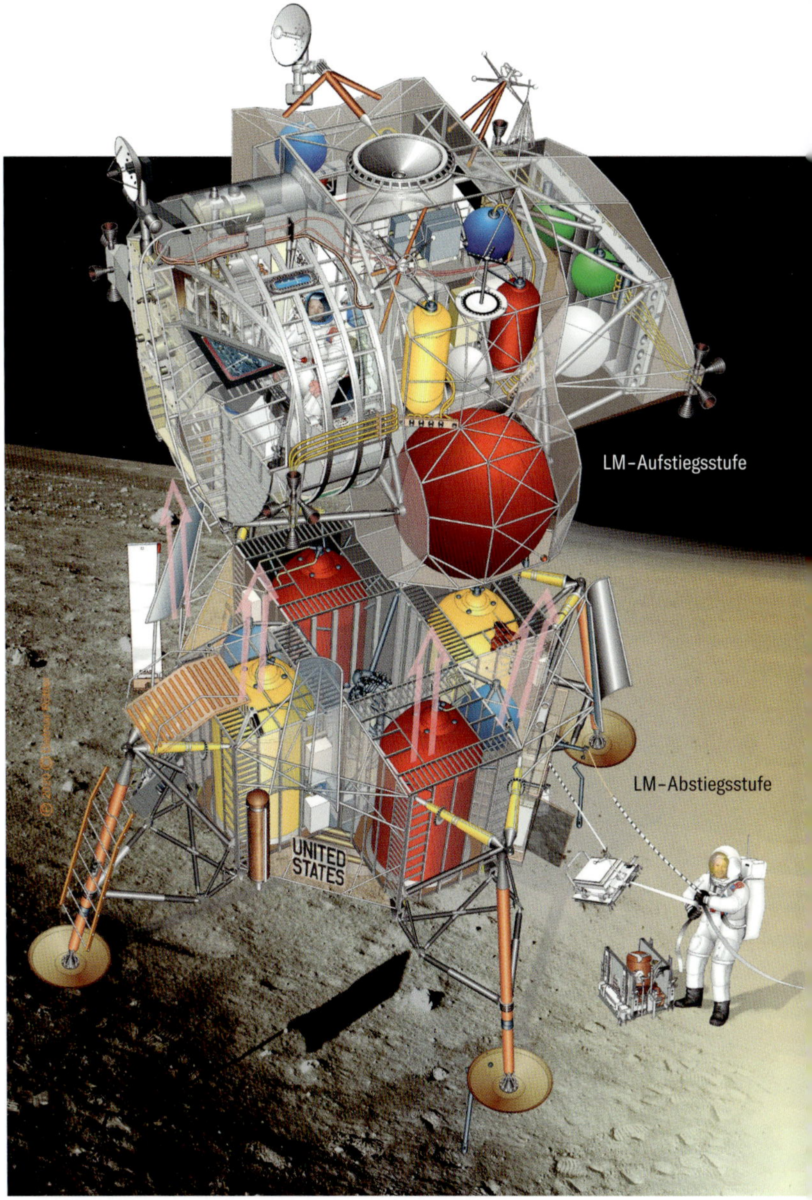

Risszeichnung der Mondlandefähre Lunar Module (LM).

„Engine arm off" bedeutet, dass das Landetriebwerk deaktiviert ist.

413 ist ein Befehl für den Bordcomputer, damit er weiß, dass die Fähre auf dem Mondboden steht. Jeder Abbruchmodus würde von jetzt an auf einer gelandeten Mondfähre basieren.
102:45:57 Duke: „We copy you down, Eagle".
Und erst jetzt findet Neil Armstrong die Zeit, die historischen Worte zu sprechen, die sich bis heute in das Gedächtnis der Menschen eingeprägt haben:
102:45:59 Armstrong: „Houston, Tranquillity Base here. The Eagle has landed".

8. November 1969

Deutschlands erster Satellit

Azur in einer EMI-Kammer, in der er auf elektromagnetische Interferenzen getestet wird.

US-Luftwaffenbasis Vandenberg. Es ist der 7. November 1969, 17:52 Uhr Ortszeit. Ein Raumfahrzeug mit der Bezeichnung AZUR tritt vom Startkomplex 5 auf einer amerikanischen Scout B-Rakete seine Reise in den Orbit an: Deutschlands erster eigener Satellit. Für die USA ist das Projekt AZUR politisch von einer gewissen Tragweite. Technisch aber ist es für sie bedeutungslos. In diesem Jahr finden weltweit 127 Weltraummissionen statt. Der Start von AZUR ist die Nummer 113. In der COSPAR-Liste der Weltraumobjekte erhält AZUR nach seinem Start die Nummer 097A. In den internationalen Auflistungen der bedeutenden Starts des Jahres 1969 wird AZUR außerhalb Deutschlands nirgendwo geführt.

Dennoch war dieser unscheinbare Satellit für das Land von enormer Bedeutung, war es doch das erste Raumfahrzeug, das in Deutschland vollständig projektiert, entworfen, getestet und gebaut wurde. Bis dahin hatte man sich zwar mit einigen Instrumenten an europäischen Satelliten wie ESRO IA und IB beteiligt, aber ein Weltraumvorhaben von vorne bis hinten alleine durchzuführen, das war neu. Das Bundesministerium für Wissenschaft und Forschung ging dafür eine Kooperation mit der US-Raumfahrtbehörde NASA ein.

Vor dem Start. Nach heutigen Begriffen war die Scout B ein Micro-Launcher.

Für Deutschland war AZUR die Eintrittskarte in den Club der Raumfahrtnationen. Acht Staaten hatten im November 1969 bereits eigene Satelliten im Weltraum: die Sowjetunion, die USA, Großbritannien, Italien, Frankreich, Kanada, Japan und Australien. Da war es nicht nur eine Frage der Glaubwürdigkeit, als Mitglied in der technologischen und wissenschaftlichen Oberliga der Welt mitzuspielen, sondern eine Notwendigkeit.

Erste Studien für das Vorhaben gingen bis in die Jahre 1961/62 zurück. Damals arbeitete die Bölkow GmbH eine erste „Denkschrift" aus, zu einem Zeitpunkt, als es noch kein Budget für Raumfahrt im Bundeshaushalt gab. Ende Juli 1964 schickte der damalige Bundesforschungsminister Hans Lenz den Vorschlag an die NASA, ein gemeinsames Programm durchzuführen. Zwischen dem 29. März und dem 3. April 1965 besuchte eine NASA-Delegation Deutschland, um das Vorhaben weiter zu besprechen. Am 28. Mai kam die positive Stellungnahme, verbunden mit dem Vorschlag das Programm nunmehr zu beginnen.

In der ursprünglichen Planung war ein finanzieller Aufwand von 30 Millionen Mark veranschlagt worden, aber insbesondere die teuren Tests ließen die Kosten explodieren. Nahezu jedes Instrument wurde an Bord von Höhenforschungsraketen erprobt, die teilweise bis in Höhen von 1000 Kilometer vorstießen. Am Schluss beliefen sich die Kosten auf rund 80 Millionen Mark.

Die USA beteiligen sich an dem Projekt aus politischen Gründen, nicht weil es ein Meilenstein in Technologie und Wissenschaft gewesen wäre. Deutschland war ein wichtiger Verbündeter im Kalten Krieg, da konnte man bei einer Anfrage um Unterstützung nicht einfach nein sagen. Für die USA war eine starke und selbstbewusste Bundesrepublik von großer Bedeutung in Westeuropa. So spendierten die Amerikaner die Trägerrakete. Eine Scout B. Den kleinsten Träger, den die USA im Arsenal hatten.

AZUR diente der Untersuchung der kosmischen Strahlung, ihrer Wechselwirkung mit der Magnetosphäre und der Erkundung des inneren Van-Allen-Gürtels. Er erforschte die Polarlichter und ihre Interaktionen mit Son-

Rechts im Foto die Integration in die Trägerrakete. Die Grafik links ist eine Risszeichnung durch den Satelliten und unten ist der Satellit im Inneren der Nutzlastverkleidung zu sehen, montiert auf der feststoffbetriebenen vierten Stufe der Rakete.

Azur	
Ursprungsland	Deutschland
Einsatzzweck	Forschungssatellit
Startdatum	8. November 1969 (MEZ)
Startort	Vandenberg
Trägerrakete	Scout B
Perigäum Missionsbeginn	383 Kilometer
Apogäum Missionsbeginn	3228 Kilometer
Bahnneigung	102,7 Grad
Umlaufperiode zu Beginn	123 Minuten
Form	zylindrisch
Höhe × Durchmesser	123 × 76 Zentimeter
Gesamtmasse	72 Kilogramm
Energieversorgung	5300 Solarzellen
Elektrische Leistung	39 Watt
Funktionsende	29. Juni 1970
Verbleib	Im Orbit

neneruptionen. Das Raumfahrzeug war auf eine Lebensdauer von einem Jahr ausgelegt, aber es kam schon früh zu den ersten technischen Problemen. Bereits zehn Tage nach dem Start wurde der Kommandoempfänger störanfälliger. Dies konnte man noch durch das Senden mit mehreren Bodenstationen kompensieren.

Am 9. Dezember, nach 300 Erdumläufen, fiel das Magnetband-Speichergerät aus. Von diesem Zeitpunkt an konnten die Messwerte und Kontrolldaten nur noch als Echtzeit-Informationen empfangen werden. Dies reduzierte den Datenstrom erheblich. Am 29. Juni 1970, 233 Tage nach dem Start, brach der Kontakt zum Satelliten aus nie vollständig geklärten Gründen plötzlich ganz ab. Als wahrscheinlichste Ursache galt damals eine Strahlenschädigung des Senders.

In unserer heutigen Zeit, die nur den absoluten Erfolg anerkennt, würde die Mission von den Medien wohl als Fehlschlag gewertet werden. Damals aber empfanden Politik, Forschung und Industrie die Durchführung des ersten deutschen Raumfahrtunternehmens als großartiges Ergebnis.

11. April 1970

Fehlschlag ist keine Option

Missionslogo von Apollo 13.

Nach der erfolgreichen Mission von Apollo 11 war auch die Expedition von Apollo 12 im November 1969 ein voller Erfolg gewesen. Charles Conrad, Richard Gordon und Alan Bean hatten eine Punktlandung im Mare Procellarum hingelegt und waren weniger als 200 Meter neben der Raumsonde Surveyor 3 gelandet, die seit dem 20. April 1967 auf dem Mond stand. Nun war die Reihe an Apollo 13. Deren Crew bestand aus Kommandant James Lovell (für den es bereits der zweite Flug zum Mond war), Ken Mattingly als Piloten des Kommandomoduls *Odyssey*, und Fred Haise als Pilot der Mondfähre *Aquarius*.

Die Mission stand von Beginn an unter keinem guten Stern. Nur drei Tage vor dem Start musste Pilot Mattingly gegen Ersatzmann John „Jack“ Swigert ausgetauscht werden. Charlie Duke von der Ersatzmannschaft war mit den Masern in Kontakt gekommen, der wiederum mit Mattingly, und die Flugärzte stellten fest, dass dieser als einziger in der Flugmannschaft keine Abwehrkörper dagegen im Blut hatte.

Der Einschuss in die Mondbahn und die ersten beiden Flugtage verliefen planmäßig. Bei einer Flugzeit von 55 Stunden und 53 Minuten und einer Erdentfernung von 322.000 Kilometern ordnete Mission Control an, den Rotor zu aktivieren, der den flüssigen Sauerstoff und Wasserstoff in den Brennstoffzellen gelegentlich mischte, um eine gleichmäßige Temperaturschichtung zu gewährleisten. Genau 93 Sekunden später hörten die drei einen lauten Knall, gefolgt von starken Spannungsschwankungen in der Stromversorgung und dem Feuern der Lageregelungstriebwerke. Sie bemerkten, dass große Mengen an Gas in den Weltraum hinausströmten. Das war die Stelle, an der sich Swigert bei Mission Control mit den berühmt gewordenen Worten meldete: „Houston, wir hatten da grade ein Problem“. Darauf fragte CapCom Jack Lousma verblüfft zurück: „Könnt ihr das nochmal sagen“? Worauf James Lovell wiederholte: „Houston, wir haben da ein Problem gehabt“.

In der Nacht vor dem Start steht die Saturn V mit Apollo 13 im gleißenden Scheinwerferlicht.

Dieses Bild entstand drei Tage vor dem Start. Von links: Fred Haise, John Swigert und James Lovell. Swigert hatte im buchstäblich letzten Moment den Platz von Ken Mattingly übernommen.

Durch den Explosionsschock wurden die Sauerstoff-Ventile für die Brennstoffzellen zwei und drei geschlossen. Damit waren sie nur noch drei Minuten lang in Betrieb. So lange reichte der Sauerstoff, der sich noch im Leitungssystem befand. Die Explosion beschädigte außerdem das Ventilsystem der Brennstoffzelle Nummer 1 mit der Auswirkung, dass in den nächsten 130 Minuten der gesamte Sauerstoffvorrat in den Weltraum geblasen wurde. Ohne den Sauerstoff fehlte nun den Brennstoffzellen eine der beiden Arbeitskomponenten. Es konnte somit ab diesem Zeitpunkt weder Strom noch Wasser an Bord der Kommandokapsel produziert werden. Damit standen nur noch die Batterien und das kleine Sauerstoffsystem der Kapsel zur Verfügung. Die aber waren ausschließlich für die Landung bestimmt. Also für eine Gesamt-Betriebszeit von etwa 45 Minuten. Das bedeutete nichts anderes, als dass man sofort jeglichen Energie- und Sauerstoffverbrauch in der Kapsel abstellen musste, um diese wertvolle Ressource zu schützen.

Die schweren Schäden am Service-Modul sind hier gut zu erkennen.

Wäre dieser Vorfall auf dem Rückweg vom Mond zur Erde eingetreten dann wäre die Besatzung innerhalb weniger Stunden tot gewesen. Doch dies war der Hinflug, und der Lunar Lander war noch angedockt. Innerhalb von Minuten war klar, dass hier eine existenzielle Notlage vorlag und es ab jetzt ausschließlich darum ging, das Leben der Astronauten zu retten. Der Schichtleiter in Mission Control, Glynn Lunney, befahl den sofortigen Missionsabbruch. Und es war auch klar, dass das Überleben der Crew jetzt ausschließlich von der Leistungsfähigkeit der Mondlandefähre abhing.

Apollo 13 befand sich schon weit draußen im Weltraum. Nur noch wenige Stunden trennten die miteinander verbundenen Raumschiffe vom Übertritt in das Gravitationsfeld des Mondes. Unglücklicherweise hatte Apollo 13 auch schon die freie Rückkehrbahn verlassen, die für eine automatische Rückkehr zur Erde gesorgt hätte. Das hieß, dass mindestens eine größere Bahnanpassung erforderlich sein würde. Das Service-Modul konnte für Antriebszwecke nicht verwendet werden, denn sein Status war ungewiss. Eine Zündung des Haupttriebwerkes konnte es völlig zerstören. Gleichzeitig war aber auch klar, dass die Rückkehr so schnell wie möglich erfolgen musste, denn die Vorräte des Landers hatten nun drei Menschen für bis zu vier Tage zu versorgen, anstatt nur zwei Astronauten für weniger als zwei Tage.

So gab es nur eine sinnvolle Option: Man musste die Gravitation des Erdtrabanten ausnutzen, das Raumschiff um den Mond herumschwingen lassen, und dann den Rückflug zur Erde durchführen. Der Lander musste dabei das mit Treibstoff noch bis zur Halskrause befüllte Service-Modul bei allen Manövern mitschleppen. Man konnte es schon aus thermischen Gründen nicht so einfach abtrennen. Die vielen Tonnen Treibstoff bei Raumtemperatur hinter der Kapsel sorgten dafür, dass es in der stromlosen Kapsel noch halbwegs temperiert blieb. Aber auch so sank die Temperatur schon bald auf den Gefrierpunkt und blieb dort auch bis zum Ende der Odyssee.

Die folgenden Tage gehören heute zu den Heldensagas der NASA. Sie zeigten noch einmal den Geist des Apollo-Programms und den unbeugsamen Willen, ein Ziel zu erreichen, und sei es noch so schwierig. Berühmt geworden ist der Ausspruch von Flugdirektor Gene Kranz, der von einem Reporter gefragt wurde, was die NASA im Falle eines Fehlschlages der Rettungsaktion zu tun gedenke. Er blaffte zurück: *„Failure is not an option"*. Also: Ein Fehlschlag ist keine Option.

Nach der glücklichen Rückkehr an Bord der *USS Iwo Jima*. Von links: Haise, Lovell und Swigert.

Zahllose Schwierigkeiten waren in den 87 Stunden nach der Explosion zu überwinden, ein Versagen oder eine Fehlentscheidung bei nur einer davon hätte den sicheren Tod der Astronauten zur Folge gehabt. Eines der Probleme bestand beispielsweise darin, dass die Astronauten ihre Atemluft von Kohlendioxid reinigen mussten. Dazu gab es Lithiumhydroxid-Kanister, die in das Lebenserhaltungssystem eingebracht werden mussten. In regelmäßigen Abständen, wenn sie gesättigt waren, mussten sie ausgetauscht werden. Das Lebenserhaltungssystem der Kommandokapsel war nun stillgelegt. Die Lithiumhydroxid-Kanister an Bord der Mondfähre reichten aber nicht aus, um die Atemluft für drei Personen vier Tage lang zu reinigen.

Das Kommandomodul war dagegen mit genügend Kanistern ausgestattet. Nur passten die nicht in das Lebenserhaltungssystem des Lunar Module. Die Ingenieure in Mission Control überlegten sich in einer langen Nachtschicht, wie man die würfelförmigen Kanister aus dem Kommandomodul mit den zylindrischen Behältern des Lunar Module kompatibel machen konnte. Und das ausschließlich mit den Bordmitteln, die den Astronauten zur Verfügung standen. Das Ergebnis übermittelten sie am

Nur mit Bordmitteln mussten die Lithiumhydroxidkanister der Apollo-Kommandokapsel für die Mondfähre passend gemacht werden.

Morgen an die Crew, und die musste es nachbauen. Dies ohne jegliche visuelle Hilfsmittel, denn in diesen Tagen war es unmöglich Bilddaten zur Apollo zu senden.

Ein anderes der vielen Probleme hatte damit zu tun, dass man ja die Kommandokapsel komplett hatte abschalten müssen, um Energie zu sparen. Keinesfalls durften die Landebatterien auch nur eine Minute zu früh in Anspruch genommen werden. So etwas war aber in keiner Missionsplanung jemals vorgesehen gewesen. Ein kompletter „Power-down" war bis dahin gleichbedeutend mit einem Verlust der Mission betrachtet worden, also dem Tod der Besatzung. Warum sich also auf so einen Fall vorbereiten? Es dauerte fast die vollen drei zur Verfügung stehenden Tage, um ein Verfahren zu erarbeiten, mit dem man einen schonenden Hochlauf aller Systeme nur mit Hilfe der Bordbatterien durchführen konnte. Erst unmittelbar vor der bevorstehenden Landung konnte man das ausgearbeitete Inbetriebnahmeprotokoll an die Flugbesatzung übermitteln. Es war ein komplexes, mehrere Seiten langes Dokument, das von der Bodenstation vorgelesen wurde, und von der völlig erschöpften und stark unterkühlten Crew fehlerlos umgesetzt werden musste.

Um 138:01:48 MET wurde das Service-Modul abgetrennt. Erst jetzt, als die beschädigte Einheit von der Kombination aus Kommandokapsel und Mondlander wegtrieb, konnten die Astronauten das immense Ausmaß der Schäden erkennen. Schließlich trennte die Crew um 141:30:00 MET auch die Mondfähre ab, die ihnen bislang das Leben gerettet hatte. Nun war die Kommandokapsel auf sich alleine gestellt. Erst jetzt würde sich herausstellen, ob nicht auch sie bei der Explosion beschädigt worden war. Und vor allem, ob die beanspruchten Batterien durchhielten. Ohne sie konnten die pyrotechnischen Ladungen nicht ausgelöst werden, welche die Fallschirmabdeckung beseitigte. Als Apollo 13 im Funk-Blackout verschwand begann der letzte Teil des Dramas. Und der kostete noch einmal Nerven, denn er dauerte fast 90 Sekunden länger, als bei früheren Missionen. Statt nach den üblichen vier Minuten kam erst nach gut fünfeinhalb Minuten die erlösende Meldung, dass alles in Ordnung war. Gleich danach sichtete das Hauptschiff der Bergungsflotte, der Flugzeugträger *Iwo Jima*, die Kapsel an ihren drei Fallschirmen. Die größte Rettungsaktion in der Geschichte der Raumfahrt war erfolgreich zu Ende gegangen.

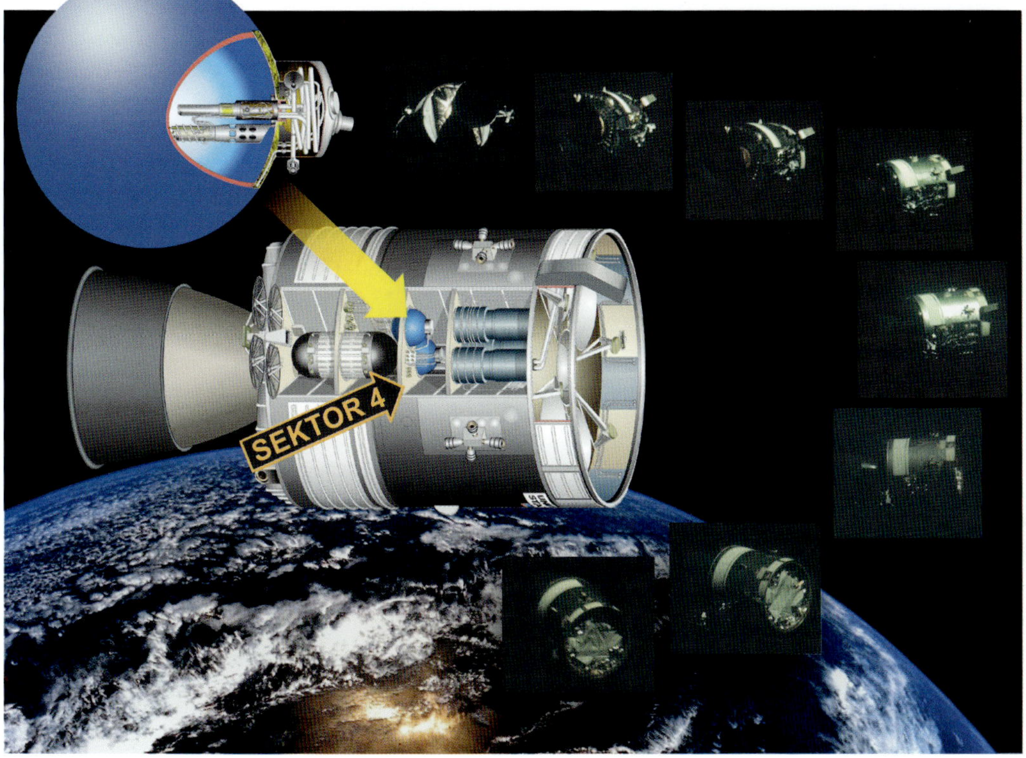

Nur noch wenige tausend Kilometer von der Erde entfernt trennten die Astronauten das Service-Modul von der Kapsel. Erst da konnten sie den Umfang der Schäden erkennen und fotografieren. Die ganze Seitenwand des Sektor 4 war von der Explosion herausgeblasen worden. Die Risszeichnung zeigt die Stelle mit den kugelförmigen Sauerstoff- und Wasserstofftanks, von denen das Unglück ausgegangen war.

Bodenproben, Rover, Orbitsonden

Zwischen dem 12. September 1970 und dem 9. August 1976 erlebte das sowjetische Mondprogramm seine größten Erfolge. Jetzt, wo man das Rennen um die erste bemannte Mondlandung gegen die Amerikaner verloren hatte, wichen der enorme Druck und die entsetzliche Hast, die man zuvor an den Tag gelegt hatte. Sah man einmal von den Fehlstarts der dritten und vierten N1-Mondrakete ab, war die Bilanz ab der Mission von Luna 16 deutlich besser. Von den zehn unbemannten Mondmissionen, die Luna 16 vorausgingen, scheiterten noch neun, die meisten wegen Versagens der Proton K-Trägerrakete. Bei den insgesamt zehn Luna-Missionen ab Luna 16 gab es nur noch drei Fehlschläge, wobei das Scheitern zweimal nur sehr knapp war. Lediglich einmal misslang noch eine Mission wegen Versagens des Trägers.

Die „Serie“ nahm am 12. September 1970 ihren Anfang. An diesem Tag startete Luna 16 zum Mond. Am 17. Dezember trat die Sonde in eine nahezu kreisförmige Umlaufbahn in 110 Kilometern Höhe ein. Am 20. September, um 6:12 Uhr, begann der Abstieg zur Mondoberfläche mit der Zündung der Triebwerke. Gut sechs Minuten später stand Luna 16 bei einer Position von 0,68 Grad südlicher Breite und 56,3 Grad östlicher Länge im Mare Fecunditatis, dem Meer der Fruchtbarkeit. 72 Minuten später begann Luna 16 einen Bohrkern von der Landestelle zu entnehmen und danach im Probenbehälter an Bord des Rückkehrteils der Sonde zu verstauen. Die ganze Aktion dauerte nicht länger als sieben Minuten.

Modell von Luna 16.

Am 21. September feuerte Luna 16 das Aufstiegstriebwerk und begann den direkten Rückflug zur Erde. Am 24. September, um 6:10 Uhr morgens, trennte sich die Rückkehrkapsel vom Transfermodul. Die Erdentfernung betrug da 48.000 Kilometer. Um 6:26 Uhr Mitteleuropäischer Zeit glückte die Landung in Kasachstan. Weltweit gelang damit erstmals mit einem unbemannten Raumfahrzeug eine Probenrückführmission.

Mit dem Start von Luna 17 am 10. November 1970 begann ein weiterer Höhepunkt der sowjetischen Raumfahrt. Am 15. November schwenkte die Raumsonde in eine Mondumlaufbahn ein und landete zwei weitere Tage später im Mare Imbrium. Ihre Nutzlast war der Rover Lunochod 1. Drei Stunden nach der Landung wurden auf Funkbefehl von der Erde zwei Rampen ausgeklappt, auf

Luna 16	
Datum	12. September 1970, 14:26 Uhr MEZ
Raumfahrzeug	E-8-5 Nr. 406
Trägerrakete	Proton K 8K78K
Gesamtmasse	5600 Kilogramm
Masse Lander	1880 Kilogramm
Erreichtes Missionsziel	Landung am 20. September 1970, Rückstart zur Erde mit 101 Gramm Mondmaterial am 21. September, Landung auf der Erde am 24. September 1970.
Verbleib Landestufe	0 Grad 41 Sekunden südlicher Breite, 56 Grad 18 Sekunden östlicher Länge im nordöstlichen Mare Fecunditatis.

Luna 16 wird für den Start vorbereitet.

denen Lunochod 1 auf die Mondoberfläche hinunterfuhr.

Eine halbe Stunde nach der Landung stellte das Kontrollzentrum eine erste Verbindung mit Lunochod her. Noch einmal 50 Minuten später begann das Vehikel mit der Übermittlung von Bildern. Zu diesem Zeitpunkt stand sie noch auf dem Rücken der Luna 17-Landesonde. Der Rover blieb bis zum 14. September 1971 aktiv und legte dabei 10,5 Kilometer zurück. Er übermittelte 20.000 Bilder, 200 Panoramaaufnahmen und nahm mehrere hundert Bodenuntersuchungen vor.

Die gesamte „gelandete" Masse von Luna 17 inklusive Lunochod 1 betrug 1836 Kilogramm. Das etwas sonderbare badewannenartige Aussehen des Mondautos lag daran, dass der Hauptkörper, in dem sich die meisten der Instrumente und Betriebssysteme befanden, druckbelüftet

Luna 17 – Lunochod 1	
Datum	10. November 1970, 15:40 Uhr MEZ
Raumfahrzeug	E-8/E8L Nr. 203 „Lunochod 1"
Trägerrakete	Proton K 8K78K
Gesamtmasse	5700 Kilogramm
Masse Lunochod 1	756 Kilogramm
Erreichtes Missionsziel	Landung am 17. November 1970, letzter Kontakt am 14. September 1971, zurückgelegte Strecke: 10.540 Meter.
Verbleib Rover	38 Grad 17 Sekunden nördlicher Breite, 35 Grad westlicher Länge im Mare Imbrium.

war. Das Druckgas war Stickstoff, und der Druck im Inneren betrug eine Atmosphäre. Über dem Hauptkörper befand sich eine Art Abdeckplatte. Sie wurde während des 14 Erdentage langen Mondtages aufgeklappt. Auf der Innenseite befanden sich Solarzellen, mit der eine Batterie aufgeladen werden konnte. Während der Mondnacht wurde der Deckel zugeklappt und diente dann als zusätzliche Isolierung. Eine weitere Wärmequelle für die Mondnacht und gleichzeitig weitere zusätzliche Energiequelle

Die Rückkehrkapsel von Luna 16. Die Landung erfolgte in Kasachstan.

war ein mit elf Kilogramm Polonium-210 betriebener Radioisotopen-Generator.

Am Ende eines Mondtages wurde Lunochod 1 so geparkt, dass zu Beginn des neuen Tages, bei der Öffnung der Klappe, die Solarzellen maximale Energie erhielten. Sie lieferten unter besten Bedingungen etwa ein Kilowatt

Modell von Lunochod 1.

Fahrstrecke von Lunochod 1. Das Bild stammt von der US-Raumsonde „Lunar Reconnaissance Orbiter".

Luna 18	
Datum	02. September 1971, 14:40 Uhr MEZ
Raumfahrzeug	E8-5 Nr. 407
Trägerrakete	Proton K 8K78K
Gesamtmasse	5750 Kilogramm
Masse Lander	1880 Kilogramm
Geplantes Missionsziel	Automatische Probenrückführung
Erreichtes Missionsziel	Kontakt brach zum Zeitpunkt des Aufsetzens am 11. September um 8:48 Uhr ab. Havarie wahrscheinlich durch Kontakt mit einem Hindernis am Boden.
Verbleib Lande- und Aufstiegsstufe	3 Grad 34 Sekunden nördlicher Breite, 56 Grad 30 Sekunden östlicher Länge am Rande des Mare Fecunditatis.

an elektrischer Leistung. Jedes der acht Räder verfügte über einen eigenen Elektromotor, so dass der Ausfall eines Rades nicht die Mission gefährdete. Insgesamt hätte der Rover den Ausfall von zwei Rädern verkraften können, eines auf jeder Seite. Das Mondauto wurde von der Erde aus von einem Team von fünf „Fahrern" ferngesteuert, die in Moskau vor Bildschirm-Konsolen saßen. Sie konnten das Fahrzeug mit bemerkenswerten 200 Metern pro Stunde über den Mond bewegen.

Am 2. September 1971 begann die Sowjetunion mit Luna 18 eine weitere Probenrückführmission. Während des 54. Umlaufs um den Mond, am 11. September, wurde die Landung eingeleitet. Alles schien nach Plan zu verlaufen. Im Moment des Aufsetzens verstummte die Übertragung jedoch. Man vermutet heute, dass die Sonde bei der Landung auf einen Felsen getroffen ist.

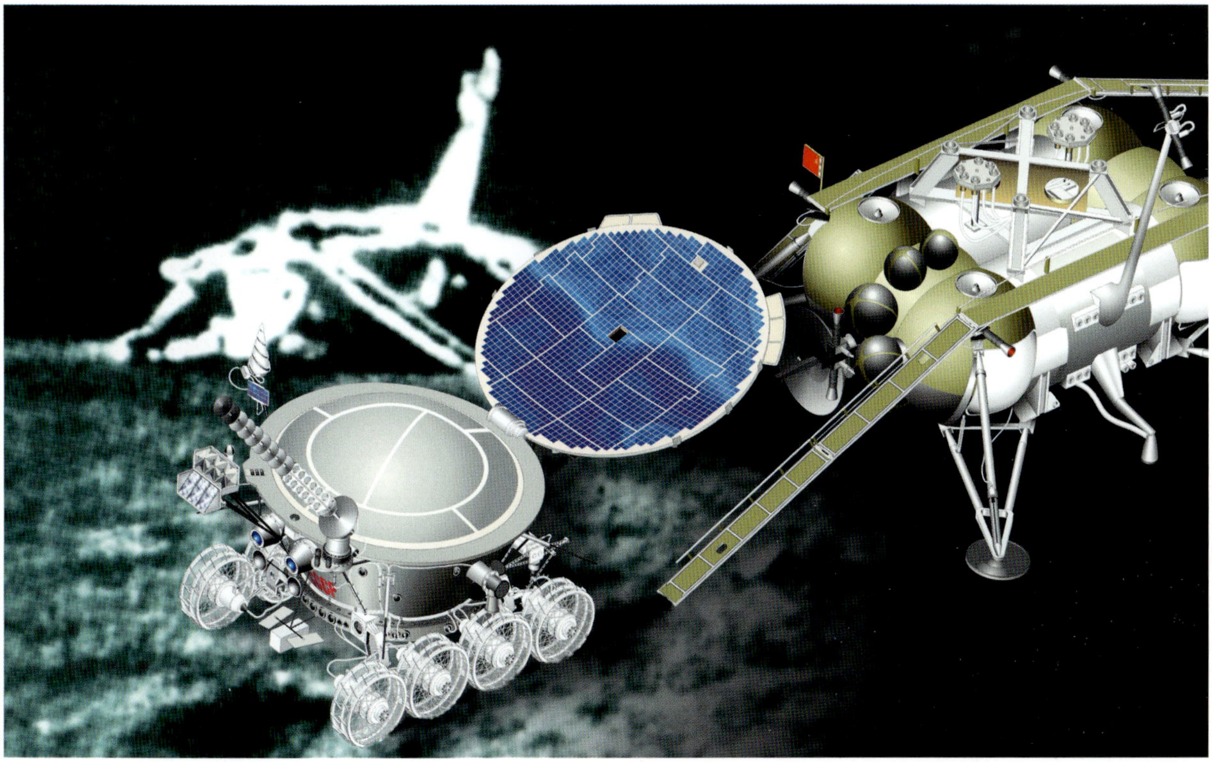

Lunochod 1 rollt von der Rampe. Im Hintergrund eines der Bilder von Lunochod 1 das die Luna 17-Landestufe zeigt.

Am 28. September 1971 ging die Orbitsonde Luna 19 auf die Reise. Bei ihrem Bau wurden Elemente des Lunochod-Rovers verwendet. So befand sich nahezu die gesamte wissenschaftliche Nutzlast im Inneren eines mit Stickstoff gefüllten Druckbehälters, der für Lunochod als Instrumenten- und Subsystemcontainer entwickelt worden war. Luna 19 führte eine sehr erfolgreiche Mondorbit-Mission durch, die erst im November 1972 endete.

Luna 19	
Datum	28. September 1971, 11:00 Uhr MEZ
Raumfahrzeug	E8-LS Nr. 202
Trägerrakete	Proton K 8K78K
Masse Raumfahrzeug	5700 kg
Erreichtes Missionsziel	Einschuss in den Mondorbit am 3. Oktober 1971. Bahn 140 × 140 Kilometer, Inklination 40,58 Grad.
Verbleib	Wurde am 20. Oktober 1972 deaktiviert. Absturz auf die Mondoberfläche. Datum unbekannt.

Am 14. Februar 1972 startete die Sowjetunion die Probenrückführ-Sonde Luna 20. Sie gelangte am 18. Februar in einen kreisförmigen Mondorbit mit einer Bahnhöhe von 100 Kilometern. Am 21. Februar, um 20:13 Uhr Mitteleuropäischer Zeit, feuerte Luna 20 ihr Abstiegstriebwerk und landete im Meer der Fruchtbarkeit, nur etwa 120 Kilometer von der Landestelle von Luna 16 entfernt und nur 1800 Meter von der Stelle, an der Luna 18 unglück-

Luna 20	
Datum	14. Februar 1972, 4:28 Uhr MEZ
Raumfahrzeug	E8-5 Nr. 408
Trägerrakete	Proton K 8K78K
Gesamtmasse	5727 Kilogramm
Masse Lunochod 2	1880 Kilogramm
Erreichtes Missionsziel	Landung am 21. Februar 1972, Rückstart zur Erde mit 30 Gramm Mondmaterial am 22. Februar, Landung auf der Erde am 25. Februar 1970.
Verbleib Landestufe	Knapp zwei Kilometer von der Landestelle von Luna 18 entfernt.

Die umgestürzte Luna 23. Das Bild nahm der Lunar Reconnaissance Orbiter Jahrzehnte später auf.

Lunochod 2.

lich aufsetzte. Am 22. Februar erfolgte der Rückstart zur Erde mit 30 Gramm Mondmaterial an Bord. Die Landung der Rückkehrkapsel in der Sowjetunion fand am 25. Februar statt.

Am 8. Januar 1973 trat die Raumsonde Luna 21 mit dem Mondrover Lunochod 2 ihre Reise zum Erdtrabanten an. Die Landung erfolgt am 16. Januar im 55 Kilometer durchmessenden Krater Le Monnier am östlichen Rand des Mare Serenitatis. Lunochod 2 war drei Monate lang aktiv, sandte 86 Panorama-Aufnahmen und 80.000 Einzelbilder zur Erde. Bis zum 9. Mai, dem Tag des letzten Kontaktes, legte das Fahrzeug 43 Kilometer zurück.

Am 29. Mai 1974 startete die Sowjetunion den Orbiter Luna 22, der am 2. Juni 1974 in eine Mondumlaufbahn einschwenkte. Die Mission war sehr erfolgreich und lief bis zum November 1975. Luna 22 war der letzte Mondorbiter, den die Sowjetunion und ihr Nachfolgestaat Russland jemals (stand Juli 2021) in eine Mondumlaufbahn brachten.

Am 28. Oktober 1974 begab sich Luna 23 in Richtung Mond. Die Sonde hatte ausgesprochenes Pech, denn sie wurde beim Aufsetzen beschädigt und konnte weder Bodenproben entnehmen, noch konnte die Aufstiegsstufe aktiviert werden. Ansonsten aber funktionierte sie, und übertrug nach der Landung noch für drei Tage Daten zur Erde. Jahrzehnte später wurde Luna 23 durch die US-Mondsonde Lunar Reconnaissance Orbiter aufgespürt. Dessen Bilder zeigen, dass das Raumfahrzeug bei der Landung umgefallen war.

Luna 21 – Lunochod 2	
Datum	08. Januar 1973, 7:55 Uhr MEZ
Raumfahrzeug	E-8/E8L Nr. 204 „Lunochod 2“
Trägerrakete	Proton K 8K78K
Gesamtmasse	5700 Kilogramm
Masse Rover	840 Kilogramm
Erreichtes Missionsziel	Landung am 15. Januar 1973, letzter Kontakt am 9. Mai 1973, zurückgelegte Strecke: 43 Kilometer
Verbleib Rover	15 Grad 51 Sekunden nördlicher Breite, 30 Grad 27 Sekunden östlicher Länge in der Nähe des Kraters Monnier.

Luna 22	
Datum	29. Mai 1974, 9:57 Uhr MEZ
Raumfahrzeug	E8-LS Nr. 206
Trägerrakete	Proton K 8K78K
Masse Raumfahrzeug	5700 Kilogramm
Erreichtes Missionsziel	Einschuss in den Mondorbit am 2. Juni 1974. Bahn 219 × 222 Kilometer, Inklination 19,35 Grad. Missionsende November 1975.
Verbleib	Absturz auf die Mondoberfläche. Datum unbekannt.

Am 16. Oktober 1975 scheitert eine weitere Probenrückführ-Mission bereits beim Start. Sie bekam erst gar keine Luna-Bezeichnung. Wegen Ausfalls der Turbopumpe in der Block D-Oberstufe der Proton erreichte die Sonde noch nicht einmal einen Erdorbit und verglühte über dem Pazifik.

Am 9. August 1976 wurde Luna 24 zum Mond gestartet und landete am 18. August erfolgreich im Mare Crisium, nur wenige hundert Meter von der Stelle entfernt, an der Luna 23 umgestürzt auf dem Mondboden lag. Die Sonde entnahm eine Bodenprobe von 170 Gramm Gewicht, mehr als die beiden Proben von Luna 16 und Luna 20 zusammen. Der Rückstart zur Erde begann am 19. August. Die Landung der Probenkapsel erfolgte, nach einem ereignislosen Rückflug, am 22. August, 200 Kilometer südöstlich der Stadt Surgut in West-Sibirien.

Mit Luna 24 endeten alle sowjetischen Mondprogramme. Sie bleibt bis zum Start von Luna 25 (geplant für Mai 2022) für fast 46 Jahre die letzte sowjetische oder russische Mondsonde.

So lief bei Luna 16, 20 und 24 der Rückstart zur Erde ab.

Luna 23	
Datum	28. Oktober 1974, 15:30 Uhr MEZ
Raumfahrzeug	E8-5M Nr. 410
Trägerrakete	Proton K 8K78K
Gesamtmasse	5800 Kilogramm
Gelandete Masse	1880 Kilogramm
Geplantes Missionsziel	Automatische Probenrückführung
Erreichtes Missionsziel	Bei der Landung am 6. November 1974 aus unbekannten Gründen umgestürzt. Sendete drei Tage lang Daten zur Erde. Ein Rückflug der Probenkapsel war aber nicht möglich.
Verbleib Lande- und Aufstiegsstufe	12,67 Grad nördlicher Breite, 62,15 Grad östlicher Länge

Luna 24	
Datum	9. August 1976, 16:04 Uhr MEZ
Raumfahrzeug	E8-5M Nr. 414
Trägerrakete	Proton K 8K78K
Gesamtmasse	5800 Kilogramm
Gelandete Masse	1880 Kilogramm
Erreichtes Missionsziel	Landung am 18. August 1976, Rückstart zur Erde einen Tag später. Rücktransport von 170 Gramm Mondproben. Landung in der Nähe der Luna 23-Havariestelle.
Verbleib Landestufe	12,71 Grad nördlicher Breite, 62,21 Grad östlicher Länge.

15. Dezember 1970

Venera 7 landet auf der Venus

Zeitgenössische sowjetische Darstellung der Landesonde von Venera 7 veröffentlicht von der TASS.

Im Januar 1969 startete die Sowjetunion die beiden Landesonden Venera 5 und 6 zum Nachbarplaneten. Ihr Transfer verlief planmäßig und beide funktionierten nach dem Eintritt in die Atmosphäre der Venus für eine Zeitspanne von 53 Minuten, bis sie eine Höhe von 26 Kilometern über Grund erreicht hatten. Dort riss, bei einem atmosphärischen Druck von 27 Atmosphären, die Verbindung zur Sonde ab. Ähnlich ging es wenige Tage später auch Venera 6.

Auch im Venus-Startfenster des Jahres 1970 versuchte die Sowjetunion zwei neue Sonden zu entsenden. Sie waren annähernd baugleich mit Venera 5 und 6, aber an einigen Stellen entscheidend verbessert worden. Es war aber nur die Erste der beiden erfolgreich, nämlich die am 14. August 1970 gestartete Venera 7. Die zweite Einheit strandete wegen einer Fehlfunktion der vierten Stufe im Erdorbit und erhielt damals – um den Fehlschlag zu kaschieren – die unauffällige Bezeichnung Kosmos 359.

Gegenüber den früheren Sonden war vor allem der Lander entscheidend modifiziert worden. Er hielt nun einen atmosphärischen Druck von bis zu 180 Atmosphären aus. Dies erhöhte allerdings das Gewicht entscheidend, das man bei den Experimenten einsparen musste. Die Plattform nahm nur noch ein Teilchenexperiment und einen Detektor für den Sonnenwind auf, im Lander selbst befanden sich lediglich ein Thermometer, ein Barometer und der Radarhöhenmesser. Der Landefallschirm war auf eine Größe von nur noch 2,5 Quadratmetern verkleinert worden. Der Lander selbst wurde vor dem Eintritt in die Venusatmosphäre mit der Energie seiner Trägerplattform auf minus acht Grad vorgekühlt.

Die Öffnung der Kappe war zunächst durch ein Reff verkleinert, das durch die Hitze bei 200 Grad Celsius wegschmolz. Erst dann entfaltete sich der Schirm voll. Dieser Schirm bestand aus einem Material, das die Sowjets damals als „Nitronglas" bezeichneten, und bis über 500 Grad Celsius temperaturbeständig war. Der Schirm kollabierte aber offensichtlich in einer Höhe von drei Kilometern und die Kapsel legte den Rest der Strecke bis zum Boden im freien Fall zurück.

Die Mission von Venera 7 war dennoch erfolgreich, wenngleich die Landung ziemlich haarsträubend verlief. Sie wurde damit zum weltweit ersten Raumfahrzeug das die Oberfläche eines anderen Planeten erreichte und von dort Daten zur Erde übermittelte. Die Sonde stand wäh-

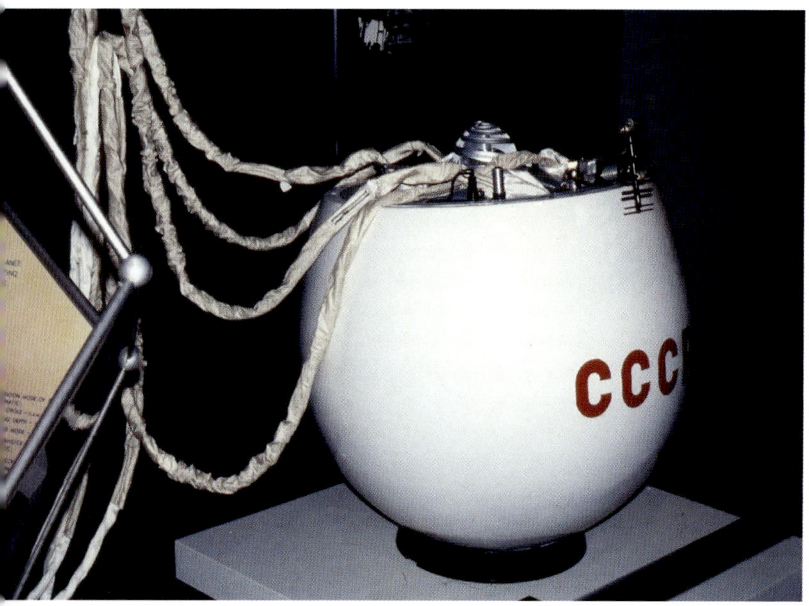

Ein Modell der Landekapsel von Venera 7.

Venera 7	
Ursprungsland	UdSSR
Hersteller	Lawotschkin
Startdatum	17. August 1970
Startort	Baikonur
Trägerrakete	Molnija M
Ziel	Venus
Aufgabe	Landung/Vorbeiflug
Spannweite Solargeneratoren	9,00 Meter
Höhe des Raumfahrzeugs	3,50 Meter
Startmasse	1180 Kilogramm
Davon Lander	495 Kilogramm
Verfügbare Energie Erdbahn	220 Watt
Verfügbare Energie Venus	310 Watt
Flugzeit zur Venus	120 Tage
Leistung Haupttriebwerk	225 Newton
Treibstoff Haupttriebwerk	Hydrazin
Treibstoff Lageregelung	Stickstoff
Lageregelungstriebwerke	12
Instrumente Plattform/Lander	2/3
Landung auf der Venus	15. Dezember 1970

rend des Fallschirmabstiegs für 35 Minuten mit der Erde in Verbindung. Unmittelbar vor dem Aufsetzen verstummte das Signal. Im Moment des Aufschlags, der wegen des kollabierten Schirms mit über 50 Kilometer pro Stunde erfolgte, kam noch einmal für eine Sekunde ein starkes Signal durch. Danach wurde nur noch Hintergrundrauschen aufgezeichnet.

Die Aufzeichnungsbänder auf der Erde liefen aber weiter, und eine Woche später wurde festgestellt, dass in diesem Hintergrundrauschen noch 23 Minuten lang ein sehr schwaches Signal übermittelt worden war. Offensichtlich war der Lander seitlich aufgekommen, und möglicherweise an einem Abhang ein Stück gerollt. Danach war die Antenne nicht mehr optimal zur Erde ausgerichtet gewesen.

Die Daten, die von Venera 7 übermittelt wurden, zeigten – wie sich später herausstellte – falsche Temperaturangaben. Es wurden zwischen 237 und 246 Grad gemessen, ein viel zu niedriger Wert. Die Druckangaben waren aber korrekt. An der Landestelle herrschte ein Druck von 93 Atmosphären, soviel wie auf der Erde in 900 Meter Wassertiefe.

Vor dem Hintergrund der Wolkenbänder der Venus ist links eine Grafik von Venera 7 abgebildet und rechts ein Rissbild der Landekapsel.

19. April 1971

Salut 1 – Die erste Raumstation

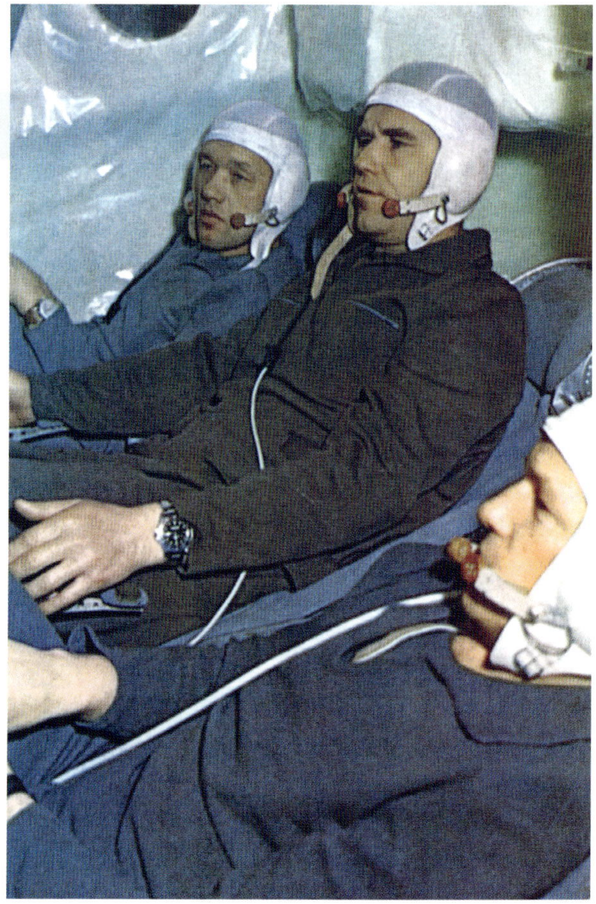

Im Herbst 1969 musste die sowjetische Führung einsehen, dass das Rennen um die erste bemannte Landung auf dem Mond verloren war. Die Frage war jetzt, wo im ideologisch bestimmten Wettkampf der Supermächte auf dem Gebiet der bemannten Raumfahrt eine andere wichtige Erstleistung noch vor den USA erzielt werden könnte. Die Antwort war schnell gefunden.

Es gab zu dieser Zeit in der Sowjetunion schon ein ziemlich weit fortgeschrittenes Konzept für eine militärische Raumstation mit der Bezeichnung Almaz. Für dieses Projekt hatte Chrunitschew bereits Ende 1968 zwei Prototypen hergestellt. Im Januar 1970 wurde beschlossen diese beiden Einheiten in zivile Raumstationen umzuwandeln. Dies geschah unter hohem Zeitdruck, denn in den USA war bereits das Projekt „Skylab" in Vorbereitung.

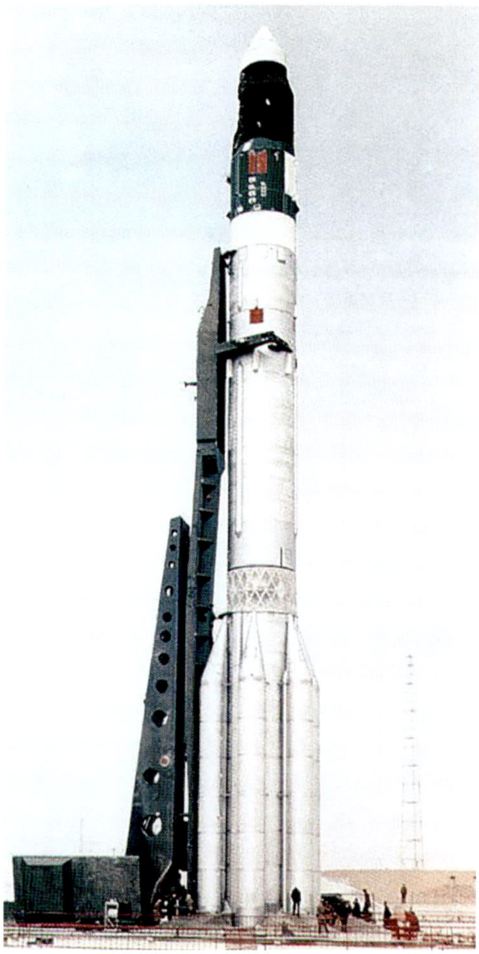

Proton K mit Salut.

Es gelang den Sowjets in der für heutige Begriffe unglaublich kurzen Zeitspanne von nur 16 Monaten, eine Raumstation zu bauen, zu testen, startfertig zu machen und die Besatzungen zu trainieren. Der Start dieser Einheit, die man Salut 1 nannte, erfolgte schließlich am Montag dem 19. April 1971 um 3:40 Uhr Mitteleuropäischer Zeit.

Drei Tage darauf hob das bemannte Raumschiff Sojus 10 vom Startkomplex 1 des Raumfahrtzentrums in Baikonur ab. Die Besatzung bestand aus den Kosmonauten Wladimir Schatalow, Alexei Jelissejew und Nikolai Rukawischnikow, eine für die damalige Zeit ungewöhnlich erfahrene Crew. Jelissejew und Schatalow hatten bereits Raumflugerfahrung. Nur für Rukawischnikow war es der erste Einsatz.

Die Crew von Sojus 10. Von oben: Alexei Jelissejew, Wladimir Schatalow und Nikolai Rukawischnikow.

Salut 1	
Hersteller	Chrunitschew
Startdatum	19. April 1971
Trägerfahrzeug	Proton K
Besatzungsstärke	3
Länge	14,40 Meter
Durchmesser	4,15 Meter
Startmasse	18.200 Kilogramm
Spannweite Solargeneratoren	9,80 Meter
Orbithöhe	200 – 220 Kilometer
Elektrische Leistung	1 Kilowatt
Lageregelungs-Triebwerke	18 × 98 Newton 18 × 10 Newton
Orbit-Manövertriebwerke	2 × 3,9 Kilonewton
Nutzbares Raumvolumen	90 Kubikmeter
Rücksturz zur Erde	11. Oktober 1971

Das Anlegemanöver an Salut 1 gelang unter dramatischen Umständen. Nachdem zuvor einige Kurskorrekturen verspätet durchgeführt worden waren, und das automatische Igla-System versagt hatte, führten die Kosmonauten gut 26 Stunden nach dem Start das Manöver manuell durch. Es stellte sich jedoch schnell heraus, dass keine vollständige Kopplung gelungen war, sondern nur ein loser Kontakt bestand. In den nächsten Stunden gelang es nicht die Verbindung zwischen Station und der Sojus dauerhaft herzustellen. Schließlich mussten die drei wieder von der Station ablegen. Anstelle der geplanten 30-Tage-Mission kehrte die Crew nach nur 47 Stunden wieder zur Erde zurück. Erstmals in der Geschichte der Raumfahrt bei Nacht.

Als Fehlerursache ermittelte man einen mechanischen Defekt am Dockingsystem von Sojus 10. Wollte man die Station noch nutzen war Eile geboten, denn Salut 1 verfügte nur über begrenzte Treibstoffvorräte und konnte nicht mehr lange im Orbit bleiben. Die Modifikationen an Sojus 11 waren am 18. Mai abgeschlossen. Danach wurde entschieden, den nächsten Start zur Station am 6. Juni durchzuführen.

Nur vier Tage vor diesem Termin wurde die Mannschaft, bestehend aus den Kosmonauten Leonow, Kubassow und Kolodin, durch die Reservecrew ersetzt. Die bestand aus den Kosmonauten Dobrowolski, Wolkow und Pazajew. Der Grund dafür war, dass bei der abschließenden medizinischen Untersuchung ein dunkler Fleck auf Kubassows rechtem Lungenflügel gefunden wurde. Die Ärzte vermuteten eine verkapselte Tuberkulose und suspendierten ihn von der Mission. Nach den damals geltenden Regeln war damit die gesamte Besatzung vom Flug ausgeschlossen.

So startete Sojus 11 am Sonntag, dem 6. Juni 1971, um 6:55 Uhr morgens mit der Ersatzcrew. Das Verfolgungsmanöver und das Anlegen verliefen nach Plan, und am 7. Juni gegen 7:10 Uhr Mitteleuropäischer Zeit legte die Kapsel an der Raumstation an. Um 9:45 Uhr öffneten die Kosmonauten die Luke und der historische Moment des ersten Betretens einer Raumstation erfolgte.

Sojus 11-Crew. Von links: Dobrowolski, Wolkow, Pazajew.

Sojus 11-Crew beim Training. Viktor Pazajew (links oben), Georgi Dobrowolski (links unten) und Wladislaw Wolkow.

Die ersten Tage an Bord der Station verliefen problemlos, aber am 16. Juni kam es zu einer chaotischen Situation als die Besatzung kurzzeitig annahm, dass ein verstecktes Feuer an Bord der Station ausgebrochen wäre. Tatsächlich handelte es sich um eine durchgebrannte elektrische Isolation und der Rauch kam aus dem Kontrollpanel eines wissenschaftlichen Experimentes. Wolkow, der das Feuer gemeldet hatte, hatte aber nicht von „Rauch" gesprochen, sondern die zuvor vereinbarte Code-Bezeichnung benutzt. Das Code-Wort für Rauch war: „Vorhang". Der Missionscontroller am Boden dachte jedoch nicht an den Code und seine Bedeutung und begann nun intensiv nachzufragen was es denn mit diesem "Vorhang" auf sich habe. Schließlich gab der Kosmonaut entnervt auf und schrie ins Mikrofon: "Feuer. Wir haben Feuer an Bord. Wir evakuieren".

Schließlich gelang es aber, den „Brandherd" zu lokalisieren und die suspekte Einheit abzuschalten. Die ganze Aufregung war auch deshalb aufgetreten, weil – um das Abhören durch westliche Stationen zu erschweren – viele Codewörter vereinbart waren, an die sich aber in diesem Notfall nur die Crew an Bord, nicht aber die Bodenstation gehalten hatte.

Am 29. Juni, um 20:28 Uhr Mitteleuropäischer Zeit, legte Sojus 11 von der Station ab. Die Crew trug, wie schon beim Start, keine Raumanzüge. Eine Dreimann-Crew hätte die Sojus in ihrer damaligen Ausführung nicht mit Raumanzügen aufnehmen können. Die Durchführung von Starts und Landungen in normaler Kleidung war seit dem Flug von Woschod 1 der Standard in der bemannten sowjetischen Raumfahrt.

Um 0:35 Uhr zündeten die Bremstriebwerke. Zwölf Minuten nach der Zündung, nur 26 Minuten vor der Landung, kam es zu einer fatalen Fehlfunktion. Zu diesem Zeitpunkt sollten durch kleine Sprengladungen das Wohn- und das Gerätemodul abgesprengt werden. Und zwar nacheinander, um die Belastungen auf die Struktur der Kapsel niedrig zu halten. Diese Sprengsequenz erfolgte jedoch gleichzeitig, wodurch eine heftige Erschütterung durch die Landekapsel ging. Dies löste eine weitere pyrotechnische Vorrichtung aus, und zwar jene, welche die Verriegelung des Ventils für den Ausgleich des Kabinendrucks nach der Landung löste. Der Riegel wurde gesprengt und das Ventil öffnete sich. Die Höhe betrug zu diesem Zeitpunkt 168 Kilometer. Sojus 11 befand sich also noch im freien Weltraum. Schnell begann die Luft zu entweichen.

Durch die an Bord gespeicherten Telemetriedaten weiß man heute, dass die Crew den Druckabfall sofort bemerkte und an der Luke zu hantieren begann, die sie als Ursache für den Druckverlust betrachteten, stellten aber fest, dass diese dicht war. Um die Lage des Lecks zu lokalisieren schalteten die Kosmonauten alle Funkgeräte ab. Schließlich entdeckten sie die Ursache des zischenden Geräusches unter ihren Sitzen. Sie hatten keine Chance noch rechtzeitig an diese Stelle heranzukommen. 30 Sekunden nach dem Auftreten des Druckverlustes wurde die Crew

Mission 1 „Granit"	
Raumschiff	Sojus 10
Start	22. April 1971
Landung	24. April 1971
Missionsdauer	1 Tag 23 Stunden 46 Minuten
Besatzung	Wladimir Schatalow Alexej Jelissejew Nikolai Rukawischnikow

Mission 2 „Jantar"	
Raumschiff	Sojus 11
Start	6. Juni 1971
Landung	30. Juni 1971
Missionsdauer	22 Tage 10 Stunden 39 Minuten
Besatzung	Georgi Dobrowolski Viktor Pazajew Wladislaw Wolkow

bewusstlos. Nach weiteren 90 Sekunden war der Druck in der Kabine bei Null angelangt und die Besatzung war tot.

Am Boden wusste man von alldem nichts. Die Sojus trat in die dichten Luftschichten ein, und der Kanal ionisierter Gase, der sie dann umgab, machte jeglichen Funkkontakt unmöglich. Die Radardaten zeigten aber, dass die Landung normal verlief. Der Fallschirm öffnete sich wie vorgesehen, und die Bergungskräfte konnten die Kapsel bereits hoch in der Luft ausmachen. Helikopter begleiteten sie bis zum Boden und landeten direkt neben der Kapsel. Die Bergekräfte sprangen heraus und öffneten innerhalb weniger Minuten die Luke.

Die Bodencrew hatte zwar in den letzten Minuten vor dem Blackout, und auch in der Phase des Fallschirm-Abstiegs, nichts mehr von der Crew gehört. Die Männer dachten aber mehr an ein kleineres technisches Problem mit der Funkausrüstung wie etwa abgeschmolzene Kommunikationsantennen und waren deshalb völlig unvorbereitet auf das, was sie zu Gesicht bekamen: Die leblosen Körper der drei Kosmonauten mit dunkelblau angelaufenen Gesichtern.

Nach dem tragischen Unfall wurde die Bahn von Salut 1 insgesamt noch sechsmal angehoben. Schließlich gab man die Hoffnung auf, noch eine weitere Crew zu dieser ersten Raumstation der Menschheit entsenden zu können. Am 11. Oktober wurde Salut 1 über dem Südpazifik gezielt zum Absturz gebracht.

Die Besatzung von Sojus 11 wird an der Kremlmauer beigesetzt.

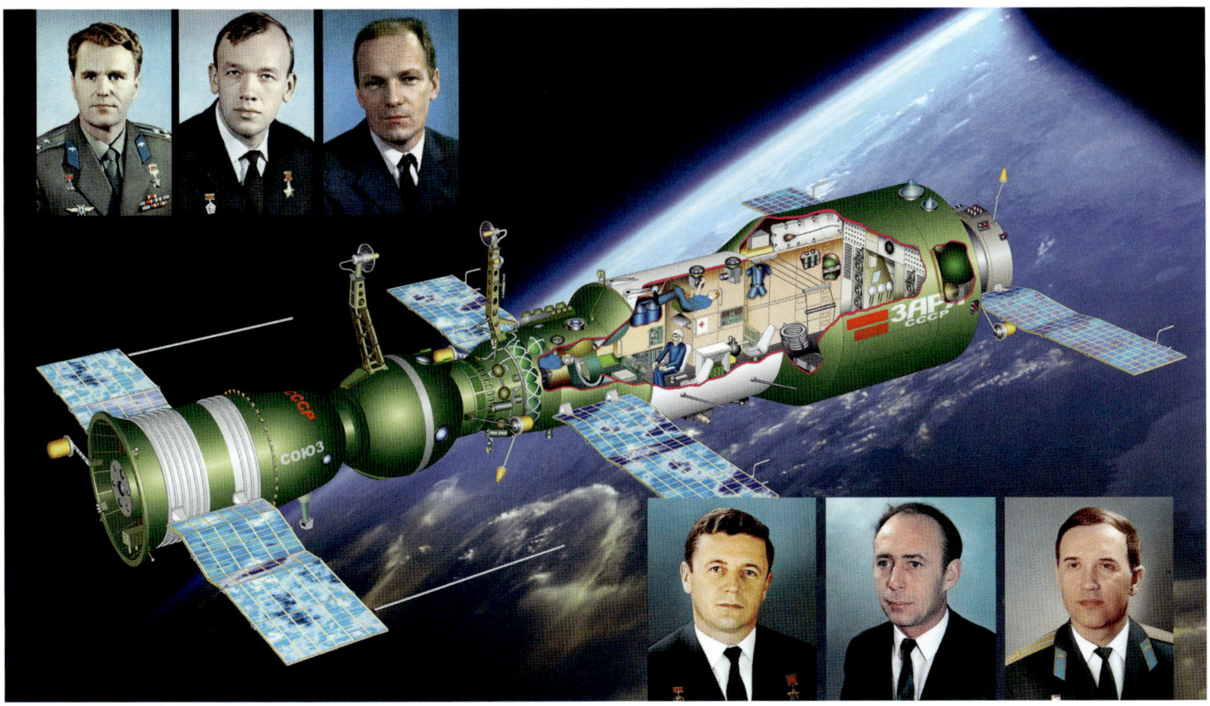

Risszeichnung der Salut 1 vor dem Hintergrund der Erde. Links oben die Sojus 10-Crew. Von links: Wladimir Schatalow, Alexei Jelisseijew und Nikolai Rukawischnikow. Rechts unten die Sojus 11-Crew. Von links: Wladislaw Wolkow, Viktor Pazajew und Georgi Dobrowolski.

30. Mai 1971

Mariner 9 – Der erste Mars-Orbiter

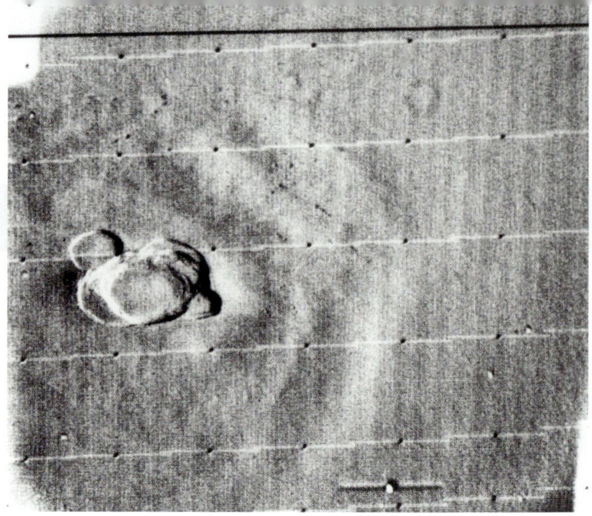

Mariner 9 war Bestandteil der *Mariner Mars 71 Mission*, die aus zwei Raumsonden bestehen sollte: Mariner 8 und Mariner 9. Doch der Start von Mariner 8 am 9. Mai 1971 misslang aufgrund eines Fehlers in der Centaur-Oberstufe der Atlas-Trägerrakete, und die Sonde stürzte 560 Kilometer südlich von Puerto Rico in den Atlantik.

Der Start von Mariner 9 erfolgte am 30. Mai 1971, um 22:36 Uhr Mitteleuropäischer Zeit. 13 Minuten nach dem Abheben des Trägers gab die Rakete die Raumsonde frei. Am 5. Juni wurde ein Mittkurs-Korrekturmanöver durchgeführt, und am 14. November 1971 erreichte Mariner 9 nach 167 Tagen Flugzeit den Mars. Mit einem 15 Minuten und 23 Sekunden langen Brennmanöver des Haupttriebwerks wurde die Geschwindigkeit soweit reduziert, dass eine stark elliptische Umlaufbahn um den Roten Planeten erreicht werden konnte. Damit war Mariner 9 das erste Raumfahrzeug weltweit, das in einen Orbit um einen anderen Planeten gelangte. Allerdings nur sehr knapp, denn zwei Wochen danach schwenkten auch die sowjetischen Raumsonden Mars 2 und Mars 3 in eine Umlaufbahn um den Roten Planeten ein.

Mariner 9 verfügte über eine achteckige Magnesium-Struktur aus der die vier Solargeneratoren wie die Flügel einer Windmühle herausragten. Jede Fläche war 215 Zentimeter lang, 90 Zentimeter breit und mit 3680 Solarzellen belegt. Oben auf der Struktur befanden sich zwei Treibstofftanks, einer für Hydrazin, der andere für Stickstofftetroxid, sowie das Haupttriebwerk.

Der Bordcomputer verfügte über eine Speicherkapazität von 512 Worten. Massendaten wurden auf ein 168 Meter langes Magnetband mit acht Spuren gespeichert, das 22,5 Megabyte aufnehmen konnte. Die Daten wurden über zwei S-Band-Transmitter mit einer Leistung von 20, respektive 10 Watt über die Hochgewinnantenne zur Erde übermittelt.

Unter dem Strukturrahmen war eine bewegliche Plattform montiert, auf der sich die vier aktiven Instrumente des Raumfahrzeugs befanden: ein Ultraviolett-Spektrometer, ein Infrarot-Interferometer, ein Infrarot-Radiometer und die beiden Kameras des Bildsystems. Insgesamt wogen die Experimente 63 Kilogramm.

Die Umlaufperiode um den Mars betrug zunächst zwölf Stunden und 34 Minuten. Im Laufe der nächsten Tage wurde sie aber auf elf Stunden und 59 Minuten verändert, um eine bessere Abstimmung mit der primären Empfangsanlage im kalifornischen Goldstone zu erhalten.

Der Beginn der Fotoerkundung wurde durch einen starken Staubsturm auf dem Mars verzögert. Er hatte am 22. September 1971 begonnen und entwickelte sich zum stärksten Sturm der bis zum heutigen Tag beobachtet wurde. Zum Zeitpunkt als Mariner 9 den Mars erreichte konnte kein anderes Oberflächenmerkmal ausgemacht werden als der Gipfel

Grafische Darstellung von Mariner 9.

Am Anfang der Fotoerkundung von Mariner 9 war auf dem Mars kaum etwas zu sehen. Nur die höchsten Berge ragten aus dem globalen Staubsturm heraus, wie hier der Kraterrand des Olympus Mons.

des 26 Kilometer hohen Olympus Mons, dessen Spitze gerade noch aus dem Sturm herausragte.

Somit konnte die wesentliche wissenschaftliche Arbeit erst im Dezember beginnen. Am Ende wurden 54 Millionen Bit an Daten über die Zusammensetzung der Atmosphäre sowie über Luftdruck, Temperatur und Magnetfeld und vor allem mehr als 7000 Bilder gewonnen.

Die Einsatzdauer von Mariner 9 war auf 90 Tage im Marsorbit veranschlagt. Sie war vor allem durch den verfügbaren Lageregelungstreibstoff limitiert. Der war Ende 1972 verbraucht, und das Raumfahrzeug wurde stillgelegt. Mit einer tatsächlichen Missionsdauer von gut elf Monaten übertraf die Sonde die in sie gesetzten Erwartungen erheblich. Das Raumfahrzeug kreist bis auf den heutigen Tag um den Mars.

Mariner 9	
Ursprungsland	USA
Hersteller	Jet Propulsion Laboratory
Startdatum	30. Mai 1971
Startort	Cape Canaveral
Trägerrakete	Atlas Centaur SLV-3C
Ziel	Mars-Orbit
Spannweite Solargeneratoren	6,90 Meter
Höhe des Raumfahrzeugs	2,28 Meter
Startmasse	998 Kilogramm
Verfügbare Energie Erdbahn	800 Watt
Verfügbare Energie am Mars	500 Watt
Flugzeit zum Mars	167 Tage
Leistung Haupttriebwerk	1,34 Kilonewton
Lageregelungstriebwerke	2 × 6
Treibstoffvorrat	440 Kilogramm
Anzahl Instrumente	4
Eintritt in den Marsorbit	14. November 1971
Apoareion	16.840 Kilometer
Periareion	1650 Kilometer
Anzahl übermittelter Bilder	7329
Missionsende	27. Oktober 1972

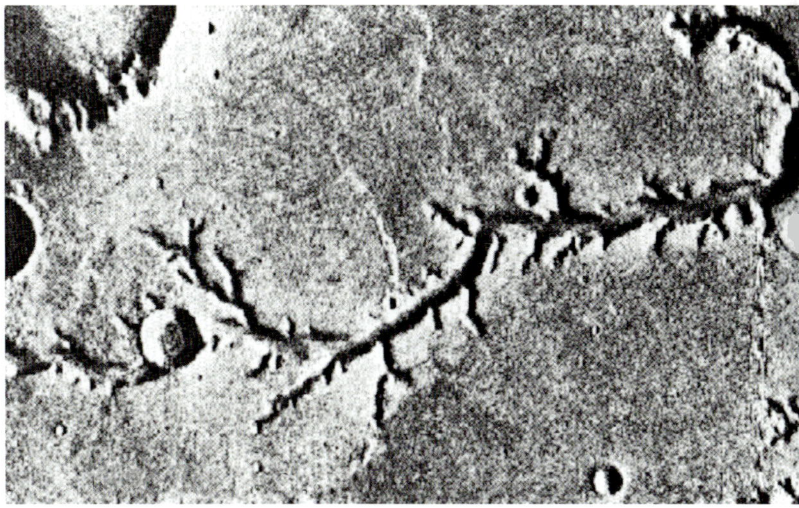

Im späteren Verlauf der Mission waren Oberflächendetails gut zu erkennen wie hier das Nirgal Vallis.

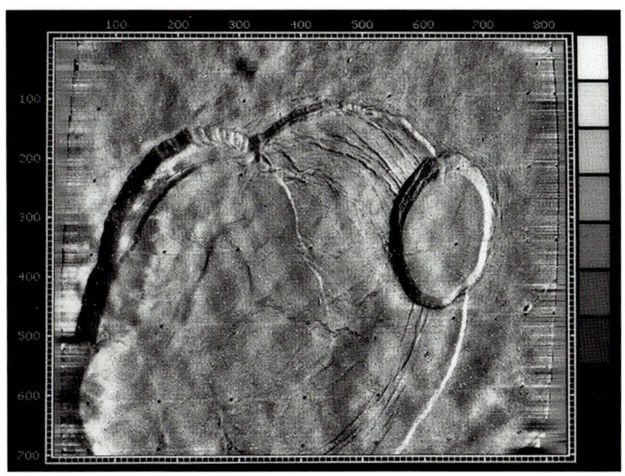

Die zentrale Caldera des Mons Olympus ist ein typisches Beispiel für ein Mariner 9-Foto.

3. März 1972

Pioneer 10 und 11 fliegen zu Jupiter und Saturn

Im Sommer 1964 arbeitete der Raumfahrtingenieur Gary Flandro am Jet Propulsion Laboratory der NASA Flugbahnen aus, mit denen man die äußeren Planeten unseres Sonnensystems energieeffizient ansteuern konnte. Dabei stieß er auf eine seltene Anordnung der Planeten unseres Sonnensystems, die nur alle 176 Jahre auftritt. Die Erde und alle Gasplaneten befinden sich dann allesamt in einer leicht geschwungenen Linie auf einer Seite der Sonne. Diese seltene Konstellation, so erkannte er, machte es möglich, Jupiter, Saturn, Uranus und Neptun während einer einzigen Mission zu besuchen. Die Idee der „Grand Tour" war geboren.

Beim nahen Vorbeiflug an jedem der äußeren Planeten, so erkannte Flandro, würde die Schwerkraft dieser großen Körper die Flugbahn einer „Grand Tour"-Sonde ein wenig umlenken und zusätzlich in Richtung auf den nächsten Planeten beschleunigen. Dies könnte man durch ein komplexes Manöver bewirken, das heute als „Gravity assist" bekannt ist. Ein Schleudereffekt gewissermaßen. Damit, so berechnete er, könnte die Flugzeit von der Erde zum Neptun von 30 Jahren auf nur noch 12 Jahre reduziert werden. Diese seltene Planetenanordnung würde in den späten 70er-Jahren eintreten, so erkannte er. Diese Erkenntnis führte schließlich zu einem der bemerkenswertesten NASA-Programme überhaupt, dem Projekt Voyager.

Für die praktische Erprobung dieses Konzeptes entwickelt die NASA die Raumsonden Pioneer 10 und Pioneer 11. Sie sollten ihren Namen alle Ehre machen, denn sie sind die wahren Pioniere der Erforschung des äußeren Sonnensystems. Die Missionsziele der Pioneer-Sonden konzentrierten sich auf den Bereich jenseits des Mars. So sollte der Asteroidengürtel und dessen Gefährlichkeit für Raumfahrzeuge untersucht werden. Auch das interplanetare Medium zwischen Mars und Jupiter war von großem wissenschaftlichen Interesse. Und schließlich sollte auch Jupiter selbst intensiv beobachtet werden.

Die beiden Sonden wurden von jeweils vier SNAP-19 Radio-Isotopengeneratoren betrieben, die ihre Energie aus der Zerfallswärme von Plutonium 238 mit einer Halbwertszeit von 88 Jahren bezogen. Ohne eine nukleare Energiequelle wäre die Mission undurchführbar gewesen, denn in den Weiten des äußeren Sonnensystems konnten Solargeneratoren nicht mehr eingesetzt werden. Zusammen erbrachten diese vier Einheiten beim Start eine elektrische Leistung von 155 Watt. Auf der Höhe der Jupiterbahn war diese Leistung bereits auf 140 Watt gesunken, doch genügten 100 Watt, um alle Systeme an Bord zu betreiben.

Pioneer 10 wird auf den Star 37E-Feststoffmotor montiert.

Pioneer 11 wird vor dem Start in die Nutzlastverkleidung eingeschlossen.

keit, die bis dahin je ein von Menschen geschaffenes Objekt erzielt hatte: 51.700 Kilometer pro Stunde.

Pioneer 10 wurde am 3. März 1972 gestartet und passierte den Jupiter am 3. Dezember 1973 in einer Entfernung von 132.000 Kilometern. Die fotografische Untersuchung des Gasplaneten hatte aber schon am 6. November aus einer Entfernung von 25 Millionen Kilometern begonnen. Die letzte Verbindung mit Pioneer 10 bestand am 22. Januar 2003. Zu diesem Zeitpunkt war die Sonde 82 Astronomische Einheiten von der Erde entfernt, die doppelte Distanz von der Sonne zum Pluto.

Am 6. April 1973 startete die NASA Pioneer 11. Für diese Sonde wurde der Anflug an den Jupiter so gewählt, dass die Bahn mit Hilfe des Schwerefeldes des Riesen-

Spezifiziert waren die SNAP-19-Einheiten für eine Betriebszeit von zwei Jahren. Doch diese Anforderung wurde am Ende bei weitem übertroffen. Theoretisch hätten die Generatoren nach 29 Jahren noch 80 Prozent ihrer Anfangsenergie erzeugen können, aber praktisch führte der stetige Verfall der Thermoelemente zu einem deutlich schnelleren Leistungsabbau. 2001 betrug die elektrische Leistung bei Pioneer 10 nur noch 65 Watt. Deswegen konnten zuletzt nur noch einzelne Instrumente betrieben werden.

Um die beim Start gerade einmal 260 Kilogramm schweren Raumsonden auf eine Direktflugbahn zum Jupiter zu bringen, mussten sie mit Hilfe einer Atlas Centaur D gestartet werden, die als zusätzliches Beschleunigungsaggregat mit einem Feststoff-Raketentriebwerk vom Typ Star 37E ausgerüstet war. Diese Kombination beschleunigte die Pioneer-Sonden auf die höchste Geschwindig-

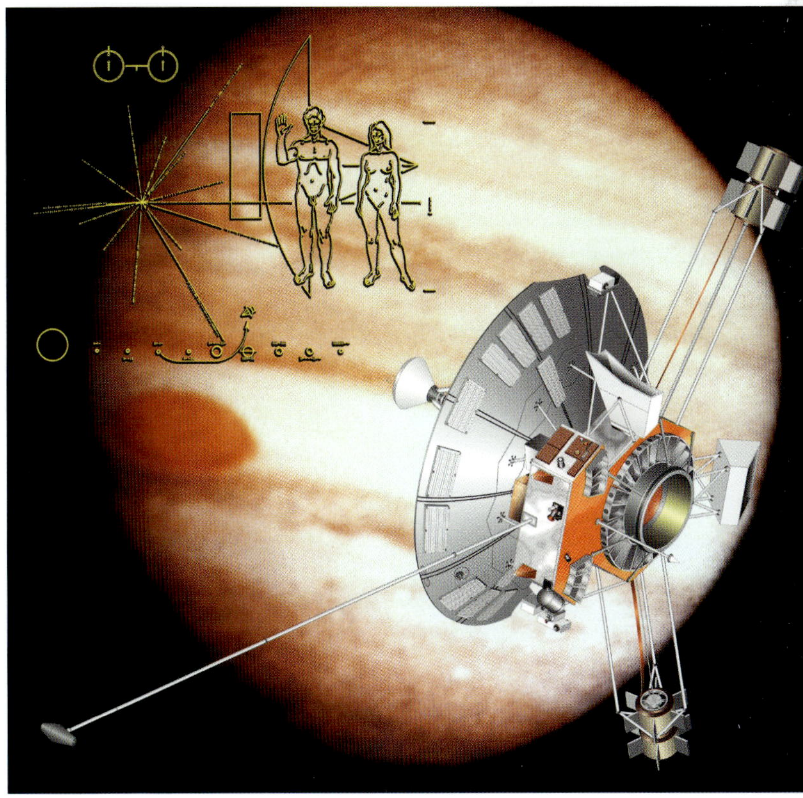

Eine Grafik von Pioneer 10 vor einem Bild des Jupiter, das die Sonde bei ihrem Vorbeiflug gemacht hat. Links oben die in eine Aluminiumplatte an Bord der Sonde eingravierte Botschaft.

Der Start von Pioneer 11 am 5. April 1973.

planeten in Richtung Saturn umgelenkt werden konnte. Pioneer 11 erreichte am 2. Dezember 1974 die größte Annäherung an Jupiter, und wurde von dort mittels eines Gravity Assist-Manövers auf eine Flugbahn zum Saturn umgelenkt, den sie Anfang September 1979 erreichte.

Zu diesem Zeitpunkt waren auch schon die beiden Voyager-Sonden unterwegs, für die eine Passage durch das Ringsystem des Saturns geplant war. Um diese Passage zu erproben wurde die Bahn von Pioneer 11 so umgelenkt, dass er den gleichen Flugweg absolvierte wie er für Voyager 2 vorgesehen war. Zu diesem Zeitpunkt war nicht bekannt, ob die Lücken im Ringsystem nicht möglicherweise von Mikropartikeln bevölkert waren, die diesen Sonden gefährlich werden konnten. Wäre dem so gewesen, dann hätte man die Flugbahn der Voyager noch so ändern können, dass sie die Gefahrenzone vermied. Pioneer 11 bewies, dass die geplante Route beflogen werden konnte.

Pioneer 10 und 11 wurden aus Aluminium hergestellt. Der zentrale Teil der Sonde bestand aus einem sechseckigen Ring, der den Großteil der Elektronik beherbergte und in Sandwich-Wabenkern-Bauweise gefertigt wurde. Dieses Sechseck hatte eine Höhe von 25,5 Zentimeter und einen Durchmesser von 71 Zentimeter. Darauf befand sich die Hochgewinnantenne mit einem Durchmesser von 2,74 Meter. An diesem Zentralteil waren symmetrisch drei Ausleger angebracht. Zwei davon trugen in drei Metern Entfernung je zwei der Radionuklidgeneratoren, um Störungen der Instrumente durch die Strahlung zu vermeiden. Am dritten, 6,6 Meter langen, Ausleger befand sich das Helium-Vektor Magnetometer. Im Zentrum des Bus-Segmentes lag ein beheizter Kugeltank von 42 Zentimeter Durchmesser für den Treibstoff. Die Kommunikation erfolgte über eine Hochgewinnantenne. Auch befand sich eine Mittelgewinnantenne an Bord und für Notfälle gab es auf der Rückseite der Sonde noch eine Niedriggewinn-Antenne mit allerdings sehr niedriger Sendeleistung.

An Bord der Sonden befanden sich jeweils 11 Experimente: Eine Teleskopanordnung mit der die Asteroiden-

Atlas Centaur mit Pioneer 10 an Bord wartet auf den Start.

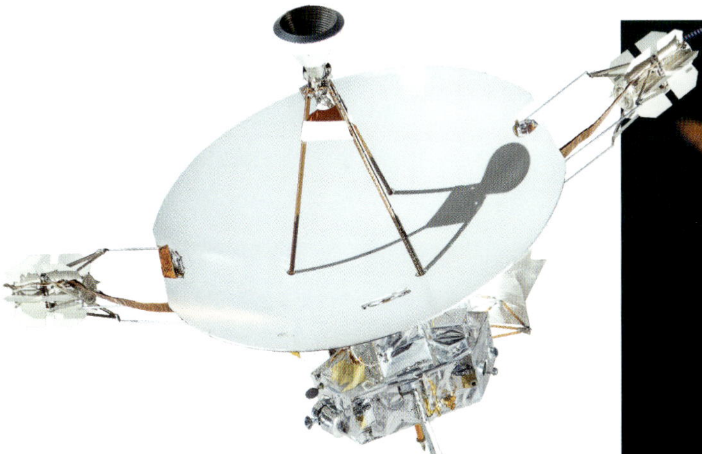

Grafik der baugleichen Raumsonden Pioneer 10 und 11.

Pioneer 10 und 11	
Ursprungsland	USA
Betreiber	NASA
Hersteller	TRW
Startdatum Pioneer 10	3. März 1972
Startdatum Pioneer 11	5. April 1973
Startort (beide)	Cape Canaveral
Trägerrakete (jeweils)	Atlas Centaur D Star 37E
Ziele	Jupiter und Saturn
Aufgabe	Vorbeiflug
Spannweite über Ausleger	10,00 Meter
Höhe über Antenne	2,90 Meter
Startmasse der Sonden	258 Kilogramm
Verfügbare Energie Start	155 Watt
Verfügbare Energie 2003	65 Watt
Triebwerke	6 × 4,5 Newton
Anzahl Instrumente:	11
Pioneer 10 geringste Jupiter-Distanz	200.000 Kilometer
Pioneer 11 geringste Jupiter-Distanz	42.800 Kilometer
Pioneer 11 geringste Saturn-Distanz	21.000 Kilometer
Pioneer 11 geringste Annäherung Saturn	1. September 1979
Letzter Kontakt mit Pioneer 10	23. Januar 2003
Letzter Kontakt mit Pioneer 11	24. November 1995

Ein Bild des Saturn, aufgenommen von Pioneer 11. Die Distanz zum Planeten betrug da 2,85 Millionen Kilometer.

verteilung im Hauptgürtel erforscht werden sollte, ein Meteoritendetektor, ein Fotopolarimeter, ein Infrarot-Radiometer um die Oberflächentemperaturen von Himmelskörpern zu messen, ein Ultraviolett-Fotometer, ein Detektor für geladene Partikel, eine Elektronen- und Protonendetektoranordnung, ein Analysegerät für kosmische Strahlung sowie ein Geigerzähler, ein Helium-Vektor-Magnetometer zur Bestimmung von Magnetfeldern und ein Plasma-Analysator. Dazu kam als zwölftes Experiment der Einsatz der Hochgewinnantenne um die Atmosphäre von Planeten und Monden zu vermessen.

Erstleistungen, die für immer in der Geschichte der Raumfahrt mit diesen Sonden verbunden bleiben werden sind die ersten Passagen durch den Asteroidengürtel und die ersten Vorbeiflüge an Jupiter und Saturn. Sie waren außerdem die ersten Raumfahrzeuge, welche solare Fluchtgeschwindigkeit erreichten und unser Sonnensystem verlassen haben.

Pioneer 10 und 11 tragen je eine goldbeschichtete Aluminiumplatte für den unwahrscheinlichen Fall, dass die Sonde von einer außerirdischen Zivilisation aufgefunden wird. Auf dieser Platte ist eine Botschaft der Menschheit eingraviert, welche die Schöpfer der Sonde und ihren Herkunftsort beschreiben.

7. Dezember 1972

Apollos letzter Mondflug

Die Wissenschaftler waren sich im Klaren darüber, dass Apollo 17 für lange Zeit der letzte Besuch von Menschen auf dem Mond sein würde. Aus diesem Grund wurde der Landezone besonders große Aufmerksamkeit gewidmet. Zur Auswahl standen drei Gebiete, die schon früher immer wieder diskutiert worden waren: Taurus-Littrow, eine bergige Region am Südrand des Mare Serenitatis, Gassendi, ein großer Krater am nördlichen Mare Humorum, und der Krater Alphonsus. Das Auswahl-Komitee war einhellig der Meinung, dass Taurus-Littrow von einem selenologischen Standpunkt her am besten geeignet wäre. Vom Standpunkt der Erreichbarkeit mit dem Lander war dieses Gebiet allerdings das Schwierigste.

Durch die präzisen Landungen von Apollo 12, 14, 15 und 16 hatte man allerdings das nötige Vertrauen gewonnen, in einem Tal zu landen, das an drei Seiten von hohen Bergen umschlossen war. So entschied man sich am Ende für dieses Gebiet. Als Besatzung für diese Mission bestimmte Chefastronaut Deke Slayton Eugene Cernan, Ronald Evans und Harrison Schmitt. Das Mutterschiff und die Mondfähre bekamen die Namen *America* und *Challenger*.

Fahrzeugschaden auf dem Mond. Der Fender ging kaputt. Aber die Astronauten wussten sich zu helfen.

Das obligatorische Crew-Foto vor dem Start. Sitzend: Kommandant Eugene Cernan. Stehend von links: Harrison Schmitt und Ronald Evans.

Der Start von Apollo 17 erfolgte als einziger im gesamten Apollo-Programm in der Nacht, um 0:33 Uhr Ortszeit in Cape Canaveral, am 7. Dezember 1972. Gut 86 Stunden nach Beginn des Fluges wurden *America* und *Challenger* mit einem Brennmanöver von sechs Minuten und 33 Sekunden Dauer in den Mondorbit eingebremst. 24 Stunden später begann der angetriebene Abstieg zur Mondoberfläche, der gut zwölf Minuten dauerte. Die Landung erfolgte ohne Probleme, und endete nur etwa 200 Meter vom geplanten Landepunkt entfernt. Der *Challenger* verblieben so viele Reserven, wie noch bei keiner Landung zuvor. Mission Control ermittelte, dass noch ein weiterer Schwebeflug von fast zwei Minuten Dauer möglich gewesen wäre.

In den nächsten 75 Stunden führten Cernan und Schmitt die längste und produktivste Oberflächenerkundung des gesamten Apollo-Programmes durch. Die erste Felderkundung begann schon vier Stunden nach der Landung

um 114:21 MET. Innerhalb von 30 Minuten bauten Cernan und Schmitt den Rover auf. Kurz danach riss Cernan versehentlich die Radabdeckung des Mondautos ab. Dies führte dazu, dass bei dieser ersten EVA die Crew mit großen Mengen an Mondmaterial überschüttet wurde, was ihre Anzüge völlig einstaubte. Vor der zweiten EVA improvisierten sie einen Kotflügel aus ihrem Kartenmaterial, befestigten ihn mit Klebeband, und führten damit die erste Autoreparatur auf dem Mond durch. Sie stellten danach knapp 200 Meter von der Fähre entfernt das

Das Lunar Roving Vehicle wurde bei den letzten drei Apollo-Mondmissionen mitgeführt.

ALSEP auf, führten die übliche Flaggenzeremonie durch, seismische Experimente, Messungen mit einem Gravimeter und entnahmen Kernproben bis aus einer Tiefe von 2,5 Metern. Außerdem wurden acht explosive Vorrichtungen installiert, ebenfalls für seismische Versuche. Die kleinen Sprengladungen wurden erst nach der Rückkehr der Astronauten in die Mondumlaufbahn gezündet. Nach sie-

Ein Symbolbild der Apollo-Mondlandungen. Eugene Cernan mit der US-Flagge. Darüber die Erde.

ben Stunden und zwölf Minuten kehrten sie wieder in die Mondfähre zurück.

Die zweite EVA führte Cernan und Schmitt auf die weiteste Tour, die je bei einer Mondlandung unternommen wurde. Sie fuhren fast eine Stunde, bis sie die Basis des Südmassivs erreichten, und von dort dann noch eine ganze Strecke das ansteigende Gelände an der Flanke der Berge hoch. Insgesamt legten sie an diesem Tag über 20 Kilometer zurück. Die beiden Astronauten kamen bei ihrer Feldexkursion erheblich in Zeitverzug, und die Missionskontrolle musste die beiden öfters daran erinnern, dass die Vorräte ihrer Lebenserhaltungssysteme langsam aber sicher zur Neige gingen. Diese zweite Exkursion dauerte sieben Stunden und 37 Minuten und wurde damit zur Längsten des gesamten Apollo-Programms. Um 145:32 MET waren Cernan und Schmitt wieder in der Kabine zurück.

15 Stunden und 30 Minuten später standen die beiden zum dritten und letzten Mal auf der Mondoberfläche. Diese letzte Felderkundung bestand in einer Traverse zum Fuß des Nordmassivs. Sie suchten und fanden dort Felsblöcke, die von hoch in den Bergen liegenden Schichtungen ausgebrochen und nach unten gerollt waren. Ihre Spuren waren seit Millionen von Jahren im Boden sichtbar. Nachdem sie eine Gesamtstrecke von zwölf Kilometern zurückgelegt, und 62 Kilogramm an Bodenproben eingesammelt hatten, kehrten sie wieder zur Mondfähre zurück und begannen mit den Abschlussarbeiten. Dazu gehörte auch die Enthüllung einer Plakette an einem der Landebeine der *Challenger*. Eugene Cernan sprach dazu die folgenden Worte:

„This is our commemoration that will be here until someone like us, until some of you who are out there, who are the promise of the future, come back to read it again and to further the exploration and the meaning of Apollo". Übersetzt in etwa: „Dies hier ist unsere Gedenkplakette, die darauf wartet, dass eines Tages jemand von euch, die ihr die Hoffnung zukünftiger Zeiten seid, hierher zurückkommt, um dies zu lesen und die Erforschung des Mondes im Geiste von Apollo weiterzuführen".

Dann parkte Cernan den Rover an einer Stelle etwa 180 Meter von der Fähre entfernt. Von dort konnte die ferngesteuerte Fernsehkamera ihren Rückstart in den Orbit übertragen. Sie verluden ihre Bodenproben, ließen alles zurück, was sie an Bord nicht mehr benötigten, und klet-

Das war's. Nach der letzten EVA sieht man Eugene Cernan in der Mondfähre die Anstrengungen an. Der Mondstaub haftet überall an, und die Astronauten beschrieben sich selbst als „dreckig wie die Kohlekumpels".

terten in die *Challenger* zurück. Die letzte Außenbord-Aktivität des Apollo-Mondprogrammes war beendet. Insgesamt verbrachte die Challenger 74 Stunden, 59 Minuten und 40 Sekunden auf der Mondoberfläche. Die Menschen auf der Erde konnten ihren Rückstart in die Umlaufbahn live mitverfolgen. Die Kamera auf dem Rover wurde von Houston aus fernbedient und folgte der Aufstiegsstufe, bis sie außer Sicht war.

187 Stunden und 37 Minuten nach Beginn der Mission wurden die beiden Raumfahrzeuge in einer Höhe von 112 Kilometern über dem Mond wieder zusammengekoppelt. Nach dem Transfer der Crew und der Bodenproben von der Aufstiegsstufe in die Kommandokapsel wurde die Fähre vier Stunden später wieder abgekoppelt, und danach, wie schon einige Male zuvor im Programm, zu einem gezielten Absturz gesteuert. Der Aufschlag erfolgte knapp 10 Kilometer von der Apollo 17-Landestelle entfernt, und wurde auch von den Seismometern von Apollo 12, 14, 15 und 16 registriert.

Die Crew verbrachte nun noch einen weiteren Tag im Mondorbit um wissenschaftliche Experimente durchzuführen. 234 Stunden nach Missionsbeginn begann auf der Mondrückseite das Trans Earth Injection Manöver. Amerika hatte sich 147 Stunden und 44 Minuten in der Mondumlaufbahn aufgehalten und ihn dabei 75-mal umkreist. Auch das war Rekord im Apollo-Programm.

Das letzte Bild, das im Apollo-Programm Menschen auf dem Mond gemacht haben, zeigt den Astronauten Harrison Schmitt.

Auch zum Abschluss der bemannten Mondlandungen gab es noch einmal eine Plakette. Sie war an der gleichen Stelle der Landefähre befestigt, wie zweieinhalb Jahre zuvor bei Apollo 11. Auf Deutsch lautet der Text: Hier schloss die Menschheit die erste Erforschung des Mondes ab. Dezember 1972, A.D. Möge der Geist des Friedens in dem wir kamen sich im Wirken der ganzen Menschheit widerspiegeln.

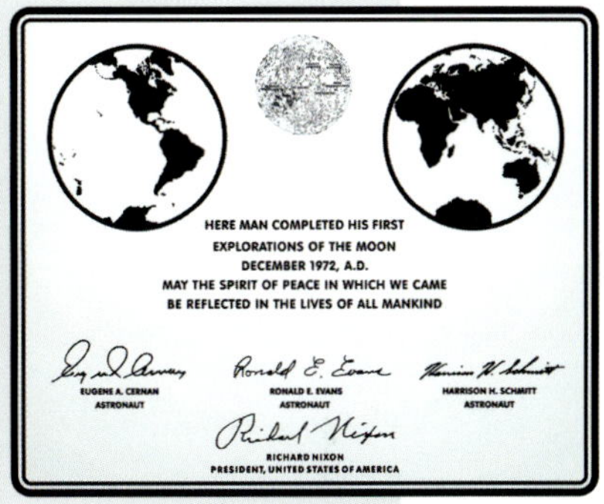

Wie schon bei den Missionen von Apollo 15 und Apollo 16 gab es auch bei Apollo 17 während des Rückflugs zur Erde ein Außenbordmanöver durch den Piloten des Kommandomoduls. Ronald Evans verließ das Fahrzeug 254 Stunden und 55 Minuten nach Beginn der Mission für eine EVA von einer Stunde und sechs Minuten Dauer. Dabei entnahm er Datenspeicher und Filmkassetten aus dem Service-Modul und brachte sie in die Kommandokapsel.

Die letzten beiden Tage bis zur Erde verliefen routiniert und ruhig. Knapp 302 Stunden nach Missionsbeginn erfolgte die Landung in einer Distanz von 6,5 Kilometern vom Flugzeugträger *Ticonderoga*. 52 Minuten später stand die Crew auf dem Deck. Das Apollo-Mondprogramm war Geschichte.

Apollo Lunar Module der J-Serie (Apollo 15 – 17)		
Ursprungsland	USA	
Hersteller	Grumman	
Besatzung	2	
Missionen unbemannt/bemannt	1/9 (alle Lunar Module)	
Durchmesser über Landebeine	9,50 Meter	
Modul	**Landestufe (DM)**	**Aufstiegsstufe (AM)**
Masse	12.000 Kilogramm	4700 Kilogramm
Höhe	3,24 Meter	3,76 Meter
Durchmesser	4,29 Meter	4,20 Meter
Schubleistung Haupttriebwerk	4,5 – 45 Kilonewton	15,6 Kilonewton
Lageregelung	–	16 × 420 Newton

14. Mai 1973

Projekt Skylab

Schon früh im Apollo-Programm dachte man bei der NASA über zusätzliche Einsatzmöglichkeiten der für das Mondprogramm entwickelten Hardware nach. Diese Überlegungen mündeten in das so genannte „Apollo Applications Program", für das man beschloss, eine Raumstation in der Erdumlaufbahn zu stationieren. 1970 bekam das Vorhaben die Bezeichnung Skylab, also „Himmelslabor". Die grundlegende Idee dabei war, die dritte Stufe einer Saturn V zu einem großen Raumstationsmodul umzubauen. Beim Apollo-Mondprogramm hatte diese Stufe die Funktion, Apollo-Kapsel und Landefähre in Richtung Mond zu beschleunigen. Bei einem reinen Erdorbitflug und ohne die Last einer Apollo-Mondlandekombination wurde diese dritte Stufe aber nicht für den Antrieb benötigt.

Der umgebaute Wasserstofftank bildete das Rückgrat der Station, den so genannten Workshop. Die Ausmaße dieses zylindrischen Lebens- und Arbeitsbereiches waren mit einer Länge von 14,6 Metern und einem Durchmesser von 6,7 Metern beeindruckend. Zum Vergleich: das amerikanische Labormodul Destiny der Internationalen Raumstation ist 8,5 Meter lang und hat einen Durchmesser von 4,3 Meter. Der Workshop war durch einen Gitterboden in einen Wohn- und einen Arbeitsbereich unterteilt. Unter dem Wohnbereich, im nicht benötigten Flüssigsauerstofftank der Raketenstufe, wurden die Abfälle deponiert. Der Wohnbereich bot hygienische Einrichtungen, Schlafkabinen, den Essplatz und eine Art „Wohnzimmer". Im Arbeitsbereich darüber befanden sich Wassertanks, Kühlschränke, Vorratsbehälter für Filme sowie verschiedene wissenschaftliche Experimente. An der Außenseite des Workshops waren zwei Solarpaneele sowie Steuerdüsen für Bahnmanöver angebracht.

Oberhalb des Workshops schloss sich die Luftschleuse an, von der aus die Skylab-Besatzungen Außenbordmanöver durchführen konnten. Sie beherbergte auch die Lebenserhaltungs- und Kommunikationssysteme. Zuletzt folgte das Andockmodul. Es verband die Raumstation mit dem Apollo-Raumschiff, das für den Transfer von und zur Raumstation eingesetzt wurde. Hier gab es zwei Anlegestellen. An diesem Andockmodul war im rechten Winkel das Sonnenobservatorium montiert. Es war mit vier eigenen Solargeneratoren ausgestattet, mit dem es sich selbst mit Energie versorgte, aber auch für den Betrieb

Der Orbital Workshop von Skylab wird im Vehicle Assembly Building mit der zweiten Stufe der Saturn V verbunden.

Der Start von Skylab 1 an der Startanlage 39B des Kennedy Space Center am 14. Mai 1973.

der Station Strom abzweigen konnte. Die belichteten Aufnahmen des Observatoriums wurden bei Außeneinsätzen von den Skylab-Besatzungen in die Station geholt und gegen unbelichteten Film ausgetauscht. Innerhalb der Raumstation gab es 13 Sprechstellen, von denen aus sich die Besatzungsmitglieder sowohl untereinander als auch mit der Bodenstation unterhalten konnten. Skylab war so groß, dass die Crew sich wegen der schlechten Schallleitfähigkeit beim vorherrschenden Luftdruck von nur 0,3 Atmosphären ohne diese Einrichtung nicht über größere Abstände hinweg unterhalten konnte.

Im Ablauf des Vorhabens waren insgesamt vier Starts vorgesehen. Als Skylab 1 wurde der Start der noch unbemannten Raumstation bezeichnet, gefolgt von drei bemannten Einsätzen, welche die Bezeichnungen Skylab 2 bis Skylab 4 bekamen. Diese drei bemannten Einsätze wurden mit Apollo-Raumschiffen geflogen.

Der Start der Raumstation an Bord der letzten jemals eingesetzten Saturn V-Trägerrakete fand am 14. Mai 1973 statt und die Mission schien zunächst unter keinem glücklichen Stern zu stehen. 63 Sekunden nach dem Verlassen der Startrampe riss der kombinierte Hitzeschutz- und Mikrometeoritenschild der Station ab. Nur der robusten Konstruktion der Rakete war es zu verdanken, dass sie ihren Flug trotz der Beschädigungen und der aerodynamischen Turbulenzen, die der Vorfall verursachte, fortsetzen konnte.

Die schwer beschädigte Station erreichte nach ihrem wenig glücklichen Start sicher den Orbit, aber die beiden Solarzellenausleger der Station konnten nicht aktiviert werden. Der eine, weil er beim Start abgerissen worden war, der andere, weil er sich in der bei dem Unfall verbogenen Außenverkleidung verklemmt hatte. Nur die Solargeneratoren des Sonnenobservatoriums lieferten Strom. Der fehlende Hitzeschutz ließ die Temperatur in der beschädigten Station bald auf über 50 Grad Celsius steigen.

Nach dem Start von Skylab 1 war klar, dass der für den folgenden Tag geplante Start von Skylab 2 mit den Astro-

Skylab	
Startdatum	14. Mai 1973
Trägerfahrzeug	Saturn V
Besatzungsstärke	3
Länge (ohne Apollo)	25,10 Meter
Durchmesser	6,70 Meter
Startmasse	76.600 Kilogramm
Spannweite Solargeneratoren	21,00 Meter
Orbithöhe	420 – 430 Kilometer
Elektrische Leistung	11 Kilowatt
Nutzbares Raumvolumen	354 Kubikmeter
Rücksturz zur Erde	11. Juli 1979

Der Zustand der Skylab-Raumstation am Ende der drei Visiten. Gut zu erkennen, dass zwei der provisorischen Sonnenreflektorflächen übereinander liegen.

nauten Conrad, Kerwin und Weitz nicht stattfinden konnte. Stattdessen galt es, schnellstens Möglichkeiten zu ersinnen, wie die Station gerettet werden könnte.

So verließ das Apollo Command und Service Module die Startrampe 39A an der Spitze einer Saturn IB-Trägerrakete schließlich zehn Tage später als vorgesehen: am 25. Mai 1973 um 19:50 Uhr Mitteleuropäischer Zeit. Die Apollo erreichte die Station während des fünften Orbits. Dann begannen die drei Astronauten die Schäden zu untersuchen, während sie die Station umkreisten. Es zeigte sich nun, was man schon vermutet hatte: einer der beiden Solargeneratoren fehlte vollständig. Der zweite war nur ein kleines Stück ausgefahren. Seine komplette Entfaltung wurde durch ein Fragment des Meteoritenschildes blockiert. Noch vor dem Andocken führte die Skylab 2-Crew ein Außenbordmanöver durch, um das teilentfaltete Sonnensegel mit einer Stange freizubekommen, doch der Versuch scheiterte. Schließlich beschlossen die Astronauten an der Station anzulegen. Ein Manöver, das siebenmal misslang, weil der Docking-Konus nicht einrastete. Erst beim achten Versuch klappte es schließlich.

In den nächsten Tagen gelang es der Crew zunächst, einen aufklappbaren Sonnenschutz zu installieren, wodurch die Temperaturen im Inneren der Station von et-

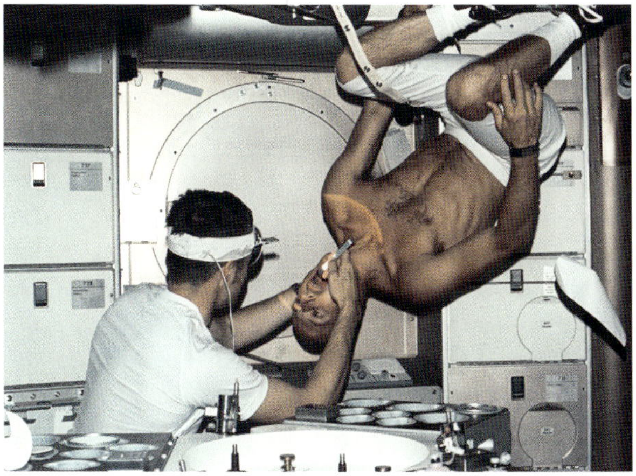

Der Raumfahrtmediziner Dr. Joseph Kerwin schaut seinem Kommandanten Charles Conrad tief in den Hals.

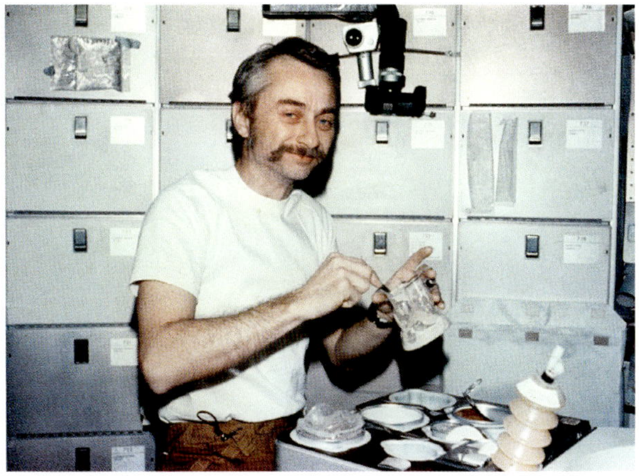

Owen Garriott von der Skylab 3-Crew beim Essen.

wa 50 Grad auf 24 Grad sanken. Zwei Wochen nach der Ankunft bekamen Conrad und Weitz bei einem Außenbordmanöver auch den festklemmenden Solargenerator frei. Am 4. Juni war das Labor weitgehend in Betrieb und die größten Schäden behoben. Insgesamt umrundete die Skylab 2-Crew die Erde 404-mal, arbeitete 392 Stunden an den Experimenten und führte drei Außenbordmanöver durch, die eine Gesamtzeit von sechs Stunden und 20 Minuten beanspruchten. In den frühen Morgenstunden des 22. Juni (US-Westküstenzeit) landete die erste Skylab-Besatzung 1320 Kilometer südwestlich von San Diego im Pazifik, wo sie vom Flugzeugträger *Ticonderoga* aufgenommen wurde.

Am 28. Juli 1973 startete Skylab 3 mit den Astronauten Alan Bean, Richard Garriott und Jack Lousma. Acht Stunden und 30 Minuten nach Beginn der Mission legte die Apollo an der Station an. Die Skylab 3-Crew führte die von ihren Vorgängern begonnenen Reparaturarbeiten weiter. Insbesondere wurde ein verbesserter Sonnenschild angebracht, der die Temperaturen im Inneren des Labors noch einmal reduzierte. Die Besatzung verdoppelte seinerzeit den Dauerrekord für den Aufenthalt im Weltraum, führte 858 Erdumkreisungen, 1081 Experimentierstunden und drei Außenbordmanöver mit einer Gesamtzeit von 13 Stunden und 43 Minuten durch.

Die drei Männer von Skylab 3 hatten die ersten Tage ihres Aufenthaltes auf der Station mit der Raumkrankheit zu kämpfen und gerieten zunächst mit ihrem Zeit-

Owen Garriott bei einem Außenbordmanöver.

Edward Gibson von der Skylab 4-Crew am Kontrollpult der Station.

plan ins Hintertreffen. Nach etwa fünf Tagen waren diese Anfangsschwierigkeiten aber überwunden und die Arbeiten konnten normal weitergeführt werden. Am 25. September wurde das Apollo-Kommandomodul wieder reaktiviert. Die Landung erfolgte 300 Kilometer südwestlich von San Diego im Pazifik. Das Bergungsschiff, die *USS New Orleans*, fischte die Kapsel 42 Minuten nach der Landung aus dem Wasser. Die gesamte Flugzeit hatte 1427 Stunden und 9 Minuten betragen.

Die Schlussbesatzung der Skylab-Raumstation startete am 18. November 1973. Start- und Rendezvous-Phase von Skylab 4 waren normal, und siebeneinhalb Stunden nach dem Verlassen der Startrampe hatte die Apollo die Station erreicht.

Diese abschließende Mission des ersten US-Raumstationsprogramms war in der Öffentlichkeit vor allem dadurch präsent, dass die Crew, bestehend aus dem Kommandanten Gerald Carr, Senior Pilot Edward Gibson und Pilot William Pogue, den Kometen Kohoutek beobachtete. Was zunächst weniger bekannt war, und erst später durchsickerte war, dass die Crew gegen die Zeitplanvorgaben der Missionskontrolle rebellierte und kurzerhand einen eigenen Flugplan aufstellte. Trotz der Tatsache, dass die Mannschaft damit enorm erfolgreich war und weit mehr Experimente durchführte als zuvor geplant, wurde in der Folge keiner der drei Astronauten jemals wieder für einen Raumflug nominiert. Insgesamt absolvierte die Mannschaft 1214 Erdumkreisungen und vier Außenbordmanöver mit einer Gesamtzeit von 22 Stunden und 13 Minuten.

Die NASA hatte noch eine zweite Skylab-Station bauen lassen, und es wurde untersucht, ob sie gestartet werden sollte. Die Raumfahrtbehörde litt aber in den siebziger Jahren unter permanenten Budgetkürzungen. So landete die komplette Station im Museum.

Nachdem die letzte Crew die Station verlassen hatte, verblieb an Bord noch etwa ein Drittel des ursprünglichen Wasservorrats und noch erhebliche Mengen Sauerstoff. Auch von allen anderen Verbrauchsstoffen waren noch Vorräte für mehrere Monate an Bord. Skylab hätte ohne weiteres noch eine vierte Crew über 90 Tage unterstützen können. Die Option einer nochmaligen Besetzung

Das Apollo-Raumschiff der Skylab 4-Besatzung.

der Station im frühen Shuttle-Programm wollte sich die NASA offen lassen und deshalb wurde das Haupttriebwerk von Apollo 20/Skylab 4 verwendet, um die Station auf eine höhere Bahn zu bringen. Nach den Berechnungen der NASA hätte Skylab nach dieser Bahnanhebung mindestens neun weitere Jahre auf einer stabilen Bahn bleiben sollen.

Während des Betriebs von Skylab wurde für Notfälle eine voll ausgerüstete Saturn IB mit einem leicht modifizierten Command Module in Bereitschaft gehalten. Diese Kapsel war fünfsitzig ausgelegt. Die Crew der Rettungskapsel hätte aus den Astronauten Vance Brand (Kommandant) und Donald Lind (Pilot) bestanden. Diese beiden sollten im Notfall eine gestrandete Skylab-Crew abholen. Eine solche Mission musste aber nie durchgeführt werden.

Die NASA hatte weiterhin geplant, Skylab als Ziel für die frühen Shuttle-Flüge einzusetzen, deren Beginn für 1978 vorgesehen war. Aber das Shuttle-Programm verzögerte sich Jahr um Jahr. Durch die erhöhte Sonnenaktivität dehnte sich die Erdatmosphäre stärker aus als vorgesehen und beschleunigte den Wiedereintritt von Skylab. Am 11. Juli 1979 trat sie schließlich über Australien in die Erdatmosphäre ein.

Risszeichnung von Skylab. Unten: Die Besatzungen.

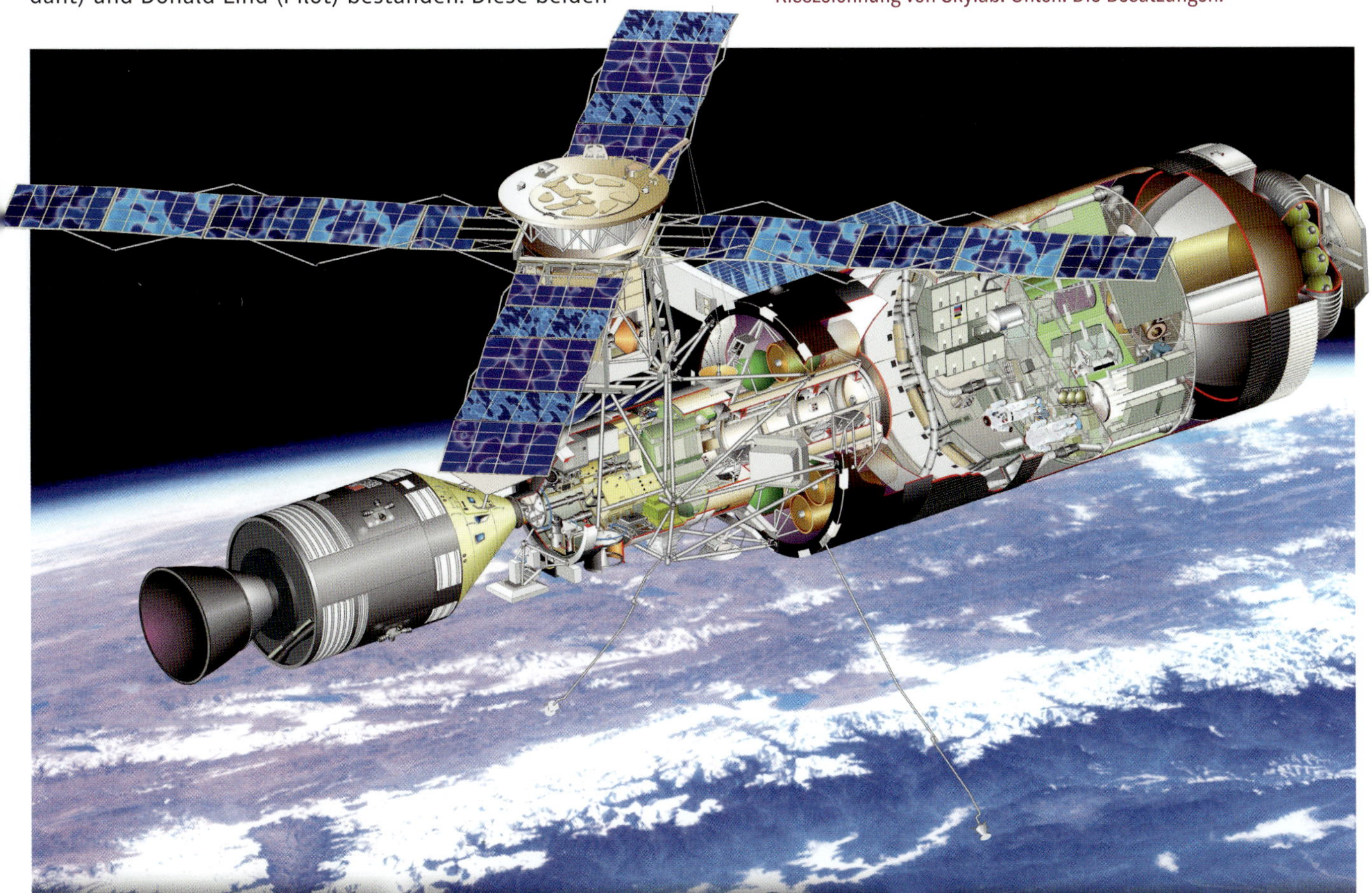

3. November 1973

Mariner 10 startet zum Merkur

Die Raumsonde Mariner 10.

Mariner 10 war die siebte erfolgreiche Raumsonde der Mariner-Serie, das erste Raumfahrzeug, das den Planeten Merkur besuchte, und das erste Raumfahrzeug, das Bilder von der Wolkenhülle der Venus übertrug. Mariner 10 passierte den Merkur dreimal auf einem retrograden heliozentrischen Orbit. Sie war auch acht Monate vor Pioneer 11 das erste Raumfahrzeug, welches das Gravitationsfeld eines Planeten (Venus) nutzte um zu einem anderen Planeten (Merkur) zu gelangen. Und es war die erste Mission in der Geschichte der Raumfahrt, bei der eine Sonde gleich zwei Planeten besuchte.

Das Raumfahrzeug basierte auf der Struktur von Mariner 8 und 9, musste jedoch wegen der geringen Sonnendistanz modifiziert werden. Mariner 10 verfügte über einen achteckigen Magnesiumrahmen mit einem Durchmesser von 1,39 Meter und einer Höhe von 46 Zentimetern. Darin befanden sich die Elektronik, einige der Instrumente sowie die Subsysteme des Raumfahrzeugs. Daran befestigt waren zwei Solargeneratoren von jeweils 269 Zentimetern Länge und 97 Zentimetern Breite.

An der Oberseite der Sonde befand sich ein Hitzeschild, um den Instrumententeil von der großen Sonneneinstrahlung abzuschirmen. An der Unterseite war eine bewegliche Scan-Plattform mit den beiden Kameras angebracht. Die seitlich befestigte, 1,37 Meter durchmessende, Hochgewinnantenne war mittels eines Elektromotors schwenkbar. Der Hydrazintank mit einem Fassungsvermögen von 29 Kilogramm, sowie der Stickstofftank für die Lageregelungsdüsen, befanden sich im Zentrum der Struktur. Darunter war das Haupttriebwerk montiert, das durch eine Öffnung des Hitzeschilds nach außen ragte. Die Lageregelung erfolgte über zwei Sätze mit je drei Paaren von Kaltgasdüsen, die an den Enden der Solargeneratoren montiert waren. Die Sonde war mit einem S-Band- und einem X-Band-Transponder ausgerüstet und konnte mit einer Leistung von bis zu 117,6 Kilobit pro Sekunde übertragen.

Das erste Bild des Merkurs von Mariner 10. Es entstand aus einer Entfernung von 5.380.000 Kilometern.

Diese Nahaufnahme einer Kraterlandschaft auf dem Merkur entstand am 21. September 1974.

Die Mission verlief problembeladen. Nach dem Start am 3. November 1973 konnte eine Schutzkappe nicht geöffnet werden, was für einige Instrumente einen reduzierten Datenstrom bedeutete. Die Heizelemente der Kameras fielen aus, so dass sie ständig eingeschaltet bleiben mussten, um eine Unterkühlung zu verhindern. Abblätternde Farbe verursachte Fehlfunktionen des Sternensensors, weil er sich ständig auf die davonfliegenden Lackteile ausrichtete. Die Schwenkvorrichtung der Hochgewinnantenne blockierte häufig und der Bordcomputer fiel mehrfach aus, was jeweils einen Reboot aller Experimente und Subsysteme zur Folge hatte.

Alle diese Probleme wurden jedoch schließlich überwunden und nach einem Vorbeiflug an der Venus passierte Mariner 10 den Merkur erstmals am 29. März 1974 in einer Entfernung von 705 Kilometern. Dadurch wurde die Sonde in eine 176-tägige Umlaufbahn um die Sonne umgelenkt. Da Merkur selbst die Sonne in 88 Tagen umkreist, trafen sich Sonde und Merkur nach 176 Tagen am gleichen Punkt der Merkurumlaufbahn erneut. Die nächste Begegnung am 21. September 1974 fand in einer größeren Distanz von etwa 50.000 Kilometern statt, um die Bahn der Sonde nicht durch die Gravitation des Planeten zu beeinflussen. Die abschließende Begegnung am 16. März 1975 führte dagegen bis auf 375 Kilometer an den Merkur heran.

An Bord befanden sich sieben Experimentiervorrichtungen (ein Ultraviolett-Spektrometer, ein Infrarot-Radiometer, ein Sonnenplasma-Experiment, eine Messvorrichtung für geladene Partikel, ein Magnetfeldsensor sowie eine Weitwinkel- und eine Telekamera mit einem digitalen Bandaufzeichnungsgerät). Zwei Experimente waren passiver Natur und verwendeten Funksignale, um daraus Informationen abzuleiten. Man versuchte dabei die Dichte der Venus- und Merkuratmosphäre zu bestimmen.

Nach dem dritten Vorbeiflug waren die Treibstoffvorräte erschöpft und die Sonde wurde abgeschaltet.

Mariner 10	
Ursprungsland	USA
Betreiber	NASA
Hersteller	Boeing
Startdatum	3. November 1973
Startort	Cape Canaveral
Trägerrakete	Atlas Centaur
Ziel	Merkur
Aufgabe	Vorbeiflüge am Merkur
Spannweite Solargeneratoren	8,00 Meter
Höhe des Raumfahrzeugs	3,70 Meter
Startmasse	503 Kilogramm
Verfügbare Energie Merkur	820 Watt
Leistung Haupttriebwerk	222 Newton
Lageregelungstriebwerke	2 × 6
Treibstoffvorrat	29 Kilogramm
Anzahl aktiver Instrumente	7
Merkur-Passage 1	29. April 1974
Merkur-Passage 2	21. April 1974
Merkur-Passage 3	16. März 1975
Anzahl Bilder Venus	4165
Anzahl Bilder Merkur	4400
Missionsende	24. März 1975

10. Dezember 1974

Helios 1 – Der Sonne nah wie nie zuvor

Im Jahre 1966 unterzeichneten der deutsche Bundeskanzler Ludwig Erhard und US-Präsident Lyndon B. Johnson ein Abkommen über die Durchführung einer gemeinsamen interplanetaren Mission. Man kam überein, ein Sondenpaar zu bauen, welches den Raum zwischen Sonne und Erde untersuchen und dabei der Sonne näher kommen sollte, als je ein Raumfahrzeug zuvor. Deutschland baute die beiden Sonden Helios 1 und 2, die USA stellten die Trägerraketen sowie die Unterstützung durch das Deep Space Network.

Die Helios-Raumsonden waren damit die ersten interplanetaren Raumfahrzeuge, die nicht entweder von den USA oder der Sowjetunion stammten. Ihre Aufgabe war es, in den interplanetaren Raum innerhalb der Merkurbahn zu fliegen. Die größte Herausforderung bestand somit in der Regelung der Temperatur, denn in diesem geringen Sonnenabstand heizte sich die Außenhülle bis auf

Diese Titan IIIE Centaur brachte Helios 1 auf ihre heliozentrische Bahn.

300 Grad Celsius auf. 50 Prozent der Oberfläche war daher mit spiegelnden Reflektoren überzogen, welche die Wärme wieder zurückstrahlten. Zusätzlich verringerte die Garnrollenform und die Isolation die Einstrahlung. Ein weiterer Faktor war die schnelle Rotation von einer Umdrehung pro Sekunde. Damit war jeder Punkt der Oberfläche jeweils nur kurz der Sonne ausgesetzt.

Der Start der beiden Sonden wurde mit Trägerraketen des Typs Titan IIIE durchgeführt. Es war der erste operationelle Einsatz dieser Rakete. Davor hatte es einen Testflug mit diesem Typ gegeben, der gescheitert war. So war die Aufregung vor der ersten Mission groß. Aber am Ende verliefen beide Starts problemlos.

An Bord jeder Sonde befanden sich zehn Experimente die sich mit Strahlungsphysik, Magnetfeldforschung und kosmischem Staub beschäftigen.

Der Zentralkörper der beiden Sonden war sechzehneckig und hatte die Form einer riesigen Garnrolle mit einem größten Durchmesser von 2,77 Metern und einem geringsten Durchmesser von 1,75 Metern. Die Höhe über die Sendeantenne betrug 4,23 Meter. Die Ausleger für das Magnetometer und das Plasmawellen-Experiment ragten 4,70 und 14,80 Meter zur Seite heraus.

Die insgesamt 14.080 Solarzellen waren nur an den ausgestülpten Teilen des Sondenkörpers angebracht. Die Energie dieser Zellen wurde in einer 24 Amperestunden

Helios 2 wird für den Start vorbereitet.

Silber-Zinkbatterie gepuffert. Die Thermalkontrolle erfolgte über optische Reflektoren, die 93 Prozent des einfallenden Lichtes wieder zurückstrahlten.

Die Sonde verfügte über einen Bordcomputer, der 256 Kommandos verarbeiten konnte. Ein Magnetkernspeicher konnte bis zu 500 Kilobit an Daten speichern. Die Helios-Sonden verfügten über je eine Hoch-, Mittel- und Niedergewinnantenne. Die beiden letzteren konnten auch zum Empfangen verwendet werden. Das Kaltgas-Lageregelungssystem verwendete Stickstoff, mit denen drei je ein Newton leistende Triebwerke betrieben wurden.

Helios 1 und 2	
Ursprungsland	Deutschland
Betreiber	DFVLR/NASA
Hersteller	MBB
Startdatum Helios 1	10. Dezember 1974
Startdatum Helios 2	15. Januar 1976
Startort	Cape Canaveral
Trägerrakete (jeweils)	Titan III E Centaur
Ziel	Heliozentrischer Orbit
Aufgabe	Sonnenforschung
Maximaler Durchmesser	2,77 Meter
Höhe über Antenne	4,23 Meter
Startmasse Helios 1	371 Kilogramm
Startmasse Helios 2	374 Kilogramm
Anzahl aktiver Instrumente	10
Verfügbare Energie Erdbahn	270 Watt
Energie in Sonnennähe	238 Watt
Treibstoffvorrat (Stickstoff)	7,7 Kilogramm
Triebwerke	3 × 1 Newton
Perihel Helios 1	46,5 Millionen Kilometer
Perihel Helios 2	43,5 Millionen Kilometer
Missionsende Helios 1	10. Februar 1986
Missionsende Helios 2	3. März 1980

Künstlerische Darstellung einer Helios-Raumsonde in ihrem Element.

Die beiden Sonden waren für eine Lebensdauer von jeweils 18 Monaten ausgelegt. Ein Wert der von beiden Raumfahrzeugen erheblich übertroffen wurde. Jahrzehntelang hielt Helios 2 den Rekord für den geringsten Abstand zur Sonne den je ein Raumfahrzeug erreicht hatten. Erst im November 2018 kam die Parker Solar Probe der NASA der Sonne noch näher.

Sonnensonde Helios im Foto und als Risszeichnung.

8. Juni 1975

Venera 9 – Erste Bilder von der Venus-Oberfläche

Venera 9 vor dem Start.

Die Raumsonde Venera 9 und ihre nur sechs Tage später gestartete Schwestersonde Venera 10 waren die ersten Baueinheiten der zweiten Generation sowjetischer Venussonden. Sie waren komplexe wissenschaftliche Stationen von fünf Tonnen Gewicht und starten von nun an nicht mehr mit der Molnija M-Trägerrakete sondern mit der wesentlich leistungsfähigeren Proton K. Die Landesonde von Venera 9 war das erste Raumfahrzeug, das jemals Bilder von der Oberfläche eines anderen Planeten als der Erde übermittelte. Das Venera 9-Mutterschiff war die erste Raumsonde, die in einen Orbit um den Planeten Venus eintrat.

Die beiden Raumsonden bestanden jeweils aus zwei Komponenten, die während des Transfers zur Venus miteinander verbunden waren, nämlich dem Orbiter und dem Lander. Der Orbiter war eine etwa 3500 Kilogramm schwere Plattform, die als „Mutterschiff" fungierte. Er verfügte über eine 2,4 Meter durchmessende Parabolantenne und zwei kleine Rundstrahlantennen. Der zweite Teil war die 2,4 Meter durchmessende kugelförmige Eintrittseinheit mit dem Lander.

Die Gesamtkombination flog bis zwei Tage vor der Landung auf Kollisionskurs mit dem Planeten. Dann trennte sich der Lander vom Mutterfahrzeug, das daraufhin eine Kurskorrektur durchführte, die es am Planeten vorbeiführte. Der Lander blieb auf Kollisionskurs. Das Transferfahrzeug führte danach eine Bremszündung durch, welche in einer stark elliptischen Umlaufbahn en-

Venera 9 und 10	
Ursprungsland	UdSSR
Startdatum Venera 9	08. Juni 1975
Startdatum Venera 10	14. Juni 1975
Startort (beide)	Baikonur
Trägerrakete jeweils	Proton K
Aufgabe	Venus-Lander/Orbiter
Durchmesser Landeeinheit	2,50 Meter
Höhe des Raumfahrzeugs	5,30 Meter
Spannweite Solargenerator	6,70 Meter
Startmasse Venera 9	4936 Kilogramm
Startmasse Venera 10	5033 Kilogramm
Schub Haupttriebwerk	10 – 19 Kilonewton
Davon Masse Lander je	1560 Kilogramm
Masse Lander nach Landung	660 Kilogramm
Instrumente Plattform/Lander	16/10
Umlaufbahn Orbiter Venera 9	7625 × 118.100 Kilometer
Umlaufbahn Orbiter Venera 10	1620 × 113.900 Kilometer
Landung Venera 9	22. Oktober 1975
Landung Venera 10	25. Oktober 1975
Letzter Kontakt Venera 9 – Orbiter	25. Dezember 1975
Letzter Kontakt Venera 10 – Orbiter	22. März 1976

Die Landesonde von Venera 9.

dete. Fast zeitgleich trat der Lander mit einer Relativgeschwindigkeit von 10,7 Kilometern pro Sekunde in die Atmosphäre der Venus ein und sendete seine Messdaten an den Orbiter.

Noch vor dem Eintritt in die Venus-Atmosphäre wurde die Landeeinheit auf –10 Grad Celsius „vorgekühlt“. Dies geschah mittels Lithium-Nitratdihydrat, einem Salz, das durch Schmelzen bei 30 Grad Wärme aufnimmt. Die Hülle des Landers bestand weitgehend aus Titan und war bis 100 Atmosphären druckbeständig.

Der Landevorgang war komplex. Die atmosphärische Abbremsung begann in einer Höhe von 125 Kilometern mit einem Eintrittswinkel von 22 Grad zum lokalen Horizont. In 65 Kilometern Höhe wurde erst ein Pilotschirm, dann ein kleiner Schirm ausgeworfen, welcher die obere Hälfte des Hitzeschildes wegzog. In etwa 62 Kilometer Höhe wurde ein weiterer Schirm mit etwa 2,5 Meter Durchmesser entfaltet, mit dem die Sinkgeschwindigkeit auf 50 Meter pro Sekunde reduziert wurde. In dieser Phase aktivierten sich die Messinstrumente.

Danach öffnete sich das Hauptschirmsystem mit drei Kappen, und die untere Eintrittshalbschale wurde abgeworfen. Die Atmosphäre in dieser Höhe ist auf der Venus schon so dicht, dass die Sonde für den Abstieg von 62 auf 50 Kilometer Höhe 20 Minuten benötigte. Dort wurden alle Fallschirmkappen abgetrennt. Danach erfolgte ein rein aerodynamischer Abstieg mittels eines Aero-Schildes. Der Aufprall auf der Oberfläche erfolgte mit sieben Metern pro Sekunde.

Um auf der glutheißen Venus überleben zu können war ein ausgetüfteltes Kühlsystem notwendig. Es bestand aus im Lander zirkulierenden Flüssigkeiten und zusätzlich der erwähnten Vorkühlung vor dem Eintritt. Dieses System erlaubte es, nach dem Aufsetzen noch 53 Minuten zu überstehen. Venera 9 landete etwa 2200 Kilometer von der Landestelle von Venera 10 entfernt. Diese Sonde konnte sogar 63 Minuten lang Daten an das Mutterfahrzeug übertragen.

Venera 9 und 10 maßen eine Wolkendecke von 30 – 40 Kilometern Dicke, deren Basis sich in 30 – 35 Kilometern Höhe befand. Sie bestimmten den Oberflächendruck mit 90 Atmosphären, einer Temperatur von 485 Grad Celsius und Lichtbedingungen, die einem bewölkten Sommertag auf der Erde entsprechen.

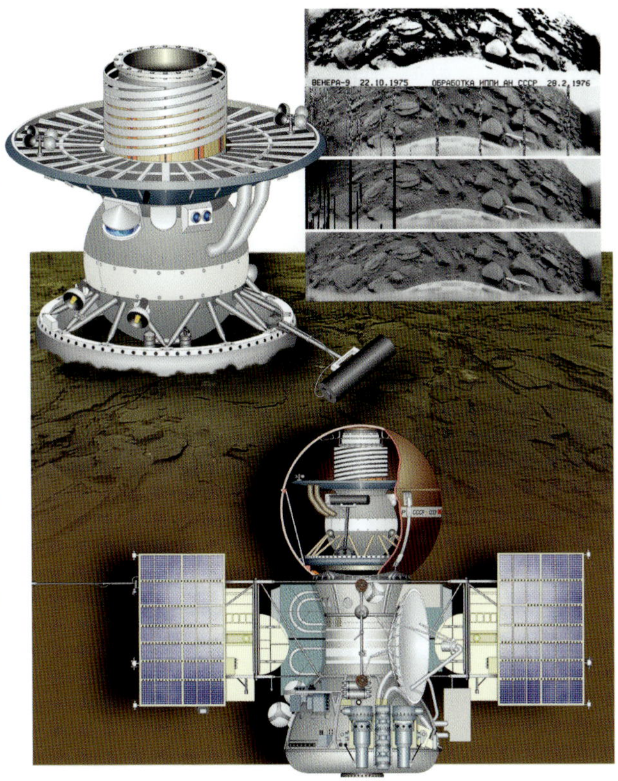

Unten eine Risszeichnung der Kombination aus Orbiter und Lander. Links darüber die Landesonde. Rechts einige der übermittelten Bilder. Den Hintergrund der Infografik bildet ein Foto von Venera 13, also einer späteren Mission.

15. Juli 1975

Das Apollo-Sojus-Testprojekt

Die Apollo-Hardware erlebte mit dem Apollo-Sojus-Testprojekt (ASTP) ihren finalen Einsatz. Auf der einen Seite war es ein letzter Tribut für Amerikas Mondprogramm. Auf der anderen Seite öffnete es das Tor für eine neue Ära der Raumfahrt. Bis zum Ende der sechziger Jahre war eine Zusammenarbeit im Weltraum zwischen den Sowjets und den USA undenkbar gewesen. Nach dem Ende des Vietnam-Krieges verbesserten sich aber die Beziehungen zwischen den beiden Supermächten. Erste Vorvereinbarungen für eine gemeinsame Raumflugmission wurden im Oktober 1970 getroffen. Details dazu wurden im zweiten Halbjahr 1971 ausgearbeitet.

Neben der politischen Bedeutung des Vorhabens gab es eine technische Entwicklung, die über den Flug hinaus praktische Anwendung fand, nämlich das „Androgynous Peripheral Attach System“ oder kurz APAS. Dieses Dockingsystem machte eine Verbindung zwischen einer Sojus und einer Apollo überhaupt erst möglich. Eine Variante dieses Adaptertyps fand danach im Mir-Programm der Sowjets, im Shuttle-Programm der Amerikaner und schließlich sogar auf der Internationalen Raumstation Anwendung.

Von US-Seite her bestand die ASTP-Besatzung aus Thomas Stafford, Vance Brand und Donald Slayton. Bei den Sowjets flogen Alexei Leonow und Waleri Kubassow.

Die ASTP-Sojus war eine Spezialversion des Standard Sojus-Raumschiffes wie es seit dem Sojus 11-Unfall für die Flüge zu den Salut-Raumstationen eingesetzt war. Sie trug die Typ-Bezeichnung Sojus 7K-TM und war für eine zweiköpfige Crew ausgelegt, anstelle der drei Personen, die bis einschließlich Sojus 11 (allerdings ohne Raumanzüge) in der Sojus transportiert wurden. Die seinerzeit verwendete Standardversion wurde nur mit Batterien betrieben, was ihre Flugzeit im Solo-Betrieb auf zwei Tage beschränkte. Für das ASTP-Programm wurde sie nun auf Solargenerator-Betrieb umgerüstet. Die Sojus 7K-TM war

ASTP-Crew. Oben von links: Thomas Stafford und Alexei Leonow. Unten von links: Donald Slayton, Vance Brand und Waleri Kubassow.

Start von Sojus 19 mit Leonow und Kubassow.

Start der Apollo mit den Astronauten Stafford, Brand und Slayton.

auch hinsichtlich des atmosphärischen Drucks in der Kabine modifiziert.

Sechs dieser Spezialversionen wurden gebaut. Im Vorfeld der eigentlichen Mission hatte es damit zwei unbemannte Testflüge gegeben sowie eine bemannte Mission (Sojus 16). Nummer vier dieser Spezial-Sojus war praktisch startbereit am Kosmodrom in Baikonur gelagert – für den Fall, dass es Probleme mit dem aktuellen Fluggerät gäbe. Sie wurde nie verwendet. Die sechste Einheit flog im September 1976 als Sojus 22 unter dem Kommando von Valeri Bykowski mit Wladimir Axjonow als Pilot auf einer achttägigen Solo-Mission (also ohne an Salut 4 anzudocken, die sich zu dieser Zeit gerade im Orbit befand). Statt des APAS-Adapters war sie bei diesem Flug mit der MFK-6 Multispektralkamera von Karl Zeiss Jena ausgerüstet.

Die Saturn IB und das CSM stammten aus den Restbeständen des Apollo- und Skylab-Programms. Das Apollo-Raumschiff wurde mit einem Docking-Modul gestartet, das speziell für diese Mission entwickelt und gebaut wurde, und das es der Sojus und der Apollo erlaubte miteinander zu koppeln. Diese Einheit befand sich beim Start im Adapter, unterhalb der Apollo und oberhalb der zweiten Stufe der Saturn IB. Ähnlich wie das Lunar Module im

ASTP-Apollo (Apollo 21)	
Start	15. Juli 1975, 19:50 Uhr MEZ
Landung	24. Jul 1975, 19:00 Uhr MEZ
Besatzung	Thomas Stafford Vance Brand Donald Slayton

Sojus 19	
Start	15. Juli 1975, 13:20 Uhr MEZ
Landung	21. Jul 1975, 11:50 Uhr MEZ
Besatzung	Alexei Leonow Waleri Kubassow

Mondlandeprogramm musste das Docking-Modul im Orbit durch das CSM aus dieser Adaptersektion herausgezogen werden.

Das Docking-Modul war mit zwei unterschiedlichen Kopplungsstutzen ausgerüstet und gleichzeitig als Schleuse ausgelegt. Das war notwendig, weil in den beiden Raumfahrzeugen unterschiedliche Atmosphären herrschten. Die Apollo verwendete reinen Sauerstoff bei 34 Kilopascal während in der Sojus eine ähnliche Atmosphäre wie auf der Erdoberfläche bestand, mit einem ähnlichen Stickstoff/Sauerstoff-Verhältnis und einem Druck von 100 Kilopascal. Die beiden unterschiedlichen Kopplungsknoten wurden benötigt, weil die Apollo-Hardware, die man für die ASTP-Mission verwendet, nicht mit dem APAS-Anlegekragen ausgerüstet war. So war das eine Ende des Docking-Moduls an der Spitze der Apollo mit dem Standard Apollo-Anlegemechanismus ausgerüstet. Der gleiche, der schon Jahre zuvor für das Lunar Module, und die Skylab-Station verwendet worden war. Der APAS-Dockingstutzen war am anderen Ende des Docking-Moduls integriert. Das ermöglichte es der Sojus 19, die ebenfalls mit einem APAS-Dockingstutzen ausgerüstet war, auch an diesem Dockingmodul anzulegen.

Die beiden Raumschiffe erhielten keine speziellen Namen wie bei anderen Missionen davor oder danach. Das Funk-Rufzeichen für Sojus 19 war für die Dauer der gemeinsamen Mission einfach „Sojus“. Die Apollo hieß einfach „Apollo“, ohne einen Nummernzusatz. Daran hielt sich die NASA aber selbst häufig nicht, und gerade die Mainstream-Presse so gut wie nie. Man bezeichnete sie fälschlicherweise als „Apollo 18“. Eine Bezeichnung die auch schon für die Skylab 2-Kapsel verwendet worden war. Wenn man die Nummerierung aus dem Apollo-Programm beibehält, dann handelte es sich tatsächlich um das Raumschiff Apollo 21.

Sojus und Apollo starteten am 15. Juli in Cape Canaveral und in Baikonur im Abstand von siebeneinhalb Stunden. Zuerst Sojus 19, dann die Apollo. Das Anlegemanöver fand zwei Tage später statt. Drei Stunden nach dem Docking tauschten Stafford und Leonow den ersten internationalen „Handshake“ in der Geschichte der Raumfahrt aus. Dann fanden eine Reihe von Besatzungswechseln

Sojus 19 mit Leonow und Kubassow von der Apollo aus fotografiert.

Apollo mit dem APAS-Dockingadapter von Sojus 19 aus fotografiert.

Tom Stafford kommt aus dem Docking-Adapter in das Wohnmodul der Sojus und wird dort von Leonow begrüßt.

statt – immer über den Umweg der Luftschleuse. Während des ersten Austausches wurde den Crews eine Nachricht vom sowjetischen Premierminister Leonid Breschnew verlesen und sie erhielten einen Anruf von US-Präsident Gerald Ford.

Die beiden Raumschiffe blieben 44 Stunden miteinander verbunden. Während dieser Zeit wurden gemeinsame wissenschaftliche Experimente durchgeführt, Geschenke ausgetauscht, Botschaften übermittelt und miteinander gegessen. Dann erfolgte die Trennung. Die Apollo wurde danach so manövriert, dass aus der Sicht der Sojus eine künstliche Sonnenfinsternis entstand, die für wissenschaftliche Fotografien eingesetzt wurde. Danach legten die beiden Fahrzeuge noch einmal kurzzeitig aneinander an, um sich dann endgültig zu trennen. Die Sowjets blieben danach noch zwei weitere Tage im Orbit und die Amerikaner fünf.

Die Mission wurde als großer Erfolg gewertet. Technisch, wissenschaftlich und vor allem politisch. Bei der Landung der Apollo ereignete sich jedoch ein ernsthafter Zwischenfall. Die Crew übersah, dass das Lageregelungssystem der Kapsel beim Herabschweben am Fallschirm noch in Betrieb war. Dadurch wurden Stickstofftetroxid- und Hydrazingase durch das bereits geöffnete Außenventil ins Innere der Kabine geleitet. Brand verlor kurzzeitig das Bewusstsein. Stafford gelang es, die Notfall-Sauerstoffmasken aus ihren Fächern zu holen, Brand eine davon überzuziehen und eine weitere Slayton zu reichen. Die drei Astronauten mussten danach für zwei Wochen in die Klinik nach Honolulu.

Bereits wenige Tage nach dem Start dieser letzten Apollo begann der Umbau der Startanlage 39B für das Shuttle-Programm. Die Startanlage 39A, von der aus Apollo 11 zum Mond gestartet war, war da schon seit fast zwei Jahren deaktiviert.

Risszeichnung der Apollo-Adapter-Sojus-Konfiguration. Rechts oben die Sojus, rechts unten die Apollo mit dem Dockingmodul.

20. August 1975

Viking landet auf dem Mars

Die Doppelmission Viking 1 und Viking 2 war zum Zeitpunkt als sie gestartet wurde die aufwendigste Planetenmission der USA. Die Projektkosten betrugen zum Preisstand von 1970 etwa eine Milliarde Dollar. Dies würde, eskaliert auf das Jahr 2021, einer Summe von mehr als fünf Milliarden Dollar entsprechen.

Jedes der beiden Viking-Raumfahrzeuge bestand aus einem Orbiter und einem Lander. Die gesamte Kombination schwenkte zunächst in eine Umlaufbahn um den Roten Planeten ein. Erst nach Überprüfung der Landegebiete, beispielsweise auf Staubstürme oder ungünstige Geländeformationen, wurden die Lander abgesetzt. Dies geschah jeweils etwa einen Monat nach dem Erreichen der Umlaufbahn. Die Orbiter agierten nach der Landung als Funkrelay für die Lander, führten vor allem aber auch ihre eigene Forschungsmission durch.

Hauptziele des Orbiters, dessen Grundkonzept von Mariner 9 abstammte, waren der Transport des Landers in die Marsumlaufbahn und das Absetzen zur Landung, sowie eigene wissenschaftliche Aufgabenstellungen. Vor allem eine ausgedehnte fotografische Erfassung der Marsoberfläche.

Die Forschungseinrichtungen an Bord des Orbiters waren: Der *Mars Atmospheric Water Detector*, der mittels eines Infrarotspektrometers Wasserdampf feststellen sollte; das *Visual Imaging Subsystem*, ein mit zwei Teleskopen bestücktes Kamerasystem und der *Infrared Thermal Mapper*, mit dem die Oberflächentemperatur auf dem Mars gemessen wurde. Dazu kamen beim Lander wie beim Orbiter die üblichen passiven Experimente die mit Hilfe der Sendeeinrichtungen durchgeführt wurden.

Neben seiner technischen Ausrüstung, die auch einen Schaufel-Mechanismus und eine Kameraausrüstung beinhaltete, befanden sich an Bord des Landers vier Forschungsinstrumente, nämlich das *Pyrotechnic Release Experiment* und das *Labeled Release-Experiment*, die beide nach Spuren von Fotosynthese suchen sollten, das *Gas Exchange Experiment*, das den Marsboden atmosphärischen Veränderungen aussetzte, und einen Gaschromatographen und ein Massenspektrometer, mit denen diese Veränderungen gemessen wurden. Es gab noch drei weitere Experimente, die während des Abstiegs durch die Atmosphäre durchgeführt wurden und die Lufthülle des Mars analysierten.

Die Orbiter verfügten über eine achteckige Ringstruktur von 2,5 Meter Durchmesser und 46 Zentimetern Höhe. Die Elemente dieses Rings waren alternierend je 1,40 und 0,61 Meter breit. Die Gesamthöhe vom Triebwerk bis

Start von Viking 1 am 20. August 1975.

zum Befestigungsring des Landers betrug 3,29 Meter. Die elektrische Energie für den Orbiter stellten die vier windmühlenartigen Solargeneratoren mit je zwei Paneelen zur Verfügung, auf denen insgesamt 34.800 Solarzellen aufgebracht waren. Die kombinierte Solarzellenfläche betrug 15 Quadratmeter. Sie erbrachte in der Marsumlaufbahn 620 Watt. Die erzeugte Energie konnte in zwei 30 Amperestunden aufnehmende Nickel-Cadmiumbatterien gespeichert werden.

Das Orbit-Bremsmanöver wurde mit dem schwenkbaren 1,3 Kilonewton-Haupttriebwerk des Orbiters vorgenommen. Für die Bestimmung des Abschaltzeitpunktes sorgten zwei Beschleunigungsmesser. Die Lageregelung erfolgte über zwölf Kaltgas-Triebwerke. Die Raumlagedaten wurden mit Hilfe von Sonnen- und Sternsensoren und einer Trägheitsplattform aufbereitet. Die Kommunikation des Orbiters mit der Erde erfolgte im S- und X-Band über

Ein Modell des Viking-Landers

Die Transferkonfiguration der Vikings. Oben der Orbiter, unten der (noch eingekapselte) Lander.

eine steuerbare parabolische Hochgewinnantenne von 1,5 Metern Durchmesser. Auf der Oberseite der Plattform befand sich an einem Mast die Niedriggewinnantenne.

Jeder Lander war in einer diskusförmigen Schutzhülle eingekapselt, die während der Eintrittsphase in die Marsatmosphäre als Hitzeschild und als aerodynamische Bremse diente. Um eine mögliche Kontaminierung der Marsoberfläche mit irdischen Mikroben zu verhindern, war jeder Lander vor dem Start für 40 Stunden bei einer Temperatur von 111 Grad „gebacken" worden.

Der Abstieg zur Marsoberfläche spielte sich in vier Phasen ab und begann zwei Stunden vor dem Eintritt in die Atmosphäre des Mars mit dem Abkoppeln vom Orbiter. Unmittelbar danach folgte der „Deorbit burn", eine Triebwerkszündung, bei der die Geschwindigkeit des Landers soweit herabgesetzt wurde, dass er die obersten Ausläufer der Atmosphäre erreichen konnte. Diese Phase des Abstiegs erfolgte mit Hilfe von zwölf Triebwerken, die in vier Bündeln zu jeweils drei Einheiten im Abstand von 90 Grad an der Oberseite der Eintrittskapsel angeordnet waren. Diese Triebwerke leisteten jeweils 39 Newton Schub und verlangsamten die Geschwindigkeit des Landers um insgesamt 650 Kilometer pro Stunde. Genug, um die obersten Ausläufer der Atmosphäre zu erreichen.

Die nächste Phase war der Eintritt in die Atmosphäre und die darauf folgende aerodynamische Abbremsung durch den Luftwiderstand. Dabei waren zunächst wei-

Viking 1 schoss dieses Bild von seiner Landestelle.

3200 Kilometer von der Landestelle von Viking 1 entfernt übertrug Viking 2 dieses Bild vom Utopia Planum.

ter die De-orbit-Triebwerke aktiv, um die Raumlage des Landers zu regeln. Dabei bauten sich innerhalb weniger Sekunden große Andruckkräfte und enorme Temperaturen auf, die der Hitzeschild des Landers abwehrte.

In einer Höhe von nur noch sechs Kilometer und einer Geschwindigkeit von 900 Kilometer pro Stunde wurde der Fallschirm ausgeworfen. Gleich darauf wurde der untere Hitzeschild abgeworfen und die Landebeine ausgeklappt. In einer Höhe von 1500 Metern über dem Boden aktivierte der Lander seine drei Retro-Triebwerke. Gleich darauf löste er sich vom oberen Hitzeschild mit dem Fallschirm. Der letzte Weg des Abstiegs erfolgte nur noch unter Raketenantrieb. Dies geschah mit Hilfe von drei Raketenmotoren, die in einem Abstand von 120 Grad an der Basis der Landesonde angebracht waren. Jedes dieser drei Triebwerke teilte seine Leistung auf insgesamt sechs Düsen auf. Insgesamt leisteten sie maximal 2,6 Kilonewton Schub, der aber bis auf nur 276 Newton heruntergefahren werden konnte. Beim ersten Bodenkontakt eines der drei Beine wurden die Triebwerke abgestellt.

Für den Bodenbetrieb war der Lander mit zwei mit Plutonium 238 betriebenen Radioisotopengeneratoren zur Stromerzeugung ausgerüstet. Jeder von ihnen lieferte eine Leistung von 30 Watt bei 4,4 Volt. Zum Puffern dieses stetig erzeugten Stroms verfügte der Lander über vier aufladbare Nickel-Cadmium Batterien mit jeweils einer Kapa-

Viking 1 und 2	
Ursprungsland	USA
Betreiber	NASA
Hauptauftragnehmer	Martin Marietta
Startdatum Viking 1	20. August 1975
Startdatum Viking 2	9. September 1975
Startort	Cape Canaveral
Trägerrakete jeweils	Titan IIIE Centaur
Ziel	Mars Orbit und Oberfläche
Aufgabe	Orbiter und Lander
Höhe Gesamtkombination	5,19 Meter
Spannweite Solargeneratoren	9,75 Meter
Startmasse Orbiter & Lander	3527 Kilogramm
Davon Treibstoff	1445 Kilogramm
Energieerzeugung Orbiter	620 Watt (im Marsorbit)
Seitenlänge Lander	2,21 Meter
Energieerzeugung Lander	70 Watt
Masse Lander vor der Landung	657 Kilogramm
Instrumente Orbiter/Lander	3/4
Viking 1 Orbitmanöver	19. Juni 1976
Viking 2 Orbitmanöver	7. August 1976
Viking 1 Landung	20. Juli 1976
Viking 2 Landung	3. September 1976

zität von acht Amperestunden. Die Kommunikation verlief entweder über den Orbiter oder – mit geringerer Datenrate – mittels eines S-Band Transmitters über die Hochgewinnantenne direkt mit der Erde. Dies hatte den Vorteil, dass die Lander auch dann noch senden konnten, nachdem die Orbiter bereits ihren Dienst eingestellt hatten.

Die Daten der Viking-Orbiter gaben erstmals Hinweise darauf, dass sich auf dem Mars in seiner Frühgeschichte große Mengen an fließendem Wasser befunden haben mussten. Die Ergebnisse der Viking-Missionen, speziell ihre Informationen zur Biosignatur werden bis heute intensiv diskutiert.

Der Kontakt zum Viking 2-Orbiter bestand bis zum 7. August 1980. An diesem Tag wurde er nach einem Treibstoffleck im Antriebssystem abgeschaltet. Der Viking 2-Lander arbeitete bis zum 11. April 1980, bis er nach einem Defekt in den Speicherbatterien verstummte. Der Viking 1-Orbiter wurde am 17. August 1980 abgeschaltet nachdem der gesamte Lageregelungstreibstoff aufgebraucht war. Und der Viking 1-Lander wurde am 13. November 1982 durch ein falsches Kommando von der Erde abgeschaltet. In einem Software-Update, den man ihm geschickt hatte, befand sich ein Befehl, die Kommunikationsantenne zu deaktivieren. Was er auch tat und sich nie mehr meldete.

Eine Grafik eines Viking-Landers links vor dem Hintergrund der Marsoberfläche. Rechts oben ein Foto der Titan IIIE Centaur-Rakete, mit der die Vikings gestartet wurden und rechts unten das komplexe Biolab, das mit drei Experimenten gekoppelt war, deren Aufgabe es war, nach Spuren von Leben zu suchen.

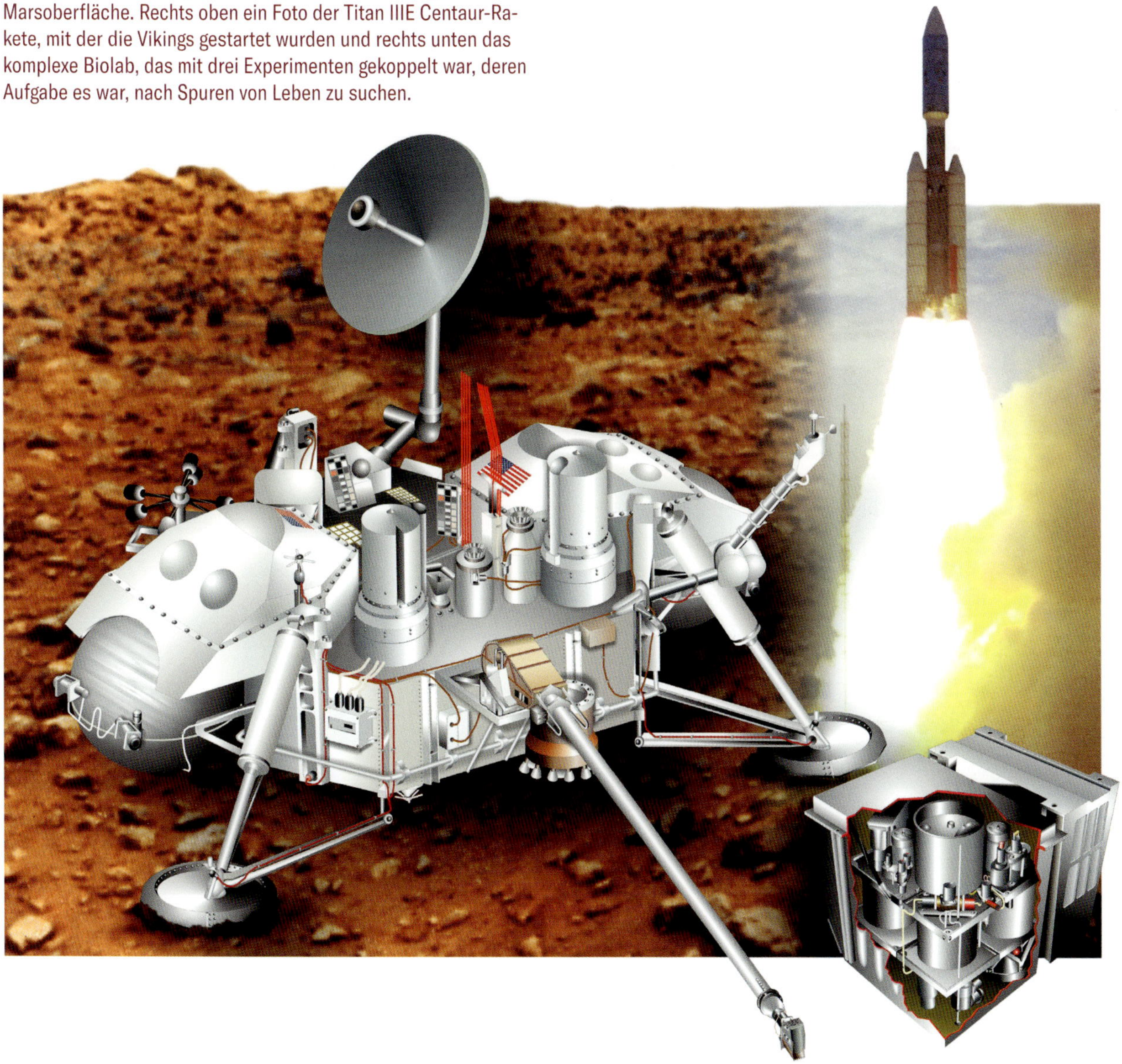

20. August 1977

Voyager startet ins äußere Sonnensystem

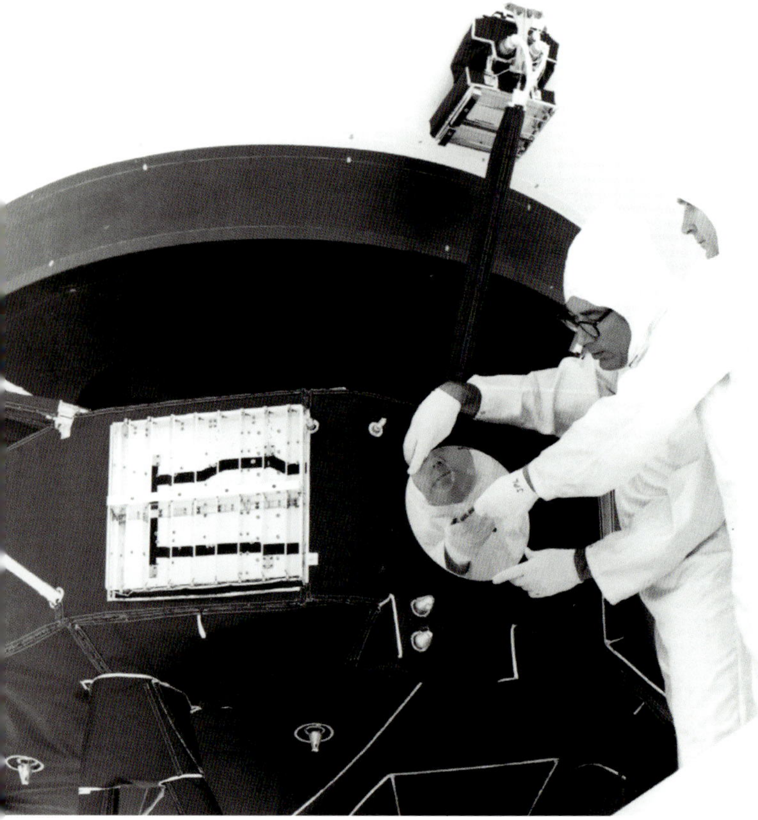

Die berühmte „Goldene Schallplatte“ wird an der Außenseite von Voyager 1 befestigt.

Die Raumsonden Voyager 1 und 2 gehören zu den bekanntesten unbemannten Raumfahrzeugen überhaupt. Fast 44 Jahre nach dem Start sind sie immer noch aktiv (Berichtsstatus Juli 2021) und senden inzwischen aus dem interstellaren Raum aus einer Entfernung von mehr als 21 Lichtstunden.

Aufgabe der beiden Raumfahrzeuge war es in den siebziger Jahren, die Missionsziele der aus finanziellen Gründen stornierten und sehr ambitionierten „Grand Tour“ zu den äußeren Planeten mit einfacheren Mitteln zu erfüllen. Dabei sollte eine seltene Konstellation der äußeren Planeten genutzt werden, um sie mit Ausnahme von Pluto alle der Reihe nach besuchen zu können. Diese spezielle Planetenkonstellation hatte im Jahre 1964 der NASA-Bahnanalytiker Gary Flandro entdeckt. Um die Machbarkeit für diese große Mission zu erkunden, führte die NASA ab dem Jahr 1972 die Missionen Pioneer 10 und 11 durch. Aus deren Forschungsergebnissen flossen noch wichtige Änderungen in das Voyager-Programm ein. Beispielsweise wurde aufgrund der Messungen der Pioneer-Sonden im Umfeld des Jupiters der Strahlungsschutz für die Voyager-Sonden verstärkt.

Zunächst startete Voyager 2. 16 Tage später folgte Voyager 1, überholte sein Schwesterschiff aber bald und erreichte als erster den Planeten Jupiter. Eine der wesentli-

Vor dem Start wird die Sonde in die Nutzlastverkleidung der Trägerrakete eingeschlossen.

Der Start von Voyager 2 am 20. August 1977.

chen Entdeckungen dort war der aktive Vulkanismus auf dem Mond Io und die Eiskruste auf dem Mond Europa mit seinen charakteristischen Bruchlinien. Die beiden Raumsonden entdeckten auch eine Reihe zuvor unbekannter Monde des Gasriesen wie Adrastea, Metis und Thebe.

Mit einer gezielten Bahnumlenkung am Jupiter wäre es für Voyager 1 dann möglich gewesen ohne weitere Zwischenstationen den Pluto zu erreichen. Doch den Missionsplanern erschien der Saturn, und vor allem der Saturnmond Titan als Beobachtungsziel wichtiger. Das Ansteuern des Mondes Titan bedeutete am Ende auch, dass Voyager 1 keine weiteren Planeten mehr anfliegen konnte, weil sie die dafür notwendige spezielle Anflugbahn in einem Winkel von 32 Grad aus der Ebene der Ekliptik herauskatapultierte.

Voyager 2 passierte ebenfalls Jupiter und Saturn, doch wurde er dann auf eine Bahn gelenkt, die ihn weiter zu Uranus und Neptun führte. Bis heute ist er das einzige Raumfahrzeug, das diese Planeten je besucht hat. Am Uranus entdeckte Voyager 2 elf zuvor unbekannte Monde, am Neptun noch einmal weitere sechs. Den Neptun überflog das Raumfahrzeug in einer Entfernung von nur 5000 Kilometern. Triton, den größten Mond des Planeten Neptun passierte es in einem Abstand von 40.000 Kilometern.

Im Februar 1998 übertraf Voyager 1 Pioneer 10 als das am weitesten von der Erde entfernte von Menschen geschaffene Objekt. Zu diesem Zeitpunkt waren beide Sonden (aber in unterschiedlichen Richtungen) 69,4 Astronomische Einheiten von der Sonne entfernt. Seither entfernt sich die schnellere Voyager 1 jedes Jahr etwa eine Astronomische Einheit mehr von der Sonne als Pioneer 10.

Die Struktur der Voyager-Sonden besteht aus einer zehneckigen Aluminiumzelle, welche die Elektronik und den 90 Liter fassenden Hydrazin-Tank aufnimmt. Diese Plattform ist 47 Zentimeter hoch und hat einen Durchmesser von 1,78 Meter. Auf der Oberseite befindet sich die 3,66 Meter durchmessende Hochgewinn-Parabolantenne. Der Großteil der wissenschaftlichen Instrumente ist an einem 2,5 Meter langen Ausleger installiert. Das Magnetometer befindet sich an einem 13 Meter langen Mast. Die Radioisotopengeneratoren befinden sich an einem weiteren Mast, in dessen Nähe zwei Peitschenantennen von je zehn Metern Länge montiert sind.

Das Antriebssystem besteht aus acht 1-Newton- und vier 22-Newton-Triebwerken die mit Hydrazin betrieben werden. Die Kommunikation wird über die Hochgewinnantenne im S-Band (Übermittlung von Daten an die Sonde), und im X-Band (Übermittlung von der Sonde zur Erde) abgewickelt. Als Backup ist eine Niederge-

Dieses Bild von Voyager 1 zeigt eine vulkanische Caldera auf dem Jupitermond Io.

winnantenne an Bord. Die Datenverarbeitung läuft über drei vollständig redundante Computersysteme und ein Speicherband mit einer Kapazität von 536 Megabit. Die Stromversorgung erfolgt über drei Radioisotopenbatterien die mit insgesamt 13,5 Kilogramm Plutonium 238 bestückt sind. Beim Start leistete das System 470 Watt. Derzeit (Juli 2021) sind es noch etwa 200 Watt.

Die Voyagers waren für ihre Forschungsreise mit insgesamt elf Experimenten ausgerüstet, darunter einem komplexen Kamerasystem, das ein großes Wellenspektrum abdeckte. Im Mai 2021 waren nur noch vier Instrumente in Betrieb, nämlich das LECP, das niederenergetische geladene Partikel erkundet, das CRS, das kosmische Strahlung erforscht, der Ultraviolett-Spektrometer, der einst benötigt wurde, um Planetenatmosphären zu erforschen und mit dem man jetzt Strahlung misst, und der Magnetometer. Wegen der langsam kritischen Energiesituation laufen diese Instrumente im Wechselbetrieb. Nach dem Jahr 2025 wird man nur noch jeweils eines davon betreiben können.

Derzeit befinden sich beide Raumsonden in der so genannten erweiterten Missionsphase, bei der die Grenzgebiete der äußeren Heliosphäre im Übergangsbereich zum interstellaren Medium erforscht werden. Voyager 1 erreichte diese als „Heliopause" bezeichnete Zone im Au-

Voyager 1 und 2	
Ursprungsland	USA
Betreiber	NASA
Hersteller	Jet Propulsion Laboratory
Startdatum Voyager 1	5. September 1977
Startdatum Voyager 2	20. August 1977
Startort	Cape Canaveral
Trägerrakete jeweils	Titan IIIE Centaur
Ziel	Äußere Planeten
Aufgabe	Vorbeiflug
Triebwerke	8 × 1 Newton 4 × 22 Newton
Treibstoffvorrat	90 Kilogramm
Startmasse der Sonden je	825 Kilogramm
Anzahl Instrumente je	11
Voyager 1 Vorbeiflug Jupiter	5. März 1979
Voyager 1 Vorbeiflug Saturn	12. November 1980
Voyager 2 Vorbeiflug Jupiter	9. Juli 1979
Voyager 2 Vorbeiflug Saturn	25. August 1981
Voyager 2 Vorbeiflug Uranus	24. Januar 1986
Voyager 2 Vorbeiflug Neptun	25. August 1989
Erdentfernung Voyager 1 (Juli 2021)	153 Astronomische Einheiten
Erdentfernung Voyager 2 (Juli 2021)	128 Astronomische Einheiten
Status beider Sonden Juli 2021	aktiv

gust 2012 in einem Sonnenabstand von 121 Astronomischen Einheiten.

Das letzte Bild, das eine Voyager-Raumsonde machte, stammt von Voyager 1. Es war das berühmt gewordene „Familienportrait“ des Sonnensystems am 14. Februar 1990. Es entstand aus einer Entfernung von 6,4 Milliarden Kilometern aus einer Position von 32 Grad über der Ebene der Ekliptik. Es ist eine Komposit-Aufnahme bestehend aus 60 Einzelbildern, die mit verschiedenen Filtern gemacht wurden. Nach diesem letzten Bild wurde das Kamerasystem abgeschaltet, um genügend Energie für die anderen Instrumente zur Verfügung zu haben, die im erweiterten Voyager-Programm gebraucht werden.

In einem weiteren Beweis der Robustheit der Voyager-Raumsonden feuerte Voyager 1 in Vorbereitung für diese erweiterte Phase im Jahre 2017 zum ersten Mal nach 37 Jahren wieder die Triebwerke. Voyager 2 erhielt im Februar 2021 noch einmal einen größeren Software-Update in seinen Bordcomputer übermittelt, um die Kommunikation mit dem Deep Space Network der NASA zu optimieren.

Voyager 1 war im Juli 2021 mehr als 153 Astronomische Einheiten von der Erde entfernt, das entspricht über 21 Lichtstunden. Voyager 2 befand sich etwa 128 Astronomische Einheiten von der Erde entfernt, entsprechend etwa 17,5 Lichtstunden.

Voyager 1 bewegt sich dabei derzeit mit einer Geschwindigkeit von 61.200 Kilometern in der Stunde von der Sonne weg. Das bedeutet eine Zunahme der Sonnenentfernung von 523 Millionen Kilometer pro Jahr. Sie wird damit in etwa 300 Jahren die inneren Ausläufer der Oortschen Wolke erreichen und danach weitere 30.000 Jahre brauchen, um diese vollständig zu durchqueren.

Das wiederum entspricht dem Zurücklegen einer Strecke von einem Lichtjahr alle 18.000 Flugjahre. Wäre die Sonde zu unserem nächsten stellaren Nachbarn unterwegs (was sie nicht ist, ihre Flugrichtung verläuft anders), der Zwergsonne Proxima Centauri in 4,25 Lichtjahren Abstand, bräuchte sie dafür also 76.500 Jahre.

Ihre tatsächliche ungefähre Flugrichtung läuft auf den Stern Gliese 445 zu, den sie in etwa 40.000 Jahren in einem Abstand von 1,6 Lichtjahren passieren wird. Dieser

Die drei Elemente dieser Infografik sind die startende Titan III E-Trägerrakete im Hintergrund, die Risszeichnung von dritter Stufe und Raumsonde rechts unten, und die berühmte „Goldene Schallplatte“ mit den Informationen über die Bedienung des „Plattenspielers“.

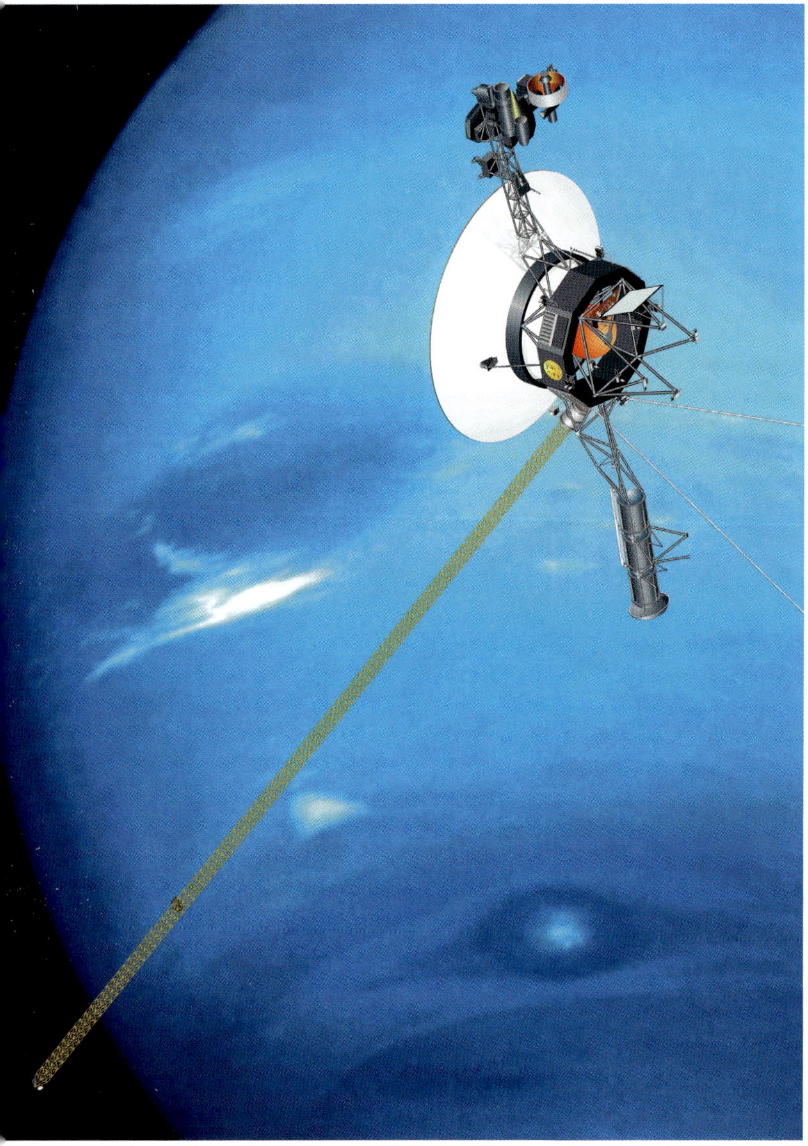

Vorbeiflug von Voyager 2 am Neptun.

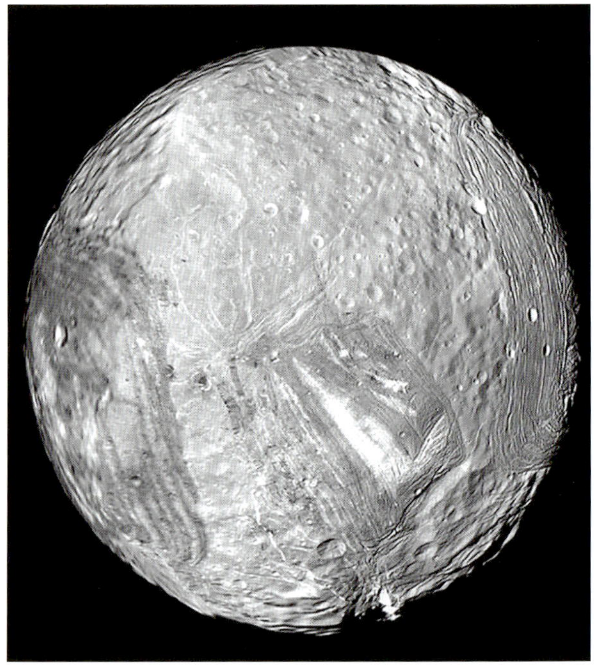

Dieses Bild des Uranus-Mondes Miranda schoß die Raumsonde Voyager 2 am 24. Januar 1986.

Auch dieses seltsam strukturlose Bild des Planeten Uranus entstand im Januar 1986.

Stern ist derzeit noch über 117 Lichtjahre von der Sonne entfernt, fliegt aber mit hoher Geschwindigkeit (119 Kilometer pro Sekunde) in die generelle Richtung unseres Sonnensystems. Noch näher als Gliese 445 kommt Voyager 1 in etwa 300.000 Jahren dem Stern TYC 3135-52-1.

Die im Jahre 2006 gestartete Raumsonde New Horizons wird Voyager 1 übrigens niemals einholen können. Dieses Raumfahrzeug ist etwa drei Kilometer pro Sekunde langsamer als Voyager 1. Voyager 2 würde etwa 81.500

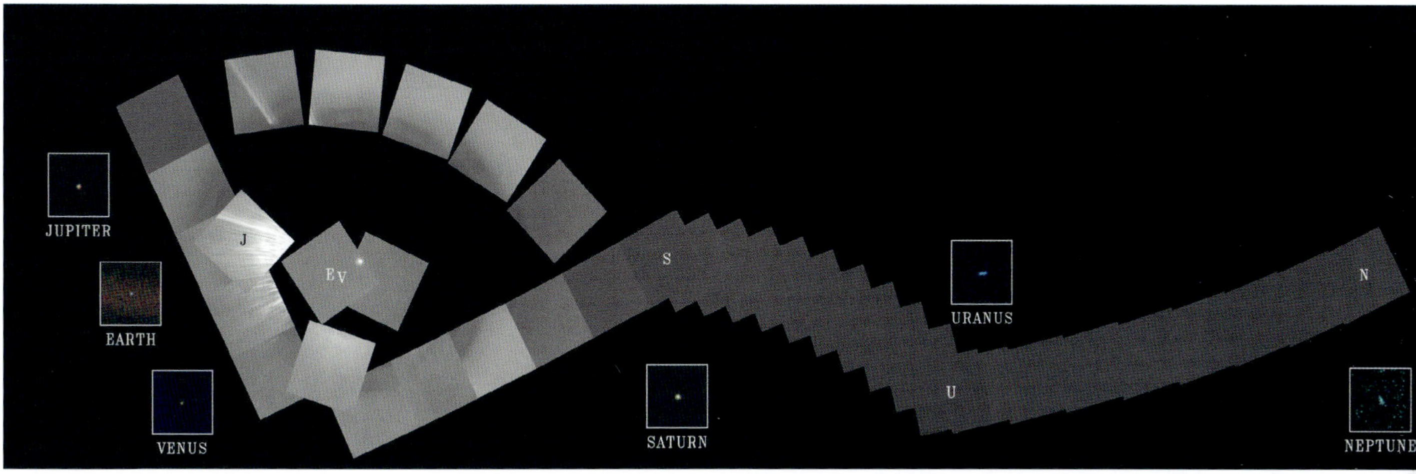

Das berühmte „Familienportrait" des Sonnensystems entstand am 14. Februar 1990 in einer Entfernung von 6,4 Milliarden Kilometern aus einer Position von 32 Grad über der Ebene der Ekliptik. Es ist eine Komposit-Aufnahme bestehend aus 60 Einzelbildern, die Voyager 1 mit verschiedenen Filtern machte.

Jahre benötigen, um Proxima Centauri zu erreichen (aber auch er ist nicht in diese Richtung unterwegs). Stattdessen wird Voyager 2 in etwa 42.000 Jahren den Stern Ross 248 in einer Distanz von 1,7 Lichtjahren passieren und an Sirius in 296.000 Jahren in etwa 4,3 Lichtjahren Entfernung vorbeifliegen.

Ähnlich wie Pionieer 10 und 11 tragen auch die beiden Voyagers Schallplatten mit Bildern und Klängen von der Erde an Bord. Diese Aufzeichnungen sind als Zeitkapseln für irgendeine zukünftige Zivilisation gedacht, sei sie außerirdisch oder irdisch, um Zeugnis von den Schöpfern der Voyager-Raumsonden zu geben.

In ihrer letzten Lebensphase wird das Energiemanagement der Sonden immer wichtiger. Während die elektrische Leistung stetig abnimmt, steigt in gleichem Maße die Entfernung zur Erde. Deshalb muss das Kontrollteam in Pasadena entscheiden, welche Instrumente abgeschaltet werden und welche weiter laufen können. Zusätzlich werden dort Heizelemente abgeschaltet, wo Instrumente nicht mehr benötigt werden. Etwa ab 2025 wird nur noch ein Instrument laufen können und das wird eines der Instrumente sein, die Schlüsseldaten über die Heliosphäre und den interstellaren Raum liefern können.

Irgendwann danach, vermutlich noch vor dem Jahr 2030 wird die Energie nicht mehr ausreichen, um auch nur noch dieses einzelne Instrument zu betreiben. Spätestens dann ist die ein halbes Jahrhundert dauernde legendäre Voyager-Mission zu Ende.

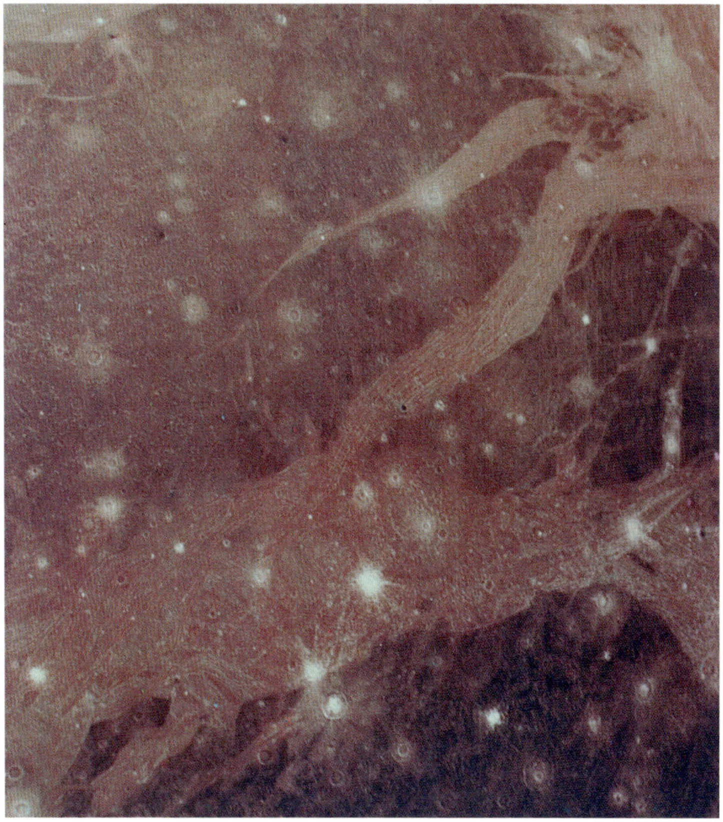

Dieses Bild des Jupitermondes Ganymed machte Voyager 2 am 11.7.1979 aus einer Entfernung von 312.000 Kilometern.

26. August 1978

Sigmund Jähn – Erster Deutscher im All

Trotz der äußeren Ähnlichkeit mit ihren Vorgängern stellte die sowjetische Salut 6 einen Paradigmenwechsel im Betrieb von Raumstationen dar. Bis dahin waren sie alle, einschließlich der US-Station Skylab, mit einer vollen Ladung an Vorräten und Betriebsstoffen gestartet. Waren die verbraucht, musste die Station aufgegeben werden.

Mit Salut 6 erfolgte der Transfer vom rein experimentellen Betrieb zu den Anfängen einer Routinebewirtschaftung. Die Station war mit fünf Langzeitcrews besetzt, zu denen insgesamt elf Besuchsmannschaften kamen, darunter neun internationale Besatzungen des sowjetischen Interkosmos-Programms. Dabei flogen Gastkosmonauten aus den verbündeten Nationen des Warschauer Paktes zusammen mit sowjetischen Kommandanten in den Orbit. Die Station war dabei jeweils mit einer sowjetischen Langzeitcrew besetzt, die in Abständen von einigen Monaten ihre Gastcrews empfingen. Die verbrachten dann jeweils etwa eine Woche an Bord der kleinen Raumstation. Nacheinander waren dies Kosmonauten aus der Tschechoslowakei, Polen, der DDR, Bulgarien, Ungarn, Vietnam, Kuba, der Mongolei und Rumänien.

Am 2. März 1978 begann die Interkosmos-Serie mit dem Start von Sojus 28 mit den Kosmonauten Alexei Gubarew und Vladimir Remek. Der Tschechoslowake Remek wurde damit zum ersten Raumfahrer weltweit der nicht entweder aus der Sowjetunion oder den USA stammte. Nach ihm kam ab dem 27. Juni Sojus 30 mit Pjotr Klimuk

Der Kommandant der Langzeitcrew der Salut 6, Wladimir Kowaljonok (links) zusammen mit Sigmund Jähn.

Salut 6	
Startdatum	29. September 1977
Trägerfahrzeug	Proton K
Besatzungsstärke	2–4
Länge	15,80 Meter
Durchmesser	4,15 Meter
Startmasse	19.000 Kilogramm
Spannweite Solargeneratoren	17,00 Meter
Fläche Solargeneratoren	51 Quadratmeter
Elektrische Leistung	4 Kilowatt
Lageregelungs-Triebwerke	14 × 98 Newton 18 × 10 Newton
Orbit-Manövertriebwerke	2 × 2,9 Kilonewton
Orbithöhe	220–274 Kilometer
Nutzbares Raumvolumen	90 Kubikmeter
Betriebsende	29. Juli 1982

Nach der Landung mit Sojus 29. Von links: Waleri Bykowski und Sigmund Jähn.

und dem polnischen Kosmonauten Miroslaw Hermaszewski. Und am 26. August startete Sojus 31 mit den Kosmonauten Waleri Bykowski und Sigmund Jähn, die am darauf folgenden Tag an der Salut 6 ankoppelten.

Zum Zeitpunkt seines Orbitalfluges im Jahre 1977 war Jähn Oberstleutnant der Streitkräfte der Nationalen Volksarmee der DDR und, sehr zum Missfallen der Politiker in der Bundesrepublik Deutschland, damit der erste Deutsche im All, noch vor einem Bürger der BRD.

Der Anwesenheit eines ostdeutschen Gastkosmonauten wurde einige Bedeutung zugewiesen, da eines der Hauptinstrumente der Salut-Station die MKF-6M Kamera war, die von den Carl Zeiss-Werke in Jena geliefert wurde. Ein wesentlicher Teil seines Forschungsaufenthaltes auf der Station hatte denn auch mit dieser Kamera zu tun. Jähn führte aber auch Mikrogravitationsexperimente durch, sowie biologische, medizinische und technische Versuche. Gegen Ende ihrer Mission tauschten er und sein sowjetischer Kollege die Raumfahrzeuge mit der Stammcrew und kehrten in Sojus 29 zur Erde zurück.

Für die damalige DDR war Jähns Flug ein enormer Propaganda-Coup, hatte man doch damit sichtbar für alle Welt die Überlegenheit des sozialistischen Systems demonstriert. Die Heldenverehrung, die Jähn in den folgenden Jahren zuteil wurde, ließ der sympathische Vogtländer eher ergeben als erfreut über sich ergehen.

Nach der Wende im Jahre 1989 arbeitete Jähn als Berater für das DLR und die ESA. Er war in seinen Jahren als Luftwaffenoffizier und als Kosmonaut ein intimer Kenner der russischen Gebräuche geworden, beherrschte die Sprache perfekt und hatte viele hilfreiche informelle Verbindungen zu wichtigen Personen in der russischen Raumfahrszene. In dieser Funktion wurde er für die europäischen Astronauten, die später mit den Russen in den Orbit flogen, ein unentbehrlicher Verbindungsmann, Betreuer und Ansprechpartner und blieb das für 15 Jahre. Sigmund Jähn starb am 21. September 2019 im Alter von 82 Jahren in Strausberg bei Berlin.

Besuchscrew 3 Expedition 2 „Jastreb“	
Start-Raumschiff	Sojus 31 „Jastreb“
Start	26. August 1978
Landung	2. November 1978
Flugdauer	7 Tage 21 Stunden
Besatzung	Waleri Bykowski, Sigmund Jähn
Lande-Raumschiff	Sojus 29 „Photon“

Sigmund Jähn, die Schlagzeile im Extrablatt des „Neuen Deutschland“ und ein Foto der Sojus-/Salut 6-Kombination.

Erstflug der Ariane 1

Nachdem das Programm der Europa-Rakete gescheitert war, beschloss die Europäische Ministerratskonferenz am 20. Dezember 1972, das Projekt L3S als Nachfolgevorhaben aufzusetzen. Entscheidend war dabei die Bereitschaft Frankreichs, mehr als 60 Prozent der Gesamtkosten des Vorhabens zu tragen und das komplette Risiko für das eventuelle Überziehen des Kostenrahmens zu übernehmen.

Deutschland machte mit einem Anteil von 20 Prozent mit, das entsprach einem Gesamtbetrag von 320 Millionen Mark, unter der Bedingung, dass keinerlei weitere Forderungen entstünden und alle Risiken von Frankreich zu übernehmen seien. Schon aufgrund dieser recht einseitigen Lastenverteilung übergab man die Programmverantwortung für das Vorhaben an die französische Raumfahrtbehörde CNES.

Eine Ariane 2 startet am 28. Oktober 1988 mit dem deutschen Kommunikationssatelliten TDF-1 an Bord.

Im Juli 1973 wurde schließlich das Vorhaben L3S zum Programm „Ariane" umgetauft. Man hatte einen Namen gesucht, der sich in den Sprachen der beteiligten Ländern gleich gut aussprechen ließ und kam überdies der französischen Vorliebe entgegen, Raketen weibliche Namen zu geben.

Die damals getroffenen Entscheidungen beeinflussen die Struktur der europäischen Raumfahrt bis heute, denn die CNES wählte fast ausschließlich französische Firmen in die Programmorganisation. Aerospatiale übernahm die Systemintegration aller Stufen und der Nutzlastverkleidung, SEP war für alle Triebwerke zuständig, Air Liquide für den Tank der dritten Stufe, Matra für die Elektronikausrüstung. Lediglich die belgische ETCA (Mess- und Prüfsystem) und die italienische Aeritalia (Technologische Kapsel) kamen als nichtfranzösische Systemführer zum Zuge. Diese starke, zentrale französische Führung des Projektes war aber auch ihre Stärke. Es vermied die fatale Zersplitterung der Zuständigkeiten, die das Europa-Projekt hatte scheitern lassen und führte schließlich dazu, dass aus der Ariane-Rakete der erste wirklich erfolgreiche europäische Träger erwuchs.

Die Ariane 1 kam elf Mal zum Einsatz. Zwei Missionen waren Fehlschläge. Eine moderate Weiterentwicklung der

Start einer Ariane 3. Mit Ausnahme der beiden Feststoffbooster ist diese Rakete unverändert gegenüber der Ariane 2.

Ariane 1	
Hersteller	CNES/ESA
Länge über Fairing	47,40 Meter
Durchmesser Basis	3,80 Meter
Durchmesser über Flossen	8,30 Meter
Startmasse	207 Tonnen
Nutzlast LEO/ GTO	2600/600 Kilogramm
Startschub	2447 Kilonewton
1. Stufe – L 140	
Triebwerke	4 × Viking 2
Schub Meereshöhe	4 × 612 Kilonewton
Treibstoff/Oxidator	UDMH/N_2O_4
Leermasse	13.750 Kilogramm
Startmasse	160.030 Kilogramm
Länge	18,40 Meter
2. Stufe – L-33	
Triebwerk	1 × Viking 4
Schub	721 Kilonewton
Brenndauer	132
Treibstoff/Oxidator	UDMH/N_2O_4
Leermasse/Startmasse	3625 / 37.130 Kilogramm
Länge / Durchmesser	11,50 / 2,60 Meter
3. Stufe – H-8	
Triebwerk	1 × HM-7
Schub	61,7 Kilonewton
Brenndauer	563 Sekunden
Treibstoff/Oxidator	LH_2/LOX
Leermasse / Startmasse	1460 / 9690 Kilogramm
Länge	10,20 Meter
Durchmesser	2,70 Meter
Erstflug	**24. Dezember 1979**
Anzahl Starts/Davon erfolgreich	**11/9**
Letzter Start	**22. Februar 1986**

Ariane 1, aber mit deutlich erhöhter Nutzlastkapazität, waren die Versionen Ariane 2 und 3.

Der einzige Unterschied der Ariane 3 zur Ariane 2 waren die beiden SPB 7.35 Feststoffbooster. Sie wurden erst in elf Meter Höhe gezündet, um die Wirkung des Abgasstrahls auf die Startanlage 1 zu begrenzen. Durch die Verbesserungen erhöhte sich die Nutzlastkapazität auf 2700 Kilogramm für den geostationären Transferorbit.

Links startet die Ariane 1 am 24.12.1979 zu ihrem Erstflug. Die Kreuze sind Markierungen auf der Optik der Bahnverfolgungskamera. Die Grafik unten rechts zeigt die Ariane 1 im Vergleich zur Europa-Rakete, dem missglückten Vorgängerprojekt des Ariane-Vorhabens.

12. April 1981

Eine bemerkenswerte Flugmaschine

Logo der Mission STS-1.

Die Columbia am 14. April 1981 im Anflug auf die Luftwaffenbasis Edwards in Kalifornien.

Im März 1979 benannte John Young, Chefastronaut der NASA, die Crew für den Erstflug des neuen bemannten Raumtransportsystems. Das Kommando sollte der flugerfahrenste Mann der Weltraumbehörde innehaben. Und das war kein anderer als er selbst. Young war schon im Gemini-Programm zweimal geflogen, startete zweimal zum Mond und landete dort mit Apollo 16 auch. Zu seinem Piloten wählte er Robert Crippen, einen Mann, der noch über keine Weltraumerfahrung verfügte, aber ebenfalls bereits seit den Apollo-Tagen im Astronauten-Corps war.

Der Flug sollte im Spätherbst desselben Jahres stattfinden, aber eine lange Serie von Problemen mit den Hitzeschutzkacheln des Orbiters, der Flugsoftware und den Triebwerken schob dieses Datum immer weiter nach hinten.

Schließlich war der August 1980 als Termin vorgesehen, aber nach den schlechten Erfahrungen, die man beim Überführungsflug von Kalifornien mit der Verklebung des Thermalschutzes gemacht hatte, beschloss die NASA, alle Kacheln noch einmal abzunehmen und neu zu verkleben. Auch die Triebwerke waren erst im Dezember 1980 einsatzbereit. Zu diesem Zeitpunkt fanden die letzten Abnahmetests im Stennis-Testzentrum der NASA statt.

Am 29. Dezember 1980 wurde die fertig montierte Columbia vom VAB, dem Vehicle Assembly Building, zur Startrampe 39A gefahren. Am 20. Februar fand eine 20 Sekunden dauernde Testzündung der drei Haupttriebwerke statt. Die Astronauten waren aus Sicherheitsgründen dabei nicht an Bord.

Am 19. März fand ein Probecountdown statt, bei dem es zu einer Tragödie kam. Drei Techniker kamen durch ein Gasleck ums Leben. Ein Pressevertreter gab daher kund, der Shuttle sei ein „jinxed ship“ (ein verhextes Schiff) und werde noch auf der Startrampe explodieren.

Die Aussichten dafür waren nicht gering. Zum ersten Mal in der Geschichte der Raumfahrt sollte ein neues Raumschiff gleich beim Erstflug bemannt geflogen werden. Dabei konnten zuvor nie alle Systeme des Shuttles im Zusammenspiel erprobt werden. Die NASA bezeichnet noch heute den Flug von STS-1 als „the boldest test flight

19 Runways gibt es auf der Luftwaffenbasis Edwards. Die längste – eine der 15 Naturpisten – ist zwölf Kilometer lang. Genau richtig für die Landung der Columbia nach ihrem Erstflug.

in history“, also den „mutigsten Testflug der Geschichte“.

Schließlich schien es am 10. April 1981 soweit zu sein. Die Crew ging an Bord, der Countdown verlief ruhig. Doch wenige Minuten vor dem festgesetzten Starttermin entwickelte sich ein Computerproblem. Die vier Flugrechner konnten nicht mit der fünften Einheit, dem Reservecomputer, synchron geschaltet werden.

So musste zwei Tage später ein zweiter Anlauf unternommen werden. Diesmal klappte alles wie am Schnürchen. Exakt um 14:00 Uhr Mitteleuropäischer Zeit hob die Columbia zur Mission STS-1 ab. Nach zwei Tagen, sechs Stunden, 20 Minuten und 52 Sekunden setzte sie auf der Runway 23 der Luftwaffenbasis Edwards wieder auf. Der erste Flug eines wieder verwendbaren Raumschiffs war erfolgreich beendet.

Unbestritten bleibt deshalb die Aussage von John Young, dem ersten Kommandanten der Columbia. Nach seiner Rückkehr aus dem Weltraum am 14. April 1981 meinte er noch auf der Rollbahn: *„This is truly a remarkable flying machine“*. Ein höchst bemerkenswertes Fluggerät. Dem ist nichts hinzuzufügen.

Space Shuttle			
Ursprungsland	USA		
Hersteller	Rockwell International (Boeing)		
Höhe gesamt	56,20 Meter		
Besatzung	2 - 8		
Anzahl Missionen	135		
Systemeinheit	**Orbiter**	**Booster**	**Außentank**
Masse leer	80.000 Kilogramm	86.200 Kilogramm	26.600 Kilogramm
Masse voll	110.000 Kilogramm	590.000 Kilogramm	757.000 Kilogramm
Länge	37,20 Meter	45,60 Meter	48,90 Meter
Spannweite/Durchmesser	23,80 Meter	3,71 Meter	10,40 Meter
Hauptantrieb	3 × 1817 Kilonewton	2 × 13.300 Kilonewton	–
Orbit-Manövriertriebwerke	2 × 26,7 Kilonewton	–	–
Lageregelungstriebwerke	38 × 3900 Newton 6 × 107 Newton		

Das Foto im Hintergrund zeigt die Columbia beim Erstflug des Space Transportation Systems, oder kurz STS. Links eine Grafik des Shuttles, rechts die Crew, bestehend aus (von links) John Young und Robert Crippen.

Columbia erneut im Orbit

Emblem der Mission STS-2.

Erst im Rückblick wurde ersichtlich, welche sich oftmals gegenseitig ausschließenden Anforderungen an den Space Shuttle gestellt wurden. Es sollte ein Satellitentransportsystem sein, ein bemanntes Raumfahrzeug und eine kleine Raumstation. Er sollte an verschiedenen Plätzen starten und landen können, und das wenn möglich einmal pro Woche. Die Sicherheit der Besatzung sollte sich um mehrere Größenordnungen verbessern und jede Einzelmission sollte weniger als ein Zehntel eines Apollo-Fluges kosten.

Die Erfüllung all dieser Wünsche wäre nur mit einem vollständig wieder verwendbaren System möglich gewesen. Die Pläne dafür hatte die NASA schon fertig in der Schublade. Sie hatten nur einen Nachteil: ihre Ausführung hätte zum Geldwert der frühen siebziger Jahre zwölf Milliarden Dollar gekostet. Zu viel für die amerikanische Regierung unter Richard Nixon. Er bewilligte der NASA nur die Hälfte dieses Betrages und zwang die US-Raumfahrtbehörde damit, ein nur teilweise wieder verwendbares Raumtransportsystem zu entwickeln.

Die Crew der Columbia bei diesem zweiten Testflug. Links Joe Engle, rechts Richard Truly. Er war später zwischen 1989 und 1992 der achte Administrator der US-Raumfahrtbehörde.

Der Preis den man für diesen Kompromiss während des Betriebes des Shuttles zu bezahlen hatte war hoch. In jeder Hinsicht. Beim Programmstart war der Erstflug für das Jahr 1977 angesetzt. Bereits für 1980 erhoffte man sich 20 Flüge jährlich, und bis zum Jahr 1991 sollten insgesamt 650 Shuttle-Flüge stattgefunden haben. Tatsächlich kam es erst im April 1981 zum Erstflug und es dauerte weitere sieben Monate bis die zweite Mission erfolgte.

Immerhin war es zu diesem Zeitpunkt das erste Mal, dass ein orbitales Fluggerät mit einer anderen Crew an Bord wiederverwendet wurde. Die Ausrüstung für diese zweite Mission war teilweise die gleiche, die für den ersten Flug verwendet worden war: Testgeräte, die auf einer Spacelab-Palette in der Nutzlastbucht des Orbiters angebracht waren. Zusätzlich aber wurde der in Kanada gebaute „Canadarm" mitgeführt. Ein Manipulator-Arm, der in der Folge bei den meisten Shuttle-Missionen an Bord war.

STS-2, so die Bezeichnung der Mission, war der letzte Shuttle-Flug, bei dem der große Außentank weiß bemalt war. Danach wurde stets die Farbe weggelassen, um deren Masse von etwa 300 Kilogramm einzusparen. Die Crew bestand aus den Astronauten Joe Engle und Richard Truly. Engle hatte schon die X-15 geflogen und sich nach den Standards der US-Luftwaffe als Astronaut qualifiziert, weil einer seiner Flüge auf eine Höhe von über 80 Kilometer geführt hatte. Er war auch als Lunar Module-Pilot für Apollo 17 vorgesehen gewesen, wurde in dieser Position aber seinerzeit relativ kurzfristig durch Harrison Schmitt ersetzt, einem studierten Geologen. Engle und Truly wirkten gemeinsam am so genannten ALT-Programm mit, bei dem der Shuttle auf der Luftwaffenbasis Edwards im Sommer 1977 Flug- und Landeversuchen unterzogen wurde.

Der Flug STS-2 war für eine Dauer von fünf Tagen angesetzt. Aber schon kurz nach dem Start fiel eine der drei Brennstoffzellen aus, und nach den damals geltenden Regeln musste damit die Mission verkürzt werden. Die bei-

Der Roll-out zur Startrampe erfolgte bereits am 31. August 1981. Bis zum Flug vergingen dann noch weitere zweieinhalb Monate.

den Astronauten arbeiteten in der Folge praktisch rund um die Uhr, um ihre Testparameter dennoch weitgehend vollständig abzuarbeiten. Speziell für den Test des Canadarm opferten die beiden eine Schlafperiode. Die Wiedereintrittsphase unterschied sich insofern von der Mission STS-1, als dieses Mal die Grenzen des Systems etwas weiter ausgelotet wurden, als beim ersten Flug.

Die Landung auf der Luftwaffenbasis Edwards in Kalifornien erfolgte am 14. November um 13:23 Uhr Ortszeit. Der Einsatz hatte zwei Tage, sechs Stunden, 13 Minuten und 13 Sekunden gedauert.

Bei der Flugauswertung fiel eine Anomalie auf, die sich später fatal auswirken sollte. Man stellte fest, dass sich heiße Gase aus dem Verbrennungsraum der Feststoffbooster ihren Weg an den Dichtungen, den so genannten O-Rings, vorbei hin zu den Metallgehäusen gebahnt hatten. In der Folge fand eine Versuchsreihe statt, bei denen man einen dieser O-Ringe einem dreimal höheren Druck aussetzte als normal. Es wurden keine weiteren Probleme festgestellt, und so ließ man die Sache auf sich beruhen. In der Folge kam es bis zum Challenger-Desaster 14-mal zu weiteren dieser so genannten „Blow-bys". Nummer 15 endete im Desaster. Doch in diesen Herbsttagen des Jahres 1981 war es noch nicht soweit.

Start der Columbia am 12. November 1981 um 16:10 Uhr Mitteleuropäischer Zeit.

30. März 1982

Erste bemannte Landung in New Mexico

STS-3, die dritte Mission des Shuttle-Programmes prüfte das System in einem Ausmaß, das eigentlich so gar nicht vorgesehen war. Am Ende führte es dann auch noch zur einzigen Landung einer Raumfähre außerhalb von Cape Canaveral in Florida oder der Luftwaffenbasis Edwards in Kalifornien.

Als Crew für diesen dritten Testflug des Shuttles war als Kommandant Jack Lousma berufen worden. Pilot war Gordon Fullerton. Beide waren seit den Apollo- und Skylab-

Jack Lousma und Gordon Fullerton bei der Pressekonferenz vor dem Start. Die Fliegenklatsche, die Fullerton in der Hand hält, war eine scherzhafte Anspielung auf ein Studenten-Experiment, das an Bord der Columbia mitflog. Dabei wurden Essigfliegen der Schwerelosigkeit ausgesetzt.

Tagen bei der NASA. Lousma war Besatzungsmitglied der zweiten Skylab-Crew gewesen, mit der er vom Juli bis zum September 1973 insgesamt 59 Tage im Orbit verbracht hatte. Fullerton war schon in der frühen Phase des Shuttle-Programms dabei und hatte 1977 zusammen mit Fred Haise eine Reihe von Flügen im ALT-Programm unternommen.

Columbia startete am 22. März 1982 um 17:00 Uhr Mitteleuropäischer Zeit. Der Flug war für eine Dauer von sieben Tagen veranschlagt. Eine sichtbare Besonderheit dieser Mission war, dass bei STS-3 zum ersten Mal ein unbemalter braunroter Außentank eingesetzt wurde.

Alle Testziele der Mission wurden erreicht, obwohl Jack Lousma zu Beginn des Einsatzes erheblich mit der Raumkrankheit zu kämpfen hatte. Erst als die Landung näher rückte, wurde es für die Columbia und ihre Crew problematisch. Durch anhaltend schlechtes Wetter war die viele Kilometer lange Natur-Landebahn in Edwards unter Wasser gesetzt worden. Landungen auf der neuen Runway des Kennedy Space Centers waren in dieser frühen Phase des Shuttle-Programms noch nicht vorgesehen. Tatsächlich fand die erste Landung dort erst bei der zehnten Shuttle-Mission im Februar 1984 statt. Man erwog zwar kurzzeitig, es dort dennoch zu versuchen, doch Lousma bestand schließlich darauf, die einzige verbliebene Alternative zu wählen. Das war der so genannte Northrup Strip in der Gipssandwüste von White Sands in New Mexico, wo er auch einen Teil seines Landetrainings absolviert hatte.

Obwohl White Sands eigentlich für Shuttle-Landungen ausgelegt war, fehlte dort dennoch eine große Menge an Ausrüstung. Das meiste davon befand sich in Edwards. Die NASA organisierte zwei Sonderzüge, um diese Ausrüstung die 1600 Kilometer lange Strecke auf den Schienen der Santa Fe Railroad und der Southern Pacific Railroad dorthin zu transportieren. Damit sparte sie seinerzeit zwei Millionen Dollar gegenüber dem Lufttransport. Die gesamte Ausrüstung erreichte auch rechtzeitig den neuen Landeort, doch dann machte starker Wind mit viel aufgebwirbeltem Gipsstaub die Landung am siebten Flugtag unmöglich.

Damit musste die Mission von Lousma und Fullerton um einen Tag verlängert werden, was als kritisch betrachtet wurde, dauerte der Flug doch dann viermal so lange, wie der bisher längste Einsatz des Shuttles. Auch am nächsten Tag wehte anhaltend starker Wind aus Westen. Doch nun musste gelandet werden. Lousma war dabei gezwungen, einen Anflug durchzuführen, bei dem er beim Einkurven in den Endanflug die Landebahn nicht sehen konnte. In dieser frühen Phase des Testprogramms existierte die vollständige Software für die automatische Landung noch nicht. Der Autopilot konnte nur für bestimmte Flugabschnitte aktiviert werden. So musste Fullerton, der rechts aus dem Fenster herausblickte, Lousma praktisch „heruntersprechen".

Das Aufsetzen und die erste Phase des Rollout gestalteten sich damit ziemlich dramatisch. Die Anfluggeschwindigkeit auf diesen letzten Metern war sehr hoch, mehr als 500 Kilometer pro Stunde, und das Fahrwerk

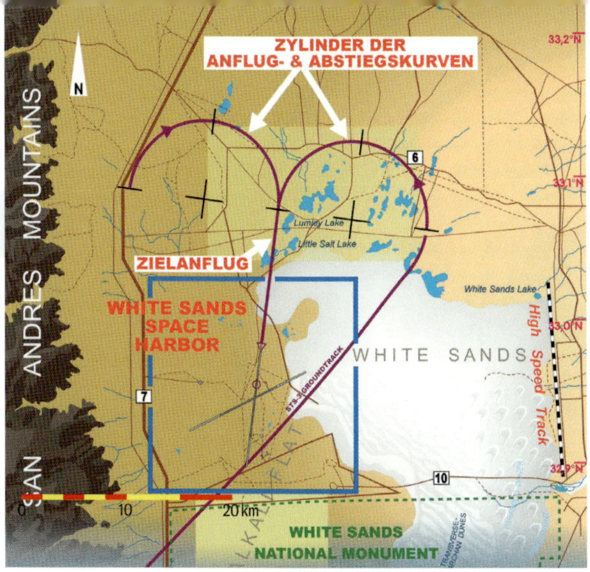

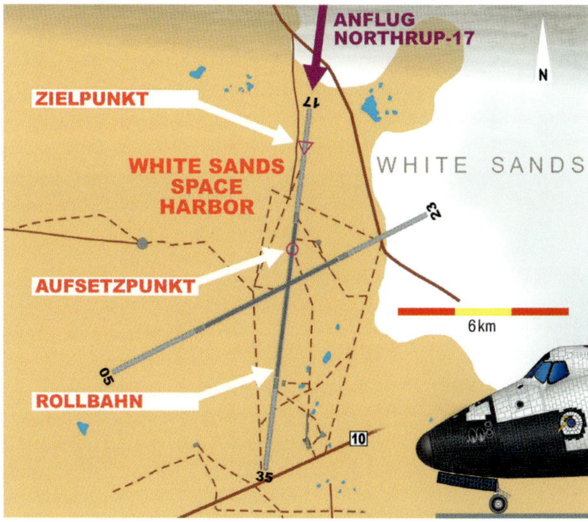

Anstelle des geplanten so genannten „overhead pattern", entlang des normalen Flugweges, der im Anflug zunächst direkt über die Basis führt, mussten Lousma und Fullerton wegen der schwierigen Windverhältnisse einen „right base turn" fliegen (in der Darstellung links oben ist das die linke Kurve), der für den Kommandanten des Shuttle schlechtere Sichtverhältnisse bot. In beiden Fällen endete der Anflug, wie in der unteren Grafik dargestellt, auf der Runway 17, dem so genannten Northrup Strip.

verriegelte nur fünf Sekunden vor dem Touchdown. Auch das Aufsetzen erfolgte bei deutlich zu hoher Geschwindigkeit. Die Nase der Columbia senkte sich für einen Moment auf die Rollbahn, wurde aber gleich danach wieder ruckartig angehoben, weil noch zu viel Auftrieb bestand. Schließlich ging aber doch alles glatt und um 17:05 Uhr Mitteleuropäischer Zeit war die Mission beendet. Die Columbia hatte die Erde während ihrer achttägigen Reise 130-mal umkreist

Die unerwartet schwierige Landung, und die Bedingungen auf der Runway 17, einer Naturrollbahn in der Gipswüste von White Sands, erforderte ausgedehnte Reparaturen am Shuttle. Selbst Jahre später kam noch aus allen Ecken und Ritzen des Shuttles Gipsstaub zum Vorschein und wurde bis zum Rest seiner Karriere überall im Raumfahrzeug gefunden. Die NASA unternahm danach dort nie wieder eine Shuttle-Landung. Der Northrup Strip, der heute White Sands Space Harbor heißt, erlebt inzwischen aber eine Neuauflage als Landegebiet für bemannte Raumfahrzeuge. In derselben Gegend wie einst der Shuttle landen nun auch die Starliner von Boeing nach ihren bemannten Einsätzen an der ISS.

Landung auf dem Northrup Strip, der Naturlandebahn 17 des heutigen White Sands Space Harbor (WSSH).

28. November 1983

Ulf Merbold – Erster Westdeutscher im All

Emblem der Mission STS-9.

Am 28. November 1983 kam auch das damalige Westdeutschland zu seinem ersten Raumfahrer: Ulf Merbold. Er stammt aus Greiz in Thüringen, kurioserweise nur etwa 40 Kilometer von Morgenröthe-Rautenkranz entfernt, dem Geburtsort von Sigmund Jähn. Beide wuchsen somit in der DDR auf. Merbold aber setzte sich nach dem Abitur im Jahre 1960 nach Westdeutschland ab. Dort studierte er an der Universität Stuttgart Physik und machte seinen Doktor.

Im April 1977 bewarb sich Merbold bei der ersten Astronautenauswahl der ESA. 1978 wurde er zusammen mit Wubbo Ockels und Claude Nicollier angenommen, um als Nutzlastspezialist für das in Europa gebaute Weltraumlabor Spacelab mitzufliegen. 1982 wurde Merbold für die Mission STS-9 ausgewählt und flog dann als erster Nichtamerikaner mit dem Space Shuttle. Er war damit der zweite Westeuropäer im Weltraum, nach Jean-Loup Chrétien, der im Jahr zuvor einen Flug zur sowjetischen Raumstation Salut 7 unternommen hatte, der erste ESA-Astronaut und der erste Westdeutsche im Orbit. Es war dies die neunte Mission des Shuttles und die sechste der Raumfähre Columbia. Der Start erfolgte am 28. November 1983. Die Mission endete am 8. Dezember nach 166 Erdumkreisungen auf der Runway 17 der Luftwaffenbasis Edwards.

Die Crew von STS-9. Von der 12-Uhr-Position im Uhrzeigersinn: Brewster Shaw, Byron Lichtenberg, Robert Parker, Kommandant John Young, Ulf Merbold und Owen Garriott.

STS-9 (Spacelab 1)	
Raumschiff	Space Shuttle Columbia
Start	28. November 1983
Landung	8. Dezember 1983
Flugdauer	10 Tage 7 Stunden 47 Minuten
Besatzung	John Young, Brewster Shaw, Owen Garriott, Robert Parker, Byron Lichtenberg, Ulf Merbold
STS-42 (IML-1)	
Raumschiff	Space Shuttle Discovery
Start	22. Januar 1992
Landung	30. Januar 1992
Flugdauer	8 Tage 1 Stunde 15 Minuten
Besatzung	Ronald Grabe, Stephen Oswald, Norman Thagard, William Readdy, David Hilmers, Roberta Bondar, Ulf Merbold
Sojus TM-20/Sojus TM-19 (Euromir 94)	
Start-Raumschiff	Sojus TM-20
Start	3. Oktober 1994
Startbesatzung	Alexander Wiktorenko, Jelena Kondakowa, Ulf Merbild
Lande-Raumschiff	Sojus TM-19
Landebesatzung	Juri Malentschenko, Talghat Mussabajew, Ulf Merbold
Landung	4. November 1994
Flugdauer Merbold	31 Tage 12 Stunden 36 Minuten

Die sechsköpfige Crew von STS-9 war damals die größte Besatzung, mit der je ein Raumschiff geflogen war. John Young, der Kommandant, war eine Raumfahrtlegende. Für ihn war es der sechste Raumflug. Er war unter anderem zweimal zum Mond geflogen und hatte den Erstflug des Shuttles kommandiert. Er war damit der erste Astronaut, der dasselbe Raumfahrzeug zweimal flog, allerdings nicht der erste, der zweimal mit einem Shuttle flog, denn diese Ehre kam Robert Crippen zu, der seinen zweiten Flug als Kommandant der Raumfähre Challenger bei der Mission STS-7 absolvierte.

Merbolds zweiter Raumflug erfolgte mit der Shuttle-Mission STS-42 im Januar 1992. Die Mission wurde als International Microgravity Laboratory-1 (IML-1) bezeichnet, und war ebenfalls ein Flug mit dem weitgehend in Deutschland gebauten Spacelab. Trotz der Nummer 42 war es die 45. Mission eines Shuttles (die Missionen erfolgten nicht unbedingt in numerischer Reihung). Interessant war bei der Auswahl der Crew, dass Merbold von der NASA eingeladen wurde, die Mission zu fliegen. Roberta Bondar war im Übrigen die erste kanadische Frau im Weltraum.

1993 begann für Ulf Merbold das Training für einen von zwei mit Russland vereinbarten Flügen zur Raumstation Mir. Die Mission trug die Bezeichnung „Euromir 94".

Damit war er der erste ESA-Astronaut der mit den Russen in den Weltraum flog. Der Flug von Sojus TM-20 war auch noch in anderer Hinsicht bemerkenswert, denn zum ersten Mal gehörte bei diesem Flug eine Frau einer Langzeitmission an. Jelena Kondakowa verbrachte fünfeinhalb Monate an Bord der Mir. Noch bemerkenswerter war aber die Leistung von Dr. Poljakow der mit Sojus TM-20 im März 1995 zur Erde zurückkehrte. Nach fast 438 Tagen im Weltraum. Bis zum heutigen Tag ist kein Mensch länger am Stück im Weltraum gewesen.

Nach seinem Flug übernahm Ulf Merbold zunächst für drei Jahre die Leitung des europäischen Astronauten-Ausbildungszentrums in Köln, später war er bei der ESA in Noordwijk für die Koordination der europäischen ISS-Aktivitäten zuständig.

Die Crew von STS-42. Von links: Steven Oswald, Roberta Bondar, Norman Thagard, Ronald Grabe, David Hilmers, Ulf Merbold und William Readdy.

Vor dem Hintergrund des mit dem Spacelab bestückten Space Shuttle Ulf Merbold und eine Grafik des Spacelabs mit einer externen (nicht druckbelüfteten) Palette.

25. Juli 1984

Swetlana Sawitzkaja – Erstes Außenbordmanöver einer Frau

Am 19. April 1982 startete mit Salut 7 die letzte Orbitaleinheit der Salut-Serie. Mit ihr endete die Ära der monolithischen Raumstationen. Die Zeit der modularen Stationen brach an.

Salut 7 war die Reserveeinheit von Salut 6 gewesen. Von daher gab es viele Gemeinsamkeiten zwischen den beiden Einheiten. Ihre Lebensdauer im Weltraum war zwar die längste aller bisherigen Stationen, auf Grund der vielen technischen Probleme, die sie plagten, war sie am Ende weniger produktiv als ihre Vorgängerin.

Die Station wurde von insgesamt zehn Besatzungen angeflogen. Fünf davon waren so genannte „Expeditionscrews", fünf waren „Besuchsflüge" mit Gastkosmonauten oder Spezialmissionen mit sowjetischen Raumfahrern. Insgesamt 22 Kosmonauten besuchten Salut 7, fünf von ihnen zweimal, einer von ihnen, Wladimir Dschanibekow, sogar dreimal. Bei zweien dieser Besuchsmissionen war auch Swetlana Sawitzkaja mit von der Partie. Ihr erster Flug führte sie am 19. August 1982 mit Sojus T-7 dorthin – zusammen mit ihren Kollegen Leonid Popow und Alexander Serebrow. Damit war sie 19 Jahre nach Valentina Tereschkowa die zweite Frau im Orbit.

Sawitzkaja war eine erfahrene Pilotin und Fallschirmspringerin. Sie war Kunstflug-Weltmeisterin, Testpilotin beim Flugzeughersteller Jakowlew und hielt eine Reihe internationaler Rekorde im Fallschirmspringen (unter anderem für einen Absprung als 17-jährige aus einer Höhe von 14.250 Metern). Sie stieß im Juni 1980 zum sowjetischen Raumfahrtprogramm. Ungeachtet ihrer perfekten Qualifikation für die Aufgabe hatte ihr Flug in diesem August 1982 für die sowjetische Führung vor allem eine propagandistische Funktion, denn zu dieser Zeit bereitete sich in den USA Sally Ride als erste amerikanische Astronautin auf einen Flug im Shuttle vor (zu dem sie dann im Rahmen der siebten Shuttle-Mission am 18. Juni 1983 startete).

Sawitzkajas zweiter Flug zur Salut 7 erfolgte am 17. Juli 1984 mit Sojus T-12. Hier war neben ihr auch ein Besat-

Die Crew von Sojus T-12. Von links: Wladimir Dschanibekow, Swetlana Sawitzkaja und Igor Wolk.

Salut 7 – Basismodul	
Startdatum	19. April 1982
Trägerfahrzeug	Proton K
Besatzungsstärke	2 – 6
Länge	15,80 Meter
Durchmesser	4,15 Meter
Startmasse	19.825 Kilogramm
Spannweite Solargeneratoren	17,00 Meter
Fläche Solargeneratoren	51 Quadratmeter
Elektrische Leistung	4,5 Kilowatt
Lageregelungs-Triebwerke	14 × 98 Newton 18 × 10 Newton
Orbit-Manövertriebwerke	2 × 2,9 Kilonewton
Orbithöhe	320 – 370 Kilometer
Nutzbares Raumvolumen	90 Kubikmeter
Betriebsende	7. Februar 1991

Diese sowjetische Sondermarke bildet die Rückkehr-Crew von Sojus T-5 ab. Von links Leonid Popow, Swetlana Sawitzkaja und Alexander Serebrow.

zungsmitglied dabei, dessen Bedeutung erst viele Jahre später geklärt wurde: Igor Wolk.

Bei ihm handelte es sich um den Cheftestpiloten des Buran Raumgleiter-Programms. Für den ersten bemannten Flug des Buran war zunächst ein unbemannter Start vorgesehen, in dessen Folge der sowjetische Shuttle automatisch an der Raumstation Mir anlegen sollte. Ein zuvor mit einer Sojus zur Raumstation transportierter Pilot – kein anderer als Igor Wolk – sollte dann in den Buran wechseln und die Landung manuell fliegen. Wolk sollte bei der Sojus T-12-Mission erkunden, ob er in der Lage wäre, nach einem längeren Aufenthalt im Weltraum den Raumgleiter sicher zur Erde zurück zu steuern. Kommandant der Mission war Wladimir Dschanibekow, der damit ebenfalls bereits zum zweiten Mal zur Salut 7 startete.

Am 25. Juli führte Sawitzkaja zusammen mit Dschanibekow ein Außenbordmanöver durch, das dreieinhalb Stunden dauerte. Sie wurde damit zur ersten Frau weltweit, die eine EVA durchführte. Am 29. Juli um 12:55 Uhr Mitteleuropäischer Zeit landete sie zusammen mit ihren beiden Kameraden 140 Kilometer südöstlich von Dscheskasgan.

Auch bei dieser zweiten Mission Sawitzkajas spielten wieder politische Gründe eine Rolle, denn dieses Mal wollte man der ersten US-Amerikanerin zuvor kommen, die ein Außenbordmanöver unternahm. Das war Kathryn Sullivan während der 13. Mission eines Space Shuttles (mit der Bezeichnung STS 41-G) am 11. Oktober 1984.

Heute sind Außenbordaktivitäten von Frauen im Weltraum zwar „Raumfahrtalltag", trotzdem ist es nach wie vor eine relativ kleine Gruppe. Zum Redaktionsschluss dieses Buches gab es 231 Astronauten, Kosmonauten und Taikonauten, die schon im freien Weltraum gearbeitet haben. Darunter aber nur insgesamt 15 Frauen. Unter diesen wenigen gab es allerdings auch einige bemerkenswerte Rekorde zu verzeichnen.

Die erste Amerikanerin im Weltraum war Mitglied dieser Crew von STS-7. Von links: Sally Ride, John Fabian, Robert Crippen, Norman Thagard und Frederick Hauck.

So wurde der bisher längste Außenbordeinsatz von einer Frau durchgeführt (Susan Helms zusammen mit Jim Voss mit acht Stunden und 56 Minuten Dauer), ein Rekord der nunmehr schon seit über 20 Jahren steht.

Peggy Whitson bei einem Außenbordeinsatz im November 2007. Im Hintergrund das Destiny-Labormodul der ISS.

Kathryn Sullivan beim Training für die Mission STS-41G (auch als STS-17 bezeichnet).

Peggy Whitson hat es bei drei Langzeitaufenthalten auf der ISS zu insgesamt zehn Außenbordeinsätzen gebracht und dabei über 60 Stunden im freien Weltraum gearbeitet. Damit führt sie nicht nur die Rangliste bei den Frauen an, sondern ist in der gemeinsamen Wertung von Männern und Frauen zusammen mit Alexander Serebrow, Sergei Avdejew, Gennadi Padalka, Michael Lopez-Alegria, Robert Behnken und Christopher Cassidy, die jeweils ebenfalls zehn EVAs durchgeführt haben, auf Platz 2 der „Weltrangliste". Den absoluten Rekord hält im Übrigen mit weitem Vorsprung Anatoli Solowjow, der es zwischen 1990 und 1997 auf der Raumstation Mir auf insgesamt 16 Außenbordmanöver und 82 akkumulierte Stunden im freien Weltraum brachte.

Das erste Außenbordmanöver, bei dem kein Mann mehr involviert war erfolgte am 18. Oktober 2019, als Christina Koch und Jessica Meir gemeinsam eine Außenbordaktivität zur Aufrüstung der ISS unternahmen. Wie es der Zufall wollte war an diesem Tag auch die Flugleiterin in Houston eine Frau. Das Team Koch und Meir unternahm im Januar 2020 noch zwei weitere gemeinsame EVAs.

Und weil wir gerade bei Rekorden von Frauen im Weltraum sind: Christina Koch war zu dieser Zeit für insgesamt 328 Tage im Weltraum und war Mitglied der ISS-Expeditionsteams 59, 60 und 61. Damit brach sie den Rekord für den Einzelaufenthalt einer Frau im Orbit, den zuvor Peggy Whitson mit 289 Tagen gehalten hatte. Peggy Whitson ist aber nach wie vor die Frau mit der größten kumulierten Zeit im Weltraum. Es sind zum Zeitpunkt an dem diese Zeilen entstehen insgesamt 665 Tage, 22 Stunden und 22 Minuten. Damit hält sie auch den Gesamtrekord für nichtrussische Weltraumflieger, egal ob Männer oder Frauen.

Und bleiben wir noch ein wenig bei den Rekorden: Die größte Anzahl von Frauen, die sich gleichzeitig im Weltraum befanden, ist vier. Dies waren im April 2010 Dorothy Metcalf-Lindenburger, Stephanie Wilson, Naoko Yamazaki und Tracy Caldwell. Die ersten drei waren Mitglieder der

Jessica Meir und Christina Koch bereiten sich auf ihr gemeinsames Außenbordmanöver vor.

Susan Helms bei ihrer Rekord-EVA am 11. März 2001. Der Rekord steht noch heute.

Shuttle-Crew von STS-131, Tracy Caldwell war Mitglied der Expeditionscrew 23.

Und ganz zum Schluss dieses Kapitels noch eine Absichtserklärung der NASA: Der nächste Mensch auf dem Mond soll eine Frau sein. Nicht zuletzt deshalb wurden bereits eine ganze Anzahl weiblicher Astronauten dem Kader des ARTEMIS-Mondprogramms zugeordnet.

12. Februar 1985

Die Rettung von Salut 7

Salut 6 und die angekoppelte Sojus T-4 der sechsten und letzten Stammcrew dieser Station.

Eng verbunden mit der Raumstation Salut 7 ist der Name eines legendären sowjetischen Kosmonauten: Wladimir Dschanibekow. Er absolvierte insgesamt fünf Raumflüge. Zwei davon gingen zur Raumstation Salut 6, drei zu Salut 7. Der fünfte und letzte Flug war sein Meisterstück.

Dschanibekows Kosmonautenlaufbahn war auch eng mit dem sowjetischen Interkosmos-Programm verknüpft. Bei seiner ersten Mission im Januar 1978 testete er zusammen mit seinem Kollegen Oleg Makarow das Verfahren für die bevorstehenden internationalen Flüge, bei dem die jeweiligen Besuchscrew ihr Sojus-Raumschiff mit dem der Stammcrew der Station tauschte. Dieses Verfahren ließ zum einen der Langzeitcrew ein „frisches" Raumfahrzeug zurück, und machte gleichzeitig den hinteren der beiden Dockingstutzen für einen Progress-Frachter frei. Die noch heute eingesetzten Nachschubraumschiffe kamen erstmals mit Salut 6 in das sowjetische Raumstationsprogramm.

Dschanibekows zweiter Flug zur Salut 6 war eine reguläre Interkosmos-Mission, die er zusammen mit dem mongolischen Gastkosmonauten Shugderdemidyn Gurragtschaa im März 1981 durchführte.

Seine Mission mit Sojus T-6 im Juni 1982 zur Raumstation Salut 7, zusammen mit Alexander Iwantschenkow und dem ersten westlichen Kosmonauten, dem Franzosen Jean-Loup Chrétien, läutete die zweite Welle der Interkosmos-Flüge ein. Jetzt flogen nicht nur Piloten des Warschauer Paktes, sondern auch Kosmonauten anderer befreundeter Nationen. Der Franzose Baudry war der erste Westeuropäer überhaupt, der in den Weltraum flog.

Kommandant Dschanibekow stellte bei dieser Mission sein Können unter Beweis, als der ARGON-Rendezvous-Computer 600 Meter vor der Station seine Bemühungen einstellte, worauf er das Schiff mittels Handsteuerung anlegen musste. Die Kosmonauten wickelten gemeinsam mit ihrem französischen Gast ein umfangreiches Wissenschaftsprogramm ab. Schwerpunkte waren Materialwissenschaften, Raumfahrtmedizin und Atmosphärenforschung. Die Landung am 2. Juli erfolgte schließlich 65 Kilometer nördlich von Arkalyk.

Anders als ihre Vorgängerin Salut 6 wurde die sowjetische Raumstation Salut 7 von vielen technischen Problemen geplagt. Am 9. September bemerkten Wladimir Ljachow und Alexander Alexandrow – sie bildeten die zweite Stammcrew der Salut 7 – einen Abfall des Drucks in einem Treibstofftank. Wie sich herausstellte verlor die Station wertvollen Treibstoff aufgrund einer undichten Leitung.

Die Crew von Sojus T-6. Von links: Alexander Iwantschenkow, Wladimir Dschanibekow, Jean-Loup Chrétien.

Die Bodenkontrolle entschied, den Schaden zu reparieren, was seinerzeit die mit Abstand komplexeste Außenbordaktion bedeutete, die bis dahin in der bemannten Raumfahrt unternommen werden sollte. Da Ljachow und Alexandrow das nötige Training und das Werkzeug für diese Aktion fehlte, sollte diese Reparatur von der nächsten Stamm-Mannschaft unternommen werden. Das waren Wladimir Titow und Gennadi Strekalow, deren Raumschiff am 26. September 1983 auf der Startrampe stand. Sie beendeten ihren Countdown jedoch nie, denn ihre Trägerrakete wurde unmittelbar vor dem Start auf der Rampe durch ein Feuer zerstört. Das Startrettungssystem, der sogenannte „Rettungsturm", brachte die Crew zwei Sekunden bevor die Rakete explodierte in Sicherheit.

Der Fehlstart hatte zur Folge, dass die schadhafte Salut 7 für einige Monate stillgelegt werden musste, bevor sich dann die dreiköpfige Crew von Sojus T-10 mit den Kosmonauten Kisim, Solowjow und Atkow ab dem Februar 1984 daran machte, den Schaden am Tanksystem zu beheben. Danach konnten die Besuchsflüge wieder aufgenommen werden. Einer von ihnen war zwischen dem 17. und 29. Juli 1984 die bereits im vorigen Kapitel beschriebene Mission mit Swetlana Sawitzkaja und Wladimir Dschanibekow der damit seinen vierten Raumflug absolvierte.

Am 2. Oktober 1984 endete der Einsatzzeitraum der Sojus T-10-Crew, die beim Besuch von Sawitzkaja und Dschanibekow die Stammcrew gebildet hatte. Sie waren 237 Tage im Weltraum geblieben, damals Weltrekord. Die Station war ab diesem Zeitpunkt somit unbesetzt, denn die nächste Stammcrew sollte erst im Frühjahr 1985 starten.

Am 12. Februar 1985 ging unvermittelt und aus heiterem Himmel der Kontakt mit Salut 7 verloren. Alle Kontroll- und Steuersysteme waren ausgefallen und die Sta-

Die Crew von Sojus T-12. Von rechts: Wladimir Dschanibekow, Swetlana Sawitzkaja und Igor Wolk.

Salut 7 zur Zeit des Sojus T-6 Fluges.

tion begann zu driften. Zunächst war nicht bekannt, was vorgefallen war. Die Station schien verloren, aber nachdem man die Sachlage im Detail analysiert hatte, arbeitete man einen Rettungsplan aus.

Die Raumlage der Station und ihr Bewegungsstatus waren jedoch unbekannt, und so entschied man sich, den besten Piloten des Kosmonautenteams einzusetzen: Wladimir Dschanibekow. Er hatte die Station erst vor wenigen Monaten besucht, und mit insgesamt vier vorausgegangenen Flügen war er überdies der erfahrenste Kosmonaut. Begleitet wurde er von Wiktor Sawinych, der schon mit Salut 4 Raumstationserfahrung gesammelt hatte. Sawinych hätte mit der ursprünglich geplanten nächsten Stammbesatzung mit Sojus T-13 fliegen sollen (der noch Wladimir Wasjutin und Alexander Wolkow angehört hätten).

Das automatische Dockingsystem war tot, und so musste Dschanibekow die Sojus manuell an die Station heranbringen. Die sowjetischen Ingenieure hatten die Sojus T-13 mit einem Laser-Entfernungsmesser und Nachtsichtgeräten ausgestattet. Zum Schrecken der Crew zeigte sich, dass die Station keine stabile Raumlage einnahm. Sie befand sich in einer taumelnden Bewegung, was das Andocken noch schwerer machte. Trotzdem gelang es Dschanibekow. Beim Öffnen der Luken trugen die beiden Kosmonauten Raumanzüge. Eine Luftprobe zeigte aber, dass die Atmosphäre an Bord der Station atembar war. Es war stockdunkel und die Temperatur betrug minus zehn Grad Celsius. Eine dicke Eisschicht lag auf den Wänden.

Die Kosmonauten mussten zwar keine Raumanzüge mehr tragen, aber sie waren auf warme Kleidung und

Die Temperaturen in der toten Raumstation lagen zu Beginn der „Wiederbelebung" bei minus 10 Grad Celsius. Das Bild zeigt Wiktor Sawinych mit Mütze und Handschuhen in der Station.

Sawinych und Dschanibekow bei der Reparatur der Salut 7.

Mützen angewiesen. Mit den Triebwerken der Sojus steuerten sie die Station so, dass die Solargeneratoren wieder Licht bekamen. Nach und nach konnten sie dann die Systeme eines nach dem anderen wieder hochfahren. Schließlich fanden sie auch den Auslöser der Fehlfunktion. Ein Sensor, der bestimmen sollte, wann die Batterien aufgeladen werden mussten, war ausgefallen. Ein gleichzeitig auftretendes Telemetrie-Problem hatte verhindert, dass diese Fehlfunktion von der Bodenkontrolle erkannt wurde.

Es dauerte lange, bis die Station wieder funktionsfähig war. Die Wassertanks beispielsweise waren erst Ende Juni wieder aufgetaut, aber am Ende hatten Sawinych und Dschanibekow die Station gerettet. Sawinych blieb für 169 Tage an Bord, Dshanibekow verließ Salut 7 nach 110 Tagen. Die Rettung der Salut 7 gilt bis auf den heutigen Tag als eine der eindrucksvollsten Leistungen der bemannten Raumfahrt.

Dennoch waren die Tage der Station gezählt, denn bei der nächsten Langzeitcrew trat bei einem der Besatzungsmitglieder (Wladimir Wasjutin) eine ernsthafte Erkrankung auf, der die gesamte Aufmerksamkeit der beiden anderen Crewmitglieder galt. Seine Rettung war nun vordringlich. Drei weitere Missionen, die für das Jahr 1986 zu Salut 7 angesetzt waren, fanden nicht mehr statt. Unter anderem war gegen Ende des Jahres eine Mission mit einer rein weiblichen Besatzung unter dem Kommando von Swetlana Sawitzkaja geplant (die beiden anderen Frauen wären die Raumfahrtmedizinerin Dr. Jelena Dobrokwaschina und die Flugingenieurin Jekaterina Iwanowa gewesen). Danach gab es nur noch einen weiteren Besuch der Station, die Misson Sojus T-15 mit den Kosmonauten Leonid Kizim und Wladimir Solowjow. Es ist bis auf den heutigen Tag der einzige Raumflug, bei der eine einzelne Crew bei einer Mission zwei Raumstationen besuchte. Aber das wäre schon wieder eine andere Geschichte.

2. Juli 1985

Giotto fliegt zum Halleyschen Kometen

Am 2. Juli 1985 startete Giotto mit einer Trägerrakete des Typs Ariane 1 vom europäischen Weltraumbahnhof in Kourou.

Giotto war Bestandteil einer Gruppe von insgesamt sechs Raumsonden, die den Halleyschen Kometen untersuchen sollten. Die sechs Raumfahrzeuge wurden seinerzeit auch als die „Halley-Armada" bezeichnet. Zwei stammten aus der Sowjetunion (Vega 1 und 2), zwei aus Japan (Sakigake und Suisei) und eine (ICE) aus den USA. Keine flog aber auch nur annähernd so nahe an den Kometen heran wie Giotto.

Das Vehikel war nach der deutschen Sonnensonde Helios Europas zweites Raumsondenprojekt. Benannt war es nach dem italienischen Renaissance-Maler Giotto di Bondone. Er hatte den Halleyschen Kometen im Jahre 1301 beobachtet und war dadurch angeregt worden, ihn als den Stern von Bethlehem in seinem berühmten Bild der „Huldigung der Weisen" abzubilden.

Giotto war auf Basis des geophysikalischen Forschungssatelliten GEOS von British Aerospace im Auftrag der ESA gebaut worden. Vier der zehn Instrumente stammten aus Deutschland, zwei aus England, eines aus Irland, eines aus Frankreich und eines aus der Schweiz.

Die Raumsonde Giotto wird für den Start vorbereitet.

Der zentrale Zylinder des Raumfahrzeugs wies eine Höhe von 1,10 Metern auf. In ihm befanden sich drei Plattformen mit den Instrumenten, den Subsystemen, dem Feststoffmotor und den Hydrazintanks.

Die Sonde war drallstabilisiert mit einer Rotationsgeschwindigkeit von 15 Umdrehungen pro Minute. Auf dem Zylinder befand sich die Hochgewinnantenne, die von einem Tripod-Gestell umrahmt war, an dessen Spitze sich der Sekundärempfänger befand. Diese Antennensektion war „entdrallt", das heißt, sie machte die Rotation der Sonde nicht mit.

Im Zentrum der Sonde befand sich das Antriebssystem mit einem 370 Kilogramm schweren Feststoffmotor, der die Sonde aus dem geostationären Transferorbit auf seine heliozentrische Bahn beschleunigte.

Die Energie lieferten 5000 Solarzellen, die an der zylindrischen Außenseite der Sonde angebracht worden waren. Bedarfsspitzen wurden über vier wiederaufladbare Silber-Cadmium-Batterien abgedeckt.

Die Sonde verfügte über keinen Massenspeicher, weil man davon ausging, dass sie bei der Begegnung mit dem Kometen zerstört werden würde, was auch beinahe tatsächlich passiert wäre. Die Daten wurden mit 40 Kilobit pro Sekunde direkt zur Erde übertragen. Im Endanflug wurde alle vier Sekunden ein Bild gesendet.

An Bord befanden sich ein Magnetometer, eine Farbbild-Kamera für die Nahaufnahmen, drei Staubpartikel-

Eines der besten Bilder die Giotto vom Halleyschen Kometen machen konnte. Kurz danach wurde die Kamera durch ein Staubpartikel außer Gefecht gesetzt.

Giotto	
Ursprungsland	Europa
Betreiber	ESA
Hersteller	British Aerospace
Startdatum	2. Juli 1985
Startort	Kourou
Trägerrakete	Ariane 1
Ziel	Komet Halley
Aufgabe	Naher Vorbeiflug
Maße (Durchmesser × Höhe)	1,87 × 2,85 Meter
Gesamtmasse	955 Kilogramm
Anzahl Experimente	10
Sendeleistung der Sonde	20 Watt
Verfügbare Energie am Ziel	195 Watt
Geschwindigkeit relativ zu Halley	70 Kilometer pro Sekunde
Geschwindigkeit relativ zu Grigg-Sk.	14 Kilometer pro Sekunde
Schub Mage-Feststoffmotor	19,4 Kilonewton
Treibstoffvorrat	69 Kilogramm
Vorbeiflug an Halleys Komet	14. März 1986
Geringster Abstand Halley	600 Kilometer
Geringster Abstand Greg Skjellerup	200 Kilometer
Missionsende	10. August 1992

zähler, zwei Plasma-Analysegeräte und eine optische Messvorrichtung zur chemischen Bestimmung der Prozesse in der Koma des Kometen und des Massenausstoßes und zwei Massenspektrometer für chemische Analysen der Partikel. Die Sende- und Empfangsanlage wurde verwendet, um die Interaktionen zwischen dem Kometen und den elektrisch geladenen Teilchen des Sonnenwindes durchzuführen.

Am 13. März 1986 flog Giotto mit einer Relativgeschwindigkeit von 70 Kilometern pro Sekunde in einer Entfernung von 600 Kilometern am Nukleus des Halleyschen Kometen vorbei. Dabei wurde sie, wie erwartet, von einer ganzen Reihe von Partikeln getroffen. Einer der Einschläge zerstörte die Kamera, aber erst, nachdem sie eine Reihe von Bildern aufgenommen hatte, die Giotto zur Erde übermittelte.

Nach dem Vorbeiflug war Giotto, von der Kamera einmal abgesehen, noch in guter Verfassung und wurde für einen Vorbeiflug am Kometen 26P/Grigg-Skjellerup umprogrammiert. Die Flugbahn wurde so verändert, dass die Sonde einen nahen Vorbeiflug an der Erde durchführen sollte, mit deren Gravitationsfeld die Flugbahn zum neuen Zielobjekt umgelenkt werden konnte. Am 15. März 1986 wurde Giotto in „Tiefschlaf" versetzt, und erst am 2. Juli 1990 wieder „geweckt". Kurz danach erfolgte der „Swingby" an der Erde.

Am 10. Juli 1992 erreichte die Sonde den Kometen Grigg-Skjellerup und passierte ihn in einer Entfernung von 200 Kilometern. Nachdem nahezu kein Lagregelungstreibstoff mehr an Bord war, wurde Galileo am 23. Juli 1992 erneut deaktiviert und danach nicht mehr geweckt.

28. Januar 1986

74 Sekunden bis zum Untergang

Beim Training. Von links: Gregory Jarvis, Christa McAuliffe und Barbara Morgan, die „Ersatzfrau" für McAuliffe. Barbara Morgan flog später tatsächlich noch in den Weltraum. Mit STS-118 im August 2007.

Die beiden schwersten Flugunfälle in der bemannten Raumfahrt ereigneten sich im Shuttle-Programm. In beiden Fällen war weniger die Technik schuld, als vielmehr menschliches Versagen. Hätte man die durchaus bekannten Grenzen des Materials beachtet und dementsprechend gehandelt, hätten beide Unfälle nicht geschehen müssen.

Der Start der Challenger zur Mission STS-51L war nach einer Serie von Verschiebungen für den Morgen des 28. Januar 1986 angesetzt – einem bitterkalten Wintertag. Einige Ingenieure des Booster-Herstellers Morton Thiokol hatten in den Tagen zuvor dringend von einem Start bei sehr kalter Witterung abgeraten. Sie wussten um die Sprödigkeit der Dichtungsringe zwischen den Segmenten der Feststoffraketen. Die damaligen Verantwortlichen des Shuttle-Programms ordneten den Start trotzdem an.

Die Crew der Challenger. Von links: Christa Mc Auliffe, Gregory Jarvis, Judith Resnik, Francis Scobee, Ronald McNair, Michael Smith und Ellison Onizuka.

Hier der kommentierte Sprechfunkverkehr vom Moment des Abhebens bis zur Explosion der Challenger. Er spielt sich ab zwischen Commander Francis Scobee, dem Piloten Michael Smith und der Nutzlastspezialistin Judith Resnik, die in der Mitte hinter den beiden saß.

Die Zeit ist in Sekunden nach T 0 angegeben, dem Zeitpunkt des Abhebens.

In der 74. Flugsekunde bricht die Challenger auseinander. Das Kabinenteil bleibt jedoch intakt und die Astronauten sind noch am Leben (wie man später feststellen wird). Es ist jedoch weder eine Telemetrie- noch eine Funkübertragung möglich. Die abgetrennte Kabine ist enormen Beschleunigungen ausgesetzt, Belastungen von 12 – 20 g. Innerhalb von 10 Sekunden sind sie aber wieder auf 4 g gefallen.

Beide Feststoffraketen haben sich vom explodierenden Tank gelöst und fliegen in wilden Kreisen alleine weiter. Der Sicherheitsoffizier auf dem Boden zerstört sie über Fernsteuerung 90 Sekunden nach dem Start.

Die Teile des zerbrochenen Orbiters, zusammen mit der noch intakten Crew-Kabine steigen noch für weitere 25 Sekunden bis auf eine Höhe von 21.000 Metern. Dann fallen sie in weitem Bogen nach unten. Zwei Minuten und

Zeit	Sprecher	Text	Kommentar/Übersetzung
+ 0,0	Resnik	All right	Moment der Zündung der Feststoffbooster. Die Haupttriebwerke laufen seit drei Sekunden.
+ 0,5	-	-	Eine Wolke schwarzen Rauchs pufft aus der Unterseite des rechten Feststoffboosters. Erster Hinweis auf einen Fehler im Dichtungsring zwischen den Feststoff-Segmenten.
+ 1	Smith	„Here we go“	-
+ 7	Scobee	„Houston, Challenger roll programme“	Routineruf bei der Übergabe des Sprechfunkverkehrs vom Kennedy Space Center nach Houston
+ 11	Smith	„Go you mother“	-
+ 12	-	-	Rollprogramm beendet. Erneut quillt etwas schwarzer Rauch aus dem unteren Boostersegment. Dies ist aber erst in der späteren Filmauswertung erkennbar.
+ 14	Resnik	„LVLH“	Routine-Anmerkung über die Einstellung des „Lageregelungsanzeigers“. Er ist auf „Local Vertical/Local Horizontal oder eben „LVLH“ justiert.
+ 15	Resnik	„Shit hot“	Unterschiedlich auslegbar. Könnte ein Hinweis darauf sein, dass der Aufstieg sehr rauh verläuft.
+ 16	Scobee	„Oookaaay“	-
+ 19	Scobee	„Looks like we've got a lot of wind here today“	„Sieht so aus, als wäre es heute recht windig hier”. Hinweis auf starken Seitenwind, der die Challenger kräftig durchschüttelt und ihr am Ende zum Verhängnis wird.
+ 20	Scobee	„Yeah”	Haupttriebwerke fahren auf 94 Prozent Leistung hoch (Startleistung war 90 Prozent)
+ 22	Scobee	„It's a little hard to see out my window here”	„Nicht ganz einfach, hier aus meinem Fenster zu schauen“.
+ 28	Smith	„There's 10.000 feet and Mach point 5”	„3000 Meter und 600 Stundenkilometer“.
+ 36	Scobee	„Point 9”	„1000 Stundenkilometer“. Die Challenger ist jetzt im transsonischen Bereich. Der Schub wird auf 65 Prozent gedrosselt. Auch unter normalen Bedingungen ist ein Shuttle in dieser Phase hohen Belastungen ausgesetzt.
+ 41	Smith	„There's Mach 1“	„Schallgeschwindigkeit erreicht“.
+ 42	Scobee	„Going through 19.000 feet”	„Höhe 6000 Meter“. Die spätere Telemetrieauswertung ergibt, dass die Challenger hier erneut in eine Scherwindzone gerät und erheblich durchgeschüttelt wird.
+ 43	Scobee	„Okay, we're throttling down”	„Okay, Schub runter“
+ 57	Smith	„Go at throttle up”	„Voller Schub“. Die Tracking-Kameras zeigen erneut Rauch im Bereich der beschädigten Dichtung.
+ 59	Scobee	„Roger”	Die maximale dynamische Belastung ist erreicht. Aus der beschädigten Verbindung schlagen jetzt Flammen.
+ 60	Smith	„Feel that mother go“. Woohoo”	Noch mehr Flammen sind in der Öffnung sichtbar. Die Telemetrie zeigt in den beiden Boostern jetzt einen unterschiedlichen Brennkammerdruck.
+ 62	Smith	„35.000. Going to 1 point 5”	11.000 Meter. Passieren Mach 1,5 (1600 Kilometer pro Stunde). Die Ruder des Shuttles sind aktiv und auch die Triebwerke steuern heftig. Challenger schwankt vor und zurück. Die Controller in Houston interpretieren dies als Steuerbewegungen bei starkem Seitenwind, tatsächlich wird bereits der unterschiedliche Schub der Booster ausgeglichen.
+ 65	Scobee	„Reading 486 on mine”	„Ich lese hier bei mir 486“ (Unklar, was damit gemeint ist). Offensichtlich eine Anzeige an einem der Bildschirme, die ihm sonderbar erscheint.
+ 66	-	-	Eine lange Flamme schießt jetzt aus dem unteren Booster-Segment. Sie zielt genau auf den Wasserstofftank.
+ 67	Smith	„Yep, that's what I've got too“.	„Ja, bei mir auch“. Smith liest auf seiner Seite denselben unerklärlichen Wert ab.
+ 70	Scobee	„Roger, go at throttle up“.	„Roger, voller Schub“. Die Bestätigung auf den Ruf des CapCom in Houston (Richard Covey), der eben meldete „Go at throttle up“ – Auf vollen Schub gehen.
+ 72			Der untere Befestigungspunkt der rechten Feststoffrakete bricht. Das Unterteil des Boosters bricht aus und drückt oben in den Tank der Challenger. Der obere Befestigungspunkt hält noch.
+ 73	Smith	„Uh-oh”	Der Booster rammt jetzt in den Tank. Der reißt. Wasserstoff und Sauerstoff kommen miteinander in Kontakt und explodieren. Die Telemetrie-Übertragung funktioniert noch. Triebwerk 1 schaltet ab.
+ 73,605	-	-	Die Telemetrieübertragung reißt ab. Die Challenger explodiert kurz bevor eine Geschwindigkeit von Mach 2 erreicht ist. Die Höhe ist 16.000 Meter.

Frühstück vor dem Start. Es war ihr letztes, vier Stunden später waren sie tot. Von links: Ellison Onizuka, Christa McAuliffe, Michael Smith, Francis Scobee, Judith Resnik, Ronald McNair und Gregory Jarvis.

Die Grundschullehrerin Christa McAuliffe beim Training am 13.9. 1985. Sie war keine Karriere-Astronautin, sondern bekam die Mitfluggelegenheit über das „Teacher-in-Space" Programm der NASA. Zu diesem Zeitpunkt betrachtete die US-Weltraumbehörde die Shuttles als sicher genug, um auch „normalen Bürgern" den Flug ins All anzubieten.

25 Sekunden nach der Explosion schlägt die Crew-Kabine mit einer Geschwindigkeit von etwa 380 Kilometern pro Stunde auf dem Wasser auf. Vermutlich stirbt die Crew erst in diesem Moment.

Wie die Analysen der aus dem Wasser geborgenen Kabine zeigen, war Judith Resnik während und nach der Explosion bei Bewusstsein geblieben. Sie hatte nicht nur ihr eigenes PEAP (Personal Egress Air Pack) aktiviert sondern auch das von Smith und Scobee. Dazu muss sie sich weit nach vorne gelehnt haben.

Was war geschehen? Es lässt sich in einem Punkt zusammenfassen: Eine unverantwortliche Startentscheidung der Missionskontrolle. Das Wetter war zu kalt, und die in den Handbüchern vermerkten Temperatur-Grenzwerte der Booster-Dichtungen wurden erheblich unterschritten.

Die Booster-Segmente hatten sich im Moment der Zündung gedehnt – genau so wie das konstruktiv vorgesehen ist. Die Dichtungen müssen für diesen entscheidenden Moment elastisch sein, um das flammende Inferno nicht aus dem Inneren der Feststofftreibsätze an das Gehäuse der Booster zu lassen. Aufgrund der starken Kälte an diesem Morgen waren die Dichtungen jedoch spröde und starr. Die Segmente dehnten sich, Feuer entwich aus dem Inneren an den unwirksamen Dichtungen vorbei nach außen. Danach setzten sich die Segmente wieder. Stark beschädigt zwar, aber sie hielten zusammen.

Wäre danach ein glatter Aufstieg ohne schwierige Windverhältnisse erfolgt, dann hätte trotz des Schadens noch alles gut gehen können. Aber die Zeichen standen auf Katastrophe.

Die komplett vereiste Startplattform. So kaltes Wetter hatte es im mittleren Florida seit Menschengedenken nicht mehr gegeben. Trotz dieses Extremwetters setzte die NASA den Start an.

Schon Momente nach dem Abheben quillt Rauch aus dem unteren Booster-Segment (rechts unten).

74 Sekunden nach dem Liftoff explodiert die Challenger über dem Kennedy Space Center.

15. Mai 1987

Anfang und Ende der Energija

Am 13. Mai 1987 kündigte die sowjetische Nachrichtenagentur TASS den Start einer neuartigen, vielseitig einsetzbaren Großträgerrakete für bemannte wiederverwendbare Raumschiffe, Großsatelliten, Planetensonden und Raumstationsmodule an. Über dieses geheimnisvolle Vehikel war schon seit Jahren in westlichen Fachkreisen spekuliert worden.

Das Trägerfahrzeug war zu diesem Zeitpunkt noch ohne Namen. Während der Designphase führte es die Bezeichnung „Vulkan“ und durch die Entwicklungsphase wurde es lediglich unter seiner Projektnummer geführt: 11K25. Erst kurz vor dem Erstflug wurde der Träger dann auf den Namen „Energija“ getauft.

Montagehallen und das Startgelände übernahm man weitgehend aus dem gescheiterten N1-Mondprogramm. Aus diesem Grund wurde auch der Durchmesser der Zentralstufe auf 7,7 Meter festgelegt. Das war das Maximalmaß dessen, das die Transportgeräte aus dem N1-Vorhaben bewegen konnten.

Eine Energija-Zentralstrufe wird auf den Mjasistschew VM-T „Atlant“-Transporter montiert.

Der Erstflug der neuen Trägerrakete erfolgte zwei Tage nach der Ankündigung. Und erst damit wurde auch das Konzept erkennbar, das dahinter steckte. Eine 60 Meter lange Zentralstufe, angetrieben von vier Triebwerken, die mit flüssigem Sauerstoff und flüssigem Wasserstoff arbeiteten. Links und rechts daran angebracht waren vier paarweise angeordnete Booster, die von je einem Vierkammertriebwerk des Typs RD-170 angetrieben wurden und mit Kerosin und flüssigem Sauerstoff arbeiteten.

Der Jungfernflug erfolgte mit dem militärischen Poljus-Modul als Nutzlast. Die Hauptnutzlast der neuen Schwerlastrakete sollte aber der sowjetische Space Shuttle mit der Bezeichnung Buran sein.

Das Konzept der Energija war sehr flexibel. Der mächtige Basisblock war, ähnlich wie der Außentank beim Shuttle, nicht wieder verwendbar. Erneut nutzbar sollten dagegen die Booster-Einheiten sein, die in der für einen definierten Einsatz notwendigen Anzahl an der Zentralstufe angebracht werden konnten. Bei den beiden einzigen Einsätzen der Energija waren es jeweils vier. Es hätten aber auch zwei, sechs oder acht sein können. Dementsprechend wäre auch die Nutzlast bemessen gewesen: zwischen 60 und 150 Tonnen in einen 200-Kilometer-Orbit.

Mit den RD-012-Triebwerken des Basisblocks betrat die Sowjetunion technologisches Neuland. Noch nie hatte man ein Sauerstoff-Wasserstofftriebwerk dieser Größe entwickelt und gebaut. Erstaunlicherweise verlief die Entwicklung aber glatt und ohne erkennbare größere Probleme. Das Triebwerk war allerdings technisch nicht so ambitioniert wie das des amerikanischen Shuttles. Es arbeitet im Nebenstromverfahren, mit niedrigeren Drücken und hatte ein weniger komplexes Turbopumpen-Paket.

Aufwendig und problembeladen zeigte sich dagegen die Entwicklung der RD-170-Triebwerke für die Booster.

Das Transportflugzeug war für den Tank deutlich zu klein dimensioniert, wie hier gut zu erkennen ist. Später wurde für diesen Zweck ein eigenes Flugzeug entwickelt, die Antonow An-225.

Lange Zeit sah es so aus, als würde man die Schwierigkeiten mit der Verbrennungsstabilität und der Kühlung der Brennkammerwände nicht in den Griff bekommen. Ein zusätzliches Problem war die Wiederverwendbarkeit der Motoren, die bis zu zehn Einsätze absolvieren können sollten.

Die Booster wären nach dem Einsatz an Fallschirmen und Airbags einige hundert Kilometer von der Startstelle entfernt weich gelandet. Bei den beiden Einsätzen der Energija, die als Versuchsstarts definiert waren, wurde diese Wiederverwendbarkeit allerdings nicht getestet. Es ist bis auf den heutigen Tag nicht klar, wie die 35 Tonnen schweren und 35 Meter langen Booster aus möglicherweise unwegsamem Gelände weitab jeglicher Verkehrsinfrastruktur hätten geborgen werden sollen.

Die RD-170-Triebwerke dieser Booster waren für die damalige Zeit eine technische Meisterleistung und sind bis auf den heutigen Tag die stärksten Triebwerke weltweit, die mit Kerosin und flüssigem Sauerstoff betrieben werden.

Der Erstflug der Energija hätte ursprünglich schon 1983 stattfinden sollen, aber bald war das Programm Jahre hinter dem ursprünglichen Zeitplan zurück. Das für die Energija-Zentralstufe vorgesehene Transportflugzeug, eine stark modifizierte Mjasistschew VM-T „Atlant" zeigte sich ihrer Aufgabe kaum gewachsen, und es kam bei einigen Transporten zu Unfällen.

Im Herbst 1986 wurde beschlossen, den ersten Energija-Flug mit einer Attrappe der geplanten Poljus Orbitalkampfstation auszurüsten. Die nachfolgenden zehn Flüge sollten alle mit dem Buran als Nutzlast fliegen. Doch mit dem Niedergang der Sowjetunion kam es ganz anders. Beim ersten Einsatz wurde das Poljus-Modul huckepack mitgenommen. Beim zweiten und auch schon letzten

Transport des Energija-Mockup zum Startplatz.

Energija (4-Booster-Konfiguration)	
Hersteller	RKK Energija
Länge	58,77 Meter
Durchmesser Basis	7,75 Meter
Startgewicht	2362 Tonnen
Nutzlast LEO	95.000 Kilogramm
Startschub	34.830 Kilonewton
Booster	
Triebwerke	4 × RD-170
Schub in Meereshöhe	4 × 7257 Kilonewton
Brenndauer	149 Sekunden
Treibstoff	Kerosin
Oxidator	LOX
Leergewicht	65.500 Kilogramm
Startgewicht	4 × 372.600 Kilogramm
Länge	39,50 Meter
Basisdurchmesser	3,92 Meter
1. Stufe (Block Z)	
Triebwerke	4 × RD-120
Schub Meereshöhe	4 × 7257 Kilonewton
Brenndauer	472 Sekunden
Treibstoff	LH_2
Oxidator	LOX
Leergewicht	72.600 Kilogramm
Startgewicht	776.200 Kilogramm
Länge	58,77 Meter
Basisdurchmesser	7,75 Meter

2. Stufe	Poljus Block D	Buran Orbitmodul
Triebwerk	1 × RD-58	2 × RD-58M
Schub	1 × 84,9 Kilonewton	2 × 86,3 Kilonewton
Brenndauer	680 Sekunden	287 Sekunden
Treibstoff	Kerosin	Kerosin
Oxidator	LOX	LOX
Leergewicht	2000 Kilogramm	2000 Kilogramm
Startgewicht	17.000 Kilogramm	9500 Kilogramm
Länge	5,70 Meter	5,70 Meter
Durchmesser	3,70 Meter	3,70 Meter
Einziger Start	15. Mai 1987	15. November 1988

Die Energija steht am Startplatz.

Flug war als Nutzlast der sowjetische Raumgleiter Buran an der Außenseite der Trägerrakete befestigt.

Der Startverlauf der Energija ähnelte dem des US-Shuttles. Das heißt, dass zunächst am Boden alle Triebwerke gezündet wurden, sowohl die der Hauptstufe als auch die der Booster. Nach einer Brennzeit von knapp zweieinhalb Minuten wurden die Booster abgetrennt. Dann arbeitete nur noch der Antrieb der Zentralstufe weiter. Die Brennperiode des Trägers endete dann knapp unterhalb der Orbitgeschwindigkeit. Die letzten 100 Meter pro Sekunde an Antriebsleistung wurden von der Nutzlast selbst vorgenommen. Dies hätte beim Erstflug der Energija die Poljus-Einheit mittels eines FSB-Antriebsmoduls durchführen sollen. Beim zweiten Flug der Energija wurde der Bahneinschuss durch den Raumgleiter Buran vorgenommen. In beiden Fällen verglühte die Energija-Zentralstufe nach einer knappen Erdumkreisung in der Erdatmosphäre.

Nachdem das Vorhaben schon mehrere Jahre Zeitverzug aufwies, entschlossen sie die Programmverantwortlichen, auf eine Reihe von Tests zu verzichten, die eigentlich noch eingeplant waren. Insbesondere die Gesamterprobung des kompletten Vehikels auf einem gigantischen Teststand in Baikonur wurde aufgegeben, nachdem sich die Fertigstellung der Anlage immer weiter verzögerte.

Der Start der Energija-Poljus-Kombination war für den 15. Mai 1987 vorgesehen, gegen 13:30 Uhr Mitteleuropäischer Zeit. Die Mission wurde zunächst um fünf Stunden verschoben, nachdem ein Fehler in einer elektrischen Verteileranlage entdeckt wurde, der erst behoben werden musste. Dann um eine weitere Stunde wegen eines fehlerhaften Wasserstoff-Thermostaten. Schließlich erfolgte der Start, der ein voller Erfolg war. Allerdings nur, soweit er die Energija betraf. Das Poljus-Modul erreichte wegen eines Fehlers in seiner eigenen Antriebseinheit nicht den vorgesehenen Orbit.

Der zweite und letzte Einsatz einer Energija, dieses Mal mit dem Buran als Nutzlast, erfolgte am 15. November 1988. Die Mission war ein vollständiger Erfolg. Nun hätte eine lange Einsatzhistorie beginnen können, mit der Errichtung großer Raumstationen und Flügen zu Mond und Mars. Mit dem Fall der Sowjetunion war jedoch das Schicksal dieses Projektes besiegelt. Ein paar Jahre lang blieb noch die Hoffnung bestehen, dass das Vorhaben weitergeführt werden könnte, doch am 30. Juni 1993 beendete Boris Jelzin das Energija/Buran-Programm.

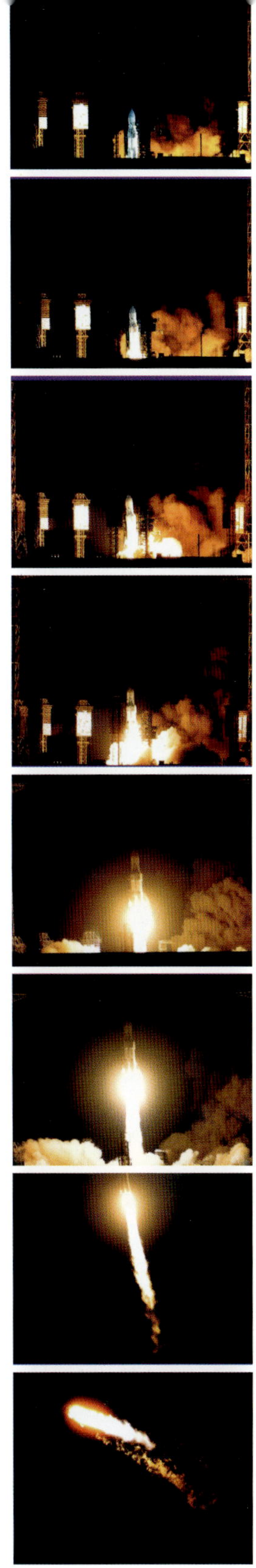

Vor dem Hintergrund der startbereiten Energija-Poljus-Kombination sehen wir rechts im Vordergrund eine Grafik dieser Kombination. Rechts eine Bildsequenz vom Beginn des Erstflugs.

15. November 1988

Nur ein Flug – Der Buran

Das Projekt Buran wurde am 21. November 1977 offiziell ins Leben gerufen. Da hatte es allerdings schon mehrjährige Vorstudien hinter sich. Um die Kosten des Orbiters niedrig zu halten, wählte man eine aerodynamische Eins-zu-eins Kopie des amerikanischen Shuttles, obwohl es auch zwei eigenständige sowjetische Modelle gab, die allerdings erst in aufwendigen Tests hätten verifiziert werden müssen.

Der sowjetische Buran glich dem amerikanischen Shuttle so sehr, dass es für einen Laien schwierig ist, die beiden Vehikel auseinander zu halten. Tatsächlich gibt es jedoch eine Reihe wesentlicher Unterschiede, die vom geteilten Leitwerk (Shuttle: keine Teilung) bis zur Tatsache reichen, dass Buran keine Haupttriebwerke wie der amerikanische Shuttle besitzt, denn er wurde komplett als Nutzlast der Energija-Rakete in den Orbit befördert. Darüber hinaus war der Buran dafür ausgelegt, auch unbemannte Einsätze durchzuführen. Das Orbit-Manövriersystem wurde mit Sauerstoff und Kerosin betrieben, und nicht wie das amerikanische Gegenstück mit der selbstzündenden Kombination Hydrazin und Stickstofftetroxid.

Nur der erste Einsatz des Buran sollte unbemannt stattfinden. Bei der zweiten Mission sollte er zwar unbemannt starten, aber dann an der Raumstation Mir anlegen, von wo zwei (vorher mit einer Sojus-Kapsel zur Station gestartete) Piloten in den Buran umsteigen, und mit diesem landen sollten. Erst der dritte Energija-Buran-Einsatz sollte von Anfang an bemannt ablaufen.

Eine der Buran-Einheiten im Bau. Insgesamt sollten neben einem Testgerät für Flüge innerhalb der Atmosphäre fünf orbitfähige Fluggeräte gebaut werden. Tatsächlich fertiggestellt wurde nur das Testvehikel und das beim Erstflug eingesetzte Gerät. Ein zweites Fluggerät war bei der Programmeinstellung fast fertig.

Daten	Shuttle	Buran
Länge	37,25 Meter	36,37 Meter
Spannweite	23,80 Meter	23,92 Meter
Höhe	17,25 Meter	16,35 Meter
Trockenmasse	78 Tonnen	61 Tonnen
Maximales Startgewicht	110 Tonnen	105 Tonnen
Besatzung	2 – 8	0 – 10
Länge Nutzlastbucht	18,29 Meter	18,55 Meter
Breite Nutzlastbucht	4,57 Meter	4,65 Meter
Frachtkapazität in den Orbit	25 Tonnen	30 Tonnen
Rückholkapazität aus dem Orbit	15 Tonnen	20 Tonnen

Als Starttermin für den Erstflug wurde der 29. Oktober, um 8:23 Uhr Baikonur-Ortszeit vorgesehen. An diesem Tag berichtete das sowjetische Fernsehen live. Der Countdown verlief normal bis 51 Sekunden vor dem geplanten Start. Zu diesem Zeitpunkt wurde entsprechend dem Programmablauf des Countdown der automatische Sequenzer aktiviert.Danach sollte der Countdown dem Bordcomputer übergeben werden. An dieser Stelle interpretierte der jedoch die Information über den Status eines Lagekontroll-Kreisels falsch und brach den Countdown ab.

Für den Transport des Buran wurde ein eigenes Flugzeug entwickelt: die Antonow An-225 „Mrija".

Das Problem wurde behoben, und für den 15. November wurde ein neuer Startversuch angesetzt. An diesem Tag herrschte Schneegestöber mit Windböen bis 20 Meter pro Sekunde. Das spezifizierte Windlimit lag eigentlich bei 15 Meter pro Sekunde, der Startdirektor beschloss aber die Mission trotzdem durchzuführen. Punkt acht Uhr morgens setzte sich unter ungeheurem Lärm die Energija mit dem Buran auf der Abgassäule seiner acht Triebwerke in Bewegung.

Nach zwei Minuten und 45 Sekunden, in 60 Kilometer Höhe, wurden die vier mit flüssigen Treibstoffen betriebenen Booster abgesprengt. Acht Minuten und zwei Sekunden nach dem Abheben, fast gleichzeitig mit dem Brennschluss der Zentralstufe, wurde in 160 Kilometern Höhe auch der Buran abgetrennt.

Drei Sekunden danach zündeten die Orbit-Triebwerke ein erstes Mal für 67 Sekunden, und knapp neun Minuten später ein zweites Mal, diesmal für 42 Sekunden. Danach flog der Buran antriebslos auf einer Bahn zwischen 252 und 256 Kilometern.

Am Ende des ersten Umlaufs, über Afrika, aktivierten die vier Bordcomputer das Programm für die Landung. Zwei Stunden 20 Minuten nach dem Start, in der Mitte des zweiten Orbits, zündeten die Triebwerke für den Bremsimpuls zum Verlassen der Orbitalbahn. Der Buran drehte sich wieder mit dem Bug in Flugrichtung und trat in 110 Kilometern Höhe mit 25-facher Schallgeschwindigkeit in die obersten Schichten der Erdatmosphäre ein.

In der „heißen" Phase des Wiedereintritts, in einem Höhenbereich zwischen 80 und 40 Kilometern bestand 20 Minuten lang keine Funkverbindung mit dem Raumgleiter. Etwa 400 Kilometer von Baikonur entfernt schalteten sich die Bordcomputer auf die Navigationssignale vom Boden auf und flogen den berechneten Gleitpfad ab.

Während des Endanfluges wurde der Orbiter von einer MIG 25 begleitet. Schließlich fuhr der Buran das Fahrwerk aus und rollte mit einer Aufsetzgeschwindigkeit von 340 Kilometern pro Stunde die Mittellinie der Landepiste entlang. Der Erstflug war ein voller Erfolg. Doch leider war es auch schon gleichzeitig sein letzter Einsatz.

Der Buran wird für den Start vorbereitet.

Vor dem Hintergrund der startenden Energija-Buran-Kombination sehen wir rechts im Vordergrund als Grafik eine Dreiseiten-Ansicht dieser Kombination. Rechts unten ein Bild des automatisch landenden Buran.

18.Oktober 1989

Galileo – Erster Orbiter des Jupiter

Diese grafische Darstellung zeigt Galileo über dem Jupiter. Gut zu sehen die nur teilentfaltete und deshalb nutzlose Hochgewinnantenne.

Die Mission der Raumsonde Galileo war eines der bedeutendsten unbemannten Vorhaben in der Geschichte der Raumfahrt. Trotzdem sie mit erheblichen technischen Problemen zu kämpfen hatte, veränderte sie unser Wissen über den Planeten Jupiter, seine Monde und das Sonnensystem ganz entscheidend.

In der Folge der Challenger-Katastrophe verzögerte sich der für 1986 vorgesehene Start um drei Jahre. Wegen neuer Sicherheitsbestimmungen konnte nicht die ursprünglich vorgesehene Centaur-Oberstufe für den Start vom Shuttle auf die Bahn zum Jupiter benutzt werden, sondern eine weit weniger leistungsfähige Antriebseinheit, nämlich die mit zwei Feststoffmotoren betriebene Inertial Upper Stage (IUS). Aus diesem Grund wurde Galileo auf eine komplexe Bahn geschickt, die man mit „VEEGA" bezeichnete (Venus-Earth-Earth-Gravity Assist). Das bedeutete, dass die Sonde einmal an der Venus und zweimal an der Erde Schwung holen musste, um den Jupiter zu erreichen.

Die Struktur des Galileo-Orbiters war in eine nicht rotierende und in eine rotierende Sektion unterteilt. Auf der rotierenden Sektion befanden sich die 4,9 Meter durchmessende Hochgewinn- und Niedriggewinn-Antenne, die Elektronik, der elf Meter lange Ausleger für den Magnetometer und der fünf Meter lange Ausleger für die mit Plutonium 238 betriebenen Radionuklid-Batterien. Auf der Unterseite befand sich die 1,2 Meter durchmessende Atmosphärensonde. Die gesamte Kombination war vor der Abtrennung der Landesonde 6,10 Meter hoch.

Galileo	
Ursprungsland	USA
Betreiber	NASA
Hersteller Orbiter	Jet Propulsion Laboratory
Hersteller Eintrittssonde	Hughes Aircraft Corp.
Startdatum	18. Oktober 1989
Startort	Cape Canaveral
Trägerrakete	Shuttle Atlantis/IUS
Ziel	Jupiter und Monde
Aufgabe	Orbiter
Höhe Gesamtkombination	6,10 Meter
Anfangsleistung je RTG	570 Watt
Haupttriebwerk	1 × 400 Newton
Lageregelungstriebwerke	12 × 10 Newton
Treibstoffvorrat	925 Kilogramm
Startmasse Galileo	2380 Kilogramm
Startmasse Abstiegssonde	339 Kilogramm
Anzahl Instrumente Orbiter	16
Anzahl Instrumente Sonde	6
Abtrennung Sonde	13. Juli 1995
Ankunft Jupiter Sonde/Orbiter	7. Dezember 1995
Missionsende	21. September 2003

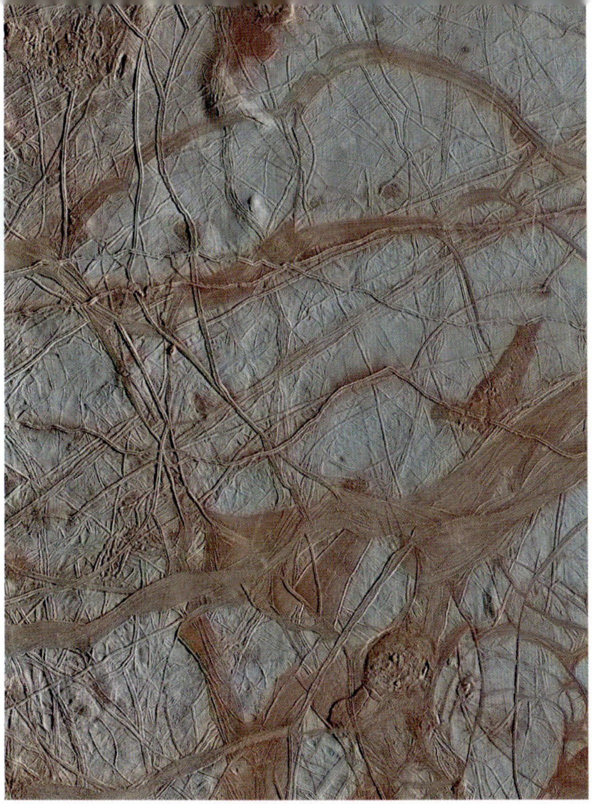

Oberflächendetails auf dem Jupitermond Europa.

Der Jupitermond Io. Dieses Bild entstand am 18. Dezember 1997.

Das Antriebssystem stammte von MBB aus Deutschland. Es bestand aus einem 400 Newton-Haupttriebwerk sowie 10 Newton-Triebwerken, die an zwei Auslegern in Dreiergruppen angeordnet waren.

Galileo verfügte über 22 Mikroprozessoren. Sieben davon waren den Bordcomputern zugeordnet, der Rest war auf die Instrumente verteilt. Massendaten wurden auf einem 590 Meter langen Speicherband mit einer Kapazität von 109 Megabyte abgelegt.

Die Stromversorgung erfolgte über zwei Radionuklidgeneratoren, die mit insgesamt 22 Kilogramm Plutonium 238 bestückt waren. Jeder davon erzeugte bei Missionsbeginn 570 Watt.

Die Atmosphärensonde übermittelte ihre Daten an den Orbiter der sie später zur Erde sendete.

Galileo startete am 18. Oktober 1989 an Bord des Shuttle Atlantis im Rahmen der Mission STS-34. Nach dem ersten Swingby-Manöver an der Erde sollte die große Parabolantenne entfaltet werden, doch dies gelang nicht. In der Folge blieb die Antenne unbrauchbar. Der gesamte Datenverkehr musste nun über die kleine Niedriggewinnantenne abgewickelt werden. Statt der erhofften 134 Kilobit pro Sekunde konnten nun nur noch maximal 160 Bit pro Sekunde aus der Umlaufbahn um den Jupiter gesendet werden.

Auf dem Weg zum Jupiter erkundete Galileo am 29. Oktober 1991 den Asteroiden 951 Gaspra und führte damit erstmals in der Geschichte der Raumfahrt einen Vorbeiflug an einem solchen Objekt durch. Danach passierte sie am 28. Oktober 1993 den Asteroiden 243 Ida und entdeckte dabei den ersten Mond eines Asteroiden (der den Namen Dactyl erhielt).

Fünf Monate vor dem Erreichen des Jupiters setzte Galileo eine 360 Kilogramm schwere Atmosphärensonde ab. Sie erreichte den Planeten wenige Stunden vor dem Orbiter und führte einen direkten Eintritt in die Atmosphäre durch. Dabei wurde die Eintrittsgeschwindigkeit von 48 Kilometer pro Sekunde auf weniger als 300 Meter pro Sekunde in weniger als zwei Minuten abgebremst. Die Sonde überlebte 58 Minuten lang bis zu einem Druck von 23 Atmosphären und einer Temperatur von 153 Grad Celsius.

Galileo führte nach dem Einschwenken in die Umlaufbahn am 7. Dezember 1995 35 Orbits um den Jupiter durch von denen jeder etwa zwei Monate dauerte. Am 21. September 2003 wurde Galileos Mission beendet indem man die Sonde in die Jupiteratmosphäre lenkte. Dies geschah, um eine mögliche Kontamination des Mondes Europa, unter dessen Eisdecke Galileo einen Ozean aus flüssigem Wasser entdeckt hatte, zu verhindern, sollte die Sonde jemals dort abstürzen.

24. April 1990

Start des Hubble-Weltraumteleskops

Das Hubble-Weltraumteleskop ganz zu Beginn der Mission STS-61. Hubble wurde hier gerade eben „eingefangen". Die insgesamt fünf Außenbordeinsätze haben noch nicht stattgefunden.

Die Idee der Weltraumteleskope geht zurück in die zwanziger Jahre des letzten Jahrhunderts, als sie von Raumfahrtpionieren wie Hermann Oberth und Hermann Noordung erstmals propagiert wurden. Sie erlauben bei ähnlich dimensionierten Optiken ein wesentlich höheres Auflösungsvermögen, haben nicht die Nachteile atmosphärischer Effekte wie der Luftbewegung und können Spektralbereiche abbilden, die durch die Atmosphäre ausgefiltert werden und somit nicht von bodengebundenen Teleskopen zu beobachten sind.

Der Inbegriff für die im All stationierten astronomischen Beobachtungsplattformen ist seit inzwischen mehr als drei Jahrzehnten das Hubble-Weltraumteleskop. Es wurde nach dem Astronomen Edwin Hubble benannt und gehört zur Serie der Großen Observatorien der NASA, zusammen mit dem Compton Gammastrahlenobservatorium, dem Chandra-Röntgenobservatorium und dem Weltraumteleskop Spitzer. Von denen ist inzwischen nur noch Hubble in Dienst. Wenn alles gut geht soll er Ende 2021 noch seinen Nachfolger erleben, das James Webb Space Telescope.

Hubble sollte eigentlich schon 1983 starten, aber das Vorhaben litt unter technischen Problemen, finanziellen Schwierigkeiten und zuletzt unter der Challenger-Katastrophe im Jahre 1986, nach der die Shuttle-Starts für lange Zeit ausgesetzt werden mussten.

Vor allem der Schliff des Spiegels, der nur eine Abweichung von zehn Nanometern erlaubte, stellte das ausführende Unternehmen (Perkin-Elmer) vor fast unüberwindbare Probleme. Die NASA hatte ursprünglich, um das Risiko eines Fehlschliffs zu minimieren, einen Ersatzspiegel bei der Firma Kodak bestellt. Dieser Auftrag wurde aber storniert, um mit dem eingesparten Geld die Kostenüberschreitungen bei Perkin-Elmer abzudecken. Eine fatale Entscheidung, wie sich später zeigen sollte.

Insgesamt hatten sich die Kosten für Entwicklung und Bau gegenüber der ursprünglichen Kostenschätzung, die bei 400 Millionen US-Dollar lag, mehr als verzehnfacht. Am Ende kostete das Teleskop zum Preisstand von 1990 4,7 Milliarden Dollar.

Der ursprüngliche Starttermin war für 1983 angesetzt, aber die vielen technischen und finanziellen Probleme führten dazu, dass er auf Oktober 1986 verschoben werden musste. Doch dann kam die Challenger-Katastrophe, in deren Folge die Shuttle-Flotte zweieinhalb Jahre auf dem Boden bleiben musste. So wurde Hubble schließlich erst am 24. April 1990 mit der Raumfähre Discovery im Rahmen der Mission STS-31 gestartet.

Innerhalb weniger Wochen nach dem Start fand man heraus, dass der Hauptspiegel des Teleskops einen katastrophalen optischen Fehler aufwies. Statt nur maximal 10

Die große Reparaturmission STS-61 fand im Dezember 1993 statt. Hier ist der Astronaut Jeffrey Hofmann im Vordergrund zu sehen. Sein Kollege Story Musgrave im Hintergrund.

Nanometer Abweichung vom Idealmaß waren es im Außenbereich des Spiegels 2200 Nanometer. Das führte zu enormen Licht-Streueffekten und machte das Teleskop nicht wesentlich besser als ein vergleichbares erdgebundenes Fernrohr. Perkin-Elmer hatte, um Kosten zu sparen, mit Genehmigung der NASA auf entscheidende Tests verzichtet.

Nun zeigte sich der Vorteil der Wartbarkeit des Teleskops. Es wurde eine komplexe Anordnung von Hilfsspiegeln mit der Bezeichnung COSTAR (Corrective Optics Space Telescope Axial Replacement) ersonnen und gebaut, mit welchem man den Lichtweg im Teleskop korrigieren konnte. Dafür musste allerdings eines der ursprünglichen fünf Instrumente geopfert werden, weil sonst der Platz nicht gereicht hätte. Weitere Maßnahmen wurden in den Beobachtungsinstrumenten selbst vorgenommen.

Am Ende kosteten alle technischen Korrekturen über 500 Millionen Dollar und da waren die Kosten des Shuttle-Starts noch gar nicht mitgerechnet. Schließlich setzte die NASA die Reparaturmission STS-61 mit dem Shuttle Endeavour für den 2. Dezember 1993 an. Dafür wurde die damals wohl flugerfahrenste Crew überhaupt benannt. Alle Besatzungsmitglieder hatten zuvor schon bis zu vier Shuttle-Flüge absolviert. Es brauchte fünf Außenbordmanöver, um die Reparaturen und Modifikationen vorzunehmen, aber danach war Hubble in perfektem Zustand und erfüllte alle Erwartungen der Astronomen.

Hubble ist mit einem 2,4 Meter-Spiegel ausgerüstet. Konstruktiv handelt es sich um einen Cassegrain-Reflektor vom Ritchey-Chrétien Typ, der von insgesamt vier Instrumenten unterstützt wird. Damit kann das Teleskop Beobachtungen vom ultravioletten Bereich des Spektrums über den sichtbaren Bereich bis hin in den nahen Infrarotbereich durchführen. Eine große Anzahl von Beobachtungen mit dem Weltraumteleskop haben zu bahnbrechenden Entdeckungen in der Astrophysik geführt, wie zum Beispiel die Bestimmung der Expansionsrate des Universums.

Dieses Bild entstand gegen Ende der elftägigen Mission von STS-61. Das Sonnenlicht wird von den leuchtenden Flächen am Teleskop und in der Nutzlastbucht des Shuttles reflektiert.

Während der mehr als 30 Einsatzjahre beobachtete Hubble auch immer wieder das launenhafte Doppelsternsystem Eta Carinae, das etwa 200 Sonnenmassen in sich vereinigt und rund 7500 Lichtjahre entfernt ist. Die beiden Blasen, die wir hier sehen, entstanden bei einem Ausbruch im Jahre 1840. Dieses Bild hier wurde mit der Wide Field Camera 3 gemacht, die sich seit 2009 am Teleskop befindet und Eta Carinae im Ultravioletten Licht abbildet.

An Bord des Teleskops befinden sich zu jedem gegebenen Zeitpunkt vier bis fünf aktive Instrumente. Verschiedene davon wurden bei Wartungsmissionen gegen andere Instrumente ausgetauscht, so dass insgesamt 13 wissenschaftliche Instrumente an Bord aktiv waren. Manche der früheren Vorrichtungen stehen heute schon im Museum wie etwa die „Faint Object Camera", die zwischen 1990 und 2002 an Bord war. Sie diente der Beobachtung von lichtschwachen Objekten im Ultravioletten Licht bei Wellenlängen zwischen 115 und 650 Nanometern. Dieses Instrument kann heute im Dornier-Museum in Friedrichshafen besichtigt werden. Von manchen Instrumenten, wie etwa der Wide Field and Planetary Camera wurden bei verschiedenen Wartungsmissionen immer neuere Versionen zum Teleskop gebracht.

Hubble ist gegenwärtig (Juli 2021) immer noch das einzige Weltraumteleskop, das von Astronauten gewartet und repariert werden kann. Insgesamt wurden fünf Shuttle-Missionen durchgeführt, um das Teleskop zu überholen und alte Systeme durch Neue zu ersetzten. Die erste dieser Missionen wurde zuvor schon beschrieben. Die zweite erfolgte mit STS-82 mit dem Space Shuttle Discovery im Februar 1997, die dritte mit der Mission STS-103 ebenfalls mit der Discovery im Dezember 1999. Mission Nummer vier benutzte bei STS-109 den Shuttle Columbia im März 2002, und bei STS-125, der fünften und letzten Service-Mission wurde im Jahr 2009 der Shuttle Atlantis eingesetzt.

Wie man sich leicht vorstellen kann, übertreffen die Beobachtungswünsche mit diesem einzigartigen Instrument die vorhandene Kapazität bei weitem. Um die Flut der Anfragen zu regeln gibt es für die Koordination der

Hubble Space Telescope	
Ursprungsland	USA/Europa
Betreiber	NASA
Hersteller Satellitenplattform	Lockheed Martin
Hersteller Optik	Perkin Elmer
Teleskop-Typ	Ritchey-Chrétien
Durchmesser Hauptspiegel	2,40 Meter
Brennweite Hauptspiegel	57,60 Meter
Startdatum	24. April 1990
Startort	Cape Canaveral
Trägerrakete	Shuttle Discovery
Ziel	Jupiter und Monde
Aufgabe	Weltraumteleskop
Länge × Durchmesser	13,2 × 4,20 Meter
Elektrische Leistung Solargeneratoren	2800 Watt
Startgewicht	11.110 Kilogramm
Anzahl Instrumente	5
Bahnhöhe Umlaufbahn	535 Kilometer
Bahnneigung Umlaufbahn	28,47 Grad
Missionsende	Nach 2030

Nach der Wartungsmission STS-109 im März 2002 hat die Crew der Columbia Hubble wieder „freigesetzt".

Hubble-Beobachtungen ein eigenes Institut, das „Space Telescope Science Institute", das der Johns Hopkins Universität in Maryland angegliedert ist.

Das Teleskop war am 24. April 2021, zum 31. Jahrestag seines Betriebsbeginns im Orbit weiterhin in Betrieb. Service-Missionen sind nun eigentlich keine mehr vorgesehen, dafür bräuchte es den Shuttle, der aber seit 2011 nicht mehr fliegt. Die NASA hofft momentan, das Teleskop in seiner jetzigen Ausstattung bis über das Jahr 2030 hinaus in Betrieb zu halten. Mit den neuen raumfahrttechnischen Möglichkeiten und der Indienststellung neuer Typen von Raumschiffen eröffnen sich aber möglicherweise Gelegenheiten, zukünftig weitere Service-Missionen durchzuführen.

Nachfolger des Hubble Space Telescopes wird das James Webb Space Telescope sein, das allerdings einen anderen Wellenbereich abdeckt und sich auch auf einer ganz anderen Bahn bewegen wird. Es wird also kein Ersatz sein, sondern eher eine Ergänzung, und so hoffen die betreibenden Institutionen, beide weltraumbasierte Großteleskope möglichst lange parallel nutzen zu können.

Dieses Bild stammt von der Wartungsmission STS-82 im Februar 1997. Die Astronauten Steven Smith (Bildmitte) und Mark Lee sind hier in Aktion zu sehen.

3. Februar 1994

Das Shuttle-Mir-Programm beginnt

Die Raumstation Mir war die erste permanent besetzte orbitale Forschungsstation. Vor allem in der zweiten Hälfte ihrer Nutzung war sie auch ein „Trainingszentrum" im Weltraum, in welchem Montage, Betrieb und das Leben in der künftigen Internationalen Raumstation geübt wurde. Die Mir war 15 Jahre lang im Dienst, vom 19. Februar 1986 bis zum 23. März 2001.

Die Mir wurde von insgesamt 96 Kosmonauten und Astronauten besucht. 19 von ihnen waren zweimal dort, einer – Alexander Wiktorenko – viermal und Anatoli Solowjow sogar fünfmal. Die längste Zeit an Bord verbrachte der russische Kosmonaut Waleri Poljakow, der es bei zwei Besuchen auf insgesamt 679 Tage an Bord der Mir brachte. Von Januar 1994 bis Mai 1995 stellte er mit 438 Tagen im All einen neuen Rekord für die menschliche Verweildauer im All im Rahmen einer einzelnen Mission auf, ein Rekord, der bis auf den heutigen Tag besteht.

Fast von Anfang an kamen auch ausländische Besuchs-Kosmonauten an Bord. Der erste von ihnen war der Syrer Muhamad Faris, der am 22. Juli 1987 mit Sojus TM-2 zur Mir flog, die zu diesem Zeitpunkt nur aus dem Basisblock und dem Kwant-Modul bestand. Faris gehörte noch zum sowjetischen Interkosmos-Programm, das mit Salut 6 begonnen hatte und zur Zeit der Mir immer noch lief.

Der zweite Interkosmos-Gast war der Afghane Abdul Ahad Mohmand, der mit Sojus TM-6 Ende August 1988 für eine Woche zur Mir flog. Er bekam nach dem Abkoppeln zusammen mit seinem Kollegen Wladimir Ljachow eine ebenso gefährliche wie unbequeme Flugverlängerung verpasst, weil das Landesystem der Sojus TM-5 (mit der die beiden zur Erde zurückkehren wollten) wegen eines Programmfehlers das Retro-Brennmanöver falsch ter-

Klaus-Dietrich Flade war der erste von insgesamt vier deutschen Kosmonauten, die zur russischen Raumstation Mir flogen. Er kam mit Sojus TM-14, blieb acht Tage an Bord und flog mit Sojus TM-13 wieder zurück zur Erde.

Mir-Basisblock	
Startdatum	19. Mai 1986
Länge	16,00 Meter
Maximaler Durchmesser	4,15 Meter
Masse	20.100 Kilogramm
Spannweite Solargeneratoren	30 Meter
Fläche Solargeneratoren	2 × 38 Quadratmeter
Orbithöhe	385 – 395 Kilometer
Elektrische Leistung	9 Kilowatt
Treibstoff/Oxidator	UDMH/N_2O_4
Lageregelungs-Triebwerke	32 × 137 Newton
Orbit-Manövertriebwerke	2 × 2,9 Kilonewton
Raumvolumen	90 Kubikmeter

Kwant-1	
Start	31. März 1987
Docking	9. April 1987
Länge	5,80 Meter
Durchmesser	4,35 Meter
Startmasse (mit FSB)	20.600 Kilogramm
Masse Kwant-1 Modul	11.000 Kilogramm
Raumvolumen	40 Kubikmeter

Betriebsamkeit an der Mir. Dieses Foto entstand beim Abflug von Sojus TM-17 in dem sich neben Wassili Ziblijew und Alexander Serebrow auch der französische Gastkosmonaut Jean-Pierre Haigneré an Bord befand. Das Raumfahrzeug links ist Progress M-18. Noch angedockt an der Station sind Sojus TM-16 und Progress M-17.

minierte. Zu diesem Zeitpunkt war das Orbitalmodul der Sojus bereits abgesprengt (das geschah seinerzeit bereits unmittelbar nach dem Verlassen der Raumstation), so dass die beiden 24 Stunden lang ohne Nahrungsmittel und Getränke und ohne die Möglichkeit zur Toilette gehen zu können in der ungemein engen Rückkehrkabine verbringen mussten, bevor sich erneut eine Möglichkeit zur – dann manuell durchgeführten – Landung ergab.

Am 26. November 1988 kamen die beiden sowjetischen Kosmonauten Alexander Wolkow und Sergei Krikaljow zusammen mit dem französischen Gastkosmonauten Jean-Loup Chrétien an Bord. Für den war es bereits die zweite Sojus-Mission (seine erste hatte zur Raumstation Salut 7

Bei Besatzungswechseln mit dem Shuttle waren auch schon mal bis zu zehn Personen an Bord der Raumstation Mir. Hier die STS-71 Crew, die Norman Thagard nach 115 Tagen im Weltraum abholt (zusammen mit Gennadi Strekalow und Wladimir Deschurow) und mit Anatoli Solowjow und Nikolai Budarin eine neue Stammbesatzung zur Mir brachte. Norman Thagard ist der Mann in der 16-Uhr-Position im hellblauen Overall.

Kwant-2	
Startdatum	26. November 1989
Docking	6. Dezember 1989
Länge	12,20 Meter
Durchmesser	4,35 Meter
Startmasse	19.560 Kilogramm
Fläche Solargeneratoren	2 × 26 Quadratmeter
Elektrische Leistung	6,9 Kilowatt
Raumvolumen	62 Kubikmeter
Kristall	
Startdatum	31.5.1990
Docking	10. Juni 1990
Länge	11,90 Meter
Durchmesser	4,35 Meter
Startmasse	19.640 Kilogramm
Raumvolumen	61 Kubikmeter

Reiter war der erste Deutsche, der zu einer Langzeitmission startete und der erste Deutsche, der jemals ein Außenbordmanöver unternahm.

geführt). Mit Chrétien führte erstmals ein Weltraumfahrer, der nicht aus der Sowjetunion oder den USA stammte, ein Außenbordmanöver durch. Er blieb 24 Tage und 18 Stunden an Bord der Station.

Mit dem Anwachsen der Räumlichkeiten nahm die Frequenz der Besuche gut zahlender ausländischer Kosmonauten weiter zu. Am 4. Dezember 1990 traf die Expeditionscrew Nummer 11 der Mir, bestehend aus den Kosmonauten Viktor Afanasjew und Musa Manarow zusammen mit einem ungewöhnlichen Gast ein: Dem japanischen Journalisten Toyohiro Akiyama. Akiyamas Arbeitgeber, das „Tokyo Broadcasting System", zahlte 14 Millionen Dollar für den Flug, den die Sowjets als ersten „bemannten kommerziellen Raumflug" der Geschichte bezeichneten. Der Journalist sollte eigentlich tägliche Radio- und Fernsehübertragungen durchführen, kam dieser Pflicht aber nur unregelmäßig nach, denn er litt heftig unter der Raumkrankheit.

Am 18. Mai 1991 folgte die Britin Helen Sharman, am 2. Oktober 1991 der Österreicher Franz Viehböck, am 17. März 1992 der Deutsche Klaus-Dietrich Flade. Am 27. Juli 1992 der Franzose Michel Tognini, am 1. Juli 1993 Jean-Pierre Haigneré, ebenfalls ein Franzose, und am 1. Juli 1994 mit Ulf Merbold wieder ein Deutscher, der einen Aufenthalt von mehr als 31 Tagen auf der Mir absolvierte.

Zu diesem Zeitpunkt trat die Raumstation aber schon in eine neue Lebensphase ein, denn im September 1993 hatte US-Vizepräsident Al Gore und der russische Ministerpräsident Viktor Tschernomyrdin eine Vereinbarung über ein Internationales Raumstationsprogramm unterzeichnet. Dabei sollten US-Astronauten permanent auf die russische Raumstation entsandt werden. Alles in allem bezahlte die NASA den Russen 472 Millionen Dollar für neun Shuttle-Dockings mit der Mir. Dieses Geld ermöglichte es dem damals finanziell ziemlich klammen Russland, die Module „Spektr" und „Priroda" fertig zu stellen und zu starten.

Das Shuttle-Mir-Programm begann am 3. Februar 1994. An diesem Tag startete die Raumfähre Discovery zur Mission STS-60. Kommandant war Charles F. Bolden, der spätere langjährige Administrator der NASA. Die übrigen amerikanischen Besatzungsmitglieder waren Kenneth Reightler (Pilot), Jan Davis, Ronald Sega und Franklin Chang-Diaz. Letzterer ist heute in der Raumfahrtszene auch bekannt als der Erfinder des Vasimir-Antriebs. Das Augenmerk der Öffentlichkeit richtete sich damals aber auf das sechste Besatzungsmitglied, den Kosmonauten Sergei Krikaljow, denn es war das erste Mal, dass ein Russe mit dem Shuttle flog.

Bei dieser Mission legte der Shuttle nicht an der Station an, ja er kam ihr nicht einmal nahe. Immerhin wurde am 2. August 1994 eine Funkbrücke zwischen den Astro-

Spektr	
Start	20. Mai 1995
Docking	1. Juni 1995
Länge	9,10 Meter
Durchmesser	4,35 Meter
Startmasse	19.640 Kilogramm
Fläche Solargeneratoren	2 × 27 Quadratmeter 2 × 38 Quadratmeter
Elektrische Leistung	16,2 Kilowatt
Raumvolumen	62 Kubikmeter

Modul Priroda	
Start	23. April 1996
Docking	26. April 1996
Länge	9,7 Meter
Durchmesser	4,35 Meter
Startmasse	19.700 Kilogramm
Raumvolumen	66 Kubikmeter

Thomas Reiter (mitte) kam mit Sojus TM-22 zur Mir und blieb dort 177 Tage. Links: Juri Gidsenko, rechts: Sergei Awdejew.

nauten der Discovery und den drei Kosmonauten an Bord der Station Mir eingerichtet.

Am 3. Februar 1995 startete die US-Raumfähre Discovery. Erneut mit einem russischen Kosmonauten an Bord, nämlich Wladimir Titow. Die Mission ging als „Near-Mir" in die Geschichte der Raumfahrt ein, und durch den damals fast ebenso stark beachteten Umstand, dass erstmals eine Frau als Pilotin des Shuttles flog, nämlich Eileen Collins. Anders als noch im Jahr zuvor fand diesmal ein Rendezvous mit der russischen Raumstation statt bei der sich die Raumfähre am 6. Februar der Station bis auf zehn Meter näherte aber nicht ankoppelte.

Mit dem Start von Sojus TM-21 am 14. März 1995 kam nun das Shuttle-Mir-Programm voll in Gang. Die Crew bestand aus den russischen Kosmonauten Wladimir Deshurow und Gennadi Strekalow, sowie dem US-Astronauten Norman Thagard. Der war damit der erste Amerikaner, der jemals mit einem russischen Raumfahrzeug in den Orbit flog. Am 27. Juni startete die Raumfähre Atlantis bei der Mission STS-71 zum ersten Docking-Manöver eines Shuttles mit einer russischen Raumstation. Am 29. Juni legte der Shuttle an und transferierte deren neue Stammbesatzung, bestehend aus den Kosmonauten Anatoli Solowjow und Nikolai Budarin, zur Station. Nach fünf Tagen gemeinsamer Arbeit an Bord der Station wechselte die alte Stammcrew zusammen mit Thagard in den Shuttle und kehrte am 7. Juli damit zur Erde zurück.

Am 3. September 1995 machte sich Sojus TM-22 mit den beiden russischen Kosmonauten Gidsenko und Awdejew, sowie dem deutschen Gast-Kosmonauten Thomas Reiter auf den Weg zur Mir, mit der Aufgabe, Solowjow und Budarin abzulösen. Erstmals startete damit ein westlicher Kosmonaut mit den Russen zu einer Langzeitmission. Bei diesem Einsatz führte Reiter auch eine Außenbordaktivität durch, und war damit der erste Deutsche, der sich nur mit einem Raumanzug geschützt im Weltraum bewegte.

Während der 179 Tage dauerndes „Uran"-Mission mit Thomas Reiter fand auch die vierte Mission des Shuttle-Mir-Programms statt. Dabei wurde das in Russland gebaute Mir-Shuttle-Dockingmodul zur Station gebracht und am Kristall-Modul festgemacht.

Am 24. März 1996 kam mit dem Shuttle Atlantis die US-Astronautin Shannon Lucid. Ihre viereinhalb Monate an Bord der Station bedeuteten damals einen US-Langzeitrekord im Weltraum. Ihr Aufenthalt auf der Mir war der Beginn einer zweijährigen ununterbrochenen US-Präsenz im Weltraum.

Kristall	
Startdatum	31.5.1990
Docking	10. Juni 1990
Länge	11,90 Meter
Durchmesser	4,35 Meter
Startmasse	19.640 Kilogramm
Raumvolumen	61 Kubikmeter

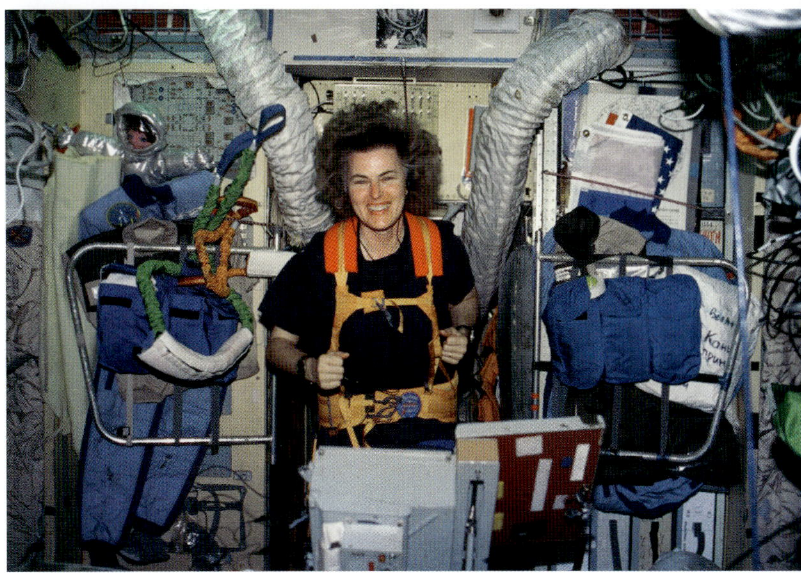

Am 24. März 1996 kam mit dem Shuttle Atlantis die US-Astronautin Shannon Lucid für viereinhalb Monate zur Mir.

Am 16. September begann in Cape Canaveral die Mission STS-79 der US-Raumfähre Atlantis, die Shannon Lucid nach 188 Tagen im Weltraum zurückbrachte und John Blaha als ihren Nachfolger an der Station absetzte. Während des Aufenthaltes von Shannon Lucid war im Übrigen mit Claudie André-Deshays, die mit Sojus TM-24 für einen Besuch von knapp 16 Tagen gekommen war, zeitweilig sogar noch eine zweite Frau an Bord der Mir.

Das Jahr 1997 begann mit einem planmäßigen Besatzungstausch. Jerry Linenger, der mit STS-81 einflog, ersetzte im Januar John Blaha. Mit dem Deutschen Reinhold Ewald war noch ein zweiter Nichtrusse an Bord der Mir. Der war am 10. Februar zusammen mit Wassili Ziblijew und Alexander Lazutkin an Bord gekommen. Er sollte am 2. März zusammen mit Valeri Korzun und Alexander Kaleri nach knapp 20 Tagen wieder zur Erde zurückfliegen.

Am 24. Februar, nur wenige Tage bevor Ewald mit Kaleri zusammen mit Valeri Korzun wieder zur Erde zurückkommen sollte, kam es beinahe zur Katastrophe. Im Kwant-1 Modul erhitzte sich eine Patrone zur Sauerstofferzeugung so stark, dass es zu einem Brand mit starker Rauchentwicklung kam. Über die folgenden Geschehnisse werden heute unterschiedliche Versionen kolportiert. Nach Reinhold Ewalds Sicht war die Lage zwar ernst, aber das Feuer war etwa 90 Sekunden nach dem Ausbruch unter Kontrolle. Einem Bericht von Jerry Linenger nach aber hatten die Flammen hoch gelodert und zumindest für drei der Besatzungsmitglieder war der Weg zur rettenden Sojus-Kapsel wegen der starken Rauchentwicklung versperrt. Dass die Lage kritisch war mag man daran erkennen, dass die Crew nach dem Vorfall 36 Stunden lang Atemschutzmasken tragen musste.

Trotz des ernsten Vorfalles fand im Mai der nun schon routinemäßige Austausch des US-Besatzungsmitgliedes statt. Mike Foale kam im Rahmen der Shuttle-Mission STS-84 für Jerry Linenger.

Am 24. Juni dockte Progress M-34 ab und tags darauf sollte die Stammcrew der Mir einen Versuch mit dem TORU-Fernsteuersystem dieses unbemannten Versorgungschiffes machen. Doch die Sache ging schrecklich schief. Beim Versuch das Frachtschiff manuell mittels der Videosignale, die er über einen Bildschirm erhielt, anzudocken, verlor Ziblijew den Kontakt mit der Progress. Der Transporter näherte sich der Station mit zunehmender Geschwindigkeit, und um 11:18 Uhr Mitteleuropäischer Zeit krachte das sechseinhalb Tonnen schwere Raumfahrzeug zuerst in die Sonnenzellenflächen des Spektr-Moduls und dann in das Modul selbst. Dabei riss es ein Loch in die Außenwand. In letzter Sekunde gelang es den Kosmonauten, das Modul zu isolieren. Dabei mussten alle Kabelverbindungen gekappt werden, um das Druckschott schließen zu können. Alle US-Experimente und die persönlichen Dinge von Mike Foale waren verloren. Im Spektr-Modul herrschte nun das Vakuum des Weltalls und es war für die Crew nicht mehr zugänglich.

In diesen Tagen wurde in den USA darüber nachgedacht, das Shuttle-Mir-Programm abzubrechen. Doch die Crew von Sojus TM-26, die am 7. August an der Mir andockte, konnte provisorische Reparaturen durchführen. Ende September 1997 war die Mir zwar immer noch in einem kritischen Zustand, war aber immerhin soweit wieder hergestellt, dass die nächste US-Crew in Empfang genommen werden konnte.

Shuttle Atlantis brachte bei der Mission STS-86 nicht nur mehrere Tonnen Nachschubgüter sondern auch David Wolf, den vorletzten aus der Reihe der US-Astronauten, die einen Aufenthalt auf der russischen Station absolvieren sollten. Im Januar 1998 fand der letzte US-Besatzungstausch statt. Andrew Thomas kam für David Wolf und damit fand das Shuttle-Mir-Programm sein Ende. Sieben US-Astronauten hatten insgesamt 907 Tage an Bord

Alle sieben US-Dockingmissionen zur Mir erfolgten mit dem Space Shuttle Atlantis.

Die Raumstation Mir am 12. Juni 1998 nach der Mission STS-91.

der Station verbracht. Und auch für die Station selbst war die Zeit jetzt abgelaufen.

Einzelne „zahlende" Kosmonauten zögerten das Ende noch hinaus. So wie der Franzose Leopold Eyhardts, der mit der Crew der Sojus TM-27 an Bord kam, sein Landsmann Jean-P. Haigneré und der Slowake Ivan Bella, die beide mit Sojus TM-29 kamen.

Am 4. April 2000 startete mit Sojus TM-30 die letzte Besatzung zur Mir, nachdem sie zuvor sieben Monate unbewohnt geblieben war. Die Mission der Kosmonauten Saljotin und Kaleri dauerte fast 73 Tage. Sie führten Wartungsarbeiten durch, um den weiteren Verbleib in der Umlaufbahn sicherzustellen. Zum Zeitpunkt ihrer Rückkehr im Juni 2000 hoffte die russische Raumfahrt noch, die Mir durch westliche Gelder weiter betreiben zu können. Doch schließlich zerschlugen sich auch diese letzten Hoffnungen.

Am 23. März 2001, gegen 1:30 Uhr Mitteleuropäischer Zeit begann das Finale. Dafür hatte Russland am 24. Januar 2001 die unbemannte Progress M1-5 zur Station geschickt. Nach und nach, mit über Tagen verteilten Manövern, wurde mit Hilfe ihrer Raketentriebwerke die Bahn der Mir abgesenkt. Schließlich kam der letzte Befehl an die Progress. Um 6:07 Uhr, 165 Kilometer über Zentralafrika, feuerte das Haupttriebwerk 22 Minuten und 15 Sekunden lang auf Volllast und verringerte damit die Geschwindigkeit des massiven Komplexes um 65 Kilometer pro Stunde. Nicht viel, wie es scheint, aber der niedrigste Bahnpunkt war damit soweit abgesenkt, dass er um 6:44 Uhr weniger als 100 Kilometer betrug, und damit direkt in die Atmosphäre hineinführte. 3750 Kilometer südöstlich von Neuseeland in einer menschenleeren Region abseits aller Schifffahrtsrouten verglühte die Mir. Die Ära der ersten permanent besetzten Raumstation war zu Ende.

17. November 1996

NEAR fliegt zu Eros

Die Near Earth Asteroid Rendezvous (kurz: NEAR) Raumsonde absolvierte die erste Mission des US Discovery-Programms. Sie war das erste Raumfahrzeug, das in einen Orbit um einen Asteroiden einschwenkte.

Hauptaufgabe von NEAR war es, die Zusammensetzung, Mineralogie, Morphologie und das Magnetfeld des Asteroiden 433 Eros zu erforschen. Eros ist mit 13 × 13 × 33 Kilometern Größe der zweitgrößte der erdnahen Asteroiden. Um das zu bewerkstelligen, war das Raumfahrzeug mit fünf aktiven und einem passiven Experiment ausgerüstet.

NEAR war ein achteckiger Zylinder mit einer Länge von etwa 1,70 Metern. Daran befestigt waren an den Seiten vier Solargeneratoren von 1,2 × 1,8 Metern Seitenlänge, die mit Galliumarsenid-Zellen belegt waren. Die vier Solarzellenflächen wiesen zusammen eine Fläche von 8,6 Quadratmeter auf. Gepuffert wurde die Energie in einer 9 Amperestunden-Nickel-Cadmium-Batterie.

Start der Raumsonde NEAR am 17. Februar 1996 in Cape Canaveral.

Die Hauptstruktur war in ein Gerätedeck und ein Antriebsdeck unterteilt. Auf der Oberseite befand sich die 1,5 Meter durchmessende Hochgewinnantenne, auf einem Dreibein darüber die Niedriggewinnantenne.

Das Antriebssystem machte die Hälfte des Gewichts der Sonde aus. Es bestand aus einem Hauptmotor, vier Triebwerken mit 22 Newton Schubleistung und sieben mit fünf Newton. Die Lageregelung erfolgt über vier Drallräder.

Die Datenspeichersysteme an Bord der Sonde verfügten über eine Kapazität von 1,8 Gigabyte. Die Kommunikation mit der Erde erfolgte über die Parabolantenne im X-Band. Je nach Erdentfernung betrug die Übertragungsrate zwischen 1,1 und 26,5 Kilobit pro Sekunde. Die Übertragungsrate von der Erde zu NEAR betrug zwischen 7,8 und 125 Bit/Sekunde.

Nach dem Start am 17. November 1996 führte NEAR am 3. Juli 1997 eine Flugbahn-Anpassung durch, mit der die Geschwindigkeit um 279 Meter pro Sekunde reduziert wurde. Damit ergab sich ein Perihel von 0,95 Astronomischen Einheiten. Am 23. Januar 1998 erfolgte ein naher Vorbeiflug an der Erde. Ihr Gravitationsfeld bewirkte, dass sich die Bahnneigung zur Ekliptik von 0,5 Grad auf 10,2 Grad erhöhte. Das Aphel lag danach bei 1,77 Astronomischen Einheiten und damit auf der Bahn von Eros.

Am 27. Oktober 1997 passierte NEAR den Asteroiden 253 Mathilde in einem Abstand von 1200 Kilometern.

Das erste von vier geplanten Rendezvous-Brennmanövern für das Einschwenken in die Umlaufbahn um Eros

Asteroid 433 Eros, aufgenommen von der Raumsonde NEAR.

war für den 20. Dezember 1998 geplant, aber der Bordcomputer brach das Manöver nach wenigen Sekunden aufgrund einer nie vollständig geklärten Anomalie ab. Das Raumfahrzeug begann zu taumeln, verlor den Kontakt mit der Erde, und das Lageregelungssystem verbrauchte aufgrund seiner Desorientierung fast den gesamten Reservetreibstoff. Für 24 Stunden bestand keine Verbindung mehr zu NEAR.

In der Folge dieser schweren Anomalie musste das Rendezvous-Manöver abgebrochen werden. Es gelang jedoch einen Sonnenumlauf später, am 14. Februar 2000.

NEAR	
Ursprungsland	USA
Betreiber	NASA
Hersteller	Johns Hopkins Universität
Startdatum	17. Februar 1996
Startort	Cape Canaveral
Trägerrakete	Delta 2 7925-8
Ziel	Asteroid 433 Eros
Aufgabe	Orbit/Landung
Spannweite Solargeneratoren	5,10 Meter
Höhe des Raumfahrzeugs	2,80 Meter
Leistung Solargeneratoren	1800 Watt (Erde)
Leistung Solargeneratoren	450 Watt (Eros)
Startmasse	805 Kilogramm
Schub Haupttriebwerk	450 Newton
Steuertriebwerke	4 × 22 + 7 × 5 Newton
Hydrazin-Vorrat	318 Kilogramm
Anzahl aktiver Instrumente	5
Vorbeiflug 253 Mathilde	27. Oktober 1997
Erster Rendezvous-Versuch	10. Januar 1999
Umlaufbahn um Eros	14. Februar 2000
Landung auf Eros	12. Februar 2001
Letzter Kontakt	28. Februar 2001

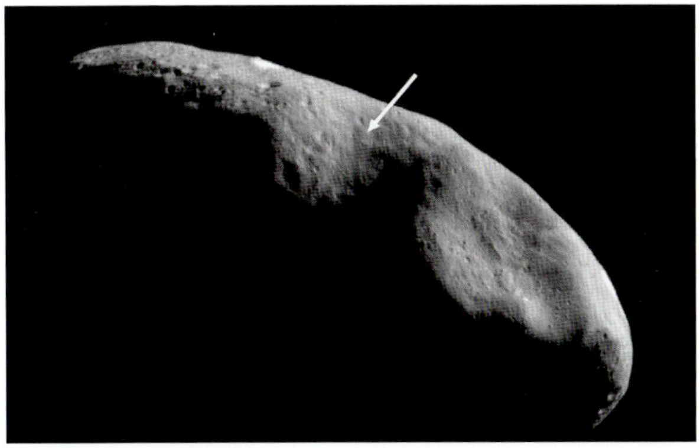

Die Landestelle der Raumsonde NEAR.

Die Umlaufbahn um Eros wurde von zunächst 350 Kilometer später auf 50 Kilometer abgesenkt. Nach einem Jahr im Orbit landete die Sonde am 12. Februar 2001 erfolgreich auf der Oberfläche des Asteroiden. Auch dies war ein Novum in der Raumfahrt, vor allem weil sie nicht für eine Landung ausgelegt war. Bis zum 28. Februar 2001 übermittelte die Sonde noch Daten von der Oberfläche, dann brach der Kontakt ab, da die Solargeneratoren nun nicht mehr in Richtung Sonne zeigten. Ein letzter Kontaktversuch im März 2001 blieb erfolglos.

Im Hintergrund die Oberfläche des Asteroiden Eros. Im Vordergrund eine Grafik der Raumsonde.

15. Oktober 1997

Cassini und Huygens zu Saturn und Titan

Die gemeinsame US/Europäische Raumsondenkombination Cassini/Huygens zählt zu den bedeutendsten Vorhaben in der Geschichte der Raumfahrt. Benannt wurden die beiden Sonden nach dem italienischen Astronomen Domenico Cassini und dem niederländischen Astronomen Christiaan Huygens. Neben vielen anderen Entdeckungen fiel Cassini im Jahre 1675 als erstem eine Lücke im Ring des Saturn auf, die später nach ihm als die „Cassinische Teilung" bezeichnet wurde. Huygens war ein Zeitgenosse Cassinis. Er entdeckte 1655 mit einem von ihm selbst gebauten Teleskop den Saturnmond Titan.

Die Muttersonde Cassini wurde vom Jet Propulsion Laboratory der NASA entwickelt, die Landesonde Huygens von der ESTEC, dem Entwicklungs- und Technologiezentrum der ESA in Noordwijk in den Niederlanden. Der Orbiter war mit zwölf wissenschaftlichen Instrumenten ausgerüstet. Bei der Titan-Landesonde Huygens waren es sechs.

Start der Raumsonde Cassini an der Spitze einer Titan IVB Centaur am 15. Oktober 1997 in Cape Canaveral.

Die Grundstruktur von Cassini war zylindrisch, mit einer vier Meter durchmessenden Hochgewinnantenne an der Oberseite. Cassini verfügte über ein hoch komplexes Antriebssystem. Es bestand aus einem Einstoff-Hydrazinsystem mit 16 0,5 Newton-Triebwerken für Feinänderungen der Geschwindigkeit, sowie zwei redundanten Zweistoff-Systemen (Hydrazin und Stickstofftetroxid) für größere Geschwindigkeitsänderungen. Jedes verfügte über ein 500 Newton-Haupttriebwerk und 16 22 Newton-Bahnkorrekturtriebwerke.

Den Strom an Bord der Raumsonde erzeugten drei Radionuklidbatterien in denen sich insgesamt 32,7 Kilogramm Plutonium 238 befanden.

Die Cassini/Huygens-Kombination war mit einem Startgewicht von 5600 Kilogramm eine der massivsten Raumsonden, die jemals gestartet wurden. Ihre Reise begann am 15. Oktober 1997 an Bord einer Titan IVB-Rakete. Der Flug zum Ringplaneten beinhaltete zwei Flyby-Manöver an der Venus am 26. April 1998 und am 24. Juni 1999, an der die Raumsonde quasi Schwung holte. Am 18. August 1999 erfolgte ein naher Vorbeiflug an der Erde. Danach war genug Fahrt aufgenommen, um den Weiterflug zum Jupiter durchführen zu können, wo die Sonde noch einmal Geschwindigkeit aufnahm.

Auf dem Weg dorthin passierte die Kombination am 23. Januar 2000 den Asteroiden Masursky. Am 30. Dezember 2000 erreichte sie den Jupiter und machte beim schnellen Vorbeiflug insgesamt 26.000 Aufnahmen und Messungen vom Mondsystem des Riesenplaneten und von seinen nur schwach sichtbaren Ringen.

Am 11. Juni 2004, noch im Anflug auf den Zielplaneten, passierte Cassini/Huygens den weit außen im Saturnsystem liegenden Mond Phoebe. Aus bahnmechanischen Gründen war dieser Vorbeiflug die einzige Möglichkeit in der 13jährigen Expedition der Sonde, diesen 213 Kilometer durchmessenden Himmelskörper zu beobachten.

Nach siebenjähriger Reise durchflog Cassini/Huygens am 1. Juli 2004 zunächst die Lücke zwischen dem F-Ring

Oberfläche des Saturn-Mondes Titan. Das „Geröll“, das vor der Sonde liegt, ist Wassereis.

und dem G-Ring des Saturn und feuerte danach eines der beiden Haupttriebwerke, um seine Geschwindigkeit um 2240 Kilometer pro Stunde zu reduzieren. Dies genügte, um zunächst in eine hochelliptische Übergangs-Umlaufbahn einzuschwenken. Bei diesem Manöver kam das Sondenpaar der Wolkenobergrenze des Saturn bis auf 20.000 Kilometer nahe.

Schon am darauf folgenden Tag erfolgte der erste Vorbeiflug am Titan. Dieser Mond war in der Folge für die gesamte Mission die Gravitationsunterstützungsmaschine, welche das Raumfahrzeug in die gewünschten unterschiedlichen Richtungen umlenkte, ohne dass dafür wesentliche Mengen an Treibstoff eingesetzt werden mussten. Als Zugabe ergab sich so die Möglichkeit diesen vielleicht interessantesten Mond unseres Sonnensystems alle paar Wochen unter die Lupe zu nehmen und nach und nach eine Radarkarte seiner Oberfläche zu erstellen. Die offenbarte, dass auf diesem Mond Seen und Meere existierten. Nicht aus Wasser, sondern aus Kohlenwasserstoffen.

Am 25. Dezember 2004 gab Cassini die Landesonde Huygens frei. Huygens war ein 320 Kilogramm schweres Vehikel in der Form eines Zylinders von 1,6 Metern Durchmesser und etwa einem Meter Höhe. Beim Eintritt in die Atmosphäre des Titan war Huygens in einen 2,7 Meter durchmessenden diskusförmigen Hitzeschild eingeschlossen, der die Landesonde in dieser Flugphase schützte. Huygens wurde ausschließlich mit chemischen Batterien betrieben und verfügte über einen Energievorrat von 1800 Wattstunden. Das genügte für eine Lebensdauer von drei Stunden, von denen zweieinhalb in der Phase des fallschirmgestützen Abstiegs auf die Oberfläche verbraucht wurden und 30 Minuten auf der Oberfläche selbst.

Während der gesamten 6,7 Jahre dauernden Anflugzeit zum Saturn hatte sich Huygens im Tiefschlafmodus befunden, aus dem sie nur etwa einmal jährlich für eine kurze Überprüfung der Systeme geweckt wurde. 22 Tage vor dem Eintritt in die Atmosphäre des Titan wurde sie von Cassini abgesetzt. Um Energie zu sparen waren in der Zeit bis zum Atmosphäreneintritt weiterhin alle Instrumente mit Ausnahme eines Timers abge-

Eine Sicht auf den Saturn, der von der Erde aus unmöglich ist. Die Sonde ist hoch über dem Nordpol des Planeten. Der Schatten deckt einen Teil der Ringe ab.

Diese Sicht des Titan ist aus mehreren Bildern im nahen Infrarotbereich zusammengesetzt. Das gelbliche Glitzern ist das von den Seen des Titan zurückgeworfene Licht.

schaltet. Dieser Timer aktivierte am 14. Januar 2005, 15 Minuten vor dem Erreichen der obersten Atmosphärenschichten, alle Instrumente des Landers. Alle Daten, die der Lander gewann, wurden an die Muttersonde übermittelt, die später diesen Datensatz an die Erde weitergab. Während des Abstiegs zur Oberfläche übertrug Huygens Messdaten vom Abstieg und 350 Bilder von der Oberfläche des Titan. Dort maß der Lander eine Temperatur von minus 179 Grad Celsius und einen atmosphärischen Druck von 1,47 Bar. Huygens kurze Mission war damit abgeschlossen. Die von Cassini sollte aber noch zwölfeinhalb weitere Jahre dauern.

Bei sehr nahen Vorbeiflügen am Mond Enceladus ab 2005, mit teilweise nur 50 Kilometer Abstand, entdeckte Cassini aufgrund von Wasserausgasungen durch Geysire einen flüssigen Salzwasser-Ozean unter der Oberfläche dieses Eismondes. Zusätzlich konnte die Sonde in den Wasserdampfwolken Kohlenwasserstoffe und Kohlendioxid feststellen. Entdeckungen, die diesen Himmelskörper zu einem Kandidaten für die Existenz von mikrobischem Leben machen.

Cassinis Expedition war von den Planern ursprünglich für den Zeitraum von 2004 – 2008 ausgelegt gewesen. Doch nach dieser Zeit zeigte sich das Raumfahrzeug in hervorragender Verfassung und so wurde die Mission in der Folge drei Mal verlängert. Die erste Verlängerung, die bis September 2010 lief, wurde als Cassini Equinox-Mission (Frühlingsphase) bezeichnet, da in dieser Zeit auf der Nordhalbkugel nach der Tag-und-Nachtgleiche der Frühling begann. Dadurch wurden nun auch Aufnahmen der Nordhalbkugel des Saturn und der nördlichen Breiten der Saturnmonde möglich, außerdem konnten die Ringe genau zu jenem Zeitpunkt beobachtet werden, zu der das Sonnenlicht exakt auf deren Kante schien. Auch in dieser Phase der Mission wurde der Orbit mithilfe von Vorbeiflügen am Titan ständig variiert.

Die beiden weiteren Verlängerungen liefen unter dem Titel Cassini Solstice-Mission (Sonnwend-Mission) da in diesem Zeitraum auf der Nordhalbkugel die Sommersonnenwende stattfand. Aufgrund des günstigen Sonnenstands war zum ersten Mal die Nordpolregion des Saturn zu beobachten.

Cassini entdeckte sieben neue Monde: Methone, Pallene und Polydeuces im Jahr 2004, Daphnis im Jahr 2005,

Cassini/Huygens	
Ursprungsland	USA und Europa
Betreiber	NASA und ESA
Hersteller Cassini	NASA JPL
Hersteller Huygens	Aérospatiale (Thales Alenia)
Startdatum	15. Oktober 1997
Startort	Cape Canaveral
Trägerrakete	Titan IV B Centaur
Ziel	Saturn und seine Monde
Aufgabe	Orbiter/Titan-Lander
Höhe	6,80 Meter
Breite	4,00 Meter
Elektrische Leistung 1997	880 Watt
Elektrische Leistung 2011	640 Watt
Startmasse	5600 Kilogramm
Instrumente Cassini/Huygens	12/10
Masse Huygens	319 Kilogramm
Triebwerke Primärsystem	2 × 500 N, 16 × 22 N
Treibstoff-Vorrat	3130 Kilogramm
Ankunft Saturn-Umlaufbahn	1. Juli 2004
Landung Huygens auf Titan	14. Januar 2005
Missionsende	15. September 2017

Anthe im Jahr 2007 und Aegaeon im Jahre 2009. Keiner dieser Monde ist größer als etwa 10 Kilometer. Ebenfalls im Jahre 2009 entdeckte Cassini einen noch unbenannten Mond mit der vorläufigen Bezeichnung S/2009 S 1. Er ist nur 300 Meter groß und liegt im B-Ring des Saturn.

Cassini umkreiste während seiner 13 Jahre am Saturn den Planeten 294-mal. 113-mal erhielt sie nicht nur die Schwerkraftunterstützung des Titan, sondern hatte auch genauso oft die Möglichkeit für Forschungs-Stippvisiten an diesem zweitgrößten Mond des Sonnensystems. Es gab 24 nahe Vorbeiflüge an Enceladus, 22 sehr nahe Vorbeiflüge an anderen Monden und abertausende von Beobachtungen des Mondsystems des Saturns aus größeren Entfernungen.

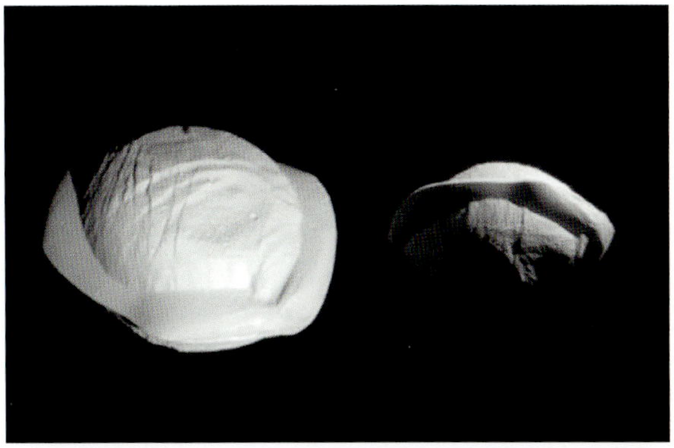

Zwei Ansichten des seltsam geformten Pan, des Innersten aller Saturnmonde.

Einer dieser Seen, das Ligeia Mare, ist hier in „Falschfarben“ abgebildet, um die Oberflächendetails besser kenntlich zu machen. Seen wie diese sind mit flüssigen Hydrokarbonaten gefüllt, vor allem mit flüssigem Äthan und Methan.

Cassinis Mission endete am 15. September 2017. An diesem Tag wurde das Raumfahrzeug gezielt auf dem Saturn zum Absturz gebracht. Damit sollte ausgeschlossen werden, dass die Sonde eines Tages bei einem hypothetisch möglichen Zusammenstoß die Monde Enceladus und Titan mit irdischen Bakterien „kontaminieren“ könnte. Cassini hat seinen Absturztod damit selbst verschuldet, denn er stellte auf seiner 13-jährigen Forschungsreise im Saturn-System fest, dass diese beiden Himmelsköper die Grundbausteine des Lebens in sich tragen.

Grafische Darstellung der Raumsonde Cassini vor dem Hintergrund des Saturn. Das scheibenförmige rote Element rechts ist die Landesonde Huygens.

20. November 1998

Der Baubeginn der Internationalen Raumstation

In den frühen achtziger Jahren plante die NASA die Errichtung einer modularen Raumstation mit der Bezeichnung „Freedom". Sie sollte das Gegenstück zu der von der Sowjetunion angekündigten großen Raumstation „Mir 2" werden. Mit dem Ende der Sowjetunion war jedoch auch das Ende des Wettrennens im Weltraum gekommen. Das Projekt der Raumstation „Mir 2" wurde aufgegeben, obwohl bereits das erste Element im Bau war. Nachdem der Druck seitens des einstigen Gegners weg war, zeigten auch die US-Politiker wenig Neigung, eine große Raumstation zu finanzieren. Auch für die geplante US-Raumstation „Freedom" waren schon einige Komponenten entwickelt, aber das war es dann auch schon. Recht viel weiter schien die Sache nicht gedeihen zu können.

Anfang der 90er-Jahre begann die NASA Verhandlungen mit den europäischen- und japanischen Weltraumbehörden, mit Kanada und Russland, um die Möglichkeiten eines gemeinsamen Raumstationsprojektes auszuloten. Die Sache wäre aber möglicherweise ebenso im Sande verlaufen, wie frühere Ansätze, hätte nicht im Juni 1992 der amerikanische Präsident Bush und der russische Präsident Boris Jelzin eine Vereinbarung zur Zusammenarbeit im Weltraum abgeschlossen. Dieses Programm sollte eigentlich nur ein kleines gemeinsames Programm sein. Ein US-Astronaut sollte zur russischen Raumstation Mir fliegen. Dafür sollten zwei russische Kosmonauten an jeweils einer Shuttle-Mission teilnehmen.

Im September 1993 wurde dieses Abkommen aber erweitert. US-Vizepräsident Al Gore und der russische Ministerpräsident Viktor Tschernomyrdin kündigten die Planung einer internationalen Raumstation unter der Führung der USA und Russlands an, aus der schließlich die ISS entstehen sollte. Sie vereinbarten außerdem, in Vorbereitung für dieses Vorhaben die USA in das Mir-Programm einzubinden. Aus diesem Teil der Vereinbarung entstand in der Folge das „Shuttle-Mir-Programm", das 1998 beendet wurde.

Das Sarja-Modul. Fotografiert während der Mission von STS-88 mit dem Shuttle Endeavour, der das Unity-Modul in den Orbit lieferte.

Sarja – Basisblock der ISS	
Startdatum	20. November 1998
Trägerfahrzeug	Proton 8K82K
Länge	12,60 Meter
Durchmesser	4,15 Meter
Masse	19.300 Kilogramm
Fläche der Solargeneratoren	71 Quadratmeter
Elektrische Leistung	3 Kilowatt
Nutzbares Raumvolumen	90 Kubikmeter
Lageregelungs-Triebwerke	36
Orbit-Manövertriebwerke	2 × 2,9 Kilonewton

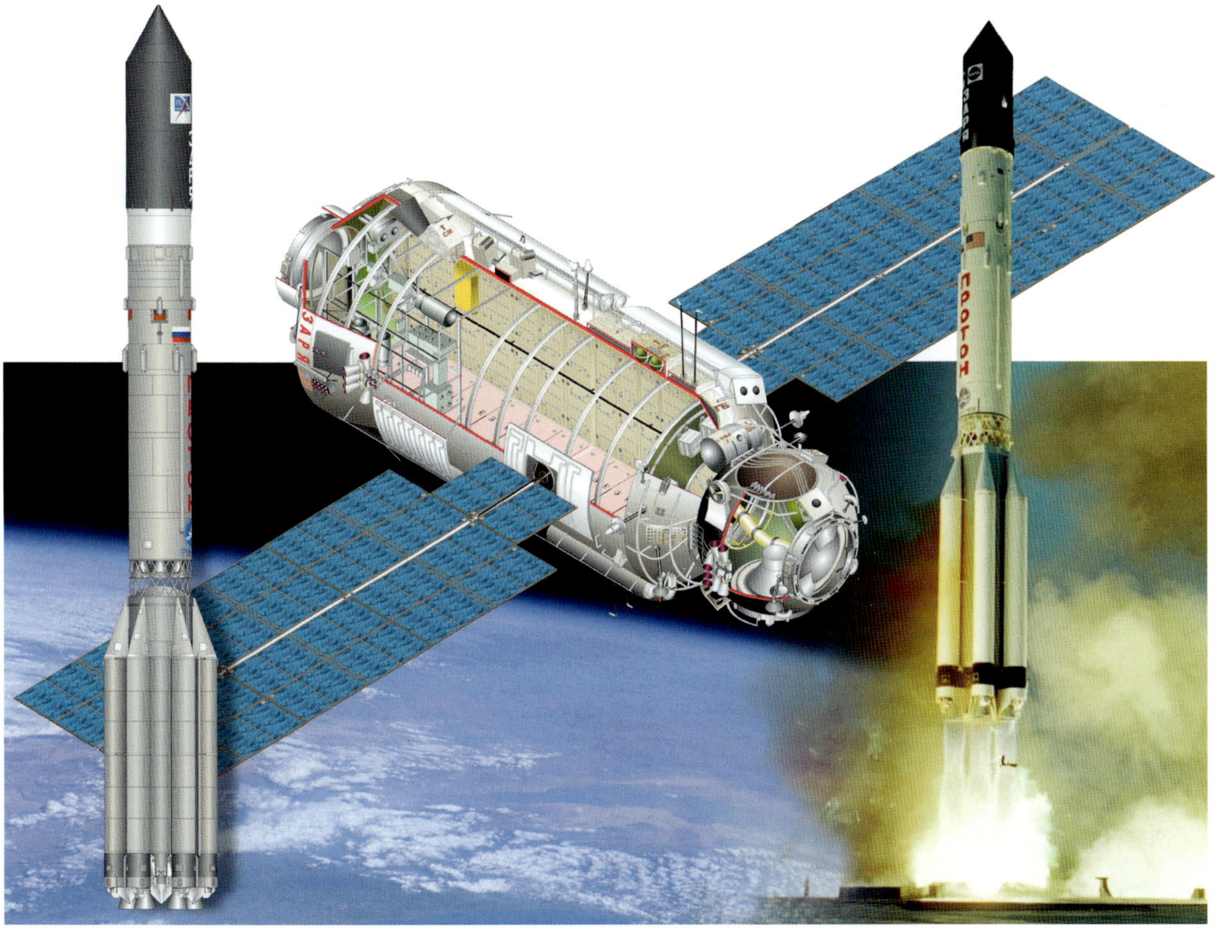

Grafik der Proton K-Trägerrakete und Risszeichnung des Sarja-Moduls. Rechts ein Foto vom Start dieses ersten Raumstationsmoduls.

Nur wenige Monate nach dem Abschluss dieses Programmes startete Russland am 20. November 1998 mit einer Proton K-Rakete das erste Element der ISS, das Modul Sarja, auch bekannt unter der Bezeichnung Functional Cargo Block oder FGB (für Функционально-грузовой блок oder Funktsionalno-gruzovoy blok). Dieses Modul hätte ursprünglich das Zentralmodul der geplanten russischen Raumstation Mir 2 sein sollen. Bezahlt wurde die Fertigstellung und der Start von Sarja von den USA.

Die Astronautinnen Julie Payette und Tamara Jernigan, beide Mitglieder der STS-96 Crew, mit Nachschubgütern im Inneren des Sarja-Moduls.

Obwohl das Modul nur für eine autonome Flugphase von sechs bis acht Monaten ausgelegt war, musste es das – ab Dezember 1998 mit dem angekoppelten US-Unity Modul – für 19 Monate tun. Dann legte im Juli 2000 das Swesda-Modul an, das danach für Antrieb und Steuerung der noch rudimentären ISS zuständig war.

Der FGB stellte in der Anfangsphase des Aufbaus der ISS den elektrischen Strom, Antrieb, Lagerkapazität und Lageregelung für die Station zur Verfügung. Die beiden Orbitaltriebwerke konnten nur so lange benutzt werden, bis das Swesda-Modul angedockt war. Danach wurden sie stillgelegt. Die Tanks von Sarja dienen heute als Reservetank für das Swesda-Modul. Durch den Start der anderen Module der ISS verlor diese ursprüngliche Zentraleinheit immer mehr an Bedeutung. Heute wird sie als Lagerraum und Durchgangsweg zwischen dem russischen und dem amerikanischen Segment verwendet.

4. Dezember 1998

Die ersten Missionen zur ISS

So sah die ISS im Juni 1999 aus. Nur die Module Sarja (unten) und Unity sind miteinander verbunden.

Bei der Mission STS-88 der Raumfähre Endeavour besuchten zum ersten Mal Astronauten die noch embryonale Internationale Raumstation. Unter ihnen auch der russische Kosmonaut Sergei Krikaljow. In der Ladebucht des Shuttles wurde der Verbindungsknoten „Unity" mitgeführt, die erste von insgesamt drei Einheiten dieser Art. Vorne und hinten waren die Kopplungsadapter PMA-1 und PMA-2 angeflanscht. Das Unity-Modul war die erste US-Komponente der ISS. Es ist zylinderförmig und verfügt über sechs Verbindungselemente, mit denen weitere Module verbunden werden können.

Am dritten Flugtag wurden die drei miteinander verbundenen Teile mit dem Manipulatorarm des Shuttles aus der Ladebucht gehoben und auf den Kopplungsadapter der Raumfähre gesetzt. Einen Tag später erfolgte das Andockmanöver an Sarja, wobei sich dieses Manöver noch ein wenig anders darstellte, als bei späteren Anlegemanövern mit der ISS. In diesem Fall wurde nämlich einfach das Sarja-Modul mit dem Greifarm des Shuttles erfasst und auf das noch in der Ladebucht des Shuttles stehende Unity-Modul aufgesetzt. Dieses Ereignis am 6. Dezember 1998 war die erste Verbindung, die an der ISS zwischen zwei Stationsmodulen vorgenommen wurde.

Die Crew der Mission STS-88 waren die ersten Besucher der embryonalen Raumstation. Von links: Sergei Krikaljow, Jerry Ross, Robert Cabana, Rick Sturckow, James Newman und Nancy Currie.

Am 9. Dezember wurde die Stromversorgung zwischen den beiden Einheiten aktiviert, und am 10. Dezember wurden die Luken geöffnet und Shuttle Commander Robert Cabana und Sergei Krikaljow „betraten" zum ersten Mal die ISS. Schon am nächsten Tag war dieser erste Ausflug ins Innere der Raumstation beendet. Der Shuttle blieb aber noch mehr als zwei Tage mit dem rudimentären Komplex verbunden, um dort Außenbordarbeiten durchzuführen

Die Shuttle-Mission STS-96 war der einzige Flug des Jahres 1999 zur weiterhin unbesetzten ISS. Bei der Fertigstellung des russischen Swesda-Moduls war es zu Verzö-

Modul „Unity" (Node 1)	
Startdatum	4. Dezember 1998
Länge	5,50 Meter
Durchmesser	4,60 Meter
Masse	11.600 Kilogramm
Raumvolumen	45 Kubikmeter

Endeavour startet mit Unity, dem zweiten Modul der ISS. In der Mitte eine Risszeichnung dieser Einheit und rechts ein Foto, das während der Mission STS-88 entstand. Es ist mit einem Fischaugen-Objektiv aufgenommen. Unity ist hier mit Sarja verbunden. Beide Einheiten sind aber noch in der Ladebucht der Endeavour fixiert.

gerungen gekommen und aus konstruktiven Gründen war es nicht möglich, die Montage anderer Teile vorzuziehen.

Bei diesem Einsatz brachte die Raumfähre Discovery mehrere Tonnen Ausrüstungsgüter zur verwaisten ISS-Baustelle. Dazu gehörten Regalteile, Bekleidung, Nahrungsmittel, Schlafsäcke und medizinische Geräte. Tamara Jernigan und Dan Barry unternahmen ein fast achtstündiges Außenbordmanöver und montierten die Kräne Strela und ORU, die für das Bewegen größerer Lasten bei der Erweiterung der Station benötigt werden. Außerdem wurden zwei kleine transportable Plattformen installiert, auf denen zukünftige Außenbordmonteure sicher stehen konnten. Am 3. Juni wurde die Bahn des Raumstationskomplexes mit den Triebwerken der Discovery angehoben.

Die Shuttle-Mission STS-96 wies auch noch einige andere interessante Daten auf. Erstmals gehörten einer Besatzung gleich drei Frauen an. Erneut flog ein russischer Kosmonaut an Bord des Shuttles und der Pilot der Discovery war Rick Husband, der vier Jahre später der Kommandant des Unglücksfluges der Columbia sein sollte, bei dem die siebenköpfige Crew ums Leben kann.

Am 6. August 2000 startete das erste von bis heute (Juli 2021) über 80 unbemannten Progress-Versorgungsschiffen zur ISS. Es verließ die Station am 1. November 2000 nachdem es 75 Tage an der hinteren Anlegestelle des Swesda-Moduls angekoppelt war. Noch einmal einen Tag später erreichte die erste Langzeitcrew die ISS. Seit diesem Tag ist die Internationale Raumstation permanent besetzt.

STS-88 Shuttle Endeavour	
Start	4. Dezember 1998
Docking mit Zarya	7. Dezember 1998
Abkoppeln von ISS	13. Dezember 1998
Landung Kennedy Space Center	16. Dezember 1998
Flugdauer	11 Tage 19 Stunden
Besatzung	Robert Cabana, Frederick Sturckow, Nancy Curry, Sergei Krikaljow, James Newman, Jerry Ross

STS-96 Shuttle Discovery	
Start	27. Mai 1999
Docking mit ISS	29. Mai 1999
Abkoppeln von ISS	3. Juni 1999
Landung Kennedy Space Center	6. Juni 1999
Flugdauer	9 Tage 19 Stunden
Besatzung	Kent Rominger, Rick Husband, Daniel Barry, Tamara Jernigan, Ellen Ochoa, Julie Payette, Valeri Tokarew

28. Juli 1999

Eileen Collins – Die erste Shuttle-Kommandantin

STS-63 Crew-Patch

STS-84 Crew-Patch

Eileen Collins.

Die heute schon fast ikonenhafte Bekanntheit von Eileen Collins in den USA ist unter anderem darauf zurückzuführen, dass sie eine amerikanische Traumkarriere verwirklicht hat. Gewissermaßen vom Prekariat zum Raumfahrt-Rollenmodell. Die erste Frau, die es zur Kommandantin eines Space Shuttles brachte.

Eileen Marie Collins wurde 1956 in der Kleinstadt Elmira als zweites von vier Kindern des Ehepaares Rose Marie und James Collins geboren. Sie war gerade sechs, als sich ihre Eltern scheiden ließen. Die Kinder blieben bei der Mutter, und die finanzielle Lage verschlechterte sich schnell. Die Collins mussten in einen Sozialbau ziehen. Das kleine Mädchen teilte sich dort ein kleines Zimmer mit ihrer Schwester. Der Verdienst aus dem Teilzeitjob der Mutter reichte für die vier Kinder nicht aus, und so lebte die kleine Familie über weite Strecken von der Sozialhilfe.

Die Sommermonate verbrachte die kleine Eileen Marie im Ferienlager am Harris Hill und schaute den Segelfliegern zu. In dieser Zeit wuchs in ihr der Wunsch, Pilotin zu werden. Nach der Grundschule besuchte sie kurz eine private Oberschule, musste sie aber nach zwei Jahren wieder verlassen, weil die Mutter das Geld für die Gebühren nicht mehr aufbringen konnte. Sie wechselte an die staatliche Elmira Free Academy. Nach dem Ende der Highschool im Jahre 1974 schrieb sie sich im Corning Bezirkscollege ein. Sie hatte ständig mehrere Aushilfsjobs, unter anderem als Kellnerin in einem Pizzarestaurant, um für die Flugstunden zu sparen, die sie nebenbei machte. Im Sommer 1976 hatte sie ihre Graduierung in Mathematik. Ihre Noten lagen weit über dem Durchschnitt, und so konnte sie ein Stipendium in einem Förderprogramm der Luftwaffe ergattern. Damit konnte sie sich an der angesehenen Universität von Syracuse einschreiben. 1978 erhielt sie das Diplom in Mathematik und Wirtschaftswissenschaften.

Ihre Leistungen waren nun auffallend geworden, und als sie sich bei der Air Force um eine Ausbildung zur Jet-Pilotin bewarb, stimmte das Auswahlkomitee zu. 1979 war sie Militärpilotin. Zu dieser Zeit durften Frauen noch nicht den Einsatzkräften zugeordnet werden. So wurde sie Fluglehrerin für den T-38 Strahltrainer. Bald danach bildete sie auch Piloten für die riesigen C-141 Transportmaschinen der Air Force aus.

Nebenbei erarbeitete sie sich einen weiteren Universitätsabschluss in Operations Research, den sie 1986 erhielt. 1989 bewarb sie sich für die berühmte Testpilotenschule der Luftwaffenbasis Edwards. Sie wurde akzeptiert, als zweite Frau in dieser Institution überhaupt.

Kaum hatte sie ihren Abschluss in der Tasche, schickte sie ihre Unterlagen an die NASA. Für einige Monate hörte sie nichts von ihrer Bewerbung, und war schon in ein Flugtestprogramm eingebunden, als Anfang 1990 Chefastro-

STS-63 Crew-Portrait. Oben von links: Bernard Harris und Michael Foale, unten von links: Janice Voss, Eileen Collins, James Wetherbee und Wladimir Titow.

STS-93 Crew-Patch

STS-114 Crew-Patch

STS-84 Crew-Portrait. Reihe oben, von links: Jean-François Clervoy, Eileen Collins, Carlos Noriega, Jelena Kondakowa, Edward Lu. Reihe unten: Jerry Linenger (nur Rückflug von der Mir), Charles Precourt und Michael Foale (nur Hinflug zur Mir).

naut John Young bei ihr anrief, um ihr mitzuteilen dass sie als Shuttle-Pilotin nominiert worden sei.

Im Februar 1995 flog sie ihre erste Mission. Als Pilotin der Mission STS-63 unter dem Kommando von James Wetherbee. Dieser Flug war der Probelauf für die späteren Docking-Missionen zur russischen Raumstation Mir. Ihr zweiter Einsatz als Pilotin war STS-84 im Mai 1997 unter dem Kommando von Charles Precourt. Bei diesem Flug legte sie tatsächlich an der russischen Raumstation an und verbrachte dort mehrere Tage.

Am 28. Juli 1999 wurde sie zur ersten weiblichen Kommandantin im Shuttle-Programm der NASA. Ihr Auftrag: Aussetzen des 1,5 Milliarden Dollar teuren Röntgenteleskops Chandra aus dem Space Shuttle Columbia.

Der Höhepunkt ihrer Astronautenkarriere war aber das Kommando über die Shuttle-Mission STS-114 im Juli 2005. Es war dies der erste Shuttle-Flug nach der Columbia-Katastrophe. Die Augen der gesamten Weltöffentlichkeit waren auf sie gerichtet und ein enormer Druck lastete auf ihr und ihrer Crew, doch die zweiwöchige Mission verlief perfekt.

STS-93 Crew-Portrait. Von links: Eileen Collins, Steven Hawley, Jeffrey Ashby, Michel Tognini, Catherine Coleman.

STS-114 Crew-Portrait. Von links: Stephen Robinson, James Kelly, Andrew Thomas, Wendy Lawrence, Charles Camarda, Eileen Collins und Soichi Noguchi.

31. Oktober 2000

Expedition 1 startet zur ISS

Startvorbereitungen für die Mission TM-31.

Die erste Stammcrew der ISS beim Training in Houston. Von links Sergei Krikaljow, William Sheperd und Juri Gidsenko.

Zwischen dem 20. November 1998 und dem 2. November 2000 war die noch sehr rudimentäre Internationale Raumstation „man tended", wie es in der Sprache der Raumfahrer heißt. Das bedeutete, sie wurde nur gelegentlich besucht, um neue Komponenten zu installieren oder Ausrüstung an Bord zu bringen. Diese Missionen waren STS-88 im Dezember 1998, bei der das Unity-Modul installiert wurde, die Versorgungsmissionen STS-96 im Mai 1999, STS-101 im Mai 2000, STS-106 im September 2000 und STS-92 im Oktober 2000, mit welcher der Z1 Truss zur ISS gebracht wurde, eine Komponente der Integrated Truss Structure, die quasi das Rückgrat der ISS darstellt.

Bei STS-96 war im Übrigen die zweite Shuttle-Pilotin im Einsatz: Pamela Melroy. Sie flog bei einer späteren Mission ebenfalls als Commander und war damit die zweite Frau in dieser Rolle. Heute ist Pamela Melroy stellvertretende NASA-Administratorin.

In diesen nahezu zwei Jahren gab es neben den sechs Shuttle-Missionen nur eine einzige Versorgungsmission mit einem Progress-Raumschiff, und das war Progress M1-3 im August 2000.

Die Besuche des Shuttle bedeuteten für die zunächst aus zwei, später drei Modulen bestehende Rumpf-ISS, dass sich für jeweils maximal eine Woche Menschen an Bord befanden. Die übrige Zeit war der Außenposten un-

ISS Expedition 1	
Startfahrzeug	Sojus TM-31
Besatzung	William Sheperd, Juri Gidsenko, Sergei Krikaljow
Start	31. Oktober 2000
Kopplung ISS	2. November 2000
Abkoppeln ISS	19. März 2001
Landung	21. März 2001
Landevehikel	Shuttle Discovery
Missionsdauer	141 Tage

STS-102 Shuttle Discovery	
Start	8. März 2001
Docking mit ISS	10. März 2001
Abkoppeln von ISS	19. März 2001
Landung KSC	21. März 2001
Flugdauer	12 Tage 20 Stunden
Besatzung Shuttle	James Wetherbee, James Kelly, Paul Richards, Andrew Thomas
Expeditionscrew 2 Transport zur ISS	Juri Ussatschow, Susan Helms, James Voss
Expeditionscrew 1 Transport zur Erde	William Sheperd, Juri Gidsenko, Sergei Krikaljow

besetzt. Das änderte sich am 31. Oktober 2000. An diesem Tag startete vom russischen Weltraumbahnhof Baikonur mit Sojus TM-31 die Expeditionscrew 1. Das Anlegen an der Raumstation erfolgte am 2. November, um 11:21 Uhr Mitteleuropäischer Zeit. Neunzig Minuten später öffnete der zukünftige Kommandant der Expeditionscrew 1, William Sheperd, die Luke zum Swesda-Modul. Seit diesem historischen Zeitpunkt ist die Internationale Raumstation permanent besetzt.

In den folgenden Wochen wurden alle Systeme der Station aktiviert und getestet, kleinere Fehler lokalisiert und beseitigt, neue Hardware in Empfang genommen und eingebaut und erste wissenschaftliche Arbeiten begonnen.

Am 16. November erreichte das unbemannte Versorgungschiff Progress M1-4 die Station und blieb dort zunächst bis zum 1. Dezember. Dann musste es ablegen, um der Raumfähre Endeavour Platz zu machen, die am 2. Dezember die ISS erreichte. Die Endeavour brachte bei der Mission STS-97 das Strukturelement P6 zur ISS, sowie einen von insgesamt vier Sätzen von Solargeneratoren mit den zugehörigen Radiatoren. P6 war mit 17 Tonnen Masse das schwerste Element, das bis dahin mit dem Shuttle angeliefert worden war. Die Solargeneratoren mussten in gefaltetem Zustand transportiert werden. Entfaltet messen sie 73 Meter und erzeugen fast 33 Kilowatt an elektrischer Energie. Insgesamt führten die Astronauten der Endeavour drei Außenbordmanöver durch, um die Installation vorzunehmen.

Am 9. Dezember koppelte die Endeavour wieder ab, und am 26. Dezember legte Progress M1-4, die sich für die Dauer des Aufenthaltes des Shuttles in einer Warteposition befunden hatte, wieder an der Station an und blieb dann dort bis zum 8. Februar 2001.

Der Februar 2001 bildete den Höhepunkt der Dienstzeit für die Expedition 1. Am 9. Februar legte die Atlantis

Crew 1 nimmt eine Mahlzeit an Bord der ISS ein. Von links: William Sheperd, Sergei Krikaljow und Juri Gidsenko.

im Rahmen der Mission STS-98 an der Station an und lieferte das amerikanische Labormodul Destiny zur ISS. Destiny kam „teilmöbliert“ an. Genauso wie bei den späteren europäischen und japanischen Labormodulen werden die Nutzlasten und Experimente des Destiny-Labors für so genannte „International Standard Payload Racks“ (ISPRs) konfiguriert. Das sind gleichsam standardisierte Schrankelemente für den Innenausbau. Die Racks sind gut 100 Kilogramm schwer, knapp zwei Meter hoch, etwa 1,05 Meter breit und 86 Zentimeter tief. Ein ISPR hat ein Volumen von 1,5 Kubikmetern. Fünf dieser Racks mit dem elektrischen System, mit Lebenserhaltungseinrichtungen, Kühlwasser- und Luftaufbereitung sowie für Temperatur- und Feuchtigkeitskontrolle waren bereits für die Mission STS-98 vorinstalliert worden.

ISS Expedition 2	
Besatzung	Juri Ussatschow, Susan Helms, James Voss
Startmission	STS-102 Discovery
Startdatum	8. März 2001
Kopplung ISS	10. März 2001
Abkoppeln ISS	20. August 2001
Landemission	STS-105 Discovery
Landedatum	22. August 2001
Missionsdauer	183 Tage

Sieben weitere dieser Container wurden im Rahmen der Mission STS-102 zur ISS gebracht. Weitere kamen mit späteren Shuttle-Flügen. Das Destiny-Modul Labor kann insgesamt 23 Racks entlang der vier längsseitigen Wände aufnehmen.

Am 26. Februar startete in Baikonur Progress M-44, legte am 28. Februar an und verblieb dort bis zum 16. April.

Der Start der Raumfähre Discovery am 8. März 2001 zur Mission STS-102 läutete den ersten Besatzungstransfer der Internationalen Raumstation ein. Am 10. März legte der Shuttle an der ISS an. Mit diesem Flug begann eine Serie von Besatzungstransfers mit dem Shuttle, die erst mit der Columbia-Katastrophe ein Ende fand.

Erstmals im Raumstations-Programm wurde auch eines der drei Logistik-Module eingesetzt, die bei Alenia Spazio in Italien gefertigt wurden (und demzufolge auch italienische Namen trugen). In diesem Fall war es das Modul „Leonardo“.

Neben den Besatzungen wurden auch mehr als fünf Tonnen Versorgungsgüter transferiert und zwei Außenbordmanöver durchgeführt. Besonders der zweite Weltraumausflug ist von Bedeutung, denn es ist bis auf den heutigen Tag die längste EVA in der Geschichte der Raumfahrt. Susan Helms und James Voss verbrachten acht Stunden und 56 Minuten im luftleeren Raum.

Die Übergabeaktivitäten zwischen den beiden Crews dauerten neun Tage. Am 14. März fand in der Station eine kleine Feier für den Kommandowechsel zwischen der Expeditionscrew 1 und der Mannschaft 2 statt. Diese Tra-

Mit der Mission STS-97 wurde der erste Satz an Solargeneratoren angeliefert.

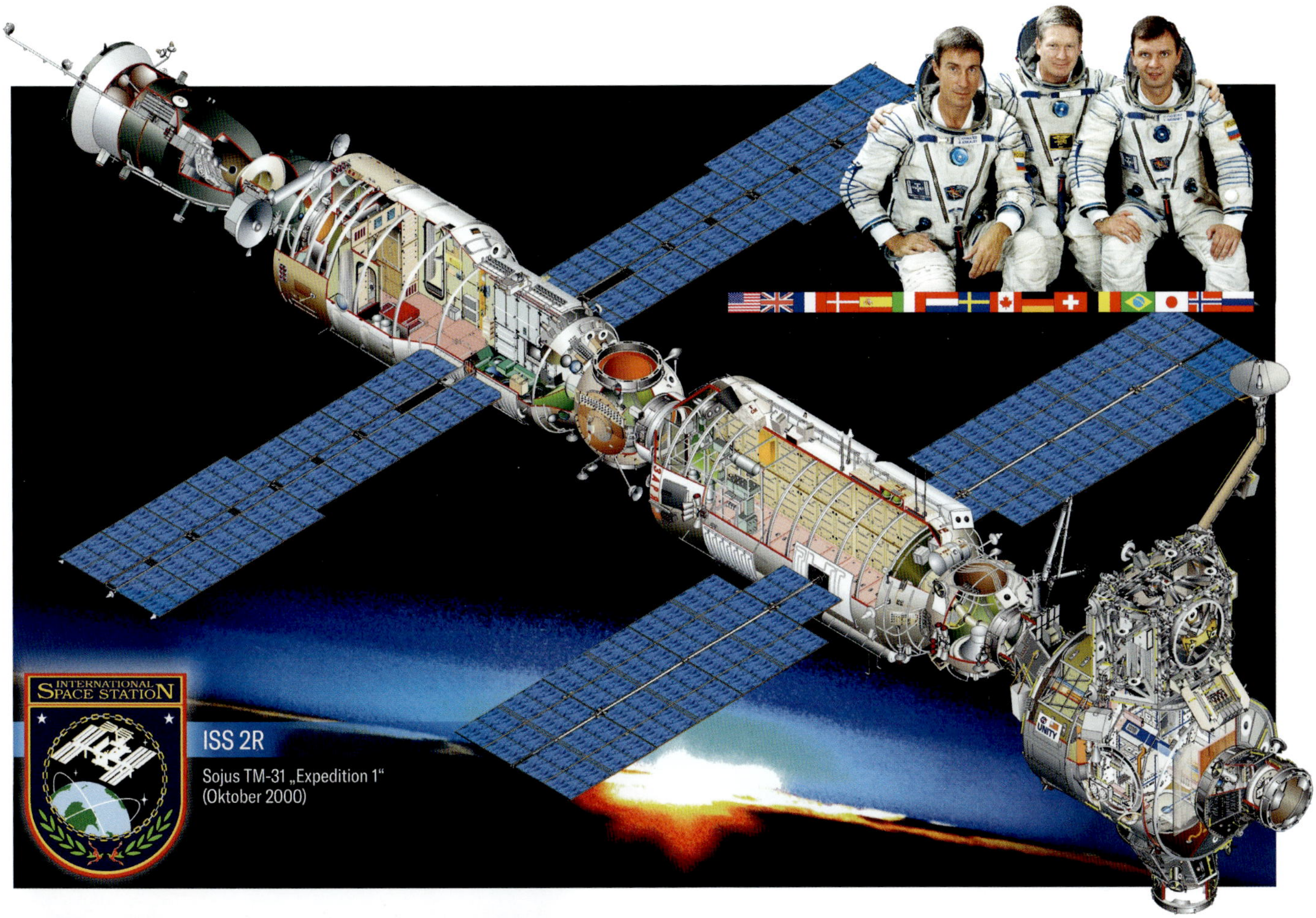

Eine Risszeichnung der Konfiguration der ISS, wie sie die Expeditionscrew 1 vorfand. Von links oben nach rechts unten: Sojus TM-31, Modul Swesda, Modul Sarja und das Modul Unity, darauf der Z-1 Knoten. Rechts oben die erste Stammcrew. Von links: Sergei Krikaljow, William Sheperd und Juri Gidsenko.

Gruppenfoto mit der Crew von STS-97. Untere Reihe von links: Brent Jett, William Sheperd, Joseph Tanner. Mittlere Reihe von links: Sergei Krikaljow, Carlos Noriega, Juri Gidsenko und Michael Bloomfield. Ganz hinten: Marc Garneau.

dition wird bis heute fortgesetzt. Neuer Kommandant für die kommenden 183 Tage war der Russe Juri Ussatschow. Als Bordingenieure fungierten die beiden US-Astronauten Susan Helms und James Voss.

Die viereinhalbmonatige Tour der Expedition 1 an Bord der ISS endete offiziell am 18. März 2001. Die Landung der Discovery erfolgte am 21. März 2001 um 2:30 Uhr nachts auf der Rollbahn des Kennedy Space Centers. Die Mission der ersten ISS-Langzeitcrew war zu Ende.

Zwei Tage nach der Landung von STS-102 wurde die russische Raumstation Mir zum Absturz gebracht. Sie verglühte 3750 Kilometer südöstlich von Neuseeland in einer menschenleeren Region abseits aller Schifffahrtsrouten.

5. Juni 2002

Peggy Whitson – Zweimal Kommandantin der ISS

Dieses Portraitfoto von Peggy Whitson entstand im November 2011 zwischen ihrem zweiten und dritten Raumflug. Zu dieser Zeit war sie Chefastronautin der NASA.

Peggy Annette Whitson ist eine amerikanische Raumfahrtlegende und Rollenmodell für Frauen in der Wissenschaft, deren Wirken bis auf den heutigen Tag anhält. Ähnlich wie Eileen Collins stammt sie vom Lande. Sie wurde am 9. Februar 1960 in Mount Ayr in Iowa geboren, einer Kleinstadt mit weniger als 2000 Einwohnern. In der Nähe führten ihre Eltern einen Bauernhof. Ähnlich wie Eileen Collins begann sie ihre Ausbildungszeit auf einem lokalen öffentlichen College. Später wechselte sie zur kleinen Iowa Wesleyan University, wo sie den Bachelor in Chemie und Biologie machte. Danach wechselte sie an die renommierte Rice University, wo sie 1986 einen Doktortitel in Biochemie erhielt.

Im selben Jahr ging sie als wissenschaftliche Mitarbeiterin an das Johnson Space Center in Houston und leitete in den Jahren 1988 und 1990 eine Forschungsgruppe bei einem Unterauftragnehmer der NASA. Von 1991 bis 1997 arbeitete sie als Gastprofessorin für den Bereich Chemie und Genetik an der Universität von Texas in Galveston und war danach in derselben Rolle auch an der Rice-Universität tätig.

Parallel dazu arbeitete sie aber schon 1992 bis 1995 als Projektwissenschaftlerin im Rahmen des Shuttle-Mir Programmes und war bis 1996 schließlich als stellvertretende Leiterin der Abteilung für medizinische Wissenschaften am Johnson Space Center tätig. Das war auch das Jahr, in dem sie sich als Astronautin bewarb. Im August 1996 wurde sie in das Astronautenteam der NASA berufen. Nach ihrer „Grundausbildung" leitete sie von 1998 bis 1999 das NASA-Unterstützungsbüro für die ISS-Wissenschaftler und Astronauten in Moskau.

Baikonur, 17. November 2017. Kurz vor dem Start mit Sojus MS-03 zu ihrer dritten ISS-Mission. Zusammen mit Oleg Nowizki und Thomas Pesquet.

Peggy Whitson bereitet sich hier im Dezember 2017 auf eine EVA an der ISS vor.

Ihr erster Raumflug begann am 5. Juni 2002. Sie startete mit dem Shuttle Endeavour als Mitglied der ISS-Expedition 5 und blieb für 185 Tage auf der Raumstation. Während dieser Mission unternahm sie auch ihr erstes Außenbordmanöver. In einem russischen Orlan-Raumanzug.

Nach ihrem Flug wurde sie 2003 zur Kommandantin der 5. Expedition des NEEMO-Unterwasserlabors Aquarius bestimmt und absolvierte mit ihrer Crew einen zweiwöchigen Aufenthalt in dieser Forschungseinrichtung in 15 Metern Wassertiefe

Ihren zweiten Raumflug begann sie am 10. Oktober 2007. Während dieses Aufenthaltes wurde sie Kommandantin der Expedition 16 und blieb 192 Tage auf der ISS. In dieser Zeit führte sie fünf weitere Außenbordmanöver durch. Ein Ereignis, das von den Mainstream-Medien sehr beachtet wurde, war der Besuch des Shuttle Discovery unter dem Kommando von Pamela Melroy. Die Presse bezeichnete es als das Treffen der zwei Weltraum-Kommandantinnen. Nach dieser Mission war sie zwischen Oktober 2009 bis August 2012 Chefastronautin der NASA.

Ihr dritter Flug dauerte 289 Tage und war für einige Jahre der Rekord für den längsten Einzelaufenthalt einer Frau im Weltraum (den – Stichtag Juli 2021 – aktuellen Rekord für den längsten Einzelaufenthalt hält Christina Koch mit 328 Tagen). Ihr Flug umspannte die Dauer von drei ISS-Expeditionen. Er begann am 17. November 2017 mit dem Start von Sojus MS-03. Whitson war damals mit 56 Jahren bereits die älteste Frau, die je in den Weltraum geflogen war. Sie war während ihres fast einjährigen Aufenthaltes Kommandantin der Expedition 51, führte vier weitere Außenbordmanöver durch, und kehrte erst am 3. September 2017 wieder mit Sojus MS-04 zur Erde zurück.

Mit insgesamt 665 Tagen Gesamt-Aufenthalt im Weltraum führt sie die Statistik aller US-Astronauten an und belegt Platz 3 bei den längsten Einzelaufenthalten von US-Astronauten. Bei ihren insgesamt zehn Außenbordmanövern verbrachte sie 60 Stunden und 21 Minuten im freien Weltraum. Damit führt sie bei den Frauen und ist in der „absoluten Weltrangliste“ derzeit (Juli 2021) auf Platz fünf.

Am 15. Juni 2018 verließ Peggy Whitson die NASA. Was bei ihr nicht bedeutete, dass sie nicht weitere Raumflüge zu machen gedenkt. Derzeit ist sie für Axiom Space tätig und soll, erfüllen sich die Pläne, Ende 2022 die Axiom 2-Mission mit einem Dragon-Raumschiff für diesen privaten Anbieter zur ISS kommandieren.

Dieses Foto entstand am 4. November 2007 während der zweiten Mission von Peggy Whitson. Links Pamela Melroy, die Kommandantin der Mission STS-120, bei der das Harmony-Modul zur ISS gebracht wurde.

1. Februar 2003

Columbias letzte Rückkehr – Protokoll einer Katastrophe

Mit dem Bau der Flugeinheit OV-102, genannt Columbia, wurde am 17. November 1975 begonnen. Sie war als erste weltraumtaugliche Shuttle-Flugeinheit konzipiert. Am 8. März 1979 erlebte sie ihren Rollout, wurde vier Tage später auf der Straße zum Dryden Testzentrum gebracht und von dort zwischen dem 20. und 24. März auf der NASA-eigenen Boeing 747 zum Kennedy Space Center überführt.

Am 12. April 1981 führte sie den Erstflug im Shuttle-Programm durch. Nach ihrer 17. Mission, im Juli 1994 wurde sie komplett überholt und modernisiert. Nach der 26. Mission erfolgte erneut eine Grundüberholung. Ihr 28. Flug, die Mission STS-107, und die 113. Shuttle-Mission insgesamt, war ihr letzter.

Das Schicksal der Columbia und ihrer siebenköpfigen Crew war bereits am 16. Januar 2003, 81 Sekunden nach dem Verlassen der Startrampe besiegelt. Zu diesem Zeitpunkt löste sich ein großes Stück der Schaumstoffisolierung des Außentanks und traf mit über 1000 Kilometer pro Stunde auf die linke Tragfläche. Der Vorgang wurde mit Bahnverfolgungskameras beobachtet, rief aber keine wesentliche Besorgnis hervor. In der Vergangenheit hatten sich schon oft Teile der Schaumstoff-Isolierung vom Tank gelöst. Auf den Aufnahmen war zu erkennen, dass das Fragment nach dem Aufprall eine Wolke von Partikeln hinterließ, was als dessen Zerstörung interpretiert wurde. Tatsächlich aber hatte das Schaumstoffteil ein 20 Zentimeter großes Loch in die Flügelwurzel geschlagen. An einer Stelle, die von der Besatzung nicht einsehbar war.

Die Mission war routinemäßig verlaufen. Am 26. Januar 2003 wurde an Bord der Columbia eine kleine Gedenkfeier abgehalten. An diesem Tag vor 17 Jahren hatte sich der schwerste Unfall der amerikanischen Raumfahrtgeschichte ereignet, die Explosion des Space Shuttle Challenger. Das lag nun vier Tage zurück.

Der folgende Text ist ein Auszug aus der Direktübertragung von NASA TV. Die Bilder waren damals mit der Stimme des Mission Control Sprecher James Hartsfield unterlegt. Dazu Anmerkungen des Verfassers (kursiv), kombiniert mit Daten und Gesprächsausschnitten der Missionskontrolle.

Es ist jetzt Samstagmorgen, der 1. Februar 2003. Um 08:15:30 Uhr US-Ostküstenzeit zünden die beiden Triebwerke des Orbit-Manövriersystems der Raumfähre Columbia für zwei Minuten und 38 Sekunden. Der Rücksturz zur Erde ist eingeleitet.

08:44:09 – James Hartsfield: „Hier ist Mission Control, Houston. Columbia befindet sich 134 Kilometer über dem Pazifischen Ozean, nördlich von Hawaii, und erreicht in diesem Moment die äußeren Ausläufer der Erdatmosphäre. Alles läuft planmäßig für eine Landung am Kennedy Space Center um 9:16 Uhr ostamerikanischer Zeit".

Das Crewfoto entstand einige Wochen vor dem Start. Von links: David Brown, Rick Husband, Laurel Clark, Kalpana Chawla, William McCool, Michael Anderson und Ilan Ramon.

Start zum 28. und letzten Flug der Raumfähre Columbia.

Damit ist das so genannte „Entry Interface" erreicht. Der Beschleunigungsmesser an Bord der Columbia zeigt jetzt eine Bremsverzögerung von 0,05 G an. Die Entfernung zum Landeplatz beträgt noch über 9000 Kilometer.

08:50:03 – James Hartsfield: „Columbia befindet sich jetzt in einer Höhe von 80 Kilometern und beginnt mit dem ersten einer Serie von vier Rollmanövern. Der Shuttle nähert sich der amerikanischen Westküste".

08:51:06 – James Hartsfield: „Columbia überfliegt jetzt nördlich von San Francisco die kalifornische Küstenlinie".

08:52:20 – Der Temperatursensor D in den Bremsen des linken Fahrwerks meldet einen Temperaturanstieg von einem Grad alle dreißig Sekunden. Dies ist der erste Hinweis darauf, dass in der Columbia etwas nicht stimmt.

08:52:39 – Temperatursensor A in der linken Fahrwerksbremse zeigt einen Temperaturanstieg von einem Grad alle 10 Sekunden. Dieser Sensor liegt in der Mitte des Fahrwerksschachtes. Auch Sensor C zeigt einen Temperaturanstieg: Ein Grad alle 12 Sekunden. Dieser Sensor liegt etwa 30 Zentimeter vor dem Temperatursensor D.

08:52:59 – Je ein Temperatursensor an den linken Landeklappen und am Hydraulik-System 3 fallen aus. Der Temperatursensor für das Hydraulik-System 1 fällt aus.

08:53:30 – James Hartsfield: „Der Shuttle befindet sich jetzt in einer Höhe von 75 Kilometern, die Geschwindigkeit beträgt 24.400 Stundenkilometer".

08:53:31 – Ein weiterer Sensor im Hydraulik-System 1 fällt aus. Fünf Sekunden später fällt auch der erste Sensor im Hydraulik-System 2 aus.

08:54:00 – Jeff Kling, Mission Control Officer und verantwortlich für die Kontrollsysteme an Bord des Orbiters ruft von seinem Kontrollpult zu Flugdirektor Leroy Cain hinüber: „Ich habe vier Temperatursensoren auf der linken Seite des Fahrzeugs verloren. Es betrifft den Fahrwerksschacht und die Klappen".

08:54:13 – Der Temperatursensor B in den Bremsen des linken Fahrwerks zeigt eine Temperaturerhöhung von einem Grad alle 12 Sekunden. Der Sensor liegt in der Mitte des Fahrwerksschachtes.

08:54:20 – Flugdirektor Leroy Cain an Jeff Kling: „Gibt es da eine Gemeinsamkeit…oder sowas? Ich meine, Sie erzählen mir hier, dass sie alle gleichzeitig ausgefallen sind".

08:54:30 – Kling: „Nein, nicht genau gleichzeitig. Sie sind im Abstand von vier oder fünf Sekunden ausgefallen."

08:54:40 – Leroy Cain an Jeff Kling: „Ok, wo liegen die genau? Wo exakt sind diese Sensoren?"

08:54:50 – Kling: „Alle vier liegen im hinteren Teil des linken Flügels, vor den Aktuatormotoren der Flügelklappen".

08:55:35 – Der Temperatursensor am linken Rad des linken Hauptfahrwerks fällt aus.

08:56:15 – Die Columbia leitet planmäßig das Rollmanöver nach links ein.

08:56:20 – Die Temperatursensoren für die linke Flügeloberseite und Unterseite fallen aus.

08:56:46 – James Hartsfield: „Columbias Kurs verläuft jetzt über Arizona nach New Mexico. Sie wird in Kürze Albuquerque überqueren. Die Flughöhe beträgt derzeit 68 Kilometer, die Geschwindigkeit beträgt 23.000 Kilometer pro Stunden und die Entfernung zur Runway am Kennedy Space Center beträgt noch 2875 Kilometer".

Dieses Bild dürfte nur wenige Minuten, vielleicht auch nur Sekunden vor der Katastrophe gemacht worden sein. Es wurde auf einer Speicherkarte gefunden, die den Absturz wie durch ein Wunder überlebt hatte.

08:57:54 – Der Sensor am Ventil des Reservesystems der linken Bremse zeigt einen Temperaturanstieg von einem Grad alle vier Sekunden an.
08:58:33 – Beide primären Reifendruck- und Temperatursensoren des linken Fahrwerks fallen aus. Vier Sekunden später fallen auch die Reservesensoren aus.
08:58:39 – Das Reserveflugkontrollsystem löst eine Warnung an die Flugbesatzung aus mit dem Wortlaut: „Verlust der Reifendruck-Telemetrie".
08:58:45 – Columbia, Commander Rick Husband: „Und, oh, Houston…" (Verbindung bricht ab).
08:58:50 – Mission Control Officier Kling „Jetzt haben wir auch die Reifendrucksensoren außen und innen verloren. An beiden Reifen".
08:58:47 – James Hartsfield „… Geschwindigkeit 21.250 Kilometer pro Stunde. Entfernung zum Aufsetzpunkt 2250 Kilometer. Der Shuttle ist derzeit nach links gerollt, mit einer Flügelneigung von 57 Grad zur Horizontalen.
08:58:55 – Mission Control Officer Mike Sarafin, zuständig für die Überwachung von Flugführung und Navigation, ruft Leroy Cain zu: „Die Widerstandswerte am linken Flügel steigen erheblich".
08:59:00 – Flugdirektor Leroy Cain: „Gibt es sonst noch was Ungewöhnliches?"
08:59:05 – Mike Sarafin: „Nein, nichts sonst".

Astronaut Charles Hobaugh fungiert während der Landung der Columbia als so genannter „CapCom". Er sitzt wie Cain, Sarafin, Kling und viele andere an einer Konsole im Missionskontrollzentrum in Houston. Seine Aufgabe ist es, die Verbindung mit der Besatzung aufrecht zu halten.

08:59:21 – Mission Control Spacecraft Communicator, Astronaut Charles Hobaugh: „Und Columbia, wir sehen hier die Telemetrie über den Reifendruck, aber wir haben eure letzte Meldung nicht verstanden".
08:59:28 – Columbia, Commander Rick Husband: „Roger, ah, vorher …. (die Verbindung bricht mitten im Wort ab).

Dies ist die letzte Stimm-Übertragung von der Columbia. Es ist aber nicht ungewöhnlich in dieser Flugphase, dass der Kontakt häufig unterbrochen ist. Man muss sich vor Augen halten, dass sich der Orbiter in diesen Minuten durch einen Kanal hoch ionisierter Gase pflügt und das Fahrzeug wegen der Rollmanöver ständig seine Lage ändert. Gerade in diesen Sekunden ist die Funkantenne durch das Leitwerk des Shuttles abgeschattet.

08:59:35 – Flugdirektor Leroy Cain (insistierend): „Wirklich keine Gemeinsamkeit zwischen all diesen Reifendruck-Informationen und den Ausfällen in den Hydraulik-Sensoren?"
08:59:40 – Kling: „Ah, nein Sir. Jetzt haben wir auch den Bugradsensor und den rechten Fahrwerkssensor verloren".

Ab jetzt erfolgt keinerlei Telemetrie-Übertragung mehr. Alle Bildschirme in Houston bleiben auf dem jetzigen Stand eingefroren. An der großen Bildschirmwand an der Stirnseite des Kontrollzentrums steht der helle Punkt der Columbia unbeweglich südlich von Dallas.

09:01:13 – James Hartsfield: „Die Kommunikation mit der Columbia ist zur Zeit unterbrochen. Noch 14 Minuten bis zur Landung am Kennedy Space Center. Die Flug-Kontroller versuchen derzeit, die Verbindung wieder herzustellen…"
09:03:12 – Astronaut Charles Hobaugh: „Columbia, Houston, Kommunikations-Check."
09:03:39 – Astronaut Charles Hobaugh: „Columbia, Houston, Kommunikations-Check über UKW."
09:03:44 – James Hartsfield: „CAPCOM Charlie Hobaugh ruft derzeit die Columbia auf einer UKW-Frequenz, während sich das Raumfahrzeug dem Bereich der Merrit Is-

land Tracking Station in Florida nähert. Zwölf Minuten und dreißig Sekunden bis zur Landung, entsprechend der Uhr im Missionskontrollzentrum".

Die Stimme von James Hartsfield beginnt jetzt unsicher zu werden.

09:04:03 – Astronaut Charles Hobaugh: „Columbia, Houston, Kommunikations-Check über UKW."
09:04:40 – Astronaut Charles Hobaugh: „Columbia, Houston, Kommunikations-Check über UKW."
09:04:53 – Mission Control Sprecher James Hartsfield: „Die Flugleitung versucht weiterhin, die Kommunikation mit der Columbia wieder herzustellen, während sich der Shuttle dem Empfangsbereich der Merritt Island Tracking Station nähert".
09:05:25 – Astronaut Charles Hobaugh: „Columbia, Houston, Kommunikations-Check über UKW."
09:05:48 – Mission Control Sprecher James Hartsfield: „Zehneinhalb Minuten bis zur geplanten Landung."
Hartsfields Stimme ist jetzt zögernd und stockend.
09:07:06 – Mission Control Spacecraft Communicator, Astronaut Charles Hobaugh: „Columbia, Houston, Kommunikations-Check über UKW."
09:10:05 – James Hartsfield: „Hier ist die Missionskontrolle in Houston. Mission Control versucht derzeit Daten von der Columbia über die Merritt Island Tracking Station zu bekommen.

Die Merritt Island Tracking Station befindet sich in unmittelbarer Nachbarschaft zum Kennedy Space Center in Florida. In der Missionskontrolle sind die meisten Controller jetzt aufgestanden. Es ist jetzt sehr ruhig geworden.

09:12:32 – Mission Control Sprecher James Hartsfield: „Hier ist die Missionskontrolle in Houston. Kein Kontakt zur Columbia. Sie müsste jetzt über dem Cape sichtbar sein. Die letzte Verbindung bestand gegen 9:00 Uhr.

Eine lange Pause entsteht, während der die Befürchtung zur Gewissheit wird. Dann sagt Flugdirektor LeRoy Cain einen Satz, der im Shuttle-Programm schon einmal gesprochen werden musste. Genau 17 Jahre und vier Tage zuvor:

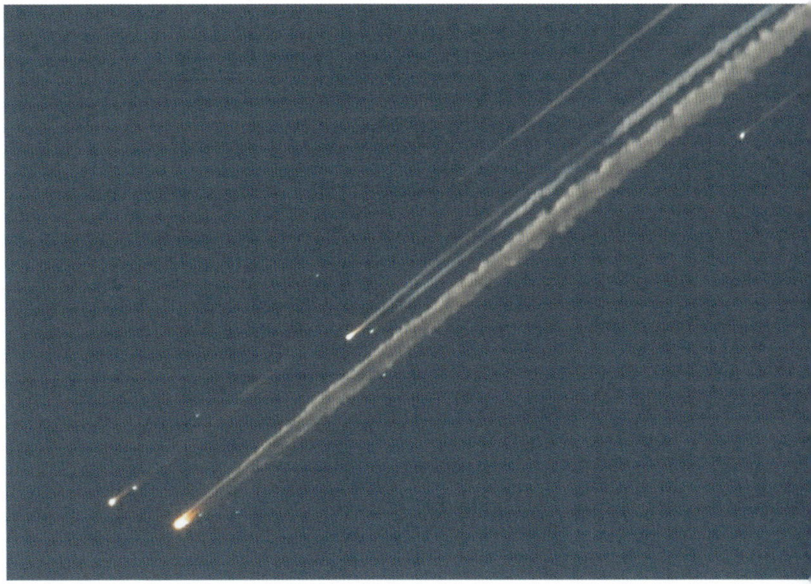

Die Columbia verglüht in 60 Kilometern Höhe.

09:14:00 – Flugdirektor Leroy Cain: „Verriegelt die Türen."

Anmerkung: *Niemand darf jetzt mehr das Missions-Kontrollzentrum verlassen. Niemandem ist es jetzt gestattet, zu telefonieren. In den nächsten Stunden müssen die Flugkontroller die zur Sicherheit werdende Befürchtung ignorieren, dass die Besatzung der Columbia verloren ist. Sie müssen alle Daten in ihren Computern sichern und sie müssen ihre Berichte schreiben und ihre persönlichen Wahrnehmungen festhalten.*

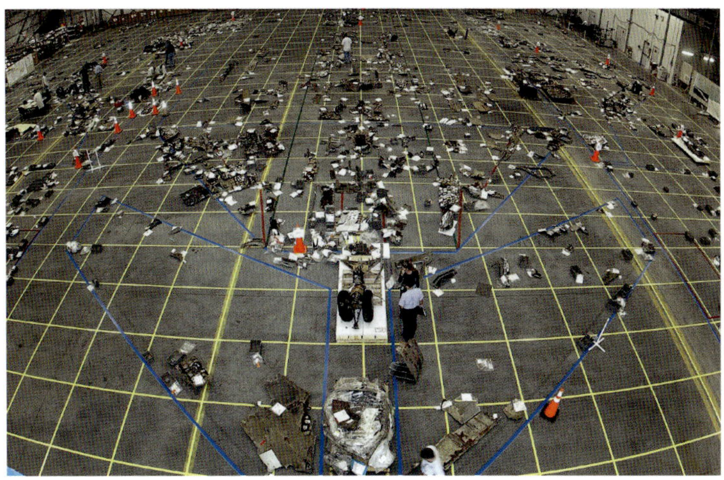

Alles was man von der Columbia fand, wurde in einer Halle am Kennedy Space Center ausgelegt. Die durch die blauen Linien angedeuteten Umrisse geben grob die Form des Shuttle wieder. Die aufgefundenen Trümmerteile wurden entsprechend ihrer Lage im Shuttle ausgelegt.

9. Mai 2003

Hayabusa besucht 25143 Itokawa

Hayabusa und Hayabusa 2 sind zwei Raumsonden, die im Abstand von zehn Jahren zwei erdnahe Asteroiden besuchten, sie vor Ort erforschten und Material entnahmen. Hayabusa war das erste Raumfahrzeug überhaupt, das eine Bodenprobe von einem anderen Himmelskörper als dem Mond zur Erde brachte, und sie war das erste Raumfahrzeug, das auf einem anderen Himmelskörper als auf dem Erdmond gelandet und von dort auch wieder gestartet war.

Hauptaufgabe der Raumsonde Hayabusa war es, eine Materialprobe vom nur 550 × 180 Meter kleinen Asteroiden 25143 Itokawa zur Erde zu bringen. Ein kleiner Subsatellit mit der Bezeichnung „Minerva" sollte den Asteroiden von der Oberfläche aus im Detail untersuchen, während Hayabusa zunächst die Fernbeobachtung durchführen und später eine Landung zur Probenentnahme versuchen sollte.

Das Raumfahrzeug wurde berühmt für seine Fähigkeit, Systemfehler und Widrigkeiten der Natur zu überwinden. Der Start verlief einwandfrei, ebenso die Inbetriebnahme der Ionentriebwerke. Ein Sonnensturm schädigte aber Ende 2003 die Solargeneratoren nachhaltig. Noch während des Anflugs fiel auch einer der Momentenkreisel aus. Durch die geringere Energiemenge für die Ionentriebwerke verzögerte sich die Ankunft am Ziel, die ursprünglich für Frühsommer 2005 geplant war.

So erreichte Hayabusa den Asteroiden erst am 12. September 2005. Dort quittierte der zweite Momentenkreisel seinen Dienst. Die Lagekontrolle erfolgte danach mit dem einzig verbliebenen Kreisel und den Steuertriebwerken. Am 12. November 2005 versuchte Hayabusa einen Anflug auf den Asteroiden, bei dem am 12. November Minerva abgesetzt werden sollte. Wegen einer zu großen Freigabehöhe verfehlte der Landeapparat jedoch den Asteroiden und flog daran vorbei, so dass dieser Missionsteil scheiterte.

Am 19. November 2005 landete Hayabusa unbeabsichtigt während einer erneuten Annäherung an den Asteroiden und verblieb dort für eine halbe Stunde. Der Probensammel-Mechanismus wurde jedoch nicht aktiviert. Am 25. November erfolgte eine zweite Landung. Dabei wurden zwei kleine Sprengladungen ausgelöst, die Staub in den Sammelbehälter befördern sollten. Es wurde damals aber nicht klar, ob der Mechanismus auch funktioniert hatte.

Am 9. Dezember verlor die Bodenkontrolle den Kontakt mit Hayabusa weil ein defektes Lageregelungstriebwerk die Hochgewinnantenne von der Erde wegdrehte. Wegen der fehlenden Verbindung konnte das Startfenster für den Rückflug im Dezember 2005 nicht genutzt werden. Ende Januar 2006 gelang es jedoch, die Funkverbindung wieder herzustellen. Der Rückflug konnte dann ab April 2007 beginnen.

Trotz zahlreicher weiterer technischer Schwierigkeiten gelang der Rückflug. Am 13. Juni 2010 trennte Hayabusa die 20 Kilogramm schwere Rückkehrkapsel ab, die dann im Testgelände Woomera in Australien sicher landete. Im Anschluss wurde festgestellt, dass Hayabusa etwa 1500 Partikel in einer Größe kleiner als 10 Mikrometer gesammelt hatte.

Die dramatische Mission von Hayabusa, die unter großer inländischer und internationaler Anteilnahme verlaufen war, motivierte die japanische Raumfahrtagentur

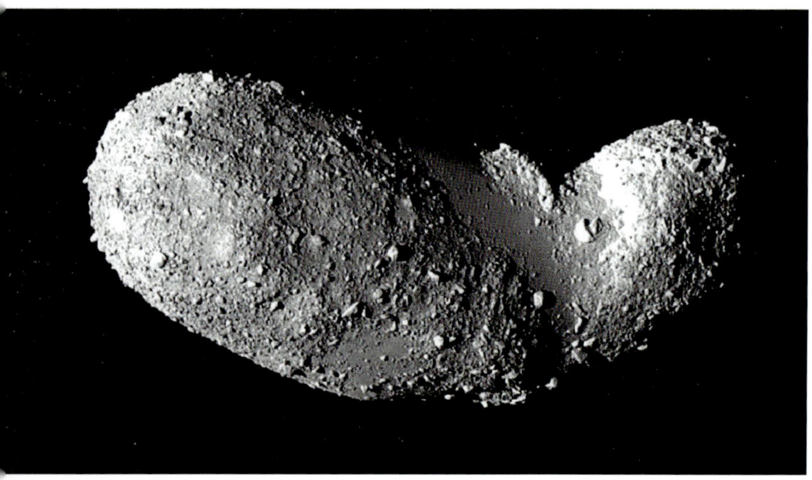

Der Asteroid 25143 Itokawa. Fotografiert von Hayabusa.

Anflug auf 25143 Itokawa (künstlerische Darstellung).

NASDA zu einem Nachfolgeprojekt. Dies wurde Hayabusa 2, die am 3. Dezember 2014 zum Asteroiden 162173 Ryugu startete.

Im Gegensatz zur Mission ihrer Vorgängerin verlief dieser Flug nahezu perfekt. Am 20. Juni 2018 erreichte die Sonde eine Position 20 Kilometer vom Asteroiden entfernt. Am 27. Juni und am 22. September 2018 wurden zwei Mini-Rover abgesetzt, sowie MASCOT, ein Vehikel, das auf dem Asteroiden springen konnte und vom DLR beigesteuert war. Am 5. April 2019 wurde der aus Kupfer bestehende Impaktor SCI auf die Oberfläche des Asteroiden geschossen. Der Einschlag wurde von einem kleinen Subsatelliten namens DCAM 3 beobachtet, während sich Hayabusa 2 auf der Rückseite des Asteroiden verbarg.

Am 22. April und am 11. Juli 2019 erfolgten zwei Probenentnahmen und am 15. November 2019 trat Hayabusa 2 den Rückflug zur Erde an, die sie am 5. Dezember 2020 erreichte. Dabei ging die Muttersonde zunächst auf Kollisionskurs mit der Erde und setzte dann die kleine Rückkehrkapsel mit den Bodenproben ab, die dann plangemäß über der Woomera Test-Range in Australien am Fallschirm niederging. Danach änderte sie ihren Kurs, flog an der Erde vorbei und ist seitdem auf dem Weg zum Asteroiden 2001 CC 21, den sie im Juli 2026 passieren wird. Danach soll sie 1998 KY 26 ansteuern und diesen Asteroiden im Jahr 2031 aus geringer Entfernung unter die Lupe nehmen.

Bergung der Landekapsel in der Woomera Test Range in Australien.

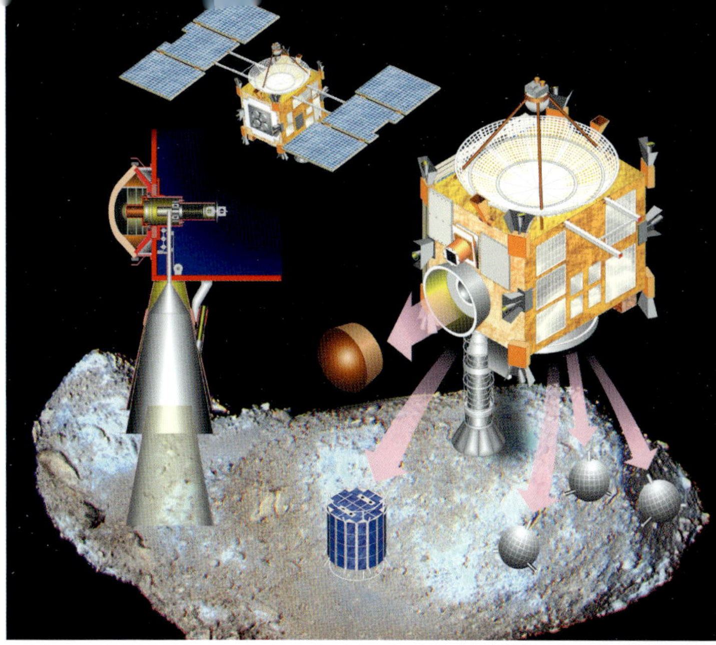

Unterschiedliche Ansichten der Raumsonde Hayabusa vor dem Hintergrund ihres Ziels, dem Asteroiden 25143 Itokawa. Links oben die Sonde als Ganzes. Rechts nur der Zentralkörper mit drei Target-Markern, der Landesonde Minerva und der Erdrückkehrkapsel. Links: Die Probensammelvorrichtung.

Bezeichnung	Hayabusa	Hayabusa 2
Startdatum	9. Mai 2003	3. Dezember 2014
Startort	Tanegashima	Tanegashima
Trägerrakete	M-5	H2A 202
Ziel	25143 Itokawa	162173 Ryugu
Aufgabe	Proben-Rückführung	Proben-Rückführung
Abmessungen Solargeneratoren	5,70 × 2,00 Meter	6,0 × 4,23 Meter
Abmessungen des Raumfahrzeugs	1 × 1,6 × 1,1 Meter	1 × 1,6 × 1,25 Meter
Leistung Solargeneratoren	2600 Watt	2600 Watt
Startmasse	510 Kilogramm	610 Kilogramm
Masse Erd-Rückkehrkapsel	16 Kilogramm	16 Kilogramm
Anzahl Ionen-Triebwerke	4	4
Xenon-Vorrat	60 Kilogramm	66 Kilogramm
Chemische Lageregelungstriebwerke	12 (je 22 Newton)	12 (je 22 Newton)
Hydrazin-Vorrat	70 Kilogramm	48 Kilogramm
Anzahl aktiver Instrumente	5	5
Anzahl Rover, Hopper, Subsatelliten	1	7
Ankunft am Ziel	12.September 2005	27. Juni 2018
Beginn Rückflug zur Erde	25. April 2007	12. November 2019
Landung Kapsel auf der Erde	13. Juni 2010	5. Dezember 2020
Gewicht der Bodenprobe	< 1 Gramm	5,4 Gramm

10. Juni 2003

Spirit startet zum Mars – Opportunity folgt

Letztendlich war es gut, dass die Flugkontroller am 3. Januar 2004 Spirits haarsträubenden Sturz hinunter in den steinbedeckten Grund des Gusev-Kraters nicht persönlich miterleben konnten. Selbst einem Base-Jumper, also einem dieser Fallschirmspringer, die sich von Felsklippen, Hochhäusern und Brücken stürzen, hätten sich alle Nackenhaare gesträubt, angesichts der Manöver, die teilweise in Sekundenbruchteilen abliefen, um einen „High-Speed Dive" in eine sichere, wenngleich etwas rumpelige Landung umzufunktionieren.

Der gesteuerte Sturz zur Oberfläche des Mars schöpfte alle in das System eingebauten Reserven bis zur Neige aus. Viel mehr hätte zusätzlich nicht passieren dürfen, sonst wäre die Mission an dieser Stelle gescheitert.

Am 4. Januar 2004, gegen vier Uhr morgens Mitteleuropäischer Zeit, orientierte sich das anfliegende Raumfahrzeug mit dem Hitzeschild zur Oberfläche des Mars. Um 4:48 Uhr begann die Transferstufe den Lander mit Freongas zu belüften, um ihn in Vorbereitung auf den feurigen Eintritt in die Marsatmosphäre zu kühlen. Um 5:14 Uhr wurde die Transferstufe abgeworfen. Sie hatte den Lander seit dem Start von der Erde versorgt.

Der Eintritt in die Marsatmosphäre begann um 5:29 Uhr in einer Höhe von knapp 120 Kilometern. Die Geschwindigkeit betrug zu diesem Zeitpunkt 19.500 Kilometer pro Stunde. Drei Minuten nach Beginn des Eintritts in die oberen Luftschichten waren die Verzögerungswerte auf über 6 g angewachsen, also dem Sechsfachen der normalen Erdbeschleunigung. Die Temperatur am Hitzeschild betrug jetzt 1600 Grad Celsius.

Um 5:33 Uhr, bei einer Geschwindigkeit von 1700 Kilometern pro Stunde, wurde der Fallschirm ausgeworfen und entfaltet. In einer Höhe von nur 7700 Meter über Grund und fast 2000 Meter niedriger, als die Ingenieure berechnet hatten. Dies war die erste wesentliche Abweichung gegenüber dem Plan.

Der Fallschirm öffnete sich deshalb so spät, weil auf der anderen Seite des Mars ein Sandsturm wütete. Und der beeinflusste auch die Dichte der Atmosphäre an der Landestelle von Spirit. Praktisch bedeutete das, dass die obere Atmosphäre zum Zeitpunkt der Landung weniger „dick" war, als normal. Spirit durchflog diesen Bereich damit schneller, und die Öffnung des Fallschirms erfolgte deswegen in wesentlich geringerer Höhe.

Die Bestimmung des Öffnungszeitpunktes ist eine delikate Entscheidung. Zum einen darf sie nicht zu früh erfolgen, um in der sehr dünnen Atmosphäre die Gefahr des Kollabierens der Schirmkappe zu vermeiden. Zum anderen darf es aber auch nicht zu spät sein, damit der Sonde genügend Zeit für die Landevorbereitungen verbleiben.

Für Spirit bedeutete das an diesem 4. Januar, dass statt der vorgesehenen 110 Sekunden zwischen dem Öffnen des Fallschirms und der Zündung der Retro-Raketen jetzt nur noch 90 Sekunden zur Verfügung standen. Der zuvor ermittelte „sichere" Wert waren 100 Sekunden.

Um 5:34 Uhr, 18 Sekunden nach dem Öffnen des Fallschirms, wurde der Hitzeschild der Sonde abgeworfen.

Dieses Bild, es entstand am 10. Februar 2003 bei der Vorbereitung der beiden Vehikel für den Start, zeigt Opportunity und Spirit zusammen. Auf dem Mars waren sie mehrere tausend Kilometer voneinander getrennt.

Spirit wartet am Startkomplex 17A der Luftwaffenbasis Cape Canaveral auf den Start.

Weitere knapp zehn Sekunden später, in einer Höhe von nur noch etwas über 5000 Metern wurde ein Band aus Zylon, einem Kunstfaser-Material ähnlich wie Kevlar, von der „Backshell" herabgelassen, an dem sich der Lander 20 Meter weit „abseilte". Die „Backshell" ist der obere Teil der Umhüllung, die den Lander während der Eintrittsphase schützt. Er besteht aus einem kegelförmigen Hitzeschild und dem Retro-Raketensystem.

Das „abseilen" war notwendig, um Platz für das Aufblasen der Airbags zu haben, und um vom Abgasstrahl der Retro-Raketen wegzukommen.

Opportunity wird hier auf die dritte Stufe der Trägerrakete montiert.

In 2500 Metern Höhe erfasste das Bordradar die Oberfläche. Damit konnte der Computer Höhe und Sinkrate ermitteln. Ein besonderes Problem bei der Ermittlung dieser Abwärtsgeschwindigkeit war, dass sich der Lander wegen der späten Öffnung des Schirms dem Boden nicht vertikal näherte, sondern bogenförmig, in der Art einer Wurfparabel.

Als Spirit nicht mehr weit von der Oberfläche entfernt war, wurde er von einer kräftigen Windböe gepackt. Die ganze, mehr als 20 Meter lange Landekombination kam dadurch ins Schwingen. Diese Bewegung wurde in die Berechnung mit einbezogen. Sekunden später wusste der

Start des Mars-Rovers Opportunity am Startkomplex 17B am 7. Juli 2003.

Bordrechner welche der Korrekturtriebwerke er einsetzen musste, um die Seitwärtsgeschwindigkeit zu vermindern. Er kombinierte die Daten mit dem Driftwinkel und feuerte Lagekontrollraketen an der „Backshell", um den Lander wieder in die richtige Position für das Öffnen der Airbags zu bringen, und die Pendel- und Seitwärtsbewegung zu kompensieren. Wäre das nicht geschehen, dann wäre die Aufschlaggeschwindigkeit statt der vorgesehenen 35 Kilometer pro Stunde bei 80 Kilometer pro Stunde gelegen. Mit einiger Sicherheit wäre Spirit dadurch zerstört worden.

Dann wurden die Airbags explosionsartig aufgeblasen. Dieser Vorgang dauerte nur Sekundenbruchteile. Für einen weit entfernten Beobachter hätte das gewirkt, wie das Poppen eines Maiskorns auf einer heißen Herdplatte.

Knapp 90 Meter über der Oberfläche feuerten die Retro-Raketen. Und erst ganze neun Meter über dem Boden, das sind nur noch eineinhalb Airbag-Durchmesser, war der Abwärtssturz der Raumsonde für einen kurzen Augenblick gestoppt. Um einiges niedriger als geplant. Die ganze Kombination „stand" für den Bruchteil einer Sekunde in der dünnen Luft.

In diesem Moment trat ein so genannter Pyro-Cutter in Aktion, eine kleine Sprengguillotine, und kappte die Verbindungsleine zur Backshell mit dem Fallschirm. Der in die Airbags eingeschlossene Rover fiel zu Boden.

Geschützt in den prall gefüllten Airbags hüpfte Spirit nicht weniger als 28-mal über eine Distanz von etwa 350 Metern, bevor er dann, 57 Sekunden nach der ersten Bodenberührung, zum Stillstand kam. Nach einem Flug von sechs Monaten hatte die Landung auf dem Roten Planeten knapp unter sieben Minuten gedauert. Spirit war im Gusev-Krater angekommen.

Die kompletten Raumfahrzeuge bestanden beim Start aus einem ringförmigen Transfermodul unter welches die diskusförmige Landeeinheit montiert war. Diese Serviceeinheit (von der NASA als „Cruise Stage" bezeichnet) war ein flacher Zylinder mit einem Durchmesser von 2,65 Metern und einer Höhe – inklusive der Sensoren, Antennen und Triebwerke – von 1,6 Metern. Die Transferstufe verfügte über acht Kleintriebwerke, die in zwei Sätzen zu je vier Einheiten an der Instrumentenplattform befestigt waren. Mit ihnen wurden die Raumlage geregelt und Kursänderungen durchgeführt

Die letzten Meter des Abstiegs. Die Landetriebwerke feuern, der Rover ist bereits „abgeseilt" und in seine Airbags eingehüllt und die Sprengguillotine wird in wenigen Sekundenbruchteilen die Leine kappen.

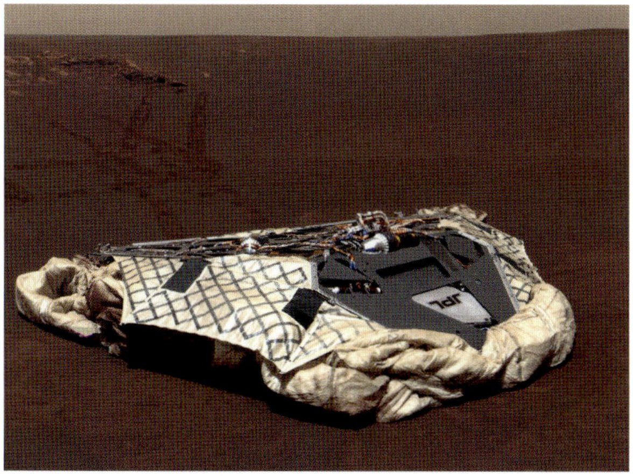

Die Landestufe von Opportunity. Die Airbags sind zwar bereits von Elektromotoren unter den Lander gezogen worden, und Opportunity hat die Stufe auch bereits verlassen, aber trotzdem bestimmen sie das Aussehen des Gerätes und lassen das Ganze etwas „unordentlich“ erscheinen.

An der Außenseite des Ringsegments der Transferstufe waren die Solarzellen angebracht, die das Vehikel während der Reise zum Mars mit Elektrizität versorgten. Diese Solarzellen erbrachten in Erdnähe eine elektrische Leistung von 600 Watt, in Höhe der Mars-Umlaufbahn waren es nur noch 300. Während des siebenmonatigen Fluges zum Mars war die Einheit mit zwei Umdrehungen pro Minute drallstabilisiert. Das gesamte Startgewicht von Transferstufe und Rover betrug jeweils 1063 Kilogramm.

Die Verbindung vom Raumfahrzeug zur Erde und von dort zum Raumfahrzeug wurde über eine Niedergewinn- und eine Mittelgewinnantenne durchgeführt.

Alle Datenverarbeitungsprozesse, die während der Transferphase notwendig waren, wurden von den im so genannten „Aeroshell“ eingeschlossenen Rovern durchgeführt. Das Aeroshell bestand aus dem unten montierten Hitzeschild und einer hinteren Abdeckung, dem so genannten „Backshell“.

Nachdem der noch in den Airbags eingehüllte Lander auf dem Boden zum Stillstand gekommen war, wurden die Ventile geöffnet und die Airbags entlüftet. Danach wurden die Hüllen von Elektromotoren unter den Lander gezogen.

In den folgenden Stunden aktivierte und entfaltete sich der Rover nach und nach, und rollte schließlich zwei Tage nach der Landung über eine Rampe von der Landestufe. Danach begann seine eigenständige Mission.

Opportunity und Spirit sind jeweils 1,5 Meter hoch, 2,3 Meter breit und 1,5 Meter lang. Sie verfügen über jeweils sechs Räder von denen jedes über einen eigenen Elektromotor angetrieben wird. Die beiden Frontträder und die beiden Hinterräder konnten gesteuert werden. Die Maximalgeschwindigkeit betrug fünf Zentimeter pro Sekunde, die Durchschnittsgeschwindigkeit lag bei einem Zentimeter pro Sekunde.

Die Leistung der Solargeneratoren betrug am Anfang der Mission 140 Watt, mit denen die 7,15 Kilogramm schweren Lithium-Ionenbatterien geladen wurden. Für die Kommunikation gab es eine Hochgewinnantenne und eine Niedriggewinnantenne. Letztere wurde benutzt, um mit Raumfahrzeugen im Mars-Orbit zu kommunizieren.

Beim Besuch des Victoria-Kraters, einige Kilometer von der Landestelle von Opportunity entfernt, entstand dieses Bild.

Opportunity musste bei seinen Erkundungen viele Kilometer lange Traversen durch Dünenlandschaften fahren.

Jeder der Rover ist mit fünf Experimentiervorrichtungen und neun Kameras ausgestattet. Letztere sind auf einem 1,5 Meter hohen Mast, dem so genannten PanCam-Mast platziert.

Die beiden Rover waren für eine Lebensdauer von drei Monaten und eine zurückgelegte Strecke von 600 Metern konzipiert. Tatsächlich legte aber Spirit in fünf Jahren eine Strecke von 7,7 Kilometern zurück. Opportunity fuhr in seinen mehr als 14 Einsatzjahren über 45 Kilometer weit.

Und wie erging es Opportunity bei seiner Landung? Die dynamischen Lasten und die Inanspruchnahme von Reserven waren bei ihm wesentlich geringer als bei Spirit. Es traten keine unbekannten atmosphärischen Phänomene auf, die noch vor drei Wochen zu einer späten Öffnung des Landefallschirms geführt hatten, und der Wind an der Landestelle war so gering, dass diesmal keines der Korrekturtriebwerke gefeuert werden musste. Der in den Airbags eingehüllte Rover kam diesmal wesentlich sanfter auf der Oberfläche auf, mit einer Belastung von nur drei g. Der Rover hätte auch eine Aufprallbelastung von 40 g ohne Schaden überstanden.

Es gab nur zwei kleinere Abweichungen vom Nominalwert: Opportunity kam nach dem Stillstand der Airbags auf der so genannten „Y-Seite" zum Liegen, das heißt, dass nicht die Basisplatte unten lag, sondern dass er seitlich

Rover Spirit & Opportunity	
Ursprungsland	USA
Betreiber	NASA
Hersteller	Lockheed Martin
Startdatum Spirit	10. Juni 2003
Startdatum Opportunity	7. Juli 2003
Startort	Cape Canaveral
Trägerrakete	Delta 2 7925 Heavy
Gewicht Landestufe + Rover	533 Kilogramm
Gewicht Rover	185 Kilogramm
Abmessungen Rover	1,5 × 2,3 × 1,6 Meter
Anzahl Instrumente	5
Landung Spirit	4. Januar 2004
Landung Opportunity	25. Januar 2004
Zurückgelegte Strecke Spirit	7731 Meter
Zurückgelegte Strecke Opportunity	45.160 Meter
Letzter Kontakt Spirit	22. März 2010
Letzter Kontakt Opportunity	10. Juni 2018

Diese Falschfarbenaufnahme der Marsoberfläche stammt vom Mars Exploration-Rover Spirit.

zur Ruhe kam. Die Korrektur einer solchen Abweichung war jedoch in der Grundprogrammierung des Rovers beinhaltet. Er braucht hier nur eine Weile, um sich in die richtige Position zu bringen.

Die zweite Abweichung bestand darin, dass der Lander zur großen Verwunderung der Ingenieure in Mission Control gar nicht mehr aufhören wollte auf seinen Airbags durch die Gegend zu rollen. Noch zehn Minuten nach dem ersten Bodenkontakt stellten die Ingenieure Bewegung fest. Der Grund dafür wurde erst drei Stunden später klar, als Opportunity die ersten Bilder sendete: Die in die Airbags eingehüllte Landestufe mit dem Rover war offensichtlich in gemächlichem Tempo in einen flachen, etwa 20 Meter durchmessenden Krater gerollt, auf dessen Grund sie nun lag.

15. Oktober 2003

Shenzhou 5 – Erster bemannter Raumflug Chinas

China ist die dritte Nation weltweit, die bemannte Raumfahrt betreibt. Das Land geht in der Entwicklung seiner Fähigkeiten in dieser Disziplin langsam und bedächtig, aber dennoch zielstrebig und methodisch vor. In den ersten sechzehn Jahren seit dem Beginn der bemannten chinesischen Raumfahrt gab es lediglich sechs bemannte Missionen, mit denen das Land aber die wesentlichen astronautischen Fähigkeiten erlernte, um seit 2021 mit dem Bau und dem Betrieb einer eigenen modularen Raumstation beginnen zu können.

Chinas bemanntes Raumschiff der ersten Generation trägt die Bezeichnung Shenzhou (Göttliches Schiff) und ist ein dreimoduliges Raumfahrzeug, das von der Chinesischen Akademie für Weltraumtechnologie (CAST) zusammen mit der Akademie für Weltraumtechnologie Shanghai entwickelt wurde. Primär ist das Vehikel für den Transport in den niedrigen Erdorbit vorgesehen, es könnte aber auch aufgrund seiner Auslegung für Einsätze zum Mond verwendet werden. Der Entwurf dieses Raumfahrzeugs geht auf das sowjetisch/russische Sojus-Raumschiff zurück, dessen Konstruktionspläne China kaufte. Schon ganz zu Anfang war den chinesischen Ingenieuren klar, dass die Dimensionen des Ursprungsentwurfes marginal waren. Die Sojus war auf die Nutzlastkapazität der gleichnamigen Trägerrakete ausgelegt, die das Gesamtgewicht auf 7,2 Tonnen begrenzte. Da China mit der Trägerrakete des Typs Langer Marsch 2F eine leistungsfähigere Rakete zur Verfügung stand, wurde die Shenzhou

Yang Liwei im Inneren der Rückkehrkabine von Shenzhou 5.

Shenzhou 5 in der Endmontage.

Logo der Mission Shenzhou 5.

Die Shenzhou-Raumschiffe starten mit Trägerraketen des Typs Langer Marsch 2F.

gegenüber der Sojus nicht nur grundlegend modernisiert, sondern auch um etwa zehn Prozent größer ausgelegt.

Somit ist das Shenzhou-Raumfahrzeug in seiner generellen Konzeption der russischen Sojus immer noch recht ähnlich, aber dabei dennoch wesentlich moderner und vielseitiger. Es ist größer und besitzt ein zusätzliches Paar Solargeneratoren für das Orbit-Modul, das – anders als beim russischen Gegenstück – autonom in der Umlaufbahn operieren kann. Wie Sojus besteht Shenzhou aus drei Elementen: Einem Orbitalmodul (das hier allerdings zylinderförmig ist, und nicht elliptisch wie bei Sojus), einer Landekapsel und einem Gerätemodul. Das Raumfahrzeug kann mit drei Taikonauten (wie die Chinesen ihre Astronauten nennen) und unabhängig von einer Raumstation Flüge von mehr als einer Woche Dauer durchführen.

Shenzhou wird von einer zweistufigen Trägerrakete des Typs „Langer Marsch 2F" in den Orbit gebracht. Ähnlich wie bei Sojus ist es beim Start vollständig von der Nutzlastverkleidung der Rakete umhüllt. Die Starts der Shenzhou-Raumfahrzeuge erfolgen vom Raumfahrtzentrum Jiuquan in Nordwest-China aus.

Am Ende der Mission wird zunächst das Orbitalmodul abgetrennt. Danach wird die Retro-Zündung durchgeführt und auch das Gerätemodul abgesprengt. Es verglüht in der Atmosphäre, während das Landemodul, geschützt durch den Hitzeschild, die Besatzung wieder zur Erde zurück bringt. Die Landung erfolgt dabei üblicherweise in der Inneren Mongolei. Das Orbitalmodul verblieb in der Vergangenheit in einigen Fällen noch mehrere Monate als selbständige aktive Einheit in der Umlaufbahn. Es verfügt über eigene Triebwerke und ein eigenes Flugkontrollsystem für den autonomen Flug.

Das Gerätemodul verfügt über vier Triebwerke mit einer Leistung von je fünf Kilonewton. Die Brennzeit für die Retro-Zündung beträgt mit diesen recht leistungsstarken Einheiten lediglich 30 Sekunden. Die vier Solargenerato-

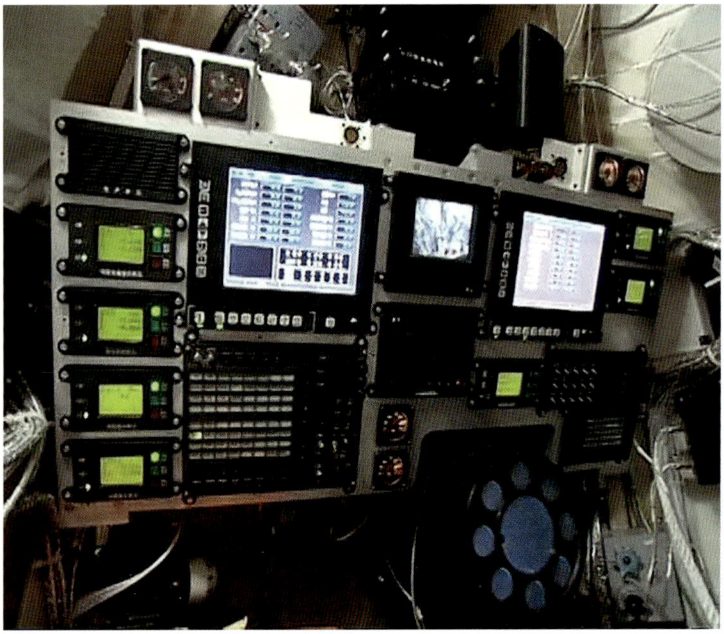

Kontrollpanel im Inneren der Rückkehrkapsel (hier Shenzhou 6).

ren sind paarweise am Gerätemodul und am Orbitmodul montiert. Sie erbringen zusammen etwa 1,3 Kilowatt an elektrischer Leistung.

Das Shenzou Raumfahrzeug verfügt, ähnlich wie Mercury, Apollo, Sojus und das künftige Orion-Raumfahrzeug über ein Start-Rettungssystem, das nach dem „Traktor-Prinzip" arbeitet (im Gegensatz zum „Pusher-Betrieb" beim Starliner oder dem Crew Dragon). Es wird im Falle eines katastrophalen Versagens der Trägerrakete verwendet, wobei der Fluchtturm mittels seiner Feststofftriebwerke die Nutzlastverkleidung, das Orbital- und das Landemodul vom Träger wegzieht. Das System wird etwa 15 Minuten vor dem Start aktiviert und – wenn es nicht eingesetzt werden muss – in einer Höhe von 39 Kilometern, 120 Sekunden nach dem Liftoff vom Träger entfernt.

Diese Trennhöhe ist niedriger als bei den vergleichbaren russischen und amerikanischen Systemen, daher existiert noch ein zweites Notsystem. Zwischen der 120. und der 200. Flugsekunde übernimmt die Nutzlastverkleidung

Die Rückkehrkabine von Shenzhou 5 nach der Landung.

Bemannte Missionen Chinas vor der chinesischen Raumstation

Nr.	Start	Besatzung	Dauer	Kommentar
Shenzhou 5	15. Oktober 2003	Yang Liwei	21 Stunden	Erster bemannter Flug des Programms.
Shenzhou 6	12. Oktober 2005	Fei Yunlong Nie Haiseng	4 Tage 19 Stunden	Erster Flug mit zwei Taikonauten. Erster mehrtägiger Flug.
Shenzhou 7	28. September 2008	Zhai Zhigang Liu Boming Jing Haipeng	2 Tage 20 Stunden	Erster Flug mit drei Taikonauten. Erstes Außenbordmanöver.
Shenzhou 9	29. Juni 2012	Jing Haipeng Liu Wang Liu Yang	12 Tage 15 Stunden	Erstmals zweiter Flug eines Taikonauten. Erste Chinesische Frau im Weltraum. Erster Besuch eines Tiangong-Moduls. Längster chinesischer Flug.
Shenzhou 10	11. Juni 2013	Nie Haisheng Zhang Xiaoguang Wang Yaping	14 Tage 14 Stunden	Zweiter Besuch eines Tiangong-Moduls. Längster chinesischer Flug.
Shenzhou 11	17. November 2016	Jing Haipeng Chen Dong	32 Tage 6 Stunden	Erstmals dritter Flug eines Taikonauten. Dritter Besuch eines Tiangong-Moduls. Längster chinesischer Flug.

die Notfalltrennung. Das Auslöse-Signal für den Fluchtturm und die Verkleidung kann sowohl vom Boden, von der Bordelektronik der Rakete, aber auch manuell von der Besatzung ausgelöst werden.

Zwischen dem 20. November 1999 und dem 30. Dezember 2002 erfolgten die vier unbemannten Missionen Shenzhou 1 – 4, bei denen das System mit einer Flugdauer von bis zu sieben Tagen ausgiebig getestet wurde.

Der erste bemannte Einsatz eines Shenzhou Raumschiffes erfolgte am 15. Oktober 2003. Dabei flog der Oberstleutnant der chinesischen Luftwaffe Yang Liwei für knapp einen Tag in die Erdumlaufbahn. Der Flug verlief weitgehend nach Plan. Den einzigen größeren Mangel, den Yang Liwei feststellte, war ein sehr hohes Vibrationsniveau in den ersten beiden Flugminuten.

Das Tiangong 2-Modul kurz vor dem Start. Seine Besetzung durch die Crew von Shenzhou 11 bedeutete den Abschluss der ersten Phase in der bemannten chinesischen Raumfahrt.

Grafische Darstellung des Shenzhou 5-Raumschiffes im Orbit.

Im Oktober und November 2008 gab es mit Shenzhou 8 noch einmal einen Flug ohne Crew für die Erprobung des Tiangong-Moduls. Dieser kleine Raumstationsmodul-Prototyp wurde danach bei drei Missionen bemannt getestet.

Zum Zeitpunkt an dem diese Zeilen entstehen läuft eben die Mission von Shenzhou 12. Die Flüge von Shenzhou 13 – 15 sind in Vorbereitung. Zusammen dienen sie dem Aufbau der chinesischen Raumstation. Shenzhou 16 soll nach dieser Planung der erste reguläre Langzeitaufenthalt auf der chinesischen Raumstation werden.

Shenzhou			
Ursprungsland		China	
Hersteller		CASC/SAST	
Besatzung		3	
Spannweite über Solargeneratoren		17,00 Meter	
Trägerrakete		Langer Marsch 2F	
Länge		8,25 Meter	
Module	**Servicemodul**	**Mannschafts-modul**	**Orbitmodul**
Hauptantrieb	4 × 2500 Newton	-	-
Lageregelung grob	8 × 150 Newton	8 × 150 Newton	-
Lageregelung fein	16 × 5 Newton	-	16 × 5 Newton
Treibstoff/Oxidator	MMH/N_2O_4	MMH	MMH
Masse	3000 Kilogramm	3240 Kilogramm	1500 Kilogramm
Länge	2,95 Meter	2,50 Meter	2,80 Meter
Durchmesser	2,80 Meter	2,52 Meter	2,25 Meter

2. März 2004

Rosetta und Philae starten zu Tschurjumow-Gerassimenko

Europas Raumsonden-Flaggschiff „Rosetta" erreichte am 6. August 2014, nach mehr als zehnjähriger Reise, und einem verschlungenen, sechseinhalb Milliarden Kilometer langen Anflug, endlich ihr Ziel: Den Kometen 67P/Tschurjumow-Gerassimenko.

Wie alle Kometen ist auch 67P nach seinen Entdeckern benannt. Das sind die beiden russischen Astronomen Klim Tschurjumow und Swetlana Gerassimenko, die ihn im Herbst 1969 auffanden. International wird der Komet übrigens in der englischen Schreibweise benannt, und heißt dann 67P/Churyumov-Gerasimenko. Benutzen wir diesen Namen also weiter.

67P/Churyumov–Gerasimenko ist ein kurzperiodischer Komet mit einer orbitalen Periode von 6,45 Jahren. Die Neigung seiner Bahn zur Ebene der Planeten des Sonnensystems beträgt 7,04 Grad. Währen des Aphelions befindet er sich 850 Millionen Kilometer von der Sonne entfernt, während des Perihelions sind es nur noch 186 Millionen Kilometer. Dann bewegt er sich zwischen den Bahnen von Erde und Mars.

Komet 67P/Churyumow-Gerasimenko. Aufgenommen am 3. August 2014 von der OSIRIS Kamera aus einer Entfernung von 285 Kilometern. Die Auflösung beträgt 5,3 Meter pro Bildpunkt.

Für die Mission der Raumsonde Rosetta war 67P/Churyumov-Gerasimenko nur die zweite Wahl. Erste Planungen für die Mission gehen zurück bis in das Jahr 1992. Als Ziel war damals der Komet 46P/Wirtanen vorgesehen. Aber relativ kurz vor dem Start, der für den 13. Januar 2003 terminiert war, musste die ESA umdisponieren, denn es war zu Problemen mit der Ariane 5 G-Trägerrakete gekommen. So verpasste man das Startfenster zum bevorzugten Objekt und musste auf das (vorher für diesen Fall schon festgelegte) Reserveziel ausweichen.

Die Raumsonde ist nach dem berühmten Stein von Rosette benannt, einer Stele, die 1799 gefunden wurde, und auf der in den drei Sprachen Altgriechisch, Demotisch und in Hieroglyphen ein gleichlautender längerer Gesetzestext eingemeißelt ist. Von den drei Sprachen war nur

Hier liegt Komet 67P/Churyumov-Gerasimenko malerisch in Echtfarben und wirklicher Größe abgebildet mitten im kalifornischen Los Angeles. Ein sehr anschaulicher Größenvergleich.

Philae landet auf dem Kometen. Künstlerische Darstellung.

Altgriechisch vollständig bekannt. Mit dem Stein von Rosette gelang danach die Entschlüsselung der Hieroglyphen. Der Lander Philea ist nach einer Nil-Insel benannt, die ebenfalls für die Entzifferung der Hieroglyphen von großer Bedeutung ist. Hier fand sich ein Obelisk, dessen in Griechisch und in Hieroglyphen verfasste Inschrift ebenfalls der Entzifferung der Hieroglyphen half. Die beiden Namen sind somit eine Metapher für den Auftrag der beiden Raumfahrzeuge.

Rosettas rechteckige Zentralstruktur besteht aus Aluminium und misst 2,80 × 2,10 × 2,00 Meter. Die Experimente sind im oberen Teil der Plattform untergebracht. Das so genannte „Support Modul" bildet die Unterseite. Im oberen Bereich ist auch die 2,20 Meter durchmessende Hochgewinnantenne befestigt, die je nach Erdabstand im S-Band und im X-Band zwischen 10 und 22.000 Bits pro Sekunde an die Erde senden konnte. Daneben gab es noch eine 80 Zentimeter durchmessende Mittelgewinnantenne und zwei Niedriggewinnantennen.

Die Solargeneratoren wiesen eine Gesamtspannweite von 32 Metern auf. Am „Abfangpunkt" des Kometen in 5,25 AE Sonnenabstand leisteten sie nur noch 400 Watt. Das bedeutete, dass fast alle Instrumente in dieser Entfernung abgeschaltet werden mussten. Die Energie konnte in vier Nickel-Cadmium-Batterien von jeweils zehn Amperestunden gespeichert werden.

Das Antriebssystem bestand aus 24 10-Newton-Triebwerken, die ihren Treibstoff aus zwei jeweils 1106 Liter fassenden Tanks für Hydrazin (660 Kilogramm) und Stickstofftetroxid (1060 Kilogramm) erhielten. Für die Speicherung des Druckgases gab es vier 35-Liter Heliumtanks. Der Philae-Lander war an der Seite des Raumfahrzeugs befestigt.

Der Start der Raumsondenkombination erfolgte am 2. März 2004. Um den nötigen „Schwung" und die richtige Bahnneigung zur Ekliptik für die Begegnung mit dem Kometen zu erhalten, waren insgesamt drei Swingby-Manöver an der Erde (am 2. März 2005, am 13. November 2007 und am 13. November 2009) und eines am Planeten Mars (am 25. Februar 2007) erforderlich.

Am 5. September 2008 passierte Rosetta den Asteroiden (2867) Šteins in einer Entfernung von nur 800 Kilometern und am 10. Juli 2010 den Asteroiden (21) Lutetia in einem Abstand von 3160 Kilometern. Am 8. Juni 2011 wurde Rosetta in einen zweieinhalbjährigen „Winterschlaf" versetzt, von den Ingenieuren „Deep Space Hibernation" bezeichnet. In dieser Zeit liefen nur noch ganz wenige technische Funktionen an Bord des Raumfahrzeugs.

Am 20. Januar 2014 wurde Rosetta wieder aus diesem Ruhezustand geweckt. In einer Entfernung von 5,25 Astro-

Rosetta/Philae	
Ursprungsland	Europa
Betreiber	ESA
Hersteller	Airbus Defence and Space
Startdatum	2. März 2004
Trägerrakete	Ariane 5 G+
Ziel	67P/Tschurjumow-Gerassimenko
Aufgabe	Orbiter/Lander
Höhe des Raumfahrzeugs	2,80 Meter
Spannweite Solargeneratoren	32,00 Meter
Leistung Höhe Erdbahn (1,0 AE)	8000 Watt
Leistung in 5,25 AE	395 Watt
Startmasse	3000 Kilogramm
Masse Philae	100 Kilogramm
Triebwerke	24 × 10 Newton
Treibstoff-Vorrat	1670 Kilogramm
Instrumente Rosetta/Philae	11/10
Vorbeiflug 2867 Šteins	5. September 2008
Vorbeiflug 21 Lutetia	10. Juli 2010
Ankunft am Ziel (100 Kilometer)	6. August 2014
Landung Philae	12. November 2014
Status	Mission beendet

Gezackte Klippen und hervorstechende Felsbrocken sind in diesem Bild der OSIRIS-Kamera gut sichtbar. Das Foto entstand am 5. September 2014 aus einer Distanz von 62 Kilometern. Die linke Seite zeigt einen Ausschnitt des „Körpers" des Kometen, rechts ist ein Teil des „Kopfes" zu sehen. Ein Bildpunkt entspricht einer Auflösung von 1,1 Metern.

nomischen Einheiten zur Sonne – das ist noch außerhalb der Jupiterbahn – begann dann die Annäherung an das Zielobjekt. Drei große und sechs kleine Brennmanöver, die insgesamt eine Geschwindigkeitsänderung von etwa 2700 Kilometern pro Stunde bewirkten, brachten die Sonde schließlich in Zielnähe. Am 6. August 2014 war der Abstand zu 67P/Churyumov-Gerasimenko auf unter 100 Kilometer gesunken. Im Oktober 2014 betrug die Distanz nur noch zehn Kilometer. Von nun an begleitete sie ihr Ziel auf seiner elliptischen Umlaufbahn um die Sonne.

Während dieser ganzen Zeit waren die elf Instrumente an Bord der Raumsonde in Betrieb und führten die Fernerkundung des Kometen durch.

Am 12. November 2014 setzte Rosetta schließlich den Lander ab. Nachdem dieser über kein eigenes Antriebssystem verfügte, musste ihm die Muttersonde ein genau passendes Flugprofil beim Absetzen mitgeben, damit er an der vorgesehenen Stelle landen konnte. Sie musste sich damit quasi selbst auf Kollisionskurs mit dem Kometen begeben, den Lander freigeben und sich danach wieder absetzen.

Philae traf den vorgesehenen Absetzpunkt perfekt. Allerdings versagten die Anpressdüsen und die „Harpunen" an den Beinen des Landers, die ihn fixieren sollten. Aufgrund der extrem geringen Gravitationskraft des Kometen wiegt der 100 Kilogramm schwere Lander dort nur ein Gramm. Somit federte Philea insgesamt zweimal von der Oberfläche ab. Zwischen dem ersten und zweiten Bodenkontakt vergingen dabei fast zwei Stunden. Schließlich blieb er in einer ungünstigen Position in einer Geländespalte liegen, die praktisch nicht von der Sonne beschienen wurde. Aus diesem Grund konnten seine Solarzellen auch die Batterien nicht aufladen. Nach zweieinhalb Tagen war der in den Batterien gespeicherte Strom verbraucht und Philae schaltete sich ab. Dies war eine kleine Enttäuschung im ansonsten sehr erfolgreichen Vorhaben. Der Lander konnte erst knapp zwei Jahre später, unmittelbar vor dem Missionsende von Rosetta, auf einem Bild aufgefunden werden.

Im August 2015 erreichten Rosetta und der Komet den geringsten Sonnenabstand und flogen dann wieder gemeinsam in das äußere Sonnensystem hinaus. Damit be-

Extreme Nahaufnahme der für Philae eigentlich vorgesehenen Landestelle.

gann sich der Energiehaushalt immer weiter zu verschlechtern. Zum Abschluss der Mission ließ das Kontrollteam die Sonde auf den Kometen heruntersinken. Sie setzte mit einer Geschwindigkeit von 90 Zentimetern pro Sekunde auf. Ein letztes Bild entstand 20 Meter über der Oberfläche des Himmelskörpers. Um 13:19 Uhr am 30. September erreichte das Missionskontrollzentrum in Darmstadt das letzte Signal von Rosetta.

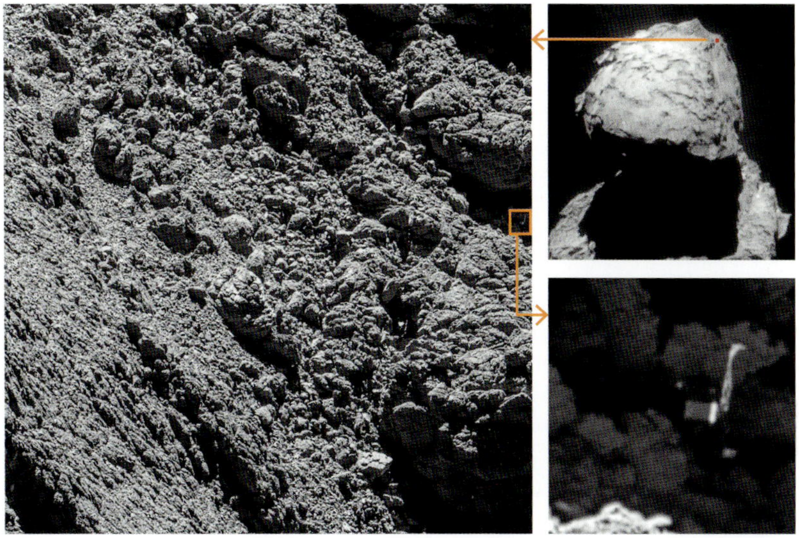

Und hier ist Philae tatsächlich gelandet. In diese Darstellung muss man sich erst „einlesen". Beginnen wir mit dem Bild rechts oben und dem roten Punkt. Das Bild auf der linken Seite ist eine Vergrößerung dieser Region. Und wenn Sie im Bild rechts unten genau hinschauen, werden Sie Philae finden. Auf der Seite liegend und eingekeilt in Eis und Geröll.

Diese Infografik fasst die Mission gut zusammen. Im Hintergrund eine Nahaufnahme des Kometen, links die Sonde, die ihren „Fernauftrag" erfüllt und rechts davon der Philae-Lander.

SpaceShipOne – Das erste private Raumschiff

Scaled Composites hält den Rekord für die Entwicklung und den Bau des weltweit ersten privaten Raumschiffs. Das geschah in den Jahren 2001 – 2004 im Auftrag und mit dem Geld des Milliardärs Paul Allen im Rahmen des Ansari X-Price. Dieser Wettbewerb stellte demjenigen ein Preisgeld von zehn Millionen Dollar in Aussicht, dem es als erstem gelang, einen Piloten und zwei Passagiere, oder statt der Passagiere entsprechenden Ballast, in eine Höhe von mehr als 100 Kilometer zu befördern und diese Leistung mit demselben Fluggerät innerhalb von 14 Tagen zu wiederholen.

Um das zu erreichen entwickelte das Unternehmen das suborbitale Raumfahrzeug SpaceShipOne (SS1) und das dazugehörige Trägerflugzeug WhiteKnightOne (WK1). Diese Maschine war notwendig, weil SS1 für den Luftstart vorgesehen war, um die Dimensionen des Fluggerätes gering zu halten.

SpaceShipOne	
Ursprungsland	USA
Hersteller	Scaled Composites
Startort	Mojave, Kalifornien
Besatzung	1
Erstflug (Gleitflug)	7. Oktober 2003
Erstflug (Raketen-Modus)	17. Dezember 2003
Antrieb	Hybrid
Treibstoff	HTPB
Oxidator	N_2O
Schub	73,5 Kilonewton
Länge	5,0 m
Flügelspannweite	5,0 m
Masse leer/voll betankt	2,9 / 7,7 Tonnen
Höchstgeschwindigkeit	Mach 3,1
Gipfelhöhe	112 Kilometer

Über den eigenartigen Namen des Trägerflugzeugs wurden unterschiedliche Geschichten kolportiert. Tatsächlich werden mit dieser Bezeichnung aber die beiden Rekordhalter aus dem X-15 Programm adressiert: Robert White, der den Höhenrekord mit der X-15 innehatte, bis ihn Brian Binnie mit SS1 übertraf und Pete Knight, der den Geschwindigkeitsweltrekord für Flüge innerhalb der Atmosphäre hielt (und bis auf den heutigen Tag immer noch hält).

Ein großer Teil der Systemkomponenten im Cockpit des WK1, wie Elektronik, Trimm-Servos, Datenmanagement-System und elektrische Komponenten sind mit denen von SS1 identisch. Damit konnten die Testflüge des WK1 gleichzeitig dazu verwendet werden, auch die Systeme des Raumfahrzeugs zu testen. Ausgenommen davon waren natürlich die Komponenten, welche den Raketenantrieb betrafen. Das hohe Schub-Gewichts-Verhältnis des White Knight und seine enormen Luftbremsen erlaubten es den Piloten, mit diesem großen Flugzeug die

Die Kombination aus Trägerflugzeug und Raketenflugzeug ist schon optisch eine sehr eigenwillige Konstruktion.

Die Kombination aus SS1 und WK1. Eigenartig und doch elegant.

Flugmanöver von SS1 realistisch zu simulieren. Damit konnte WK1 nicht nur als Träger eingesetzt werden, sondern auch als Trainer für die SS1-Piloten.

Der Erstflug von SS1, ein antriebsloser Gleitflug, erfolgte am 7. Oktober 2003. Der erste Flug unter Einsatz des Raketentriebwerks fand am 17. Dezember 2003 statt. Bei diesem Flug überschritt Pilot Brian Binnie bereits die Schallgeschwindigkeit. Damit war SS1 das erste überschallschnelle Fluggerät weltweit, das ohne öffentliche Mittel entwickelt worden war. Bei der Landung kam es zu einem Zwischenfall, als das linke Hauptfahrwerk wegbrach und das Fluggerät von der Piste abkam. Die Schäden waren allerdings gering, und die Flüge konnten bald darauf fortgeführt werden.

Am 8. April 2004 erteilte die Federal Aviation Administration eine für ein Jahr gültige Zulassung für das Flugzeug. Dafür musste die Behörde eine neue Kategorie schaffen. SS1 wurde darin als „nicht eigenstartfähiges Segelflugzeug mit Hilfsantrieb“ zugelassen.

Rückkehr zum Flugplatz im Gleitflug. Beachten Sie die Aufschrift auf dem hinteren Rumpfsegment. „N“ ist dabei der Prefix für in den USA zugelassene Flugzeuge. 328KF steht für 328 Kilofeet, also 328.000 Feet oder 100 Kilometer. Die Höhe, die es zu erreichen galt.

Das Hybrid-Raketentriebwerk von SpaceShipOne hat gezündet.

SS1 setzte ein Hybridtriebwerk ein, das eine Feststoffkomponente (Hydroxyl-terminiertes Polybutadien) als Brennstoff und eine Flüssiggas-Komponente (Distickstoffmonoxid, also Lachgas) als Oxidator verwendete. Diese beiden Bestandteile wurden in der Brennkammer bei einem Druck von 37 Atmosphären verbrannt und durch eine Expansionsdüse mit einem Expansionsverhältnis von 25 : 1 ausgestoßen.

Die Tabelle listet alle sechs mit Raketenantrieb durchgeführten Flüge auf.

Insgesamt führte SS1 17 Einsätze durch. Bei dreien dieser Flüge, so genannten „Captive Carry-Missionen“, wurde das Vehikel nicht ausgeklinkt. Beim allerersten Captive-Carry Flug war SS1 unbemannt. Missionsnummer 11 (der insgesamt achte freie Flug) war der erste Einsatz des Raketenantriebs. Flug Nummer 12 war noch einmal ein Gleitflug, um die Flugeigenschaften mit einem neu installierten Thermalschutz zu erproben.

Flug Nr.	Datum	Pilot	Geschwindigkeit	Flughöhe
11	17. Dezember 2003	Brian Binnie	Mach 1,2	20.700 Meter
13	8. April 2004	Pete Siebold	Mach 1,6	32.000 Meter
14	13. Mai 2004	Mike Melville	Mach 2,5	64.400 Meter
15	21. Juni 2004	Mike Melville	Mach 2,9	100.095 Meter
16	29. September 2004	Mike Melville	Mach 3,0	102.900 Meter
17	4. Oktober 2004	Brian Binnie	Mach 3,1	112.000 Meter

19. Januar 2006

New Horizons – Zum Pluto und weiter

New Horizons wird in die Nutzlastverkleidung der Atlas 5 551-Trägerrakete eingeschlossen.

Als New Horizons am 14. Juli 2015 um 13:50 Uhr Mitteleuropäischer Zeit am Pluto vorbeizog, war sie nicht nur das erste Raumfahrzeug überhaupt, das den Zwergplaneten besuchte, sie war auch das Fahrzeug, das die „Grand Tour" abschloss, welche die Voyager-Raumsonden in den 1970er- und 1980er-Jahren durchführten. Die Aufgabe der Voyagers war es, jedem der äußeren Planeten des Sonnensystems einen Besuch abzustatten. Pluto, das muss hier erwähnt werden, galt zum Zeitpunkt des Starts von New Horizons noch als vollwertiger Planet. Die Herunterstufung zum „Zwergplaneten" erfolgte erst später.

Eigentlich hätte Voyager 1 diesen damals letzten Planeten des Sonnensystems ansteuern sollen. Doch dann wurde während des Anflugs zum Saturn im Jahre 1980 der Kurs geändert. Ein naher Vorbeiflug am Saturn-Mond Titan wurde als das wichtigere Ziel betrachtet, und objektiv gesehen war es das wohl auch. Dadurch wurde die Trajektorie aber so geändert, dass Pluto nicht länger erreichbar war.

New Horizons ist von kompakter, dreieckiger Struktur mit den Ausmaßen eines Konzertflügels. Zentrales Element ist ein Aluminium-Zylinder in dem sich der Treibstofftank befindet, um den herum die Elektronik und die Instrumente gruppiert sind. Auf dem Zentralkörper befindet sich die 2,10 Meter durchmessende Hochgewinnantenne, mit welcher der Datenverkehr mit der Erde im X-Band abgewickelt wird. Auf ihr befindet sich auch eine 30-Zentimeter Mittelgewinnantenne. Zusätzlich gibt es noch zwei Rundstrahlantennen an den entgegengesetzten Seiten der Sonde. Am Zentralzylinder ist der Radioisotopengenerator befestigt der mit 10,9 Kilogramm Plutonium 238 arbeitet. An Bord befinden sich zwei Computersysteme, eines für die Flugführung, das andere für das Datenmanagement. Beide Rechner verwenden strahlungsgehärtete 12 Megahertz-Prozessoren. Der Datenmanagement-Rechner verfügt über zwei Flash-Speicher mit jeweils 8 GB Kapazität.

Am 19. Januar 2006 begann die Mission mit dem Start auf einer Atlas 5 am Startkomplex 41 in Cape Canaveral. Dafür wurde die stärkste Version dieser Rakete benötigt, die außerdem noch von einer zusätzlichen Feststoff-Oberstufe unterstützt wurde, um das Raumfahrzeug auf solare Fluchtgeschwindigkeit zu beschleunigen. Danach

Der Radioisotopengenerator von New Horizons leistete beim Start 240 Watt. Solargzellen sind in den Weiten des äußeren Sonnensystems nutzlos.

bewegte sich New Horizons mit einer Rekordgeschwindigkeit von 58.500 Kilometern pro Stunde aus dem Inneren Sonnensystem hinaus in Richtung Jupiter. Nie zuvor war ein Raumfahrzeug so schnell gewesen.

Neun Stunden nach dem Verlassen der Startrampe passierte die Sonde die Mondbahn und nur weitere 78 Tage später auch den Orbit des Planeten Mars. Mitte 2006 erreichte sie die Ausläufer des Asteroidengürtels und konnte hier am 13. Juni einen ersten Einsatztest ihrer Instrumente vornehmen, als sie den Asteroiden 132524 APL in einer Entfernung von gut 100.000 Kilometern passierte.

Die größte Annäherung an den Jupiter erfolgte um 7:44 Uhr Mitteleuropäischer Zeit am 28. Februar 2007. Die Flugbahn durch den Gravitationstrichter des Riesenplaneten war exakt berechnet. Sie beschleunigte die Sonde um weitere 14.000 Kilometer pro Stunde relativ zur Sonne, verkürzte somit die Reisezeit um drei Jahre und brachte das Raumfahrzeug zusätzlich auf den genauen Kurs zum Zwergplaneten.

Jupiter bot die ideale Gelegenheit, alle Instrumente und die Software der Raumsonde unter realen Bedingungen zu testen. Nachdem New Horizons mit viel moderneren Instrumenten ausgerüstet war, als die Pioneers, die Voyagers und die Raumsonde Galileo, die den Jupiter vor ihm erkundet hatten, gelang es der Sonde trotz der relativ großen Vorbeiflugdistanz von 2,3 Millionen Kilometern eine große Menge Daten über Jupiter und seine Monde zu sammeln. Tatsächlich war die Datenmenge größer als beim Vorbeiflug am Pluto, was einfach an der schieren Größe des Jupiter-Systems liegt und der viel längeren Zeitdauer, die New Horizons trotz der hohen Fluggeschwindigkeit darin zubringen konnte.

Am 8. Juni 2008 kreuzte New Horizons die Bahn des Saturn, am 18. März 2011 die des Uranus. Am 25. August 2014 überschritt New Horizons schließlich auch die Bahn des Planeten Neptun. Am 4. Januar 2015 nahm New Horizons die Fernbeobachtung seines Zieles auf. Anfang Fe-

Der Start von New Horizons erfolgte am 19. Januar 2006 von der Startanlage 41 der Luftwaffenbasis Cape Canaveral.

New Horizons	
Ursprungsland	USA
Betreiber	NASA
Hersteller	APL Johns Hopkins
Startdatum	19. Januar 2006
Startort	Cape Canaveral
Trägerrakete	Atlas 5 551
Primärziel	Pluto und Monde
Sekundärziel	Kuiper-Objekte
Aufgabe	Vorbeiflug
Abmessungen	2,20 × 2,10 × 2,70 Meter
Startmasse	478 Kilogramm
Energie RTG beim Start	240 Watt
Energie RTG am Pluto	200 Watt
Triebwerke	4 × 4,4 + 12 × 1 Newton
Treibstoff-Vorrat	77 Kilogramm
Anzahl aktiver Instrumente	7
Vorbeiflug Jupiter	28. Februar 2007
Vorbeiflug Pluto	14. Juli 2015
Distanz zu Pluto und Charon	9600 und 27.000 Kilometer
Vorbeiflug Ultima Thule	1. Januar 2019
Distanz zu Ultima Thule	3500 Kilometer
Missionsstatus Mai 2021	aktiv

bruar gelangen der Sonde erste Aufnahmen der Pluto-Monde Nix und Hydra, am 25. April schließlich auch erste Fotos von Kerberos und Styx.

Am 11. Mai begann New Horizons mit dem so genannten „Hazard Scan", der Suche nach eventuell noch unentdeckten Kleinmonden, Ring- oder Staubstrukturen, die sich in der Nähe des Pluto befinden und die der Sonde möglicherweise bei ihrem Vorbeiflug gefährlich werden konnten.

Am 4. Juli, nur zehn Tage vor der größten Annäherung an Pluto, kam es zu einem „Safe mode event", der den Missionsmanagern fast das Herz stillstehen ließ. Doch der Fehler konnte noch rechtzeitig abgestellt werden, und es gingen nur wenige Daten verloren. Am 12. Juli begann die „Near Encounter Phase". Das bedeutete auch, dass sich New Horizons nun bei Mission Control abmeldete. Was jetzt kam, benötigte ihre ganze Aufmerksamkeit. Kontakt mit der Erde zu halten – und das bedeutete jeweils die ganze Sonde mit der fest montierten Hochgewinnantenne zur Erde auszurichten – war in dieser Phase unwichtig. Die Erde konnte warten. Und sie musste es sogar, wenn sie die wissenschaftliche Ausbeute nicht gefährden wollte. Alle sieben Instrumente waren jetzt auf Pluto, seine fünf Monde und ihre Umgebung ausgerichtet. Der Preis dafür war die Ungewissheit ob an Bord alles nach Plan verlief.

Am 14. Juli um 13:50 Uhr Mitteleuropäischer Zeit trennten die Sonde nur 12.500 Kilometer von der Oberfläche des Pluto. Nur 14 Minuten später erfolgte der dichteste Vorbeiflug an Charon mit einem Abstand von 28.800 Kilometern. Nix näherte sich die Sonde bis auf 21.000 Kilometer und Hydra bis auf 75.000 Kilometer. Aber hatten auch die Datenaufzeichnungen geklappt? Hatte New Horizons alle seine Aufgaben absolviert in der Zeit, in der er keine Verbindung mit der Erde halten konnte, weil er sich dauernd drehen und wenden musste?

Am 15.7., um 2:53 Uhr Mitteleuropäischer Zeit, meldete sich New Horizons nach 22-stündiger Funkstille auf die Sekunde pünktlich und begann mit der Datenübermittlung.

Nun, da die Begegnung mit Pluto und seinen Monden vorüber war, ging die Reise von New Horizons weiter hinaus in die Tiefen des Kuiper-Gürtels. Schon zu Beginn der Missionsplanung hatte man gehofft, dass die Raumsonde noch mindestens ein weiteres Objekt in der Sphäre

Pluto fotografiert von New Horizons. Die Farben sind natürlich.

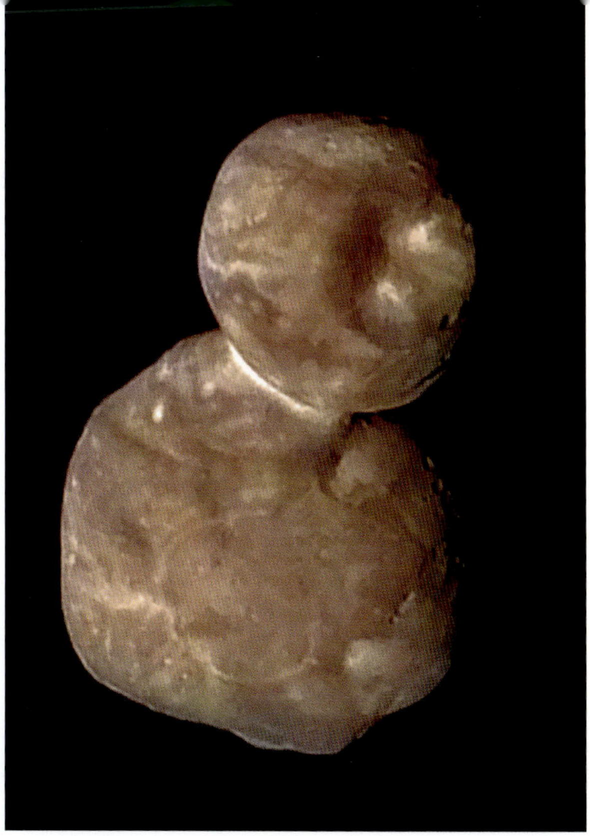

Der Vorbeiflug an Ultima Thule, oder wie er jetzt viel sperriger heißt „486958 Arrokoth“, erfolgte am 1. Januar 2019.

der Eiswelten ansteuern könnte. Doch dafür ein geeignetes Ziel zu finden war nicht einfach. New Horizons konnte es nur dann erreichen, wenn es innerhalb eines Korridors von nur einem einzigen Grad Winkelabweichung von der Flugbahn zum Pluto lag. Mehr noch: Aufgrund der immer weiter ansteigenden Entfernung und dem gleichzeitigen Nachlassen der Energieerzeugung an Bord der Sonde durfte dieser weitere Körper nicht mehr als 55 Astronomische Einheiten von der Erde entfernt sein.

Für diesen Zweck wurde eine große Suchaktion mit dem Hubble Space-Teleskop durchgeführt. Am 15. Oktober 2014 hatte das Weltraumteleskop drei Objekte ausgemacht, die New Horizons nach dem Pluto-Vorbeiflug noch erreichen konnte. Ausgewählt wurde ein Objekt, das den vorläufigen Namen „Ultima Thule“ bekam. Im November 2019 wurde das Objekt in 486958 Arrokoth umbenannt. Die Begegnung mit diesem Objekt erfolgte am 1. Januar 2019 in einem Abstand von 3500 Kilometern. Zu diesem Zeitpunkt war die Raumsonde 43,3 Astronomische Einheiten von der Erde entfernt.

Auch der Forschungsauftrag für die Zeit danach liegt schon fest. Er wird in der weiteren Erkundung der Heliosphäre der Sonne liegen. Der Kontakt zur Sonde, obgleich mit sehr niedrigen Datenraten dürfte noch für eine ganze Weile bestehen. Die meisten Instrumente wird man allerdings ausschalten müssen. Wenn alles glatt geht, hofft man aber, bis weit hinein in die 2030er-Jahre mit New Horizons in Verbindung zu bleiben, und Informationen über Strahlung und Partikeldichte aus den Außenbereichen des Sonnensystems zu erhalten.

An Bord von New Horizons befindet sich übrigens etwas Asche von Clyde Tombaugh, dem Astronomen, der im Jahre 1930 Pluto entdeckte.

Grafik der Raumsonde New Horizons mit zwei Zielen seiner Forschungstour im Hintergrund. Links der Plutomond Charon (der in Wirklichkeit 17.500 Kilometer von Pluto entfernt ist) und Pluto selbst. Die Farben der beiden Himmelskörper entsprechen der Realität.

8. Juli 2011

Final Countdown für den Shuttle

Am 21. Juli 2011, um 5:57 Uhr US-Ostküstenküstenzeit, ging die unwiderruflich letzte Shuttle-Mission zu Ende. Doug Hurley, Dr. Sandy Magnus, Rex Walheim und zuletzt der Kommandant der Mission STS-135, Christopher Ferguson, verließen nach zwölf Tagen im All die Raumfähre Atlantis nach der Landung am Kennedy Space Center. Und was bleibt? Hier eine Aufstellung von Highlights aus dem Shuttle-Programm.

- Der erste Start eines Shuttle fand am 12. April 1981 vom Kennedy Space Centre in Florida aus statt. In den 30 Jahren danach folgten 134 weitere Flüge. Mission Nummer 135 beendete das Programm.
- Einige Male war auch „Prominenz“ mit an Bord. Der republikanische US-Senator Jake Garn war Mitglied der Besatzung der 16. Shuttle-Mission und umkreiste zwischen dem 12. und 19. April 1985 die Erde 110-mal. Niemand litt mehr unter der Raumkrankheit als er.
- Sultan Salman Al Saud, ein Mitglied des saudischen Königshauses, umkreiste beim 18. Shuttle-Flug, zwischen dem 17. und 24. Juni 1985, die Erde 112-mal. Er war der jüngste Mensch, der jemals mit dem Shuttle flog. Zum Zeitpunkt seines Starts war er 28 Jahre alt.
- Der demokratische US-Senator George Nelson (Florida) war Mitglied der 24. Shuttle-Mission. Er flog mit der Raumfähre Columbia zwischen dem 12. und 18. Januar 1986 und umkreiste dabei die Erde 98-mal. Die Mission, bei der er mitwirkte, war der letzte Flug vor der Challenger-Katastrophe. Heute ist Nelson NASA-Administrator.
- Hinsichtlich „Prominenz“ war auch die 95. Shuttle-Mission zwischen dem 29.10. und 7.11.1998 eine Besonderheit. Prominenter „Gast-Astronaut“ an Bord der Discovery war John Glenn, der im Jahre 1962 als erster Amerikaner in den Weltraum flog. Danach bekleidete er für insgesamt vier Amtsperioden (von 1974 bis 1999) das Amt des Senators des US-Bundesstaates Ohio und war im Jahre 1976 demokratischer Präsidentschaftskandidat. Zusätzlich zu seinen drei Erdumkreisungen mit seiner Mercury-Raumkapsel kamen nun noch die 134 aus dem Shuttle-Programm hinzu.
- John Glenn war bei seinem Shuttle-Flug (und ist es bis heute) der älteste Mensch im Orbit (mit damals 77 Jahren). Er ist außerdem der einzige US-Astronaut, der sowohl im Mercury- als auch im Shuttle-Programm geflogen ist.

Die letzte Shuttle-Crew. Von links: Rex Walheim, Doug Hurley, Christopher Ferguson und Sandy Magnus.

Die Atlantis wird im Vehicle Assembly Building auf ihre letzte Mission vorbereitet.

- Insgesamt wurden sechs Shuttles gebaut: Die Enterprise (die aber nie zu einem Weltraumflug startete und nur für Flugtests in der Atmosphäre verwendet wurde), die Columbia, die Challenger, die Discovery, die Atlantis und die Endeavour.
- Von den fünf weltraumtauglichen Shuttles flog die Discovery am öftesten, nämlich 39-mal, die Challenger am wenigsten, nämlich 10-mal. Ihre fatale letzte Mission dauerte nur 73 Sekunden.
- Die Gesamtkosten des Shuttle-Programms, inklusive der Durchführung aller Missionen betrug inflationsbereinigt zum Stand von 2021 230 Milliarden Dollar.
- Insgesamt flogen 355 Astronauten in den fünf raumflugfähigen Shuttles – 307 Männer und 48 Frauen. Die meisten von ihnen mehrmals, manche bis zu sieben Mal. Addiert man nur die Zahl der Personen die bei den einzelnen Missionen dabei waren, kommt man auf 793.
- 14 Astronauten kamen in zwei Shuttles ums Leben. Sieben starben, als die Challenger am 28. Januar 1986 73 Sekunden nach dem Verlassen der Startrampe explodierte. Sieben weitere starben, als die Columbia am 1. Februar 2003 wegen schadhafter Hitzeschutzkacheln beim Wiedereintritt in die Erdatmosphäre verglühte. Die Wahrscheinlichkeit, bei einem Shuttle-Start ums Leben zu kommen, lag somit bei 1:68.
- Der Shuttle war Protagonist zahlreicher Kinofilme. Die bekanntesten sind wohl Armageddon, Top Gear, Space Cowboys und vor allem der James Bond-Film Moonraker (wo der Shuttle mit Rennstreifen bemalt war!). Dieser Film kam bereits zwei Jahre vor dem Erstflug der Raumfähren in die Kinos.
- Die Shuttles haben bei ihren 135 Flügen zusammen etwa dreieindrittel Jahre im Erdorbit verbracht und dabei unseren Planeten fast 21.000-mal umkreist.
- Die Strecke, die sie dabei zurückgelegt haben entspricht in etwa einem Flug zum Jupiter. Ein Auto, das mit der deutschen Autobahn-Richtgeschwindigkeit von 130 Kilometern pro Stunde unterwegs ist, bräuchte für die von den Shuttles zurückgelegt Distanz eine ununterbrochene Fahrzeit von 750 Jahren.
- Der erste Westdeutsche flog mit dem Shuttle in den Orbit, der erste Niederländer, der erste Kanadier, der erste Bürger Saudi Arabiens und der erste Mexikaner.
- Ohne das Space Shuttle-Programm würde es die Internationale Raumstation nicht geben. Großteleskope wie Hubble, Compton oder Chandra wären nie in den Weltraum gebracht worden. Raumsonden wie Magellan, Galileo und Ulysses wären am Boden geblieben. Das europäische Weltraumlabor Spacelab und die freifliegenden Paletten SPAS und Spartan hätte man ohne den Shuttle nie gebaut und geflogen.
- Beim letzten Start eines Shuttle war auch ein Booster-Element mit dabei das schon bei der Mission von STS-1 vor mehr als 30 Jahren geflogen war.

Die Challenger wird am 30. November 1982 bei dichtem Bodennebel zur Startrampe gefahren. Ihr Erstflug erfolgte am 4. März 1983.

1. Dezember 2013

Chang'e 3 landet auf dem Mond

Der Chang'e 3 Lander, fotografiert vom Rover Yutu.

37 Jahre nachdem mit Luna 24 zum letzten Mal eine Raumsonde zu einer Mondlandung gestartet war, begann die chinesische Mondsonde Chang'e 3 an der Spitze einer Trägerrakete des Typs Langer Marsch 3B ihre Reise zur Oberfläche des Erdtrabanten. Chang'e 3 war die dritte chinesische Mondsonde überhaupt, und die erste Einheit in der Phase 2 des vierstufigen unbemannten Mondprogramms, das im Vorfeld einer bemannten Landung absolviert wird. Die sehr erfolgreichen Mond-Orbitsonden Chang'e 1 und 2 repräsentierten die Phase 1 dieses Projektes.

Der Lander trug auf der Oberseite ein Fahrzeug, das nach einem landesweiten Wettbewerb auf den Namen „Yutu" getauft wurde. Das bedeutet so viel wie „Jadehase". Yutu ist eine Figur der chinesischen Mythologie und dort der Begleiter der Mondgöttin Chang'e.

Der Start der 3,7 Tonnen schweren Kombination erfolgte am 1. Dezember 2013 um 18:30 Uhr Mitteleuropäischer Zeit. Am 6. Dezember trat die Sonde in eine nahezu kreisförmige Mondumlaufbahn in etwa 100 Kilometern Höhe ein. Einige Tage später wurde der niedrigste Bahnpunkt auf nur noch 15 Kilometer Höhe abgesenkt. Die Landung erfolgte schließlich am 14. Dezember, um 14:11 Uhr Mitteleuropäischer Zeit im Mare Imbrium, 40 Kilometer südlich des großen Kraters Laplace. Der gesamte Vorgang vom Beginn der Zündung bis zum Aufsetzen hatte etwa 700 Sekunden gedauert.

Start der Mondlandesonde Chang'e 3 am 1. Dezember 2013 auf einer Trägerrakete des Typs Langer Marsch 3B.

Noch am Tag der Landung gelangte der Rover um 21:35 Uhr Mitteleuropäischer Zeit mittels einer Rampe auf die Oberfläche des Erdtrabanten. Danach hätte das Fahrzeug für mindestens 90 Tage sowohl ferngesteuert als auch autonom agieren sollen. Nachdem es in diesem Zeitraum auch drei jeweils 14 (Erd-) Tage lange Mondnächte überdauern musste, in denen die Temperatur bis unter minus 150 Grad sinkt, wurden die Solarzellenpaneele bei Anbruch der Dämmerung nach innen geklappt

Chang'e 3	
Ursprungsland	China
Betreiber	CNSA
Startdatum	1. Dezember 2013
Startort	Xichang
Trägerrakete	Langer Marsch 3B
Aufgabe	Mondlandung
Haupttriebwerk	1 × 1,5 – 7,5 Kilonewton
Steuertriebwerke	16 × 150 Newton
Lageregelungstriebwerke	12 × 10 Newton
Durchmesser Lander	4,76 Meter
Höhe Lander ohne Rover	2,85 Meter
Abmessungen Rover	1,50 × 1,00 Meter
Startmasse gesamt	3700 Kilogramm
Davon Treibstoff	2500 Kilogramm
Davon Rover	140 Kilogramm
Anzahl Instrumente Lander	4
Anzahl Instrumente Rover	4
Status Rover Mai 2021	Inaktiv seit Mai 2015
Status Lander Mai 2021	sporadisch aktiv

Panorama der Chang'e 3 Landestelle.

und damit geschützt. Um Wärme zu erzeugen gibt es außerdem Radioisotopenheizelemente mit Plutonium-238 an Bord des Fahrzeugs.

Am Instrumentenarm des Fahrzeugs befinden sich eine Fräse, mehrere Kameras, ein Röntgenspektrometer und ein abbildendes Licht/IR-Spektrometer. Weitere Kameras befinden sich auf einem Mast. Der trägt auch eine Hochgewinn-Parabolantenne für schnelle Datenübertragung zur Erde. Zur wissenschaftlichen Ausrüstung von Yutu gehört ein Bodenradar, mit dem man Messungen bis in etwa 100 Meter Tiefe unter der Mondoberfläche durchführen kann. Damit sollte ein Bodenprofil über die gesamte Fahrstrecke erfasst werden.

Leider kam es schon nach wenigen Tagen und einer Fahrstrecke von insgesamt 114 Metern zu einem Kabelbruch. Der bewirkte dass der Rover ab dem 25. Januar 2014 nicht mehr fahren konnte. Allerdings blieben seine Instrumente von dem Schaden unbeeinflusst, so dass er stationär zumindest einen Teil seiner geplanten Forschungsarbeit durchführen konnte. Die Verbindung zum Rover hielt bis Mai 2015.

Auch die Landestufe ist mit radioaktiven Heizelementen ausgestattet. Sie besitzt ein eigenes Instrumentarium, darunter mehrere Kameras sowie ein UV-Spiegelteleskop, mit dem erstmals hochauflösende astronomische Aufnahmen des Weltalls von der Mondoberfläche aus gemacht wurden. Bei dem Fernrohr handelt es sich um ein Ritchey-Chretien-Teleskop mit 50 Millimeter Öffnung, das in der Lage ist, Himmelsobjekte bis zur Magnitude 13 zu fotografieren.

Ein weiteres Instrument auf dem Lander ist eine Kamera für den extremen Ultraviolettbereich. Sie hat ein Gesichtsfeld von 16 Grad bei einer Auflösung von 0,1 Grad. Untersucht werden soll dabei die Plasmasphäre der Erde inklusive der Plasmapause. Für den Lander war eine Funktionsdauer von einem Jahr geplant. Zum Zeitpunkt an dem diese Zeilen entstehen, mehr als sieben Jahre nach der Landung, ist der Lander aber immer noch sporadisch in Betrieb.

Der Rover Yutu fotografiert von der Landeeinheit.

22. Dezember 2015

Faszination SpaceX

Politiker sehen sich gerne bei SpaceX um. Hier besucht Barack Obama Elon Musk.

Elon Musks Unternehmen, die „Space Exploration Technologies Corporation", besser bekannt unter der Bezeichnung SpaceX, existiert erst seit dem Juni 2002. Damals nahm Musk in einer Garage in Palo Alto mit drei Mitarbeitern den Betrieb auf. In den seither (bis zum Redaktionsschluss für dieses Buch) vergangenen knapp 20 Jahren hat Musk das weltweit größte private Raumfahrtunternehmen aufgebaut und beschäftigt inzwischen mehr als 11.000 Menschen

Die Karriere zum mit Abstand weltgrößten Startdienstleister begann mit der zweistufigen Kleinträgerrakete Falcon 1, die seit 2009 nicht mehr produziert wird. Mit ihr durchlebte das Unternehmen seine Lehrjahre. Die Falcon 1 startete insgesamt fünf Mal. Alle Flüge dieser Rakete erfolgten von der Insel Omelek aus, die zum Kwajalein Atoll im Zentralpazifik gehört.

Der erste Startversuch fand am 24. März 2006 statt. Der Einsatz scheiterte nur 30 Sekunden nach dem Liftoff wegen eines Feuers im Triebwerksbereich der Rakete. Ironischerweise überlebte der Satellit den Unfall und wurde schwer beschädigt im Startgelände aufgefunden.

Obwohl auch dem zweiten Start am 21. März 2007 kein vollständiger Erfolg beschieden war, wurde der Träger danach dennoch als einsatzbereit bezeichnet. Flug drei scheiterte jedoch ebenfalls, denn es kam, wie schon in der Mission zuvor, zu einer Kollision zwischen erster und zweiter Stufe nach erfolgter Stufentrennung. Nach dem dreimaligen Misserfolg dieser Rakete stand SpaceX unmittelbar vor dem Konkurs.

Doch Flug vier glückte und war damit der erste erfolgreiche Orbitalflug einer privat finanzierten Trägerrakete. Mit Flug Nummer fünf am 14. Juli 2009 war die Falcon 1 auch schon Geschichte. Zuletzt hatte es noch Pläne für eine leistungsgesteigerte Version der Falcon 1 mit der Bezeichnung Falcon 1e gegeben. Dieses Vorhaben gab SpaceX aber mit dem Einstieg in das COTS-Programm der NASA auf, um sich ausschließlich auf die Entwicklung der Falcon 9 zu konzentrieren.

Dieses vielfach schwerere und größere Nachfolgemodell brauchte nur wenige Jahre, um zur Raumfahrt-Legende der 2010er-Jahre zu werden. Was daran liegt, dass sie das erste privat entwickelte teilweise wiederverwendbare Raumtransportsystem in der Geschichte der Raumfahrt ist (das erste überhaupt war der Space Shuttle). Die erste sichere Rückkehr einer Boosterstufe ereignete sich nach vielen, teilweise spektakulären Fehlversuchen am 22. Dezember 2015.

Start einer Falcon 1-Rakete von der Insel Omelek im Kwajalein-Atoll aus.

Die Rakete hat seit ihrem Erstflug im Jahre 2010 eine ganze Reihe von Modifikationen durchlaufen die in drei Hauptvarianten mündeten:

- Die Falcon 9 v.1.0, die zwischen 2010 und 2013 im Einsatz war. Sie verwendete noch die Merlin 1C-Triebwerke mit jeweils 556 Kilonewton Bodenschub. Die neun Erststufentriebwerke waren hier noch quadratisch (3 × 3) angeordnet.
- die Falcon 9 v.1.1, die zwischen 2013 und 2016 verwendet wurde. Sie war länger und 40 Prozent schwerer als die v.1.0 und verwendete die schubstärkeren Merlin 1D-Triebwerke. Die Nutzlastkapazität stieg um 30 Prozent. Mit ihrer Boosterstufe wurden erste Landeversuche unternommen.
- die Falcon 9 Full Thrust (auch bekannt als v.1.2), von der es zwischen Dezember 2015 und Mai 2018 mehrere Modifikationsstufen gab, bis das als „Falcon 9 Block 5" bezeichnete Design als endgültige Form der Falcon 9 „eingefroren" wurde. Doch selbst danach kam es immer wieder noch zu kleineren Modifikationen. Beispiele für die Änderungen gegenüber der Ausgangsversion sind die Verwendung von tiefgekühlten Treibstoffen, verbesserte Grid Fins für die Landung der Erststufe (aus Titan statt aus Aluminium), längere Treibstofftanks in der zweiten Stufe, ein verbessertes Stufentrennsystem, modifizierte Landebeine und die Ausstattung der Nutzlastverkleidungen mit einem Kaltgas-Lageregelungssystem und Fallschirmen.

Die Falcon 9 führt seit dem Oktober 2012 Flüge für die NASA durch, bei denen die ebenfalls von SpaceX entwickelten und produzierten Dragon-Raumschiffe auf den Weg zur Internationalen Raumstation gebracht werden. Die Falcon 9 ist auch das Trägerfahrzeug für den Crew Dragon, eine bemannte Raumkapsel für die Besatzungstransporte zur ISS. Damit ist die Falcon 9 eine von nur zwei US-Raketen welche die extrem strengen Anforderungen der NASA für „man-rating" erfüllt.

Den Antrieb in der ersten Stufe übernehmen neun Triebwerke des Typs Merlin 1D+. Acht dieser Triebwerke sind ringförmig um die neunte Einheit in der so genann-

Beim Flug Nr. 29 brachte eine Falcon 9 zehn Satelliten für die Iridium-Konstellation in den Orbit. Die Landung des Boosters 1029 erfolgte auf einem Bergungsschiff im Pazifik.

Startvorbereitung in Cape Canaveral für die SpX-DM1 Mission, einem unbemannten Testflug für den Crew Dragon, der am 2. März 2019 startete.

ten „Octaweb"-Anordnung platziert. Der Antriebsblock ist so ausgelegt, dass er den Ausfall eines Triebwerks in der Startphase kompensieren kann, ohne dass die Mission dadurch gefährdet ist. Wichtige Komponenten aller neun Triebwerke sind mit einem Kevlar-Schild geschützt, so dass auch ein katastrophaler Triebwerksschaden (Explosion des Triebwerkes) nicht automatisch den Verlust der Mission bedeutet. Der Schub der Merlin-Triebwerke kann um bis zu 50 Prozent geregelt werden. Während einer Landung sind beim so genannten „Entry-Burn" nur noch drei der neun Triebwerke aktiv. Beim so genannten „Landing Burn" in der Regel nur noch ein einzelnes.

Auch die zweite Stufe der Falcon 9 wird von einem einzelnen Merlin 1D-Triebwerk angetrieben, das die Bezeichnung MVac trägt (für Merlin Vacuum). Die wesentliche Veränderung zur Erststufenvariante des Motors ist die erheblich größere Düsenverlängerung, die es für den Vakuum-Betrieb optimiert. Im Prinzip ist die zweite Stufe der Falcon 9 nichts anderes als eine verkürzte Version der Erststufe. Damit können für ihren Bau dieselben Werkzeuge, Materialien und Fertigungsverfahren angewendet werden.

Die Falcon 9 ist mit einer zweiteiligen Standard-Nutzlastverkleidung aus Kohlefaser-Verbundwerkstoffen von 13,22 Metern Länge und 5,27 Metern Durchmesser ausgestattet, die etwa 1,6 Tonnen wiegt. Diese Halbschalen können nach dem Einsatz geborgen werden, und sind dafür mit einem Kaltgas-Lageregelungssystem und Flächenfallschirmen, so genannten Parafoils, ausgerüstet.

Bei den Versorgungsflügen zur ISS und den Mannschaftstransporten mit dem Crew Dragon wird keine Nutzlastverkleidung benutzt, denn diese Transportkapseln sind aerodynamisch so geformt, dass das nicht notwendig ist.

Starts der Falcon 9 finden entweder an den Startanlagen 39A und 40 in Cape Canaveral statt, oder am Startkomplex 4 West auf der Luftwaffenbasis Vandenberg. Landungen des Boosters erfolgen entweder in den Landing-Zones 1 und 2 in Cape Canaveral, in der Landing-Zone 4 in Vandenberg, oder aber – bei Einsätzen mit höherem Energiebedarf – auf den so genannten „Drone-Ships" mit den Namen *Just Read the Instructions*, *Of course I still love you* und *Shortfall of Gravitas*.

Die Falcon 9 erlebte in ihrer Einsatzgeschichte einen Fehlschlag während eines Fluges (am 28. Juni 2015 mit CRS-7 an Bord) und einen Unfall bei den Vorbereitungen für ein statisches Brennmanöver einige Tage vor dem Start von Amos 6, als die Rakete mit dem Satelliten an Bord auf der Rampe explodierte.

Vorbereitung für die Crew-1 Mission, die am 16. November 2020 auf die Reise ins All ging.

Rückkehr des Boosters 1023 nach Port Canaveral nach dem Start von Thaicom 8 am 27. Mai 2016.

Der Startvorgang einer Falcon 9 unterscheidet sich wesentlich vom Start einer herkömmlichen Rakete. Der Schlusscountdown einer Falcon 9 Block 5 Rakete beginnt 38 Minuten vor dem Liftoff. Zu diesem Zeitpunkt führt der Startdirektor bei den Subsystem-Verantwortlichen eine „go/no go"-Abfrage über den Zustand des Trägers durch. Fällt sie positiv aus, gibt er das Kommando zur Betankung. Drei Minuten später beginnt die Betankung mit gekühltem Kerosin (–6 Grad). Die Betankung mit dem stark gekühlten flüssigen Sauerstoff (–206 Grad) beginnt erst 16 Minuten vor dem Liftoff. Beide Zeitpunkte liegen damit wesentlich später als bei herkömmlichen Trägern, wo die Betankung zum Teil schon mehrere Stunden oder Tage vor dem Start beginnt. Bei SpaceX wird es deshalb so spät vorgenommen, um eine Erwärmung der superkalten Treibstoffe so weit wie möglich zu verhindern. Sie sind deshalb so stark gekühlt, um mehr davon in den Tanks unterzubringen.

Eine Minute vor der Zündung der Triebwerke ist der Startdruck in den Tanks erreicht, bei 45 Sekunden fällt der Startdirektor die Startentscheidung. Drei Sekunden vor dem Abheben zünden die neun Merlin-Triebwerke. Der Bordcomputer überwacht den Schubaufbau und gibt schließlich den Freigabebefehl an die Halteklammern. Dann beginnt der Flug.

Etwa 73 Sekunden nach dem Abheben ist die Zone der maximalen aerodynamischen Belastung erreicht. Brennschluss der ersten Stufe ist etwa 150 – 170 Sekunden nach dem Liftoff. Dann trennen sich erste und zweite Stufe und die zweite Stufe beginnt mit einem ersten Brennmanöver. Etwa drei Minuten und 30 Sekunden nach dem Liftoff wird die zweiteilige Nutzlastverkleidung abgeworfen. Beide Hälften werden mit einem Kaltgas-Lageregelungssystem gesteuert, und unternehmen einen geregelten Wiedereintritt in die Erdatmosphäre. Sobald sie eine kritische Geschwindigkeit unterschritten haben, wird ein Flächen-

Typ	Falcon 9 Block 5	Falcon Heavy
Erstflug	11. Mai 2018	6. Februar 2018
Länge über Nutzlast-verkleidung	70,10 Meter	70,10 Meter
Durchmesser an der Basis	3,70 Meter	12,20 Meter
Startmasse	549 Tonnen	1421 Tonnen
Nutzlast LEO/GTO Verlustmodus	22.800/8300 Kilogramm	63.800/26.700 Kilogramm
Nutzlast LEO/GTO bei Rückführung	16.800/-/5800/- Kilogramm	30.000/13.000 Kilogramm
Startschub	7600 Kilonewton	22.800 Kilonewton
	1. Stufe	1. Stufe/Booster
Triebwerke	9 × Merlin 1D+	27 × Merlin 1D+
Schub Meereshöhe	9 × 845 Kilonewton	27 × 845 Kilonewton
Brenndauer	150 – 170 Sekunden	150 – 190 Sekunden
Treibstoff/Oxidator	Kerosin/LOX	Kerosin/LOX
Masse leer	22.200 Kilogramm	80.280 Kilogramm
Startmasse	433 Tonnen	1309 Tonnen
Länge	42,60 Meter	3 × 42,60 Meter
Durchmesser	3,70 Meter	3 × 3,70 Meter
	2. Stufe	2. Stufe
Triebwerk	1 × MVac	1 × MVac
Schub	934 Kilonewton	934 Kilonewton
Brenndauer	397 Sekunden	397 Sekunden
Treibstoff/Oxidator	Kerosin/LOX	Kerosin/LOX
Leermasse	4000 Kilogramm	3130 Kilogramm
Startmasse	111.500 Kilogramm	111.900 Kilogramm
Länge	12,60 Meter	15,50 Meter
Durchmesser	3,70 Meter	3,70 Meter

fallschirm ausgeworfen, der die Fairing in Richtung eines Bergungsschiffs steuert. Danach erfolgt eine weiche Landung auf dem Wasser und das Schiff nimmt die Fairing von dort auf. Die Bergung der Nutzlastverkleidungen erfolgt typischerweise etwa 45 Minuten nach dem Liftoff.

Der Booster führt für seine Rückkehr zwei oder drei Brennmanöver durch. Bei Landungen am Startort sind es drei: „Retro-Burn", „Entry-Burn" und „Landing-Burn". Ist eine Rückkehr zum Startplatz nicht möglich, dann fliegt die Rakete auf ihrer parabelförmigen Bahn im freien Fall – aber präzise in der Raumlage geregelt – weiter, bis nach etwa sechs Minuten und 40 Sekunden der so genannte „Entry-burn" durchgeführt wird. Damit wird die Geschwindigkeit soweit gesenkt, dass die Rakete einen Wiedereintritt in die Atmosphäre überleben kann. Nach dem „Entry-Burn" erfolgt eine weitere Freifallphase bis etwa 30 Sekunden vor der geplanten Landung. Dann ist die „Terminal velocity" erreicht, die Geschwindigkeit, bei der aufgrund der Luftreibung keine weitere aerodynamische Abbremsung mehr möglich ist. Das sind bei der Falcon 9 etwa 600 Kilometer pro Stunde. Die Landung auf dem Drone-Ship erfolgt dann bei etwa acht Minuten und 30 Sekunden nach dem Liftoff.

Zum Zeitpunkt des Redaktionsschlusses für dieses Buch hatten alle Falcon 9-Versionen insgesamt 102 Landeversuche unternommen, von denen 89 erfolgreich waren. Zählt man nur die Falcon 9 Block 5, dann waren es 72 Versuche mit 66 Erfolgen.

Die Oberstufe hat bei etwa acht Minuten und 50 Sekunden einen ersten Brennschluss. Danach folgt eine Freiflugphase, deren Dauer von der Höhe des angestrebten Apogäums abhängt. Dort wird dann mit einem zweiten

Start einer Falcon Heavy mit dem Kommunikationssatelliten Arabsat 6A am 11. April 2019.

sehr kurzen Brennmanöver die Bahn zirkularisiert. Etwa 15 Minuten später wird dann die Nutzlast von der zweiten Stufe abgesetzt.

Die Falcon Heavy ist eine Schwerlastrakete, die aus der Falcon 9 Block 5 abgeleitet ist. Sie besteht aus drei Erststufen, von denen eine als Zentralstufe dient und die beiden anderen als Booster. Damit ähnelt sie konzeptionell der Delta 4 Heavy. Nur die Zentralstufe ist wesentlich modifiziert, denn hier wurden strukturelle Verstärkungen notwendig. Die seitlich angebrachten Booster-Stufen können dagegen ohne größeren Aufwand auch im Einzelbetrieb Falcon 9-Missionen fliegen.

Der Erstflug der Heavy fand am 6. Februar 2018 statt und erregte nicht nur deswegen Aufsehen, weil es sich um die zu diesem Zeitpunkt weltweit schwerste Trägerrakete handelte, sondern auch wegen der Nutzlast, die aus

Landung des Boosters 1021 nach dem Start der CRS-8 Mission am 8. April 2016.

Elon Musks rotem Tesla-Roadster bestand. Die wurde bei dieser Testmission auf eine heliozentrische Bahn gesendet, deren Aphelion über die Bahn des Planeten Mars hinausgeht. Bei diesem Flug gelang die Rückführung der beiden Booster-Stufen an den Landing-Zones 1 und 2, die Rückführung der Zentralstufe misslang allerdings, weil

Landung der beiden Boosterstufen (1052 und 1053) des Arabsat 6A-Starts in den Landing Zones 1 und 2 in Cape Canaveral.

dem Booster die Zünderflüssigkeit (Triethylaluminium) für die Landetriebwerke ausgegangen war.

Zum Zeitpunkt des Redaktionsschlusses für dieses Buch (Juli 2021) hatten alle Raketen der Falcon 9-Familie 126 Starts durchgeführt, von denen 124 erfolgreich verliefen.

Vielleicht der beste PR-Gag aller Zeiten: Bei der Demonstrationsmission der Falcon Heavy brachte SpaceX den roten Tesla-Roadster von Elon Musk auf eine Transferbahn zum Mars.

Die erste wiederverwendbare klassische Orbitalrakete

Die Space Shuttles der NASA waren das erste teilweise wiederverwendbare Raumtransportsystem der Welt. Der Orbiter und die Feststofftreibsätze konnten nach einem Start für weitere Missionen eingesetzt werden. Nur der große Außentank musste nach jedem Flug ersetzt werden. Den Rekord an Wiederverwendung hielt dabei der Shuttle Discovery, der insgesamt 39-mal zum Einsatz kam.

Doch trotz – oder vielleicht sogar wegen – der Wiederverwendbarkeit blieb das Shuttle-System komplex und immens teuer im Betrieb. Die Wiederverwendbarkeit einer Rakete unter wirtschaftlichen Bedingungen schien daher mit den Erfahrungen des Shuttles vom Tisch zu sein. Sie galten seither in der etablierten Raumfahrtindustrie als technisch zwar möglicherweise machbar, aber wirtschaftlich als unsinnig. Überall in der Welt wurden weiterhin „expendables" gebaut, Raketen also, die nur für den einmaligen Gebrauch bestimmt sind.

Nur einer wollte das nicht akzeptieren: Elon Musk. Er begann an einem wesentlich simpleren Konzept zu arbeiten. Kein flugzeugähnliches Raumschiff mehr, sondern eine Trägerrakete von klassischem Design. Eine Rakete, die senkrecht startet und senkrecht wieder landet. Im Prinzip so, wie man es aus den schlechten Science-Fiction B-Movies der fünfziger Jahre kannte. Das Ergebnis war äußerlich zwar simpel, aber in technischen Details deutlich fortschrittlicher als der Shuttle. Dies zu einem funktionierenden System zu entwickeln brauchte aber seine Zeit und viel Hartnäckigkeit. Bevor die Landungen der Rakete gelangen, mussten die Entwickler erst einmal eine lange Reihe von Fehlschlägen akzeptieren. SpaceX näherte sich der Lösung des Problems durch Versuch und Irrtum. Probieren, scheitern, modifizieren, erneut scheitern, erneut modifizieren und das so lange, bis sich irgendwann der Erfolg einstellte. Ein Verfahren, das im risikoscheuen Europa so niemals funktioniert hätte.

Zunächst versuchte SpaceX die Bergung der Erststufe mittels eines Fallschirms. Das wurde nach zwei Fehlversuchen im Jahre 2010 aber wieder aufgegeben. Bei der immensen Größe der Erststufe zeigte sich das Verfahren schnell als impraktikabel, und so ging man zum triebwerksgestützten Abstieg über.

Ab dem September 2013 begann man mit Landeversuchen im Ozean, zunächst noch ohne ein Bergungsschiff, nur um das Verfahren zu erproben. Bei den ersten Tests war die Falcon 9 sogar noch nicht einmal mit Landebeinen ausgerüstet. Ein erster Versuch mit Landebeinen fand bei der neunten Falcon 9-Mission statt. Von drei Versuchen, die Rakete heil bis zur Wasseroberfläche herunter zu bringen scheiterte nur einer. Dieses Resultat war vielversprechend genug, um danach am 15. Januar 2015 bei

Bei der Mission ORBCOMM-2, am 22. Dezember 2015 gelingt erstmals die Landung einer Falcon 9-Erststufe (Booster 1019).

Start des Kommunikationssatelliten SES 10 am 30. März 2017. Erstmals wird hier eine bereits einmal geflogene Falcon 9-Erststufe verwendet.

der 14. Mission einer Falcon 9 einen Landeversuch auf einem unbemannten Bergungsschiff zu unternehmen. Der misslang allerdings spektakulär.

Nach einer weiteren kontrollierten Landung auf dem Wasser und einer erneut gescheiterten Landung auf dem Bergungsschiff gelang SpaceX am 22. Dezember 2015 bei der 20. Falcon 9-Mission erstmals eine Landung. Nicht auf einem Schiff, sondern in der Landing Zone 1 in Cape Canaveral, einer speziell für die Landungen von Falcon 9-Boostern präparierten Plattform. Nach zwei weiteren Fehlversuchen gelang bei der Mission Nr. 23 am 8. April 2016 erstmals auch eine Landung auf einem Bergungsschiff.

Die erste Wiederverwendung einer gelandeten Falcon 9-Erststufe, eben jener, die am 8. April 2016 die erste erfolgreiche Landung auf einem Schiff durchgeführt hatte, erfolgte am 30. März 2017 mit dem Start des Kommunikationssatelliten SES-10. Auch die zweite Landung dieser Stufe verlief erfolgreich. Bei der gleichen Mission wurde auch erstmals eine Nutzlastverkleidung unbeschädigt geborgen.

Zum Zeitpunkt, an dem diese Zeilen entstehen (Anfang Juli 2021), hat der meistgeflogene Booster (B1051) bereits zehn Missionen absolviert, gefolgt von B1049 mit bislang neun Einsätzen. Die durchschnittliche Überholzeit zwischen zwei Flügen eines Boosters betrug zunächst noch über ein Jahr. Derzeit liegt sie bei durchschnittlich etwa 50 Tagen. Den Rekord hält gegenwärtig der Booster B1060 mit 27 Tagen zwischen zwei Flügen. Und da ist noch ein fünftägiger Transport der Stufe vom 630 Kilometer von Cape Canaveral entfernten Landegebiet zurück zum Wartungshangar von SpaceX mit eingerechnet. Das Konzept der Wiederverwendbarkeit hat sich durchgesetzt. Weltweit streben inzwischen immer mehr Hersteller von Trägerraketen danach. Aber zum Redaktionsschluss dieses Buches hat es außer SpaceX noch niemand geschafft.

Die zweite Landung des Boosters 1021, mit dem Minuten zuvor erstmals eine bereits zuvor verwendete Trägerraketen-Erststufe einen Satelliten in den Weltraum transportierte.

11. Oktober 2018

Die Rettung der Sojus MS-10

Auch die zuverlässigsten Trägerraketen der Welt erreichen bis auf den heutigen Tag nicht mehr als eine Startsicherheit von etwa 98 bis 99 Prozent. Das bedeutet nichts anderes, als dass im Schnitt von 100 Flügen ein bis zwei scheitern. Aus diesem Grund sind bemannte Systeme mit Startrettungssystemen ausgerüstet, um die Crew im Notfall in Sicherheit zu bringen. Beim Shuttle glaubte man darauf verzichten zu können, denn dieses Fluggerät sollte sicherer sein als jede herkömmliche Rakete zuvor. Doch da hatte man sich getäuscht. Am Ende des Programmes waren von 135 Missionen zwei gescheitert und 14 Astronauten tot. Somit verfügte auch dieses Raumtransportsystem über keine höhere Zuverlässigkeitsquote als 98,5 Prozent.

Auch der Shuttle hätte also ein Crew-Rettungssystem benötigt, wie man schmerzhaft erfahren musste.

Im Gegensatz dazu verfügt das russische Raumtransportsystem Sojus über eine solche Einrichtung. Sojus ist immer noch das weltweit am häufigsten eingesetzte bemannte Raumtransportsystem. Aber auch seine Sicherheit liegt bei nicht mehr als etwa 98 Prozent. Bei 146 bemannten Missionen scheiterte es dreimal. Doch im Ge-

Auf dieser grafischen Darstellung ist der Fehler zu erkennen, der zum Flugabbruch führte. Die Trennvorrichtung eines der vier Booster arbeitete wegen eines Montagefehlers nicht korrekt.

Die Fluchttriebwerke der Nutzlastverkleidung bringen die Crew von Sojus MS-10 in Sicherheit (siehe auch Grafik auf Seite 305).

gensatz zum Shuttle überlebten die Kosmonauten (und ein Astronaut) nicht nur ihr Missgeschick, sondern konnten zum überwiegenden Teil jeweils schon bald danach zu weiteren Missionen starten.

Erstmals gab es im April 1975 eine derartige Situation als bei der 17. Mission einer Sojus beim Start von Sojus 18 die Trennung zwischen zweiter und dritter Stufe misslang. Die Kosmonauten Wassili Lazarew und Oleg Makarow mussten sich deswegen vorzeitig von der Trägerrakete trennen und führten 1500 Kilometer vom Startort entfernt im Altai-Gebirge eine Notlandung durch. Lazarew wurde damals erheblich verletzt und flog danach nie wieder. Makarow dagegen unternahm später noch zwei weitere Sojus-Flüge.

Die Rückkehrkabine landete
400 Kilometer von der Startstelle entfernt.

Am 26. September 1983, beim 48. bemannten Flug einer Sojus stand Sojus T-10 auf der Startrampe. An Bord Kommandant Wladimir Titow und Flugingenieur Gennadi Strekalow. Etwa 90 Sekunden vor dem geplanten Starttermin lief Treibstoff an der Basis der Rakete aus und entzündete sich. Das Feuer wuchs schnell, und nach kurzem war die Basis der Rakete in Flammen gehüllt. Die Crew konnte das Rettungssystem vor dem erfolgten Start nicht selbst aktivieren, und so musste es die Missionskontrolle per Funk aktivieren.

Explosivbolzen trennten das Landemodul von der Antriebseinheit der Sojus und die obere Hälfte der Nutzlastverkleidung vom unteren Teil. Dann feuerte der Fluchtmotor und riss das Orbital- und Landemodul zusammen mit der oberen Hälfte der Nutzlastverkleidung von der Trägerrakete weg. Fünf Sekunden später war dieses Notfalltriebwerk ausgebrannt. Die beiden Einheiten trennten sich, das Landesegment warf den Hitzeschild ab und fast gleichzeitig entfaltete sich der Reservefallschirm der Sojus (der in diesem Notfall eingesetzt wird, weil er sich schneller öffnet). Die Landung erfolgte vier Kilometer von der Startrampe entfernt. Titow und Strekalow zogen sich einige Prellungen und Blutergüsse zu. Beide flogen später noch eine ganze Reihe weiterer Missionen, Titow sogar zweimal mit dem Shuttle.

Am 11. Oktober 2018, beim 139. bemannten Flug einer Sojus, startete Sojus MS-10 mit dem Kosmonauten Alexej Owtschinin und dem NASA-Astronauten Nick Hague zur Internationalen Raumstation. Zwei Minuten nach dem Verlassen der Startrampe kam es zu einem Flugabbruch, als bei einer fehlerhaften Trennung einer der Booster die Zentralstufe der Trägerrakete beschädigte. NASA-Administrator Jim Bridenstine war seinerzeit vor Ort Zeuge der dramatischen Vorgänge.

Das Notfallsystem der Sojus arbeitete perfekt, und brachte die Kapsel von der Rakete weg. Danach erfolgte eine ballistische Rückkehr, die das Raumschiff zunächst noch auf eine Höhe von 94 Kilometern trug, bevor der Abstieg zum Boden begann. Nach dem Abtrennen des kugelförmigen Wohnmoduls verlief die Landung normal. Die erfolgte schließlich, 19 Minuten und 41 Sekunden nach dem Verlassen der Startrampe, 32 Kilometer südöstlich der Stadt Dscheskasgan und etwa 400 Kilometer von der Startstelle entfernt. Dort mussten Owtschinin und Hague etwa 30 Minuten auf die Rettungskräfte warten. Bis dahin hatten sich die beiden schon selbst aus der Kapsel befreit. Sie hatten die extrem gefährliche Situation vollkommen unbeschadet überstanden und starteten sechs Monate später erneut mit Sojus MS-12.

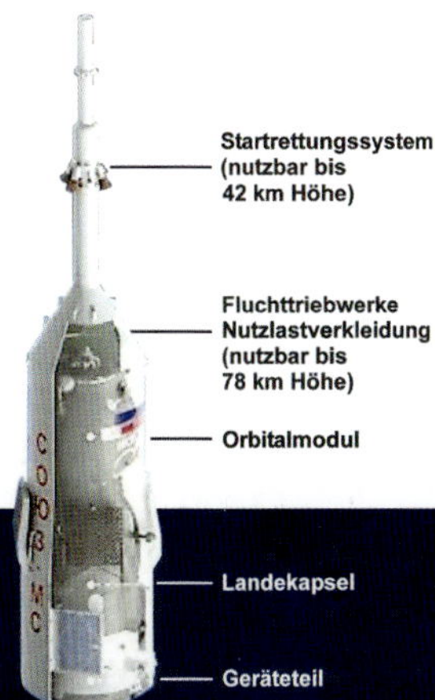

Grafische Darstellung des Rettungsvorganges.

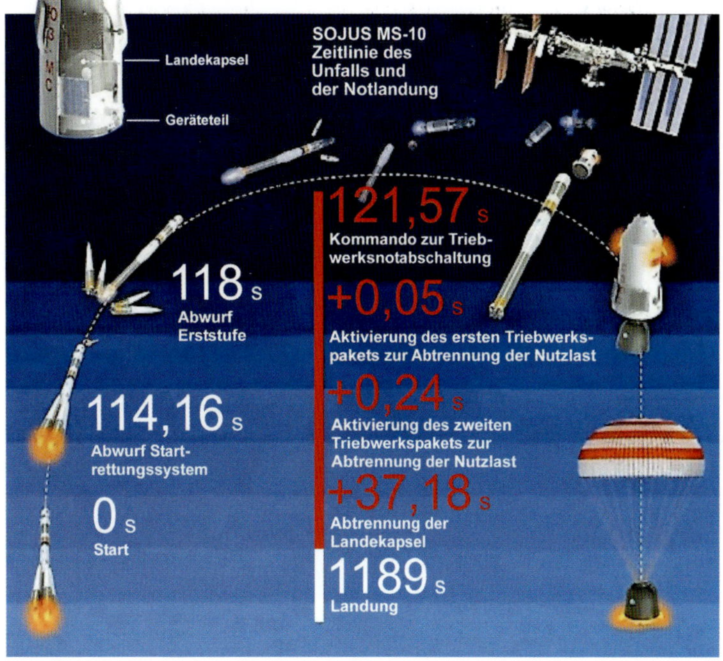

30. Mai 2020

Erster bemannter Flug des Crew Dragon

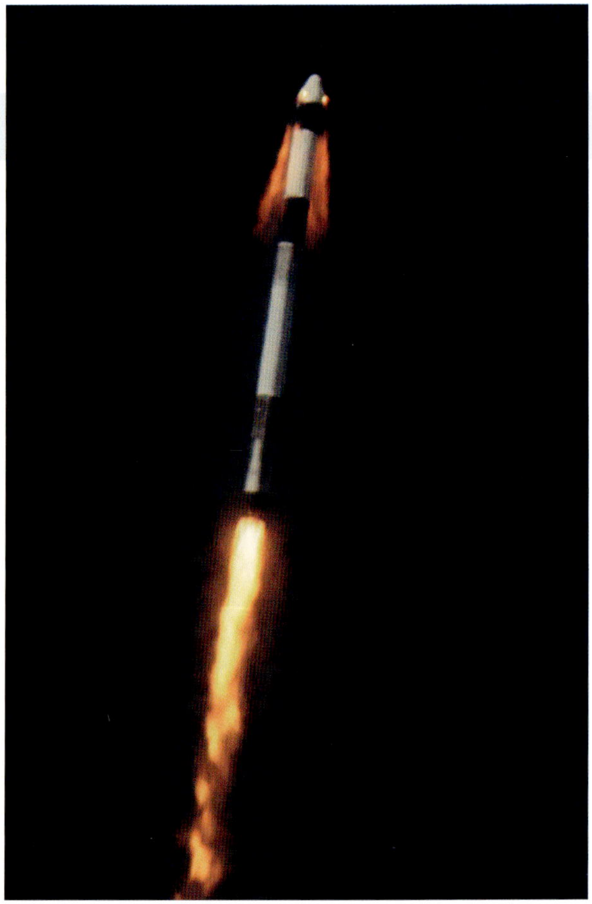

Überaus spektakulär war der SpaceX Inflight Abort-Test am 19. Januar 2020. Dabei wurde eine Anomalie in der Flugphase der maximalen dynamischen Belastung simuliert, bei der das Rettungssystem die Kapsel vor einer versagenden Trägerrakete in Sicherheit bringen muss.

Im Jahre 2010, ein Jahr vor dem Ende des Shuttle-Programms, rief die NASA das Commercial Crew Development Program (CCDev) ins Leben. Ziel des Programmes war es, den USA in der Nach-Shuttle-Ära einen unabhängigen bemannten Zugang zum erdnahen Weltraum zu geben. Dabei sollten erstmals Privatunternehmen die Entwicklung und den Bau bemannter Raumfahrzeuge durchführen. Das Programm lief in mehreren Förderungsrunden ab, wobei erhebliche Eigenanteile der beteiligten Unternehmen erwartet wurden.

Nach dem letzten Flug des Shuttle im Juli 2011 bestand für die USA keine Möglichkeit mehr, die Internationale Raumstation mit eigenen Mitteln zu erreichen. Nachdem auch kein anderes Land mit Ausnahme Russlands dazu in der Lage war, mussten alle Besatzungstransfers von nun an mit russischen Sojus-Raumschiffen durchgeführt werden. Ein Monopol, das sich Russland fürstlich bezahlen ließ. Von anfänglich 20 Millionen Dollar pro Sitz in der Sojus stiegen die Preise bis 2020 auf 90 Millionen Dollar.

Trägerrakete und Raumkapsel werden am Kennedy Space Center für den Start vorbereitet.

In der ersten Phase des CCDev-Programmes wurden noch im Jahr 2010 von der NASA insgesamt sechs Unternehmen ausgewählt, um Studien für eine Raumschiff-Neuentwicklung durchzuführen. Das meiste Geld in dieser Phase erhielt die Sierra Nevada Corporation mit 20 Millionen US-Dollar für die Entwicklung des Dream Chaser. SpaceX hatte sich auch beworben, ging aber leer aus und erhielt keine Mittel.

Die zweite Phase im Jahr 2011 enthielt nur noch drei Unternehmen aus der ersten Runde, um die Entwicklungen fortzuführen. Zusätzlich war aber jetzt auch noch SpaceX dazugekommen, das die Phase 1 ausschließlich mit eigenen Mitteln durchgeführt hatte. Das meiste Geld in Phase 2, die bereits eine Detailentwicklung der jeweiligen Konzepte vorsah, erhielt Boeing mit 92,3 Millionen Euro.

In der dritten Runde, die ab August 2012 begann, und die den Einstieg in die volle Systementwicklung vorsah, waren nur noch drei Unternehmen im Wettbewerb. Boeing, Sierra Nevada und SpaceX. Boeing erhielt erneut die größte Summe mit insgesamt 490 Millionen Dollar.

Im September 2014 wurden dann die Aufträge für den Bau der ersten Flugeinheiten und die Durchführung einer Reihe von Testmeilensteinen vergeben. Diese Testmeilensteine beinhalteten unter anderem den Funktionsnachweis für ein Startrettungssystem und zwei Orbitalflüge zur ISS. Einer davon unbemannt und einer bemannt. Als vorläufiger Zieltermin für die Erfüllung all dieser Meilensteine wurde das Jahr 2017 vorgesehen. Boeing erhielt 4,2 Milliarden Dollar für die Entwicklung des Starliner, SpaceX

Dieses malerische Bild der Falcon 9 mit der Crew Dragon-Kapsel an ihrer Spitze entstand drei Tage vor dem Start.

Die Zeiten ändern sich. Die Fahrt zur Startanlage findet heute nicht mehr im klobigen Crew-Bus der NASA statt, sondern in einem Tesla.

2,6 Milliarden Dollar für die Entwicklung des damals so genannten Dragon 2.

Bei diesem handelt es sich um eine Weiterentwicklung des Dragon-Raumschiffes, das SpaceX für unbemannte Versorgungsflüge zur Internationalen Raumstation verwendete und zwischen dem 8. Dezember 2010 und dem 7. März 2020 insgesamt 22-mal zum Einsatz kam.

Der Dragon 2 seinerseits begründet eine kleine Familie von zwei Fahrzeugen: dem Crew Dragon für die bemannten Einsätze und dem Cargo Dragon als Nachfolger des ursprünglichen Dragon-Raumschiffs. Doch bleiben wir zunächst beim CCDev-Programm.

Die Tests des Startrettungssystems fanden bei SpaceX im Jahre 2015 (Pad Abort Test) und im Januar 2020 statt (Inflight Abort Test). Boeing verzichtete auf den Inflight-Abort Test, und führte im November 2019 nur einen Pad Abort-Versuch durch. Der gelang allerdings nicht vollständig. Von drei Fallschirmen entfalteten sich wegen eines Packfehlers nur zwei. Pad Abort Tests simulieren einen Startabbruch, bei dem das Raumfahrzeug noch auf der Startrampe steht. Also ein Abbruch bei Höhe und Geschwindigkeit Null.

Ein „Inflight Abort Test" simuliert eine Rettungsaktion aus einer schwierigen Flugphase. SpaceX entschied sich dafür, diesen Test im Bereich der maximalen dynamischen Belastung durchzuführen. Das ist die Zone, in welcher bei einer Startmission der größtmögliche aerodynamische

Die Crew wartet in der Kabine auf den Start. Vorne Doug Hurley, hinten Bob Behnken.

Start zur Demo-Mission 2 am 30. Mai 2020 mit Doug Hurley und Bob Behnken an Bord. Ihre Raumkapsel benannten die beiden „Endeavour", nach dem Shuttle, in dem beide ihre ersten Missionen geflogen hatten.

Staudruck auf dem Raumfahrzeug liegt. Das ist typischerweise in einer Flughöhe zwischen zwölf und 16 Kilometern und einer Geschwindigkeit von Mach 1,5 der Fall.

Noch vor diesem „Inflight Abort Test" führte SpaceX ab dem 2. März 2019 den vertraglich zugesicherten unbemannten Testflug zur ISS durch. Der als SpX-DM1 (steht für: SpaceX Demonstration Mission 1) bezeichnete Flug dauerte sechs Tage, von denen der Crew Dragon fünf angedockt an der Raumstation verbrachte. Die Mission verlief vollständig erfolgreich.

Der äußerst spektakuläre „Inflight Abort Test" fand erst am 20. Januar 2020 statt und verlief ebenfalls perfekt.

Neun Monate später, am 20. Dezember 2020 erfolgte der entsprechende Testflug von Boeing der als Boe-OFT (Boeing Orbital Flight Test) bezeichnet wurde. Bereits wenige Minuten nach dem Start geriet das Raumfahrzeug wegen Softwareproblemen in Schwierigkeiten. Diese verhinderten einen Anflug an die ISS und führten zu einer deutlichen Verkürzung der Mission. Statt der geplanten

	Starliner	Crew Dragon
Hersteller	Boeing	SpaceX
Besatzung	3 – 7	2 – 7
Trägerrakete	Atlas 5 N22	Falcon 9
Einsätze unbemannt/bemannt	1/0	1/2
Masse	13.000 Kilogramm	13.000 Kilogramm
Höhe	5,03 Meter	8,7 Meter
Durchmesser	4,56 Meter	4,00 Meter
Volumen Crew-Kapsel	11 Kubikmeter	9,3 Kubikmeter
Triebwerke Crew Rettungssystem	4 × 178 Kilonewton	8 × 71 Kilonewton
Bahnanpassungstriebwerke	20 × 6,22 Kilonewton	10 × 400 Newton
Lageregelungstriebwerke	28 × 38 Newton	siehe oben
Betriebsdauer im Freiflug	3 Tage	10 Tage
Betriebsdauer an der ISS	210 Tage	210 Tage
Pad Abort Test	4. November 2019	6. Mai 2015
In Flight Abort Test	–	20. Januar 2020
Demo Mission 1	20. – 22.Dezember 2020	2. – 8. März 2019
Demo Mission 2	offen	30.5. – 2.8.2020
Erster Einsatzflug	offen	15.11.2020 – 29.4.2021

Nach seinem Einsatz kommt Booster 1058 wieder nach Port Canaveral zurück.

acht Tage waren es nun nur mehr zwei. Am Ende hätte ein weiteres Softwareproblem sogar noch beinahe den Verlust des Raumfahrzeuges bedeutet, wenn der Fehler nicht noch kurz vor dem De-Orbit-Brennmanöver bemerkt und abgestellt hätte werden können. Diese unbemannte Testmission musste daraufhin wiederholt werden. Der Termin für diesen Flug stand wegen erneuter technischer Probleme Anfang August 2021 immer noch nicht fest. Ebenso das Datum für den ersten bemannten Einsatz des Starliners.

Die Verzögerungen beim Starliner machten den Crew Dragon zunächst zur alleinigen Möglichkeit für die USA, von eigenem Boden aus mit einem eigenen Raumfahrzeug die Internationale Raumstation zu erreichen.

Die Mission SpaceX Demo-2 wurde zu einem Flug für die Geschichtsbücher. Am Samstag den 30. Mai 2020 wurden Douglas Hurley und Robert Behnken zu den ersten US-Astronauten, die nach dem Ende der Shuttle-Ära wieder von amerikanischem Boden aus in den Orbit flogen. Alle Besatzungsmitglieder der Internationalen Raumstation, inklusive aller Europäer, Japaner, Kandadier und Amerikaner, waren seit dem 8. Juli 2011 stets mit russischen Sojus-Raumfahrzeugen in den Orbit befördert worden. Demo-2 war gleichzeitig der erste bemannte Flug für SpaceX beim damals insgesamt 85. Start einer Falcon 9.

Die Mission begann um 21:23 Uhr Mitteleuropäischer Zeit an der historischen Startanlage 39A des Kennedy Raumfahrtzentrums. Zwei Minuten und 33 Sekunden nach dem Liftoff erfolgte die Trennung der ersten Stufe von der zweiten Antriebseinheit. Wenige Sekunden später zündete die zweite Stufe. Die wiederum war danach für sechs Minuten und drei Sekunden in Betrieb. Acht Minuten und 47 Sekunden nach dem Verlassen der Startrampe hatte die Crew einen Orbit mit einem Perigäum von 190 Kilometern und einem Apogäum von 205 Kilometern erreicht. Weitere gut drei Minuten später trennte sich das Raumfahrzeug von der zweiten Stufe. Die erste Stufe landete neun Minuten und 31 Sekunden nach dem Liftoff sicher auf dem Bergungsschiff *Of course I still love you.*

Die beiden Astronauten an Bord waren keine Weltraum-Neulinge. Bob Behnken unternahm seinen ersten Raumflug im März und April 2008 als Missionsspezialist an Bord des Shuttles Endeavour beim Flug STS-123. Da-

Die Landung der „Endeavour“ am 2. August 2020 nach einer erfolgreichen Mission im Golf von Mexico.

Diese Besatzung führte den ersten regulären Einsatzflug des Crew Dragon durch. Von links: Shannon Walker, Victor Glover, Michael Hopkins und Soichi Noguchi.

bei verbrachte er knapp 16 Tage im Weltraum. Bei dieser Mission führte Behnken drei Außenbordmanöver durch. Behnken kehrte im Februar 2010 bei der Mission STS-130 ebenfalls an Bord der Endeavour in den Orbit zurück. Bei diesem 14-tägigen Einsatz führte er erneut drei Außenbordmanöver durch.

Douglas Hurley flog zweimal als Pilot des Shuttles in den Orbit. Einmal bei der Mission STS-127 mit der Raumfähre Endeavour im Juli 2009 bei einer knapp 16-tägigen Mission und als Pilot des Fluges STS-135 mit der Atlantis, der letzten Mission des Shuttle-Programms, im Juli 2011.

2018 wurden sie von der NASA als die beiden Piloten bestimmt, die den Testflug mit der bemannten Raumkapsel von SpaceX durchführen sollten. Somit führte Doug Hurley nicht nur den letzten Flug vor der neunjährigen Unterbrechung des bemannten US-Raumflugbetriebes von US-Boden aus, sondern auch den ersten Einsatz danach. Beide waren nach ihrem erfolgreichen Start für fast zwei Monate als Mitglieder der Expeditionscrew 63 an Bord der Internationalen Raumstation. Dabei führte Behnken vier Außenbordeinsätze durch.

Die Landung erfolgte 63 Tage später, am 2. August 2020. Erstmals in der Geschichte der bemannten Raumfahrt im Golf von Mexico.

Nach diesem abschließenden Test des Systems war der Weg frei, mit den Einsatzflügen zu beginnen. Die erste Mission dieser Art, der Flug SpaceX Crew 1, erfolgte am 15. November 2020. Die Besatzung bestand aus den NASA-Astronauten Michael Hopkins, Victor Glover, Shannon Walker und dem JAXA-Astronauten Soichi Noguchi. Wegen der noch nicht erreichten Einsatzbereitschaft des Boeing-Raumfahrzeuges werden aus der Sicht vom Juli 2021 mindestens die ersten vier Einsatzflüge mit dem Crew Dragon von SpaceX durchgeführt werden müssen. Ursprünglich vorgesehen waren abwechselnde Flüge des Starliners und des Crew Dragon.

Der aus dem Crew Dragon abgeleitete Cargo Dragon startete am 6. Dezember 2020 zu einer ersten 38 Tage dauernden Mission, die überaus erfolgreich verlief.

Der Crew Dragon hat sich zum Zeitpunkt an dem diese Zeilen entstehen auch schon für den rein kommerziellen Betrieb zu einem Erfolgsmodell entwickelt. Drei „Touristenflüge" mit diesem Raumfahrzeug sind gegenwärtig (Juli 2021) in Planung.

23. November 2020

Chinas lunare Ambitionen

Das Missionslogo der Chang'e 5 Mission.

Zum Zeitpunkt an dem diese Zeilen entstehen (Juli 2021) ist China unbestritten die Nummer 1 am und auf dem Mond. Kaum bekannt ist, dass das Land im Mai 2018 eine Datenrelaysonde am Lagrange-Punkt 2 des Erde-Mond-Systems platziert hat, 65.000 Kilometer hinter der Mondrückseite. Die brauchte China, um mit ihrer Landesonde Chang'e 4 in Verbindung zu bleiben, die am 7. Dezember 2018 zum Mond startete und am 3. Januar 2019 im Inneren des Kraters Kármán landete. Und der befindet sich auf der von der Erde nicht einsehbaren Rückseite des Erdtrabanten.

Chang'e 4 brachte einen kleinen Rover namens Yutu 2 dorthin mit, der nach wie vor – genau wie seine Muttersonde – auf der Mondoberfläche aktiv ist.

Am 23. November 2020 folgte die nächste lunare Mission. Dabei brachte China mit einer Trägerrakete des Typs Langer Marsch 5 die erste Probenrückführmission seit der sowjetischen Luna 24 auf den Weg zum Erdtrabanten. Bei dem Raumfahrzeug handelte es sich um ein hoch komplexes Gerät, bestehend aus vier Einzelmodulen: Einem Orbiter, einem Lander, einer Aufstiegsstufe und einer Rückkehrkapsel. Das kombinierte Startgewicht betrug 8250 Kilogramm. Mit diesem Raumfahrzeug trat China in die Phase 3 seines vierstufigen unbemannten Mondprogrammes ein, das der bemannten Landung vorausgeht.

Die Raumsonde Chang'e 5 wird vor dem Start im schalltoten Raum auf ihre elektromagnetische Verträglichkeit vermessen.

Der Start und die Abfolge der ersten Missionsmeilensteine verliefen planmäßig. Etwa 13 Minuten nach dem Liftoff war ein kreisförmiger Parkorbit in einer Höhe von 270 Kilometern bei einer Bahnneigung von 22,3 Grad zum Äquator erreicht. Danach folgte eine etwa 25 Minuten lange Driftphase. Als die dritte Stufe mit der Raumsonde die Äquatorlinie erreichte, folgte ein zweites Brennmanöver das die Kombination auf eine translunare Trajektorie brachte.

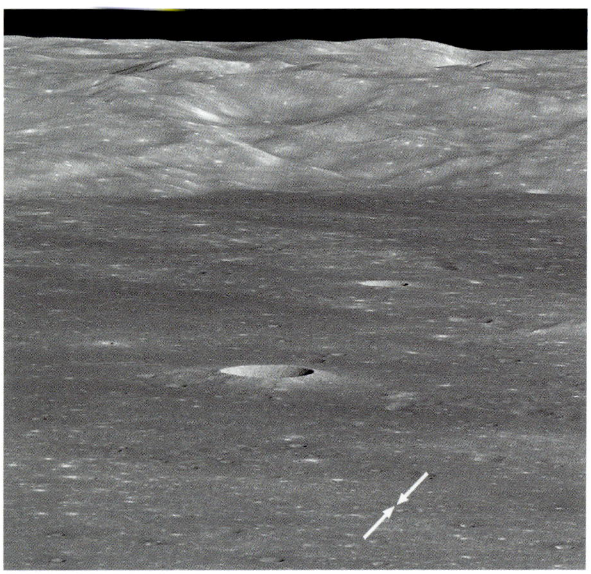

An dieser Stelle im Krater Kármán landete Chang'e 4. Das Bild wurde vom Lunar Reconnaissance Orbiter gemacht und zeigt, mit zwei Pfeilen markiert, die Landestelle von Chang'e 4 und im Hintergrund den ansteigenden Kraterwall.

Die Erdrückkehrkapsel (hier noch in eine blaue Schutzhülle eingepackt) wird für den Start vorbereitet. Es handelt sich dabei um eine maßstäblich verkleinerte Ausgabe der bemannten Shenzhou-Rückkehrkabine.

Der Anflug zum Mond dauerte 112 Stunden. Am 28. November erfolgte die Triebwerkszündung, die Chang'e 5 in eine Umlaufbahn um den Erdbegleiter brachte. Das war zunächst ein stark elliptischer Übergangsorbit, der drei Mondumkreisungen später in eine kreisförmige Umlaufbahn in 200 Kilometern Höhe überführt wurde.

Dort koppelte die Kombination aus Lander und Aufstiegsstufe am 29. November von der Orbiter/Rückkehrsondenkombination ab. Am 1. Dezember erfolgte die Landung im Gebiet des Mons Rümker, einer Bergregion vulkanischen Ursprungs inmitten des Mare Procellarum. Chang'e 5 war damit bereits die dritte chinesische Sonde, die weich auf dem Mond landete.

In den darauf folgenden Tagen entnahm der Lander eine Bohrprobe aus etwa einem Meter Tiefe. Mit einer kleinen Schaufel wurde zusätzlich Oberflächenregolith aufgenommen. Der Rückstart in eine Mondumlaufbahn wurde am 3. Dezember durchgeführt. Am 5. Dezember legte die Aufstiegsstufe am Orbiter an und der Transfer der Bodenproben in die Erdrückkehrkapsel begann. Nach erfolgter Materialübergabe legte die Aufstiegsstufe am 6. Dezember wieder vom Orbiter ab. Am 7. Dezember wurde sie gezielt auf dem Mond zum Absturz gebracht.

Chang'e 5	
Ursprungsland	China
Betreiber/Hersteller	CNSA/CASC
Startdatum	23. November 2020
Startort	Wenchang
Trägerrakete	Langer Marsch 5
Aufgabe	Probenrückführung
Startmasse gesamt	8250 Kilogramm
Masse Lander	3800 Kilogramm
Masse Aufstiegsmodul	800 Kilogramm
Haupttriebwerk Orbiter	1 x 3 Kilonewton
Haupttriebwerk Lander	1 x 1,5 – 7,5 Kilonewton
Haupttriebwerk Aufstiegsstufe	1 x 3 Kilonewton
Weitere Triebwerke	74 x 150, 120, 25 und 10 Newton
Höhe Gesamtkombination	8,00 Meter
Treibstoffmasse gesamt	5450 Kilogramm
Status Lander, Aufstiegsstufe	Mission beendet
Status (Juli 2021) Orbiter	aktiv

Am 12. Dezember wurden die Triebwerke des Orbiters gezündet, um die ersten Schritte für die Rückkehr zur Erde einzuleiten, die eine ganze Reihe von Brennmanövern erforderte, bis der endgültige Einschuss in die Erdtransferbahn am 13. Dezember erfolgte. Am 16. Dezember setzte der (nun ehemalige) Orbiter in einem Erdabstand von 5000 Kilometern die Landekapsel mit den Bodenproben ab, die kurz danach den Sturz in die Erdatmosphäre antrat, und schließlich in der Inneren Mongolei am Fallschirm niederging. Der Orbiter selbst flog an der Erde vorbei und erreichte am 15. März 2021 den Lagrange-Punkt 1 des Erde-Sonne-Systems, wo er seither eine physikalisch-technische Folgemission durchführt.

Die Öffnung des Probenbehälters in einem Speziallabor wenige Tage nach der Landung ergab eine Gesamtmenge von 1731 Gramm an Mondmaterial. Ein Mehrfaches dessen, was die Sowjetunion in den siebziger Jahren bei ihren drei Probenrückführmissionen gewinnen konnte.

15. Dezember 2020

Der erste Flug des Starship

Am Abend des 28. September 2019 präsentierte der Mehrheitseigentümer und CEO von SpaceX, Elon Musk, vor Journalisten und geladenen Gästen erstmals öffentlich original aussehende Starship-Hardware. Die Veranstaltung fand am SpaceX Test- und Entwicklungszentrum in Boca Chica in Südtexas statt. Musk sprach über das Raumschiff der nächsten Generation: Vollständig wiederverwendbar, für orbitale, lunare und interplanetare Missionen geeignet, mit immenser Nutzlastkapazität und Frachtvolumen ausgestattet. Die Fertigungstechnik wird für die Raumfahrt revolutionär sein und sich eher am traditionellen Flugzeugbau anlehnen. Und das Starship soll in wenigen Jahren die Falcon 9 ablösen, die ohnehin schon die Speerspitze der weltweiten Raketenentwicklung darstellt.

Was man bei dieser Veranstaltung hinter der Bühne sehen konnte war ein erstes, noch sehr grob aussehendes, Mockup der zukünftigen Starship-Oberstufe. Diese Oberstufe gibt auch dem Gesamtsystem aus Oberstufe und Booster den Namen. Die Boosterstufe alleine trägt die Bezeichnung „Super Heavy“.

Entwicklung und Bau des Starship gingen so schnell voran, dass die ersten Prototypen im Freien zusammengebaut werden mussten, weil die Errichtung von Hangars und Hallen nicht mehr nachkam. Dadurch wirkte das Ganze eher wie Schiffbau, als der Bau neuer supermoderner Raumschiffe. Die Parallele wäre auch durchaus angebracht, denn das Raumfahrzeug besteht einfach aus schlichtem, rostfreiem Stahl. Hightech-Baustoffe wie teures Titan oder Kohlefaser-Verbundwerkstoffe kommen bei SpaceX Im Zellenbau des Starship nicht mehr zum Einsatz. Stahl ist gut und gut genug. Elon Musk setzt bei den Starships auf eine einzigartige Kombination aus Low-Tech-Lösungen mit High-Tech-Details. Was zu komplex ist wird „de-designed“, wie er es nennt. Herunterkonstruiert.

Das Starship-Raumschiff, das ja lediglich die Oberstufe der Gesamtkombination ist, ist schon für sich riesig. Es hat einen Durchmesser von neun Metern und ist 55 Meter hoch. Die Trockenmasse beträgt etwa 120 Tonnen, das maximale Startgewicht wird bei etwa 1500 Tonnen liegen. Die Differenz entfällt auf Nutzlast und vor allem Treibstoff. Der besteht aus Methan und flüssigem Sauerstoff. Von letzterem ungefähr dreieinhalb Mal so viel wie vom Methan. Das Nutzlastvolumen beträgt schier unglaubli-

Serial Number 6 (SN 6), die zweite Flugeinheit mit der verlängerten Struktur, flog am 3. September 2020.

Der zweite Flug des Starhopper fand am 27. August 2019 statt und ging auf 150 Meter Höhe.

che 1000 Kubikmeter. Das ist so viel Platz wie in der kompletten ISS. Das Starship wird von sechs Raptor-Triebwerken angetrieben. Drei davon sind für den Betrieb auf Meereshöhe optimiert, die anderen drei für den Vakuum-Betrieb im Weltraum ausgelegt.

Dieses an sich schon gewaltige Raumschiff wird bei seinen Einsatzflügen an der Spitze eines voll wiederverwendbaren Mega-Boosters starten, der so genannten „Super Heavy". Es wird 70 Meter hoch, verfügt wie das Starship über einen Durchmesser von neun Metern, ein Startgewicht von knapp 3100 Tonnen und wird von 32 Raptor-Triebwerken angetrieben.

Ähnlich wie heute die erste Stufe der Falcon 9 wird auch die Super Heavy ihre Nutzlast – in diesem Fall also das Starship – auf eine Höhe von 60 bis 80 Kilometer bei einer Geschwindigkeit von 6000 bis 7000 Kilometer pro Stunde bringen. Mit dieser Startunterstützung kann das Starship dann nicht nur sich selbst, sondern auch bis zu 150 Tonnen Nutzlast in den Orbit transportieren

Zusammen wird die Kombination aus Super Heavy und Starship beim Start über 5000 Tonnen wiegen und etwa 120 Meter hoch sein. Sie wird damit die Saturn V als bis heute größte Rakete der Welt weit hinter sich lassen. Und noch eines kann man jetzt schon prophezeien: Ein Start dieses Behemots wird akustisch dem Weltuntergang ziemlich nahekommen. Diese Starts werden nach Beendigung der Testphase von Startplattformen im Golf von Mexico aus erfolgen. Dafür modifiziert SpaceX zwei ehe-

SN 9 vor dem Start. Der einzige Flug erfolgte am 2. Februar 2021. Bei der Landung zündete eines der Raptor-Triebwerke nicht und der Prototyp zerschellte.

SN 10 nur noch wenige hundert Meter über dem Boden und unmittelbar vor dem Landeversuch. Der Flug dauerte sechs Minuten und 24 Sekunden und ging bis in 11.000 Meter Höhe. Die Landung schien gelungen zu sein, doch wenige Minuten (nach dem sehr harten Aufsetzen) detonierte auch dieser Prototyp.

malige Erdöl-Bohrplattformen, welche die Namen Phobos und Deimos erhalten sollen. Die Landung sowohl von Starship als auch der Super Heavy soll aber nach gegenwärtigen Plänen an Land erfolgen.

Zum Zeitpunkt, an dem diese Zeilen entstehen (Juli 2021), waren die Einsätze der Starship-Prototypen mit einem vollständig erfolgreichen Flug der Serien-Nummer 15 am 5. Mai 2021 abgeschlossen. Elon Musk entschied sich danach, den nächsten Flug mit einer kompletten Starship/Super Heavy Kombination und einem orbitnahen Flugprofil durchzuführen.

Die erste Generation der Flugtestgeräte wurde auf den Namen „Starhopper" getauft. Die Leute von SpaceX bezeichneten ihn auch scherzhaft als den „Fliegenden Wasserturm". Der Name kommt nicht von ungefähr, denn beim „Starhopper" handelt sich tatsächlich um eine klobige Stahlstruktur in der Form eines großen Wasserturms, wie er für die Südstaaten der USA typisch ist. Dieses Testmodell diente dazu, das Grunddesign des Vehikels zu überprüfen, die Funktion des neu entwickelten Raptor-Triebwerks erstmals im Flug zu testen, und die Flugsteuerung des massiven Fahrzeugs zu erproben. Damit wurden am 26. Juli und am 27. August 2019 zwei erfolgreiche Flüge bis in 150 Metern Höhe und von etwa einer Minute Dauer durchgeführt. Dem ersten Flug waren drei statische Brennläufe vorausgegangen, bei denen der Starhopper jeweils von Klammern auf dem Boden festgehalten wurde.

Dem folgten am 4. August und am 3. September 2020 zwei Flüge mit Testgeräten der zweiten Generation, den SN 5 und SN 6. Diese beiden Testfahrzeuge waren bereits wesentlich komplexer als der noch recht einfach gehalte-

Ein eindrucksvolles Bild von SN 10 unmittelbar vor dem Aufsetzen.

ne „Fliegende Wasserturm“. Sie wurden mit jeweils drei Raptor-Triebwerken ausgerüstet und nicht nur mit einem einzelnen, wie beim „Starhopper“. Auch diese beiden Einsätze dauerten jeweils etwa eine Minute und führten bis in 150 Meter Höhe.

Zwischen dem 9. Dezember 2020 und dem 30. März 2021 kamen die Prototypen der dritten Generation zum Einsatz, die SNs 8 – 11. Mit ihnen wurden erstmals komplexe Manöver geflogen, wie der so genannte „Bellyflop“, bei dem sich das Vehikel im Landeanflug in eine horizontale Lage begibt, um größtmöglichen Vorteil aus der atmosphärischen Abbremsung zu ziehen. Dieses Manöver muss unmittelbar vor dem Aufsetzen wieder umgekehrt werden. Das heißt, das Vehikel muss sich wieder in eine vertikale Position begeben, um die raketengestützte Landung durchzuführen. Für diese Manöver ist es auch nötig, die Triebwerke zunächst abzustellen und dann erneut zu zünden.

Diese Testeinsätze gingen bis in zwölf Kilometer Höhe und dauerten jeweils zwischen sechs und achteinhalb Minuten. Drei der vier Versuche endeten entweder als Teilerfolg (das Vehikel führte jeweils alle Testparameter bis auf das Aufsetzen erfolgreich durch) oder als Fehlschlag (Explosion bereits in der Luft während der Landezündung). Beim Flug mit dem SN 10 gelang auch die Landung. Jedoch war das Aufsetzen wegen eines mechanischen Fehlers an einigen der Landebeine und einer etwas ungenügenden Triebwerksleistung so hart, dass es zu Beschädigungen führte, die einige Minuten nach dem Aufsetzen doch noch mit einer Explosion des Testvehikels endeten.

Der Weg zur neuen Raumschiffgeneration, zu neuen Technologien und neuen Verfahren ist also so hart wie fast immer wenn die Raumfahrt neue Wege geht. Der einzige Flug des Prototypen SN 15 verlief vollständig erfolgreich. Dies führte zu dem mutigen Entschluss, danach gleich mit der vollständigen Trägerkombination einen orbitnahen Testflug zu unternehmen, der wahrscheinlich noch 2021 stattfindet.

Ab 2022 sollte dann die reguläre Orbiterprobung aufgenommen werden können.

Die ersten bemannten Flüge könnten bald danach folgen. Einer davon ist derzeit für 2024 oder 2025 vorgesehen. Für diesen Termin hat der japanische Milliardär Yusaka Maezawa eine zirkumlunare Mission für sich und sieben weitere Fluggäste gebucht und dafür eine größere Summe in die Entwicklung und Flugerprobung des Starship investiert.

Mit SN 15 gelang der erste vollständig erfolgreiche Flug. Hier beim Start des Vehikels. Er führte in 10.000 Meter Höhe und dauerte fünf Minuten und 59 Sekunden.

Starship	
Erstflug Starhopper (Prototyp 1. Generation)	26. Juli 2019
Erstflug Starship SN 5 (Prototyp 2. Generation)	4. August 2020
Flug Starship SN 8 (Prototyp 3. Generation)	9. Dezember 2020
Flug Starship SN 15 (Prototyp 4. Generation)	5. Mai 2021
Rumpfdurchmesser Starship und Super Heavy	9,00 Meter
Länge Gesamtkombination	120 Meter
Startmasse Gesamtkombination	5180 Tonnen
Druckbelüftetes Raumvolumen	825 Kubikmeter
Startschub	76.000 Kilonewton
Super Heavy (Booster)	
Triebwerke	32 × Raptor
Schub Meereshöhe	76.000 Kilonewton
Brenndauer	150 Sekunden
Treibstoff/Oxidator	Methan/LOX
Startmasse	3680 Tonnen
Länge	70 Meter
Starship (Oberstufe)	
Triebwerk	6 × Raptor
Schub	15.500 Kilonewton
Brenndauer	400 Sekunden
Treibstoff/Oxidator	Methan/Kerosin
Startmasse	1500 Tonnen
Länge	50 Meter

29. April 2021

Der Bau der chinesischen Raumstation

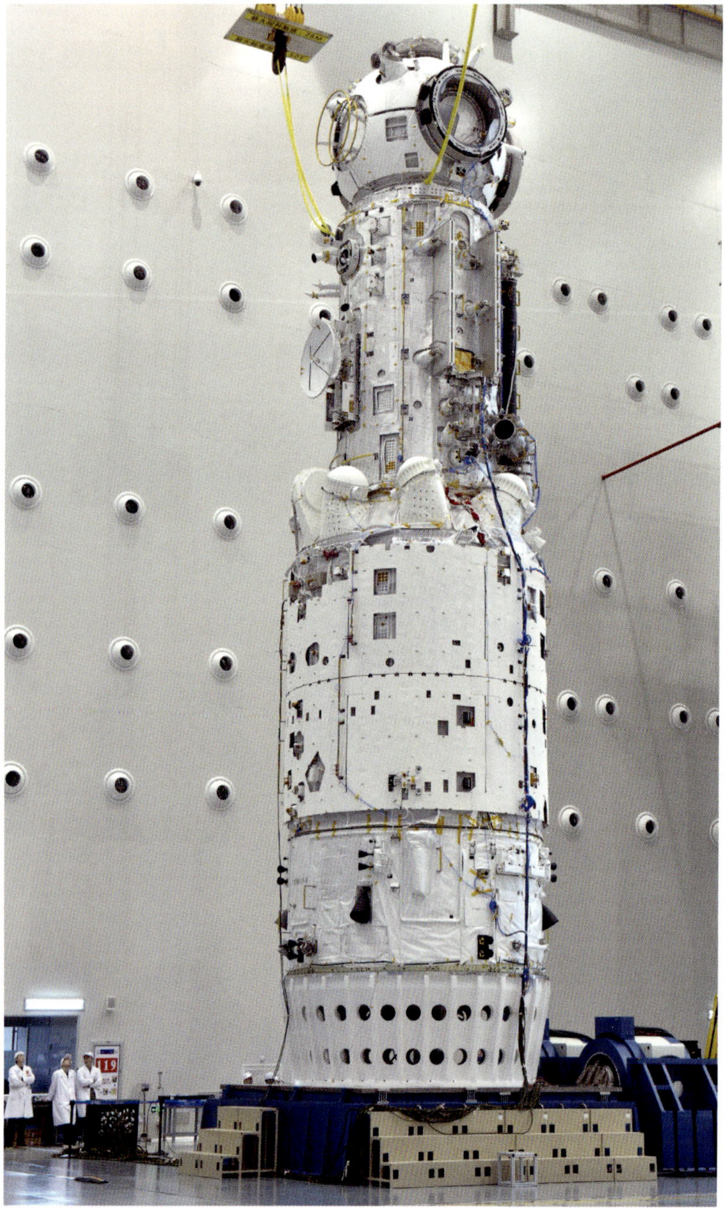

Die Abmessungen des Tianhe-Moduls sind beträchtlich, wie aus dem Größenvergleich mit den Menschen links unten ersichtlich ist.

Ich schreibe diese Zeilen hier im Juli 2021 und der Bau der nationalen chinesischen Raumstation hat begonnen. Elf Missionen sind es bis zur Fertigstellung der ersten Ausbauphase Ende 2022. Das dafür notwendige Aufgebot ist gewaltig. Drei Trägerraketen des Typs Langer Marsch 5B bringen die Großmodule in den Orbit. Jedes ist etwa 22 Tonnen schwer. Vier Raketen des Typs Langer Marsch 7 transportieren die Ausrüstung und den Nachschub für diese drei Module. Und vier bemannte Shenzhou-Raumfahrzeuge bringen die Besatzungen in die Umlaufbahn, deren Aufgabe es ist, die Station auszustatten und in Gang zu bringen.

In Vorbereitung auf den Bau dieser Station startete China in den vergangenen Jahren zwei kleinere Laboratoriumsmodule als Testeinheiten für die spätere Raumstation. Sie trugen die Bezeichnungen Tiangong 1 und 2. Tiangong 1 umkreiste die Erde zwischen September 2011 und April 2018. Tiangong 2 zwischen dem 15. September 2015 und dem 19. Juli 2019.

Insgesamt vier Shenzhou-Raumschiffe legten an diesen beiden Testmodulen an. Eines war unbemannt (Shenzhou 8), drei waren bemannt (Shenzhou 9, 10 und 11). Bei den beiden bemannten Besuchen zu Tiangong 1 verbrachten insgesamt sechs Taikonauten (darunter die erste Chinesin im Weltraum) insgesamt 21 Tage an Bord der Mini-Station.

Tiangong 2 wurde nur einmal besucht, und zwar von der zweiköpfigen Crew von Shenzhou 11, die im Oktober

Tiangong 1 und 2	
Start Tiangong 1	29. September 2011
Start Tiangong 2	15. September 2016
Trägerrakete jeweils	Langer Marsch 2F
Länge	10,40 Meter
Durchmesser	3,35 – 4,20 Meter
Startmasse	8500 Kilogramm
Raumvolumen	15 Kubikmeter
Wiedereintritt Tiangong 1	2. April 2018
Wiedereintritt Tiangong 2	19. Juli 2019

Die Trägerrakete vor dem Start im Vehicle Assembly Building in Wenchang.

und November 2016 insgesamt 26 Tage und 11 Stunden in dem Modul zubrachte.

Die chinesische Raumstation führt noch keinen offiziellen Namen, doch wird sie in den Medien häufig ebenfalls als Tiangong bezeichnet, so wie die beiden vorausgegangenen Testeinheiten. Das erste Modul, das am 29. April 2021 startete, ist das Kernelement der neuen Station. Es trägt den Namen Tianhe. In dieser Einheit befinden sich die Systeme für alle zentralen Funktionen, wie etwa das Antriebssystem mit seinen vier Haupttriebwerken, die Navigationseinrichtung, Stromversorgung, Treibstofftanks und die Unterkünfte der dreiköpfigen Stammbesatzung. Die Raumlage wird im Normalfall über ein System von sechs Momentenkreiseln geregelt. Am schmalen Ende des Moduls befindet sich ein zylindrischer Dockingknoten mit fünf Anlegestellen. Am anderen Ende des Kernmoduls befindet sich eine weitere Anlegestelle.

Die anderen beiden Großeinheiten in der ersten Ausbaustufe der Station tragen die Bezeichnungen Wengtian und Mentian. Sie sollen im Juni und im September 2022 starten. Sie sind für wissenschaftliches Arbeiten optimiert, nehmen mehrere Dutzend Instrumentenracks auf und haben über ein Schleusensystem Zugang zum freien Weltraum, um dort Versuchsanordnungen oder wissenschaftliche Experimente zu exponieren.

Am 17. Juni brach mit Shenzhou 12 die erste Crew zur Station auf. An Bord befanden sich die Taikonauten Nie Haisheng, Liu Boming und Tang Hongbo. Sie werden etwa 90 Tage an Bord der noch rudimentären chinesischen Raumstation verbringen. Bei Redaktionsschluss für dieses Buch lief die Mission noch.

Der Flug begann am 17. Juni 2021 um 3:22 Uhr Mitteleuropäischer Zeit an der Rampe 1 der Startanlage 4 des Raumfahrtzentrums. Neun Minuten später war eine Übergangsumlaufbahn erreicht. Von dort aus machte sich Shenzhou 12 zu einem nur sechseinhalb Stunden dauern-

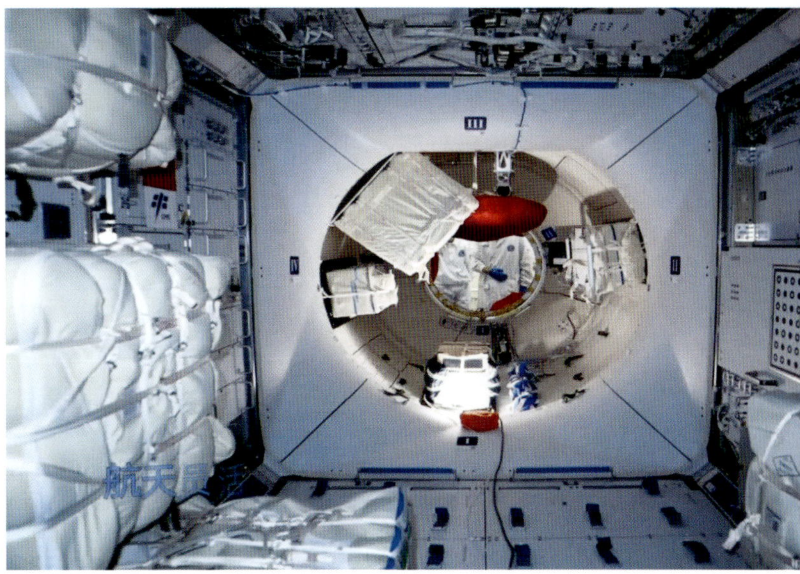

Dieses Bild hier zeigt das Innere des an das Tianhe-Zentralmodul angekoppelten Frachters Tianzhou 2.

Man muss es den Chinesen lassen: Sie begehen die Ereignisse mit Stil. Das Xi'an Symphonieorchester mit Chor begleitet am 29. April den Start des Tianhe-Raumstationsmoduls.

den Transfer zu den zusammengekoppelten Modulen Tianhe und Tianzhou 2 auf. Das Anlegemanöver erfolgte um 9:54 Uhr Mitteleuropäischer Zeit. Die Bahnhöhe der chinesischen Station wies zu diesem Zeitpunkt ein Perigäum von 367 Kilometern und ein Apogäum von 397 Kilometern auf. Das liegt etwa 30–60 Kilometer unterhalb der Bahnhöhe der ISS.

Kommandant der Mission ist der 56-jährige Nie Haisheng, der damit nach Shenzhou 6 und Shenzhou 10 seinen dritten Raumflug unternimmt. Als „Operatoren“, wie die chinesischen Offiziellen die weiteren Besatzungsmitglieder bezeichnen, fliegt zum einen der 54-jährige Liu Boming mit, der bereits bei der Mission von Shenzhou 7 von 2008 mit an Bord war, zum anderen der 45-jährige Tang Hongbo, der noch keinen früheren Flug absolviert hat.

Shenzhou 13 soll im Oktober 2021 starten und bis März 2022 im Orbit bleiben. Shenzhou 14 soll im Mai 2022 starten und bis November 2022 an der Station bleiben. Danach wird es erstmals ein so genanntes „hand-over“ geben. Das bedeutet, dass eine Übergabe der Station im Orbit stattfinden soll. Dazu soll Shenzhou 15 bereits im Oktober 2022 zur Station fliegen, so dass eine Übergabezeit von mindestens zehn Tagen mit der vorausgegangenen Crew möglich ist.

Die Frachttransporte werden mit Raumfahrzeugen des Typs Tianzhou durchgeführt. Ein Versuchsmodell dieser Einheit mit der Bezeichnung Tianzhou 1 wurde bereits zwischen April und September 2017 mit der experimentellen Tiangong 2-Raumstation gekoppelt. Die Tianzhou-Raumfahrzeuge liegen in der Größe etwas unterhalb des japanischen HTV-Transporters für die ISS, sind aber fast doppelt so massiv wie die russischen Progress-Raum-

Tianhe-Modul	
Start Tianhe	29. April 2021
Trägerrakete	Langer Marsch 5B
Länge	16,60 Meter
Durchmesser	4,20 Meter
Startmasse	22.500 Kilogramm
Raumvolumen	50 Kubikmeter

Der Start des Tianhe-Moduls am 29. April 2021 vom westchinesischen Raumflughafen Wenchang aus.

Das Xuntian-Weltraumteleskop könnte die Station etwa gegen Ende 2024 erreichen.

schiffe. Der Entwurf für die Tianzhou-Raumfahrzeuge wurde aus dem Tiangong-Versuchsmodul abgeleitet.

Für die Aufbauphase der Station werden vier Tianzhou-Raumfahrzeuge benötigt, nämlich Tianzhou 2, die am 29. Mai 2021 gestartet wurde, Tianzhou 3 im September 2021, Tianzhou 4 im April 2022 und Tianzhou 5 im Oktober 2022.

Die Tianzhou-Module bieten außerdem zusätzlichen Lebensraum für die Taikonauten an Bord der Station.

Das Flugkontrollzentrum der Station befindet sich in Peking. Nach Abschluss der Bauphase 1 wird die chinesische Raumstation eine Gesamtmasse von 80 – 90 Tonnen aufweisen. Das ist in etwa ein Fünftel der Masse der Internationalen Raumstation oder ziemlich genau die Masse und Größe der ehemaligen sowjetisch/russischen Raumstation Mir.

Da für jedes der Module eine Ersatzeinheit gebaut wurde kann man davon ausgehen, dass diese ebenfalls nach einer gewissen Zeit zur Station verbracht und dort angekoppelt werden. Zusätzlich wird es ein großes chinesisches Weltraumteleskop mit der Bezeichnung Xuntian geben. Dieses Teleskop wird wahrscheinlich gegen Ende 2024 zur Station gebracht. Es wird die meiste Zeit seines Einsatzes frei fliegen, allerdings auf derselben Bahnhöhe und Inklination der chinesischen Raumstation unterwegs sein. Von dort aus kann es leicht die Station ansteuern und dort anlegen, wenn Wartung oder technische Erweiterungen dies erfordern.

Versorgungsschiff Tianzhou	
Start Tianzhou 2	Mai 2021
Trägerrakete	Langer Marsch 7
Länge	9,00 Meter
Durchmesser	3,35 – 4,20 Meter
Startmasse	13.500 Kilogramm
Raumvolumen	15 Kubikmeter

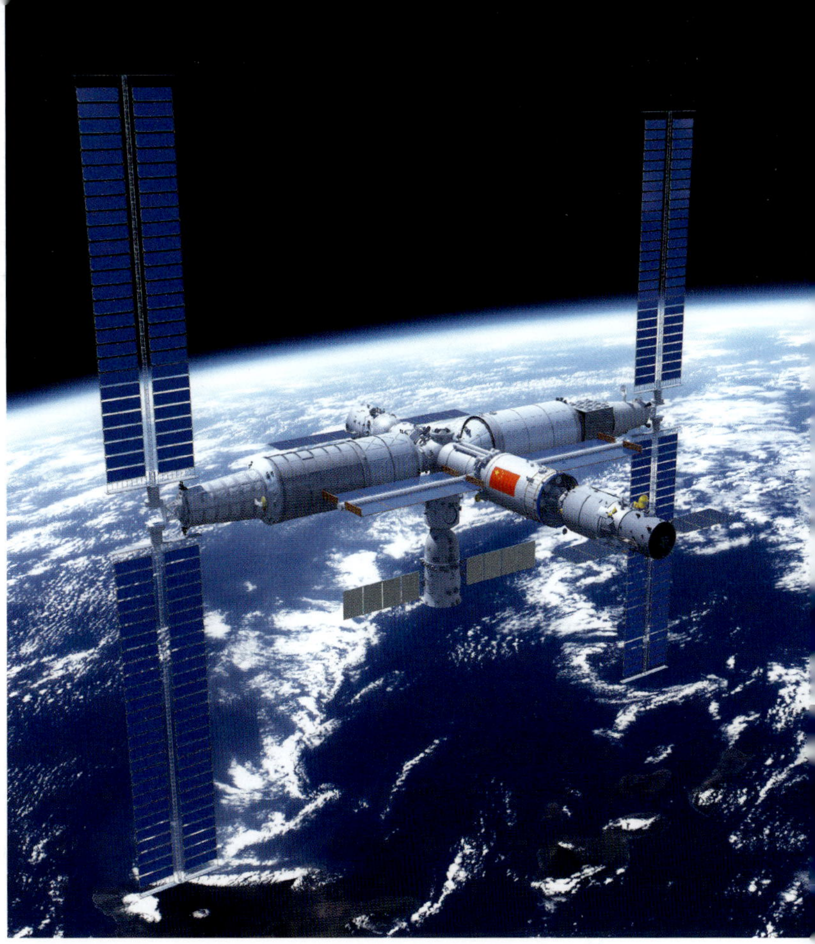

So kann die Station – wenn alles gut verläuft – etwa im Oktober 2022 aussehen. Alle drei Hauptmodule der Ausbauphase 1 sind installiert, rechts am Ende ist ein Tianzhou-Versorgungsfahrzeug angekoppelt und es befinden sich zwei bemannte Raumfahrzeuge an der Station (Shenzhou 14 und 15).

Nach Inbetriebnahme wird die Station in einer Umlaufbahn mit einer Bahnneigung von 43 Grad zum Äquator (ISS 53,6 Grad) die Erde in einer Höhe zwischen 340 und 450 Kilometern Höhe umkreisen. Ihre Lebensdauer ist auf 10 – 15 Jahre ausgelegt.

Die erste reguläre Langzeitbesatzung kann dann Mitte 2023 erwartet werden. Es steht noch nicht fest, ob die Station permanent besetzt bleiben soll, oder ob sie „man-tended" betrieben wird, ähnlich wie die frühen Skylab und Salut-Raumstationen. Nach einigen Crew-Transfers werden dann auch „Gast-Taikonauten" aus anderen Ländern aufgenommen.

10. August 2025

Der Lunar Gateway nimmt seinen Dienst auf

Am 13. Mai 2019 gab der damalige NASA-Administrator Jim Bridenstine dem bis dahin als „Pence-Initiative“ bezeichneten bemannten Mondlandevorhaben den offiziellen Namen ARTEMIS. Er hätte keine symbolhaftere und mit Andeutungen auf die Gegenwart und die Zukunft des bemannten Mondprogrammes passendere Bezeichnung finden können. In der griechischen Mythologie ist Artemis die Zwillingsschwester von Apollo. Sie ist die Göttin des Mondes und der Jagd, ausgerüstet mit silbernem Bogen und silbernen Pfeilen, und als solche häufig mit ihrem Jagdgefährten Orion unterwegs.

Die Durchführung des ARTEMIS-Plans umfasste bis zum Baubeginn der permanenten Mondstation mehr als zwei Dutzend Starts, mit denen alle Gateway-Elemente, alle Transfermodule, fünf Orion-Raumfahrzeuge und ein unbemanntes und zwei bemannte Lunar Starships und alle Technologie-Unterstützungselemente entweder zum Gateway oder auf die Mondoberfläche transportiert wurden.

Nach dem Regierungswechsel Biden/Trump im Januar 2021 konnte der von der Trump-Regierung geforderte Zeitplan mit einer Landung auf dem Mond bereits im Jahre 2024 aus verschiedenen Gründen nicht länger aufrechterhalten werden. Das lag neben den Budgetbeschränkungen und den allseits erwarteten technischen Problemen vor allem auch am verspäteten Beginn der Lunar Starship-Entwicklung, als nach der alleinigen Auf-

Ein Starship-Testflug zur Internationalen Raumstation im Dezember 2023.

Eine Darstellung der ARTEMIS I-Mission im März 2022 mit einiger künstlerischer Freiheit. Nur bei dieser Mission kam im ARTEMIS-Programm ein (damals unbemanntes) Orion-Raumschiff dem Mond so nahe.

tragsvergabe an SpaceX die Konkurrenten Blue Origin und Dynectics die NASA verklagten, und erst der darauf folgende längere Rechtsstreit bewältigt werden musste.

Die von Anfang an sehr niedrigen Budgets für das HLS, also das Human Landing System, hatte zur damals als sensationell betrachteten Entscheidung der NASA geführt, das Raumfahrtunternehmen SpaceX mit seinem Lunar Starship (offiziell Starship HLS) zum alleinigen Anbieter in der Entwicklungs- und Demonstrationsphase zu machen. Der 2,94 Milliarden Dollar umfassende Auftrag beinhaltete neben der kompletten Entwicklung des Systems auch zwei Demonstrationsmissionen. Eine unbemannte und eine bemannte Mondlandung.

Der internationale Lunar Gateway entwickelte sich davon zunächst weitgehend entkoppelt. Diese Raumstation im cislunaren Raum befindet sich auf einer stark elliptischen Umlaufbahn, die von der Erde-Mond-Sichtlinie aus

Start zur Mission ARTEMIS IV im Dezember 2026 auf der ersten SLS Block 1B-Rakete.

Trennung zwischen erster und zweiter Stufe der SLS-Rakete bei der ARTEMIS IV-Mission im Dezember 2026.

gesehen fast im rechten Winkel nach Süden weist, einem so genannten „Near Rectilinear Halo Orbit" (NRHO). Der niedrigste Bahnpunkt über dem Mond liegt 3000 Kilometer, der höchste Bahnpunkt 70.000 Kilometer vom Erdbegleiter entfernt. Der Gateway braucht auf dieser Bahn für eine Umkreisung des Mondes etwa sieben Tage.

Vom Halo-Orbit aus benötigt ein Mondlander eine Geschwindigkeitsänderung von etwa 730 Meter pro Sekunde (entsprechend etwa 2630 Kilometern pro Stunde), um in eine niedrige polare Mondumlaufbahn einzuschwenken.

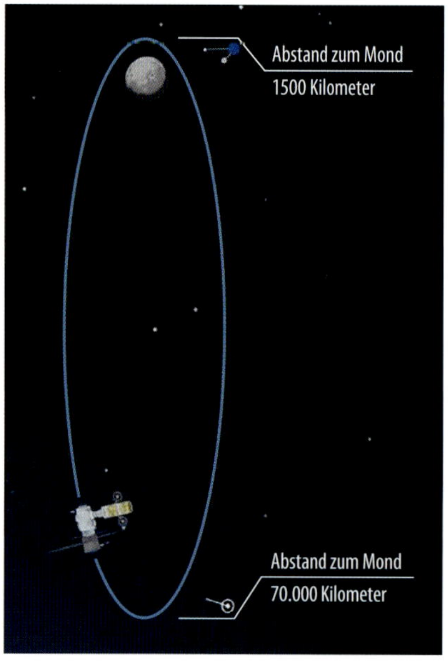

Schematische Darstellung des Near Rectilinear Halo Orbit, in dem sich der Gateway heute befindet.

Die ersten wichtigen Entscheidungen zum Lunar Gateway traf die NASA im Mai 2019. Zu diesem Zeitpunkt wurde der Vertrag mit Maxar Industries (vormals Space Systems Loral) für die Lieferung des Energie- und Antriebsmoduls (Power- and Propulsion Element, oder kurz PPE) unterzeichnet. Das Unternehmen erhielt dafür 375 Millionen US-Dollar. Das PPE wird von vier leistungsfähigen Hall-Effekt-Ionentriebwerken mit einem Gesamtschub von zwei Newton angetrieben. Das Modul hat eine Masse von 9000 Kilogramm, wovon 5000 Kilogramm auf Xenon entfallen, das als Stützmasse für die Triebwerke dient.

Im Juni 2019 beauftragte die NASA Northrop Grumman, den etwa acht Tonnen schweren so genannten Habitation and Logistic Outpost, oder kurz HALO, zu bauen. Dies ist ein Mini-Raumstationsmodul, das zusätzlich mit vier Docking-Ports ausgerüstet ist. HALO basiert auf dem Design der Cygnus-Frachters für die Internationale Raumstation. Es bietet zusätzlichen Lebensraum für die Crew eines angedockten Orion-Raumschiffs, Platz für die Lagerung von Versorgungsgütern und Instrumenten und enthält alle Steuerungs- und Kontrollelemente für den gesamten Outpost. Das HALO-Modul kann in Verbindung mit dem angedockten Orion-Raumschiff eine vierköpfige Crew für mindestens 30 Tage beherbergen.

Von der ESA stammt das so genannte ESPRIT-Modul, das seinerseits aus zwei Elementen besteht, dem HCLS und dem ERM. Die beiden Komponenten dieses Moduls wurden in zwei getrennten Missionen zum Gateway befördert. Das HCLS wurde zusammen mit HALO und PPE im Januar 2025 mit einer SpaceX Falcon Heavy zunächst auf eine hochelliptische Erdumlaufbahn gebracht, und machte sich dann mittels der AEPS Hall-Effekt-Triebwerke des PPE auf die, wegen der sehr geringen Schubleistung der Ionentriebwerke, sechs Monate dauernde Reise zum Lagrange Punkt 2 des Erde-Mond-Systems. Dort traf die Kombination am 10. August 2025 ein. Dieser Zeitpunkt wird heute als der „Dienstbeginn" des Lunar Gateway angesehen.

Diese drei Elemente bildeten dann den so genannten Mini-Gateway, sozusagen die Kerneinheit der cislunaren Raumstation. Seine vier Docking-Knoten nahmen das kombinierte PPE/HALO/HLCS-Element auf, das Lunar Starship, das Orion-Raumschiff und das nur zeitweilig anwesende Logistics Module. In dieser Kombination war sie ausreichend bemessen, um im Dezember 2025 die bemannte ARTEMIS III-Mission zu unterstützen, die für insgesamt 45 Tage am Gateway verblieb und diese kleine Station einrichtete.

Im März 2020 hatte SpaceX von der NASA den Auftrag für den Gateway Logistics Service erhalten. Dafür entwickelte das Unternehmen den Dragon XL, auch Gateway Logistics Module (GLS) genannt. Dieses Versorgungsraumschiff ist in der Lage, den Außenposten mit jeweils fünf Tonnen Nachschubgüter zu unterstützen. Die GLS-Einheiten starteten jeweils mit einer Falcon Heavy auf einer schnellen Transferbahn mit einer Flugdauer von nur wenigen Tagen zum Gateway. Die Mission GLS-1 verbrachte ab September 2025 acht Monate angedockt am Gateway, bei GLS-2 waren es ab September 2026 zwölf Monate.

In den Folgejahren wurde der Gateway mit einer Reihe weiterer Module bestückt. Das International Habitation Module erreichte im Dezember 2026 in Verbindung mit der Mission ARTEMIS IV den Gateway. Bei ARTEMIS V kam mit dem ERM im November 2027 auch der zweite Teil des ESPRIT-Modules zum Gateway.

Ab 2028 standen am Gateway etwa 125 Kubikmeter Wohn-, Schlaf- und Arbeitsraum zur Verfügung. Das entsprach in etwa dem Raumvolumen der chinesischen Raumstation in seiner ersten Ausbauphase. Zusätzlichen Lebensraum brachten auch die Dragon XL-Versorgungsschiffe für die Zeit ihrer Anwesenheit am Gateway.

Im Vorfeld der bemannten Missionen wurde der Gateway jeweils von einem Dragon XL-Logistikmodul angeflogen, das neben den normalen Versorgungsgütern für den Außenposten auch missionsspezifische Hardware und Geräte für den weiteren Ausbau mitbrachte.

Den Zuschlag für das US-Habitation Module hatte im Juli 2023 erneut Northrop Grumman erhalten. Es wurde

Mini-Gateway, bestehend aus PPE und HALO, am 10. August 2025.

Space Launch System (SLS)			
Version	Block 1	Block 1b	Block 2
Hersteller	Boeing		
Länge	97,80 Meter	105,00 Meter	119,00 Meter
Basisdurchmesser	8,40 Meter	8,40 Meter	8,40 Meter
Startgewicht	2660 Tonnen	2800 Tonnen	unbekannt
Nutzlast LEO	95.000 Kilogramm	130.000 Kilogramm	145.000 Kilogramm
Nutzlast TLI	27.000 Kilogramm	38.000 Kilogramm	50.000 Kilogramm
Startschub	34.830 Kilonewton	34.830 Kilonewton	34.830 Kilonewton
Booster			
Triebwerke	2 × SRB	2 × SRB	2 × ASRB
Schub in Meereshöhe	2 × 14.600 Kilonewton	2 × 14.600 Kilonewton	2 × 15.000 Kilonewton
Brenndauer	126 Sekunden	126 Sekunden	126 Sekunden
Treibstoff/Oxidator	PBAN + APCP	PBAN + APCP	PBAN + APCP
Leergewicht	2 × 96.000 Kilogramm	2 × 96.000 Kilogramm	unbekannt
Startgewicht	2 × 745.000 Kilogramm	2 × 745.000 Kilogramm	2 × 800.000 Kilogramm
Länge	54,00 Meter	54,00 Meter	54,00 Meter
Durchmesser	3,71 Meter	3,71 Meter	3,71 Meter
1. Stufe			
Triebwerke	4 × RS-25	4 × RS-25	4 × RS-25
Schub Meereshöhe	4 × 1860 Kilonewton	4 × 1860 Kilonewton	4 × 1860 Kilonewton
Brenndauer	480 Sekunden	480 Sekunden	480 Sekunden
Treibstoff/Oxidator	LOX/LH_2	LOX/LH_2	LOX/LH_2
Leergewicht	85.270 Kilogramm	85.270 Kilogramm	85.270 Kilogramm
Startgewicht	980.000 Kilogramm	980.000 Kilogramm	980.000 Kilogramm
Länge	65,00 Meter	65,00 Meter	65,00 Meter
Durchmesser	8,40 Meter	8,40 Meter	8,40 Meter
2. Stufe	ICPS	EUS	EUS
Triebwerk(e)	1 × RL 10B-2	4 × RL 10	1 × J2X
Schub	110 Kilonewton	4 × 110 Kilonewton	1000 Kilonewton
Brenndauer	1125 Sekunden	unbekannt	unbekannt
Treibstoff/Oxidator	LOX/LH_2	LOX/LH_2	LOX/LH_2
Leergewicht	3490 Kilogramm	unbekannt	unbekannt
Startgewicht	30.710 Kilogramm	unbekannt	unbekannt
Länge	13,70 Meter	17,60 Meter	17,60 Meter
Durchmesser	5,00 Meter	8,40 Meter	8,40 Meter

mit der Mission ARTEMIS VII im November 2029 zum Gateway verbracht. Bemerkenswert ist hier, dass dies schon eines der letzten Orion-Raumschiffe war, bevor bald darauf der gesamte Transfer- und Landebetrieb mit dem Lunar Starship abgewickelt wurde. Dadurch wuchs das verfügbare Raumvolumen erneut an, und ermöglichte ab diesem Zeitpunkt auch in begrenztem Umfang kommerzielle und touristische bemannte Missionen zum Gateway.

Nachdem Russland schon 2021, also noch in der Planungsphase des Gateway, klar gemacht hatte, dass es nicht an diesem Projekt teilnehmen werde, wurde 2023 der Bau des „Gateway Airlock Moduls" beschlossen, eines kombinierten Knoten- und Schleusenmoduls mit insgesamt fünf Dockingadaptern und einer Schleusensektion, von der aus die Durchführung von Außenbordmanövern möglich ist. Dieses Modul hätte nach den ursprünglichen Plänen von Russland geliefert werden sollen. An diesem Knoten konnten von nun an die Logistikmodule als permanenter Stau-, Wohn- und Arbeitsraum belassen werden, und brauchten nicht wie bisher auf einen heliozentrischen Orbit entsorgt zu werden. Dieser „Knoten" erreichte den Gateway mit einer kommerziellen Falcon Heavy Mission im Jahre 2028.

Als einer der vorläufig letzten Infrastrukturellen Maßnahmen kam 2028, zusammen mit dem US-Habitation Module, auch der Candarm 3 zum Gateway, ein robotischer Manipulatorarm ähnlich dem, der auf der Internationalen Raumstation verwendet wurde.

Mini-Gateway, andere Sicht, August 2025.

Bei ARTEMIS III erfolgte der Transport des Esprit-Moduls zum Gateway.

In der Folge unterstützte der Gateway die Starbase mit Kontrollfunktionen für die robotischen Aktivitäten auf der Oberfläche und diente als Funk-Relay für die Aktivitäten, die sich jenseits der Sichtlinie Erde-Mond abspielen, wie zum Beispiel die Rover-Erkundungsexpeditionen. Sie dient weiterhin als astrophysikalisches Labor und als Absprungpunkt für Missionen zu erdnahen Asteroiden und zu den Forschungsplattformen (wie das James-Webb-Space Teleskope) an den Lagrange-Punkten des Erde-Sonne-Systems. Und schließlich ist sie der „Heimathafen" der Lunar Starships, die dort nach ihrer Rückkehr von der Mondoberfläche gewartet werden und auf ihre Wiederbetankung warten.

Mit ARTEMIS IV kam auch das IHAB zum Gateway. Hier die Konfiguration im Dezember 2026.

21. November 2026

Lunar Starship landet auf dem Mond

Völlig überraschend entschied sich die NASA im April 2021 dafür, die Firma SpaceX mit ihrem Lunar Starship zum alleinigen Anbieter für zwei Testmissionen des ARTEMIS-Mondlandeprogrammes zu machen. Damit waren die beiden Mitwettbewerber aus dem Rennen. Die NASA ließ ihnen zwar die Option offen, sich um die Nachfolgephase mit zu bewerben, bei der es um die eigentliche Durchführung des Transportservices ging. Allerdings hätte das erhebliche Eigeninvestitionen erfordert. Und die waren die beiden Konkurrenzkonsortien nicht bereit zu stemmen.

Diese beiden Konkurrenten, das „National Team“ um Blue Origin und Dynetics mit seinem ALPACA-Lander hatten geplant, das Human Landing System (HLS) ganz klassisch mehrstufig auszulegen. Bei Blue Origin war das ein dreistufiger Entwurf mit einem Transfer-Modul, einer Abstiegsstufe und einer Aufstiegsstufe. Geringfügig fortschrittlicher war das zweistufige Konzept von Dynetics. Doch ob drei oder nur zwei Komponenten: Die Grundidee war, dass Bauteile dieser beiden System einzeln in den Weltraum gesendet und dort, entweder bereits im Erdorbit oder aber erst in der Mondumlaufbahn, automatisch zusammengefügt werden sollten.

Doch dann entschied sich die NASA alles auf eine Karte zu setzen und wählte das revolutionäre System von SpaceX, das sowohl den Abstieg zur Mondoberfläche als auch den Rückflug in die Mondumlaufbahn mit einem einzelnen monolithischen Fahrzeug bewerkstelligt. Diese Auswahl war allerdings weniger dem Umstand geschuldet, dass die NASA Gefallen an einem technologisch riskanten neuen System gefunden hatte, sondern eher der klammen Finanzsituation der Agentur, die kein anderes Konzept zuließ als eine Beteiligung an Elon Musks Starship. Die beiden Konkurrenten hatten für die Durchführung der Systementwicklung einschließlich der ersten beiden Testflüge das Doppelte, respektive das Dreifache der Summe von SpaceX verlangt.

Doch wie war nun der Verlauf des ARTEMIS-Programms bis zur bemannten Landung bei der Demo-Mission 2 im November 2026?

Nach erheblichen Verzögerungen erfolgte die Mission ARTEMIS I, der unbemannte Testflug der SLS/Orion-Kom-

Ein Treibstofftransporter wird in Boca Chica für einen Start vorbereitet.

Die ARTEMIS IV-Mission wird am Kennedy Space Center an der Startrampe 39B für den Start vorbereitet.

bination im März 2022. Dieser Flug dauerte 25 Tage und 12 Stunden, war sehr komplex, mit mehreren Umkreisungen des Mondes auf einem weiten retrograden Orbit. Während der Mission wurden insgesamt 13 Cubesats abgesetzt.

Die Wiederholung dieser Mission mit einer vereinfachten und auf neun Tage verkürzten bemannten Variante dieses Fluges erfolgte im Januar 2024. Dabei schwenkte das Orion-Raumschiff nicht in einen Mondorbit ein, sondern führte eine zirkumlunare Mission durch. Immerhin war dies seit der Mission von Apollo 17 im Dezember 1972 der erste bemannte Flug, der über die Erdumlaufbahn hinausging. An Bord befand sich neben drei NASA-Astronauten auch ein Kanadier. Er war damit der erste Nicht-US-Bürger, der die Erdumlaufbahn verließ. Der Mond wurde dabei in einem weiten Bogen mit einem Abstand von 8000 Kilometern umflogen.

Nicht zuletzt aufgrund der aufgetretenen Verzögerungen in der Entwicklung des Starship-Landesystems war schon Mitte 2021 über eine zusätzliche bemannte lunare Orbitmission nachgedacht worden. Die erfolgte dann im Dezember 2025 mit ARTEMIS III. Bei dieser Mission wurde auch die zweite Komponente des ESPRIT-Moduls zum Gateway gebracht. Die Crew verblieb über einen Monat am Mini-Gateway und konnte von dort die unbemannte SpaceX Lunar Starship Demo-Mission 1 beobachten. Höhepunkt der Mission war ein „Dress Rehearsal" mit dem Lunar Starship, bei welcher der Umstieg vom Gateway in das SpaceX-Raumschiff geübt wurde. Das Lunar Starship landete danach wie geplant am Rand des Kraters Shackleton am Mondsüdpol. Es blieb bei diesem Testflug nur 24 Stunden auf der Oberfläche und führte dann den Rückstart zum Gateway durch, wo es noch einmal von der ARTEMIS III-Crew inspiziert wurde.

Der Einsatz des Lunar Starship erfordert einen erheblichen Vorbereitungsaufwand in der Erdumlaufbahn. Es benötigt im Vorfeld nicht weniger als zehn Starts von Boca Chica aus mit Treibstofftransportern in eine hochelliptische Erdumlaufbahn, die zunächst das Orbitaldepot betanken. Erst wenn dieses befüllt ist, startet das unbemannte Lunar Starship, dockt am Depot an und pumpt

Die Orion führt das TLI-Manöver zum Einschuss in die Mondtransferbahn durch.

Anflug des Starship auf den Landebereich am Shackleton-Krater am lunaren Südpol.

den dort gespeicherten Treibstoff in die eigenen Tanks um. Nach dieser komplexen Prozedur sind aber keine weiteren Betankungs- oder Koppelungsmanöver mehr notwendig, um den Bereitschaftsstatus für eine Mondlandung herzustellen. Die Treibstoffmengen an Bord reichen jetzt aus, um den Transfer zum Mond in den Halo-Orbit zu bewerkstelligen, die Landung durchzuführen und den daraufhin folgenden Wiederaufstieg in die Mondumlaufbahn. Selbst das Andocken am Gateway ist optional. Die Landung auf dem Mond könnte auch ohne es durchgeführt werden, wenn das Orion-Raumschiff direkt am Starship anlegt.

Im November 2026 startete nach diesem Prinzip die Starship Demo-Mission 2. Nach dem Einschuss in eine mittelenergetische Transferbahn zum Mond flog das Starship zunächst zum Mini-Gateway und legte dort an. Wobei es sich bei der immensen Größe dieses Vehikels eher umgekehrt verhält. Der Gateway legt am Starship an.

Wie seine Erdorbit-Variante vertraut auch das lunare Starship für größere Geschwindigkeitsänderungen (wie den Einschuss in die lunare Transferbahn oder das Bahnmanöver für das Einschwenken in die Mondumlaufbahn) den Raptor-Triebwerken von SpaceX. Für die Landung gibt es aber spezielle Raketenmotoren, die im oberen Drittel des Raumfahrzeugs angebracht sind. Sie bewerkstelligen die Endphase des Abstiegs und die erste Phase des Wiederaufstiegs. Damit sollen die starken Staubströmungen bei der Landung verringert werden, die sich bereits im Apollo-Programm als eines der größeren Probleme einer Mondlandung herausgestellt haben.

Das Lunar Starship ist übrigens nicht dafür vorgesehen, jemals wieder auf der Erde zu landen. Es wird auch den Mondorbit nicht wieder verlassen. Stattdessen verbleibt es in einer Mondumlaufbahn, die meiste Zeit angedockt am Gateway, und ist dort vielfach wiederverwendbar. Die Nutzlastkapazität des Starship ist gewaltig. Es ist in der Lage, eine Ladung von etwa 100 Tonnen auf die Oberfläche zu bringen.

Zehn Tage nach der Ankunft des Lunar Starships am Gateway startete die ARTEMIS IV-Crew mit dem ersten

Die Landung ist erfolgt. Die Astronauten beginnen mit dem Entladen der Fracht.

SLS Block 1B-Träger und dem ERM-Modul zum Gateway. Dies erfolgte auf einer schnellen Trajektorie, auf der ARTEMIS IV innerhalb von vier Tagen den Gateway erreichte. Dort verbrachte die Crew erst einmal zwei Tage, um das ERM „abzusetzen".

Danach stiegen zwei der vier Orion-Besatzungsmitglieder in den SpaceX Lunar Lander um. Die beiden anderen verblieben am Gateway. Nachdem alle Checks abgeschlossen waren, manövrierte sich die Crew vom Halo-Orbit des Gateway innerhalb von zwölf Stunden in eine niedrige polare Mondumlaufbahn mit einem Aposelenum von 100 Kilometern und einem Periselenum von 15 Kilometern. Der Gesamt-Geschwindigkeitsimpuls der dafür notwendig war betrug 730 Meter pro Sekunde (2630 Kilometer pro Stunde).

Nachdem diese Bahn erreicht war erfolgten drei Mondumkreisungen auf diesem Ausgangsorbit in Vorbereitung der Landung. Dieser „Warteorbit" war notwendig, um das Navigationssystem so zu kalibrieren, dass eine Landegenauigkeit von weniger als 50 Metern Streuung zum Zielpunkt erreicht werden konnte.

Schließlich wurde die Abstiegszündung initiiert, die in vier Phasen ablief. Phase 1 war die „Descent Orbit Initiation". Sie beinhaltete eine Bremszündung, die das Perigäum der Umlaufbahn so weit absenkte, dass der Schnittpunkt des Periselenums mit der Oberfläche in der Nähe des Zielpunktes lag. In dieser Phase zeigten die Abstiegstriebwerke genau in Flugrichtung. In der Phase 2 des Abstieges wurde der Lander so gedreht, dass die Crew die Landestelle sehen konnte. Schließlich wurde in Phase 3 der finale Abstieg eingeleitet, in der sich das Schiff dem Zielgebiet näherte und langsam in die Vertikale aufrichtete. Diese Phase war besonders kritisch, denn sie beinhaltete auch die Zündung der Landetriebwerke und die Stilllegung der bisher arbeitenden Marschtriebwerke. Schließlich erfolgte in Phase 4 der „Touchdown". Wäre es an irgendeiner Stelle des Abstiegs zu einem schwerwiegenden Problem gekommen, wäre das Starship jederzeit in der Lage gewesen, die Landung abzubrechen und zum Gateway zurückzukehren.

Diese erste Landung erfolgte in unmittelbarer Nähe des Kraters Shackleton am lunaren Südpol. Der historische Moment des Beginns der zweiten Phase der bemannten Mondforschung begann, als Jessica Meir einen Tag später als 13. Mensch und als erste Frau den Mond betrat, 20 Minuten später gefolgt von Raja Chari. Es war der erste von insgesamt fünf jeweils achtstündigen Oberflächenexkursionen der beiden Astronauten.

Zwischen den einzelnen EVAs betrugen die Pausen im Schnitt zwölf Stunden, um Erholung für die Crew zu ermöglichen und die Batterien der Anzüge wieder aufzuladen.

Die Rückkehr zum Gateway spielte sich erneut in vier Phasen ab. Der Aufstieg in einen niedrigen Mondorbit bildete dabei die Phase 1. Dann erfolgt eine Freiflugphase während der die Aufstiegsstufe sich auf das Einschussfenster zum Halo-Orbit zubewegte. Dann erfolgt ein weiteres Brennmanöver und die Transferphase vom niedrigen Erdorbit zum Halo-Orbit begann. Die letzte Phase schließlich beinhaltete das Rendezvous und Docking mit dem Gateway.

Wenige Tage danach erfolgte der Umstieg aller vier Besatzungsmitglieder vom Mini-Gateway in die Orion-Raumkapsel, und der viertägige Rückflug zur Erde begann. Das bemannte Element der gesamten ARTEMIS IV-Mission des Jahres 2026, vom Start der Crew bis zu ihrer Rückkehr auf die Erde, war in weniger als 30 Tagen abgewickelt.

Nach dieser zweiten Demonstrator-Mission begann der Regelbetrieb, in dem ab November 2027 zunächst in jährlichem Abstand, später in Abständen von nur noch acht Monaten, immer anspruchsvollere Landemissionen folgten.

Eintritt in die Erdatmosphäre nach Beendigung der 30-tägigen Mondmission.

21. April 2030

Grundsteinlegung für Starbase

Nach der ersten bemannten Mondlandung im ARTEMIS-Programm mit der Demo 2-Mission im Dezember 2026 begann schon mit der zweiten Landung im November 2027 die Phase des so genannten „Lunar Surface Asset Deployment“. Das bedeutete nichts anderes, als dass ab diesem Zeitpunkt bereits die ersten Schritte zur Deponierung und Errichtung von Anlagen des Oberflächen-Außenpostens für Langzeitaufenthalte gemacht wurden, also für das, was heute als „Starbase“ bezeichnet wird. Zu diesem Zeitpunkt liefen auch bereits die Vorbereitungen für die chinesische Chang’e-Basis (oder, wie sie auch genannt wird, die „International Lunar Research Station“) deren Errichtung gerade einmal zwei Kilometer von der Starbase entfernt vorbereitet wurde. Die Bauarbeiten dafür begannen aber erst 2034.

Dass die Chang’e-Basis und Starbase so eng beieinander am Shackleton-Krater liegen ist den selenologischen Gegebenheiten geschuldet, denn selbst am Mondsüdpol gibt es nur wenige Orte, die in permanentem Sonnenlicht liegen. Andererseits wurde die physische Nähe dieser beiden Stationen letztendlich auch begrüßt, da sich hier in Notfällen die Möglichkeiten gegenseitiger Hilfe eröffnen.

Im Vorfeld und begleitend zum bemannten Landeprogramm lief – von der Öffentlichkeit nicht sonderlich beachtet – das so genannte CLPS-Programm ab. Privatunternehmen führten dabei im Auftrag der NASA bis 2030 jährlich zwischen ein und drei dieser relativ kleinen, unbemannten privatwirtschaftlich/institutionellen Missionen durch. Der Gesamtwert dieser Aufträge kumulierte sich bis zum Schluss auf knapp drei Milliarden Dollar.

Sinn des CLPS-Programmes war es neben der reinen Forschungsabsicht, eine Reihe von Unternehmen aufzubauen, die in der Lage waren, Transporte zur Mondoberfläche durchzuführen. Die US-Raumfahrtbehörde entwickelte also nicht selbst, sondern kaufte einfach eine Dienstleistung, die im Transport von NASA-Nutzlasten zum Mond bestand. Das Programm war damit von der Grundidee her ähnlich gestaltet, wie der Service, den die NASA schon lange zuvor für die Versorgung der ISS von privaten Transportanbietern in Anspruch nahm.

An CLPS beteiligten sich meist Unternehmen, die man in Europa als „Mittelständler“ bezeichnen würde. Firmen wie die Astrobotic Technology Incorporated aus Pittsburgh mit ihrem Peregrine-Lander (an deren Vorhaben im Übrigen auch Airbus in Bremen beteiligt war), Draper aus Cambridge, Massachusetts, Firefly Aerospace Inc. mit Sitz in Cedar Park, Texas oder die Masten Space Systems Inc. mit Sitz im kalifornischen Mojave.

Ein wichtiges Landeelement, das in der medialen Berichterstattung erstaunlich wenig Aufmerksamkeit erhielt, war der Raumanzug. Das mochte an dem Eindruck in der Öffentlichkeit liegen, dass man die Raumanzüge, die für die ISS verwendet wurden, einfach auch im AR-

Test der lunaren xEMUs in einem Unterwasserlabor in Houston. Die etwas unförmig wirkenden Anhängsel an den Unterschenkeln der Astronautin gibt es im originalen Anzug nicht. Sie sind einfach Gewichte, um unter Wasser eine Schwerkraft von einem Sechstel der Erdschwerkraft zu simulieren.

Eines der wichtigsten „Assets" der Mondstation. Der Toyota Lunar Cruiser.

TEMIS-Programm benutzen könnte. Nichts aber wäre falscher gewesen.

Die „Extra Vehicular Mobility Units", die so genannten EMUs, die auf der ISS eingesetzt wurden, waren deutlich in die Jahre gekommen. Doch selbst wenn sie neu gewesen wären: auslegungstechnisch waren sie völlig untauglich für eine Mondlandemission. Sie wurden einst für die Außenbordmanöver des Shuttle und die Aufbau- und Wartungsarbeiten an der ISS entwickelt. Sie waren für arm- und handintensive Tätigkeiten im Vakuum optimiert. Sich damit auf einer Mond- oder Planetenoberfläche zu bewegen wäre unmöglich gewesen.

Die ursprünglichen Apollo-Anzüge, die noch eine Generation vor den EMUs entstanden, waren ein Kompromiss aus Anforderungen, die aus der Flugsicherheit des Apollo-Raumschiffes selbst stammten, und aus den Umgebungs-Anforderungen auf dem Mond. Sie waren sehr komplex, relativ unbeweglich und sehr anfällig für den scharfkantigen, wie Schleifpapier wirkenden Mondstaub. Sie überstanden die jeweils drei Mondexkursionen der späteren Apollo-Landemissionen zwar ganz gut, und hätten vielleicht auch noch einen oder zwei weitere Einsätze durchgestanden, aber ganz sicher nicht mehr. Hunderte von Einsätzen mit demselben Anzug wären unmöglich gewesen.

Deshalb erforderte das ARTEMIS-Programm vollständig neue Raumanzüge, mit denen es möglich sein muss, auch in eine Höhle kriechen zu können, oder einen Berg hinauf- oder hinab zu klettern. Sie müssen unempfindlich für Stöße und Kratzer sein und sollen einen hohen Strahlungsschutz bieten. Diese Anzüge, die so genannten xEMUs, weisen eine vollständig andere Architektur als die bisherigen EMUs auf, und basieren auf den neuesten Technologien. Prototypen dieser Anzüge wurden im Vorfeld der ARTEMIS-Landungen auf der ISS erprobt.

Der große Unterschied zu den bisherigen Anzügen besteht darin, dass der neue Anzug von hinten über eine Rückenklappe bestiegen wird. Es dauert nur wenige Minuten, ihn in Betrieb zu nehmen. Bei den Apollo-Anzügen dauerte das bis zu zwei Stunden. Es gibt ein neues Kommunikationssystem, eine stark verbesserte Temperaturkontrolle, und der Anzug ist im Schulter- und Beinbereich adaptierbar. Er kann damit für alle Körpergrößen verwendet werden. Von der zierlichen weiblichen Astronautin bis zum männlichen Hünen: der xEMU passt für alle. Auch die Helme sind anders gestaltet. Sie verfügen über technische Gimmicks, die das Herz jedes Science-Fiction Fans höher schlagen lassen. Diese Helme sind nicht einfache Kunststoffkugeln, sondern ausgefeilte Systeme mit Head-up-Displays, die auf Stimmkommandos reagieren und in die Grafiken und Bilder aller Art, sowie Navigationsdaten und Statusanzeigen aller Anzug- und Landefährensysteme eingespielt werden können.

Das vielleicht innovativste Feature am xEMU ist ein Kohlendioxid-Beseitigungssystem, durch das der neue Anzug weit jenseits der bisherigen Zeitgrenzen von sechs bis acht Stunden pro Einsatz genutzt werden kann. Die Kommunikation mit dem Gateway und der Erde wird aber

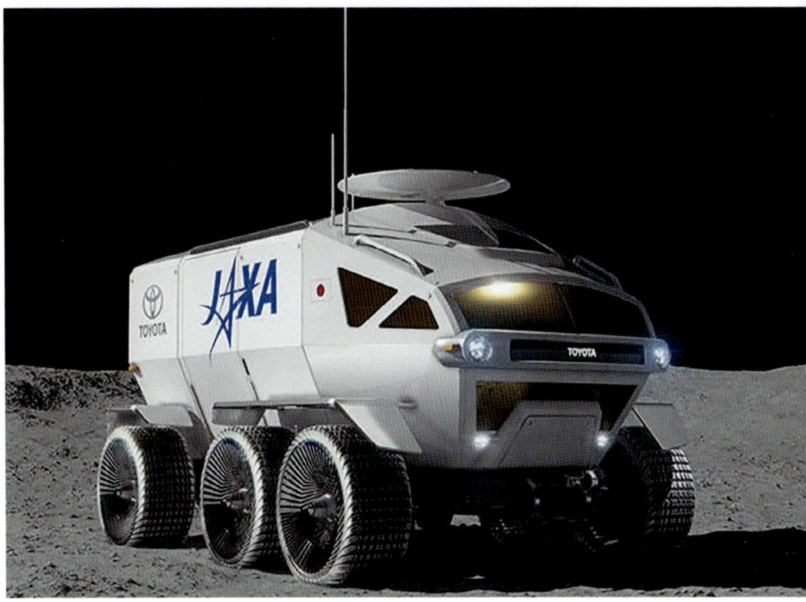

Eine andere Sicht des Toyota Lunar Cruisers.

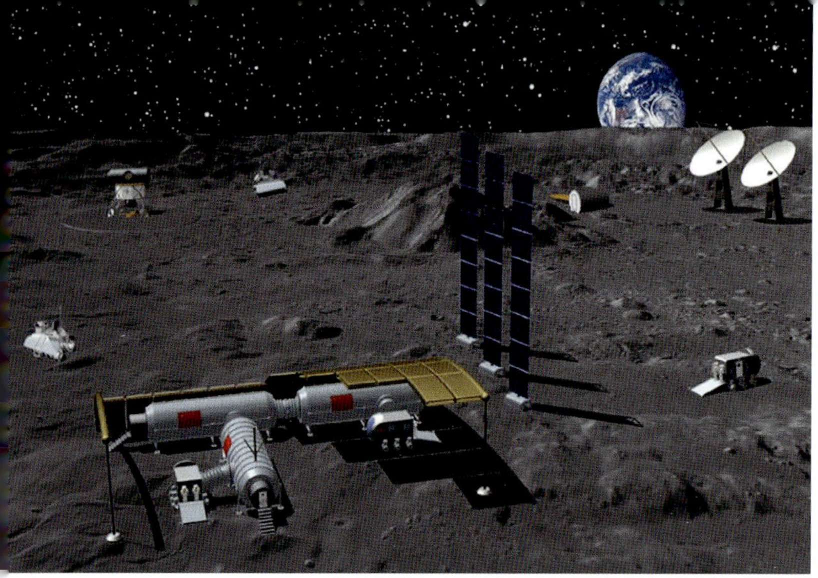

Modell der Chang'e-Basis, die nur wenige Kilometer von der Starbase entfernt entstand.

auch mit diesen Anzügen stets über den Lander abgewickelt. Eine direkte Kommunikation über die Anzüge mit den Controllern auf der Erde ist nicht möglich.

Ein weiteres Landeelement erhielt dagegen extrem große öffentliche Beachtung, nämlich das von Toyota entwickelte und gebaute Mondauto. Er trägt die Bezeichnung „Lunar Cruiser“, in Anspielung auf den „Land Cruiser“, einem populären Automodell von Toyota Anfang der 20er-Jahre. Im Gegensatz zu diesem wird sein lunares Gegenstück aber mit Brennstoffzellen betrieben. Der Vertrag zwischen JAXA und Toyota war bereits im Juni 2019 unterzeichnet worden. Der Lunar Cruiser stellt eine der japanischen Beteiligungen am ARTEMIS-Programm dar. Toyota stemmte das Projekt allerdings nicht ganz alleine, vielmehr sind eine Reihe namhafter weiterer japanischer Unternehmen wie etwa Mitsubishi Heavy Industries mit dabei. Toyota selbst bezeichnete dieses Konsortium als „Team Japan“.

Die Oberflächenaktivitäten nach der bemannten Demo-Mission verliefen in drei Phasen mit – in bestem NASA-Jargon – griffigen Bezeichnungen. Phase 1 trug die Bezeichnung: „Boots on the Moon“, Phase 2 hieß: „Exploration & Mobility“, und Phase 3 bekam das Schlagwort: „Mars Forward, Habitation & ISRU“ verpasst.

Hier eine kurze Aufstellung der bemannten lunaren Landungen nach der Demo-Mission 2.

Im November 2027 Artemis V. Wie die Demo-Mission 2 eine Landung mit zwei Personen. Aufenthaltsdauer zehn Tage. Beginn der Erstellung des „Shelters“, eines strahlungsgehärteten Schutzunterstandes für den Fall koronaler Massenauswürfe während der Mondaufenthalte der Astronauten.

Zwei Lunar Cruiser kommen mit ARTEMIS XI zum Mond.

Ein Touristenschiff landet. Im Hintergrund die Starbase im heutigen Ausbauzustand.

Im November 2028 ARTEMIS VI. Erste Mission der Phase 2. Vier Besatzungsmitglieder auf dem Mond und ein 30-Tage Aufenthalt. Fertigstellung des „Shelters". Aufbau der Solar-Farm I. Ab jetzt bestand die Möglichkeit, im Falle eines Problems mit dem Rückkehrraumschiff auf dem Mond „zu überwintern".

August 2029: ARTEMIS VII. Vier Besatzungsmitglieder und ein 30-Tage Aufenthalt. Anlieferung des ersten Lunar Cruiser, der Exkursionen bis in 15 Kilometern Entfernung erlaubte.

April 2030: ARTEMIS VIII. Zweiter Lunar Cruiser. Erweiterung des Power-Elementes um weitere Solarzellenflächen und die Errichtung der ersten nuklearen Kilopower-Station. Anlieferung der ersten Basis-Elemente für die Starbase. Die Ankunft der Mission ARTEMIS VIII am 21. April 2030 wird deshalb heute auch als die „Grundsteinlegung" bezeichnet.

Dezember 2030: ARTEMIS IX. Vier Besatzungsmitglieder und ein 30-Tage Aufenthalt. Die ISRU-Pilotanlage wird stationiert. Autonomes Baugerät wird in Betrieb genommen. Der Bau einer befestigten Landeplattform für die Starships wird vorbereitet.

August 2031: ARTEMIS X. Vier Besatzungsmitglieder und ein 42-Tage-Aufenthalt. Erster Lunar Cruiser II an Bord, der auch während der Mondnacht betrieben werden kann. Forschungsfahrt in das Schrödinger-Becken. Die befestigte Landeplattform wird fertig gestellt. Ausbau der Starbase.

Februar 2032: ARTEMIS XI. Vier Besatzungsmitglieder und ein 42-Tage-Aufenthalt. Zweiter und dritter Lunar Cruiser II kommen auf den Mond. Exkursion zum Krater Antoniadi. Weiterer Ausbau der Starbase. Fertigstellung der Lande- und Startplattform für die Starships.

August 2032: ARTEMIS XII. Vier Besatzungsmitglieder und ein 42-Tage-Aufenthalt. Erste Exkursion in die abgeschatteten Regionen des Shakleton Kraters. Inbetriebnahme der Starbase. Umstellung auf reinen Starship-Betrieb und somit seither keine Verwendung der Orion-Raumschiffe mehr. Ab Februar 2033 blieb die Starbase permanent besetzt.

Bemannte Starships zur Marsbasis Alpha

Anflug auf den Roten Planeten.

Erinnern wir uns an den ersten suborbitalen Testflug des Starship im November 2021. Er kam früher als selbst von optimistischen Experten erwartet worden war, und er scheiterte erst in der Endphase. Kaum jemand hätte es aber für möglich gehalten, dass Elon Musk in so kurzer Zeit den ersten Schritt zur Realisierung seines Ziels tun könnte. Der „Texas-Hawaii-Express“, wie er damals genannt wurde, startete am SpaceX-Testzentrum in Boca Chica. Es war der erste Einsatz der Super Heavy, die für diesen ersten Testflug allerdings nicht mit der vollen Anzahl (32) an Triebwerken startete, sondern nur mit 29 Einheiten

Der Flugweg führte nach Südosten in Richtung der „Florida Straße“, der Lücke zwischen Florida und Kuba. Nach 170 Flugsekunden trennten sich Starship und Super Heavy. Letztere führte ein Rückflugmanöver durch und simulierte danach eine Wasserlandung auf (der noch nicht vorhandenen Landeplattform) im Golf von Mexico. Der Booster konnte weitgehend intakt geborgen werden.

Das Starship erreichte eine suborbitale Bahn, auf der nur wenige hundert Kilometer pro Stunde für das Erreichen eines Orbits gefehlt hätten. Beim Wiedereintritt in die Erdatmosphäre zerbrach das Vehikel allerdings. SpaceX bezeichnete seinerzeit den Flug dennoch als Erfolg. Immerhin konnten wichtige Daten gewonnen werden

Im Juni 2022 erfolgte nach zwei weiteren vorausgegangenen suborbitaler Missionen mit strukturell verstärkten Starships der erste Orbitalflug. Am darauf folgenden „Company Day“, dem 28. September 2022, gab Elon Musk die neuesten Details zum Fortgang seiner Mars-Initiative bekannt. Dabei waren insbesonders die nächsten Schritte zur Weiterentwicklung des Starhip als interplanetares Raumfahrzeug interessant. In diese Initiativen liefen parallel auch die Erkenntnisse aus dem Mondprogramm der NASA mit ein, wie sich überhaupt die beiden Entwicklungslinien gegenseitig befruchteten.

Im Juni 2024 erfolgte erstmals ein bemannter Start eines Orbital Starship. Dieser Flug führte zur Internationalen Raumstation wo die Besatzung abgesetzt wurde, und einige Wochen später mit einem „regulären“ Crew Dragon von SpaceX wieder zur Erde zurückkehrte. Allerdings führte das Starship im weiteren Verlauf der Mission eine perfekte Landung auf der Bergungsplattform Phobos durch, die SpaceX im Golf von Mexico stationiert hatte.

Im Juni 2025 erfolgte der seit langem geplante zirkumlunare Flug des japanischen Geschäftsmannes Yusaku Maezawa mit drei von ihm ausgewählten Mitfliegern (ursprünglich waren sieben geplant gewesen). Der Flug war insofern sehr interessant, weil erstmals in größerem Umfang und unter realen Mondflugbedingungen das orbitale Betankungsverfahren erprobt wurde. Das „Einbremsen“ in die Erdumlaufbahn nach der Rückkehr vom Mond erfolgte erstmals mit einer Kombination aus raketengestützter Geschwindigkeitsverringerung und Aerobraking. In der Erdumlaufbahn stieg die Crew in einen Crew Dragon um, mit dem die Landung auf der Erde erfolgte. Das Starship landete unbemannt. Die Gesamtdauer der Mission betrug zehn Tage.

Starship auf dem Weg zum Mars.

Über die Starship-Flüge im Rahmen des ARTEMIS-Programms wurde bereits an anderer Stelle berichtet. Deshalb gehen wir gleich über zum unbemannten Mars-Testflug, der am 3. Januar 2029 begann. Der Eintritt in die Mars-Umlaufbahn erfolgte am 15. Juli 2029. Zwei Wochen später erfolgt die Landung auf Phobos mit der automatischen Probenentnahme (es waren seinerzeit nicht weniger als 450 Kilogramm). Wenige Tage darauf begann der Rückflug zur Erde wo das Starship im Februar 2030 eintraf und mittels der inzwischen verbesserten Kombination aus Aerobraking und raketengestützter Abbremsung in eine Erdumlaufbahn eintrat.

Am 31. März 2031 starten zwei unbemannte Fracht-Starships zum Mars zur „Mars Cargo Demonstration Mission 1“. Die beiden Raumfahrzeuge führten Kleinreaktoren der Kilopower-Klasse an Bord mit. Die Landung des einen Starship erfolgt im Dezember 2031 in den Phlegra Montes, das andere Starship landete im Arcadia Planitia. Diese beiden Gegenden waren im Vorfeld als die vielversprechendsten Lokationen für die Errichtung der ersten menschlichen Basis auf dem Mars bestimmt worden. Beide Starships führten eine automatische In-Situ-Treibstoff-Produktionsvorrichtung an Bord mit sich, mit denen Sauerstoff und Methan aus der Marsatmosphäre erzeugt werden konnte. Außerdem an Bord: jeweils vier humanoide Roboter von Boston Dynamcis, welche die Wartung der beiden Starships durchführten und Außenbordaktivitäten vornahmen.

Nach knapp einem Jahr auf dem Mars fiel die Auswahl des Standortes für die Marsbasis Alpha auf die Region Ar-

Eintritt in die Marsatmosphäre.

Die Landung ist erfolgt.

cadia Planitia. Als Test des Treibstofferzeugungssystems unternahm nach einem Jahr das in den Phlegra Montes gelandete Starships einen suborbitalen Flug zur Arcadia Planitia.

Im Mai 2033 starten zwei weitere unbemannte Starships zum Roten Planeten und landen im Dezember 2033 ebenfalls in den Arcadia Planitia. Es waren dies ein Reserve-Raumschiff für einen bemannten Rückflug zur Erde der im Februar 2036 ankommenden ersten Crew, sowie ein reines Frachtschiff in dem sich Rover, bergmännische Ausrüstung, Maschinen, Roboter, Solarpaneele, gartentechnische Ausrüstung, Lebensmittel und weitere Kilopower-Anlagen befanden.

Auf dem Reserve-Raumschiff für den bemannten Rückflug zur Erde wurde beim Hinflug zum Mars das Environmental Control and Life Support System (ECLSS) getestet. Auf der Mars-Oberfläche angekommen richteten Roboter von Boston Dynamics in der Zwischenzeit eine Solarfarm ein. Die gewonnene Energie wurde in Form von Wasserstoff gespeichert oder für den kurzfristigen (vorwiegend nächtlichen Verbrauch) in Tesla-Powerpacks zwischengespeichert.

Erster Blick auf den Mars.

Schließlich starteten im Juli 2035 zwei Crew-Starships mit jeweils acht Astronauten an Bord zur ersten bemannte Expedition zum Mars. Die beiden Schiffe landeten am 24. Februar 2036 an der Stelle der zukünftigen Marsbasis Alpha, wo sich danach insgesamt sechs Starships befanden. Die mit ECLSS-Systemen ausgerüsteten Schiffe, also die beiden Starships, mit denen die 16 ersten Astronauten angekommen waren, sowie das Reserve-Raumschiff der unbemannten Expedition des Jahres 2033, dienten danach der Crew als temporäres Habitat, bis der Aufbau der Station soweit gediehen war, dass die regulären festen und halb vergrabenen Unterkünfte nach und nach in Betrieb genommen werden konnten.

Die Kodiak-Mesa im Jezero-Krater.

12. April 2061

Marsbasis Alpha wird Mars City

Mit der ersten unbemannten Landung eines Starship auf dem Mars im Dezember 2031 hatte auch der Bau der Marsbasis Alpha begonnen. Dafür wurden zunächst nur eine Handvoll humanoide Roboter von Boston Dynamics eingesetzt, einer Firma die zur SpaceX-Konzerngruppe gehört.

Essentiell wichtig waren in dieser frühen Aufbauphase die Wasserversorgung und die Energiesituation der Basis. Für die Forschungen hinsichtlich des ersten Aspektes hatte die NASA bereits 2027 in Zusammenarbeit mit der italienischen, der kanadischen und der japanischen Weltraumagentur den „International Mars Ice Mapper"-Orbiter in eine Umlaufbahn um den Roten Planeten entsandt. Seine Aufgabe war es vor allem, die Eisvorkommen zu erfassen, die relativ nahe am Äquator und in einer Bodentiefe von nicht mehr als maximal fünf bis zehn Metern lagen.

Diese Erkundungen führten zu der im vorigen Kapitel beschriebenen Auswahl von zwei Primärlandegebieten für die erste unbemannte Expedition, die am Fuß der Phlegra Montes und im Arcadia Planitia lagen. Die Felderkundungen, die das ganze erste Halbjahr 2032 über andauerten, führten dazu, dass schließlich die letztere Region als „Baustelle" für die *Marsbasis Alpha* bestimmt wurde.

Ein zweiter Aspekt der unbemannten Expedition von 2031 waren Tests mit der In-Situ-Treibstoffgewinnung. Dazu hatten die Roboter beider Raumschiffe je ein kleines Solarfeld errichtet. An Bord jedes der beiden Schiffe befand sich auch ein Kompaktreaktor der Kilopower-Klasse. Die wurden nicht entladen, sondern verblieben stationär an Bord der Schiffe.

Ende 2032 wurde das in den Phlegra Montes gelandete Startship in einem kurzen suborbitalen Flug, mittels des in der experimentellen In-Situ-Produktionsanlage gewonnenen Treibstoffs ebenfalls zum Arcadia Planitia verlegt. An dieser Stelle landeten auch die beiden unbemannten Starships des Startfensters vom Mai 2033, die im Februar 2034 eintrafen.

Nachdem nun die Ressourcen aus vier Schiffen zusammengelegt waren, begann das „Wassereis-Mining" im Arcadia Planitia in größerem Umfang. Es begann auch die

Marsbasis Alpha, Ausbaustufe 1.

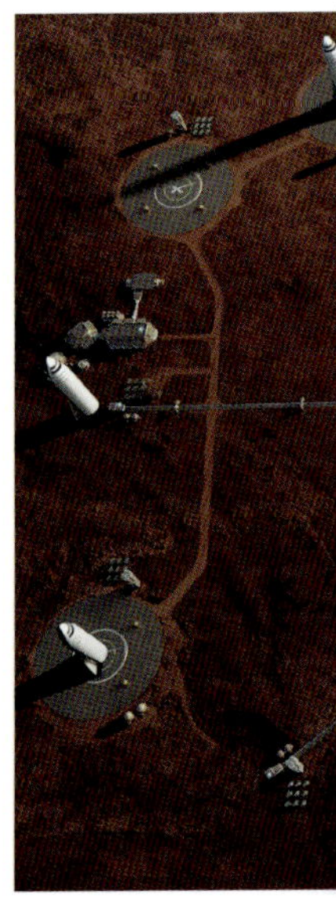

Mars City.

Errichtung einer Pilotanlage für die Wasser- und Methanproduktion und die Herstellung weiterer technischer Gase (wie Stickstoff, Methan, Sauerstoff und Argon). Diese Stoffe wurden vorläufig in aufblasbaren Tankanlagen deponiert. Gleichzeitig begann auch die Vorbereitung von Landepads für die Ankunft der ersten bemannten Schiffe in einiger Entfernung von der geplanten Ansiedlung.

Die ersten beiden bemannten Starships erreichten die sich langsam entwickelnde Baustelle im Februar 2036. Insgesamt waren darin 16 Menschen an Bord, die mit umfangreicher Bauausrüstung kamen und die Arbeiten nun beschleunigt weiterführten. Diese ersten Siedler und Besucher benutzten die Starships als temporäre Unterkünfte. Ab 2037 wurde ein experimentelles Gewächshaus aufgebaut. Damit begannen die größer angelegten Versuchsreihen mit hydroponischen Anlagen für den Obst-, Gemüse- und Nutzpflanzenanbau.

Mit der anlaufenden Treibstoffgewinnung aus der Pilotanlage wurden nun größere Mengen Methan und flüssiger Sauerstoff aus den unterirdischen Wasserdepots und aus der Atmosphäre extrahiert. Sie dienten vor allem als Treibstoff für das Schiff, das im Startfenster vom April 2037 mit acht Personen zur Erde zurückflog.

Damit verblieben für eine Weile nur acht Menschen auf dem Mars. Sie wurden aber im Januar 2038 durch weitere 30 Personen verstärkt die in zwei weiteren Raumschiffen ankamen. Unter ihnen auch Elon Musk. In dieser Phase begann der Ausbau der hydroponischen Anlagen. Der Bau modularer Bodenhabitate mit Bodenaufschüttungen

Marsbasis Alpha, Ausbaustufe 2

als Strahlungsschutz wurde ab jetzt verstärkt vorangetrieben.

Ende 2038 lag die Selbstversorgungsquote bereits bei etwa 90 Prozent. Die Versorgung mit fast allen Spurenelementen und notwendigen seltenen Erden war ab diesem Zeitpunkt ebenfalls gesichert, und der *Marsbasis Alpha* gelang die Extraktion weiterer chemischer Elemente und Metalle aus marsianischem Regolith und Fels. Einfache Werkzeuge wurden ab jetzt mittels 3D-Druck hergestellt, ebenso Ersatzteile für die Starships.

Der Raumhafen von *Mars City* befindet sich rechts oben im Hintergrund. Die Starships im Vordergrund sind „Gründerschiffe" aus der frühen Besiedelungszeit. In ihnen befinden sich heute Vorratsspeicher und Energieanlagen. In *Mars City* ist die neue Kuppel gut zu erkennen.

Im Mai 2039 flog ein zweites Schiff mit zehn Personen zur Erde zurück, unter ihnen Elon Musk. Schon 2034 hatten sich weltweit eine Reihe von Raumfahrtorganisationen zusammengeschlossen, um die wissenschaftliche Arbeit an der *Marsbasis Alpha* mit eigenen Wissenschaftlern und Ingenieuren zu unterstützen. Sie starteten mit einer kleinen Flottille von drei Starships im Juni 2039 zum Mars und landeten dort im Februar 2040. Mit diesen drei Schiffen erreichten weitere 90 Personen den Mars. Damit lag der Bestand der dort lebenden Menschen erstmals bei mehr als 100 Personen.

In der weiteren Folge kamen mit jeder Mars-Erde-Synode (alle 26 Monate) etwa dreimal so viele Menschen an, wie den Roten Planeten wieder verließen. Diese ständig anwachsende Zahl von zeitweilig und permanent anwesenden Menschen erlaubte die weitere Expansion der

Marsbasis Alpha. Alle Wohnsiedlungen waren in dieser Phase bereits teilweise im Untergrund angelegt, um langfristige Strahlungsschäden zu vermeiden.

Die Anstrengungen in dieser frühen Siedlungsphase waren darauf ausgerichtet, die Basis so schnell wie möglich auf vollständige Autonomie auszurichten. Extrem Ressourcen sparendes und nachhaltiges Wirtschaften, vollständig regenerative Lebenserhaltungssysteme und das Leben mit den lokalen Gegebenheiten und Materialien waren unabdingbarer Bestandteil dieses Plans.

Mit der Ankunft von über 200 Siedlern im Mai 2059 überschritt *Marsbasis Alpha* die 1000 Personen-Grenze. Das war den dort lebenden Menschen Grund genug, den experimentellen Charakter ihrer Siedlung nicht länger zu

Start eines Starship zu neuen Zielen im Sonnensystem.

betonen, und die „Normalität" des Lebens auf dem Mars herauszustellen. Deshalb wurde nach einer Abstimmung beschlossen, ab dem 12. April 2061, dem 100. Jahrestag des ersten bemannten Raumfluges, die erste Siedlung auf dem Roten Planeten von *Marsbasis Alpha* in *Mars City* umzubenennen. Zu diesem Zeitpunkt wurde auch der erste große transparente Dom fertiggestellt. Dieses Bauwerk galt als Symbol dafür, dass diese Siedlung nicht länger ein raumfahrttechnischer Endpunkt war, sondern ein Fernhafen, der es erlaubte, nun die weiten Fernen unseres Sonnensystems zu erkunden und zu besiedeln.

Schlusswort

Liebe Leserin, lieber Leser,
Es gibt keine absolut fehlerfreien Bücher, sondern nur möglichst fehlerfreie Bücher. So ist es auch mit diesem Werk, das sie hier in Händen halten. Wir haben es hier nicht mit normaler Belletristik zu tun, die sich nur mit der Rechtschreibung auseinanderzusetzen hat. In solchen Werken wird die Fehlerzahl naturgemäß ziemlich übersichtlich sein. Anders ist es dagegen bei Sachbüchern wie diesem, mit tausenden von Einzeldaten und Fakten. Gehen Sie ruhig davon aus, dass vielleicht ein bis zwei Promille der Angaben nicht stimmen. Seien es – bei aller aufgewendeten Sorgfalt – Flüchtigkeitsfehler, Zahlendreher, Kopierfehler, eine schlechte Quelle oder einfach die Unwissenheit des Autors.

Die Wahrscheinlichkeit ist relativ hoch, dass dieses Buch mindestens noch eine weitere Auflage erleben wird. Und die sollte dann möglichst noch besser sein als der Vorgänger.

Als Autor ist man immer ein wenig fehlerblind, und für den Lektor ist das Nachschlagen der unzähligen Fakten schier unmöglich. An dieser Stelle kommen Sie ins Spiel – liebe Le-

Flug ins Mondsystem des Saturn. Ziele sind Titan und Enceladus.

serin, lieber Leser: machen Sie mich auf Fehler aufmerksam. Vor allem auf Faktenfehler. Ich erlebe immer wieder, welch enormes Fachwissen meine Leser zu den von mir beschriebenen Themen haben, das bei manchen Spezialthemen meines deutlich übersteigt.

Um Sie dazu etwas zu motivieren, habe ich mir etwas ausgedacht. Manche von Ihnen wissen es: Ich bin der Autor einer Jahrbuchserie mit der Bezeichnung SPACE (https://space-jahrbuch.de/shop.php), die seit 2003 jährlich erscheint. Ich habe davon, durch alle Jahrgänge, Restexemplare zur Verfügung die ich den ersten 100 Meldern „berechtigter" Fehler zuschicken werde. Versandkostenfrei. Meine Mailadresse lautet Eugen.Reichl@web.de. Wenn Sie mir schreiben, vergessen Sie nicht, eine Lieferadresse anzugeben.

Was hier „berechtigt" heißt?

Das sollte ich vielleicht noch erklären.

Ich berücksichtige für diese Aktion nur deutliche Faktenfehler. Wenn irgendwo eine Trennung falsch sein sollte, oder eine Interpunktion diskutabel, dann gilt das nicht. Wenn ich die Brenndauer eines Triebwerks mit 390 Sekunden angegeben habe, aber sie finden eine Quelle die von 389 spricht, dann gilt das auch nicht. In diesem Fall habe ich, der Lesbarkeit halber, möglicherweise einfach aufgerundet oder die bessere Quelle. Wenn Sie mir aber nachweisen, dass es – sagen wir – 500 Sekunden sind statt der angegebenen 390, dann sind Sie mit dabei. Und gleich ein Tipp für Ihre Recherche: Vor allem die deutsche Wikipedia ist raumfahrttechnisch sehr häufig nicht das Maß der Dinge. Wenngleich dort natürlich auch so mancher Artikel von sehr guter Qualität zu finden ist, wie Sie im Anhang sehen werden.

Und klar ist auch: dieses Angebot gilt auch nicht für die letzten sechs Kapitel, denn deren Ereignisse liegen zu einem großen Teil in der Zukunft.

Wie auch immer: Ich glaube, Sie haben das Prinzip verstanden.

Tja, und jetzt müssten Sie das Buch für die Fehlersuche eigentlich nochmal lesen.

Viel Spaß dabei.

Abkürzungsverzeichnis

AEPS ▹ Advanced Electric Propulsion System. Hall-Effekt-Ionenantrieb für das PPE-Modul des Lunar Gateway.

ALSEP ▹ Apollo Lunar Surface Experiments Package. Modulare Wissenschaftliche Forschungsstation die von den Apollo-Astronauten auf dem Mond aufgebaut wurde.

ALT ▹ Approach and Landing Tests. Flugversuche mit dem Shuttle im Sommer 1977 um die Flug- und Landeeigenschaften zu evaluieren.

AM ▹ Ascent Module. Aufstiegsmodul des Apollo Lunar Landers.

AMU ▹ Astronaut Maneuvering Unit. Manövriereinheit mit eigenem Antriebssystem. Verwendet im Gemini-Programm.

APAS ▹ Androgynous Peripheral Attach System. Dockingsystem, das sowohl für US-Raumschiffe auch als für russische Raumfahrzeug geeignet ist.

APCP ▹ Ammoniumperchlorat-Komposittreibstoff. Festtreibstoff für Boostertriebwerke. Wird zusammen mit einem Bindemittel wie PBAN verwendet.

Aphel ▹ Sonnenfernster Punkt einer elliptischen Umlaufbahn um die Sonne.

Apoareion ▹ Planetenfernster Punkt einer elliptischen Umlaufbahn um den Mars.

Arianespace ▹ Unternehmen, das den Betrieb und die Vermarktung der von der ArianeGroup und Avio hergestellten Raketen der Typen Ariane 5, Ariane 6 und Vega durchführt.

ASTP ▹ Apollo Sojus Test Project

Astronomische Einheit ▹ Mittlere Entfernung der Erde (Bahnradius) von der Sonne. Entspricht 149,6 Millionen Kilometer. Abkürzung: AE

ATDA ▹ Augmented Target Docking Adapter. Zielsatellit im Gemini-Programm für Docking-Versuche. Wurde bei Gemini 9 eingesetzt.

Beidou ▹ Chinesisches Satellitennavigationssystem, umfasst 35 Satelliten.

Boilerplate ▹ Stark vereinfachter Prototyp eines Raumschiffs, das in Gewicht und Abmessungen, nicht aber in der technischen Ausstattung dem Original-Raumfahrzeug entspricht. Wird verwendet, um bestimmte Testparameter zu verifizieren.

Booster ▹ Seitlich an der Basis der Rakete angebrachte Starthilfsrakete. Wird zunehmend häufiger auch für die erste Stufe einer Trägerrakete verwendet.

CapCom ▹ Für „Capsule Communicator". Astronaut, der im Missionskontrollzentrum den Sprechverkehr mit der Flightcrew abwickelt.

CAS ▹ Chinesische Akademie der Wissenschaften.

CASC ▹ China Aerospace Science and Technology Corporation. Chinesisches Raumfahrt-Staatsunternehmen.

CCDev ▹ Commercial Crew Development Program. US-Programm für einen privat und kommerziell organisierten bemannten Zugang zum niedrigen Erdorbit.

CLPS ▹ Commercial Lunar Payload Services Programm. Programm für private Unternehmen, Transporte zur Mondoberfläche durchzuführen.

CNES ▹ Centre National d'Études Spatiales. Französische nationale Raumfahrtagentur.

CNSA ▹ China National Space Agency. Nationale Raumfahrtagentur Chinas.

COSPAR ▹ COmmittee on SPAce Research. Globaler Dachverband für wissenschaftliche Aktivitäten auf dem Gebiet der Weltraumforschung.

COSTAR ▹ Corrective Optics Space Telescope Axial Replacement. System von Korrekturspiegeln für das Hubble-Weltraumteleskop.

COTS ▹ Commercial Orbital Transportation Services. NASA-Förderprogramm für private Transportdienstleistungen zur ISS.

CRS ▹ Cosmic Ray Subsystem. Instrument in den Voyager-Raumsonden.

CSM ▹ Command and Service Modul. Kombination aus Kommandokapsel und Servicemodul eines Apollo-Raumschiffs.

DCAM3 ▹ Deployable CAMera 3. Freifliegendes Kamerasystem der Raumsonde Hayabusa

DFVLR ▹ Deutsche Forschungs- und Versuchsanstalt für Luft- und Raumfahrt. Vorläuferorganisation des heutigen DLR.

DLR ▹ Deutsches Zentrum für Luft- und Raumfahrt. Nationale deutsche Luft- und Raumfahrtbehörde.

DM ▹ Descent Module. Abstiegsmodul des Apollo Lunar Landers; Docking Module des ASTP.

DMA ▹ Délégation Ministeriélle pour l'Armement. Ehemalige Abteilung des französischen Verteidigungsministeriums

Dragon ▹ Unbemanntes (Dragon) oder bemanntes (Crew

Dragon) Transportraumschiff von SpaceX für die Unterstützung der ISS oder „touristische" und wissenschaftliche Freiflüge ohne Besuch der ISS.

EMI ▹ ElectroMagnetic Interference

ERM ▹ ESPRIT Refuelling Module. Bestandteil des europäischen ESPRIT-Moduls für den Lunar Gateway.

ESPRIT ▹ European System Providing Refuelling, Infrastructure and Telecommunication. Europäisches Servicemodul für den Lunar Gateway. Besteht aus HLCS und ERM.

ESSA ▹ Environmental Science Services Administration (US-Umweltschutzbehörde).

ESTEC ▹ European Space Research and Technology Centre. Entwicklungs- und Technologiezentrum der ESA in den Niederlanden.

EVA ▹ Kurzform von ExtraVehicular Activity. Außenbordmanöver.

FRR ▹ Kurzform von Flight Readiness Review. Letzter administrativer Meilenstein einer Raumfahrtmission vor ihrem Start.

FSB ▹ Funktionalnij Sluschebnij Blok. Antriebseinheit für das Kwant-1-Modul der Raumstation Mir und für das Poljus-Modul der Energia-Rakete.

g ▹ Kurzform für g-Kraft (g-Force). Bezeichnet die Belastung, die aufgrund von Beschleunigungskräften auf einen Körper einwirkt. Wird als Vielfaches der Fallbeschleunigung „g" angegeben. ▹

GALILEO ▹ Europäisches Satellitennavigationssystem.

GATV ▹ Gemini Agena Target Vehicle. Zielsatellit für Gemini-Raumschiffe.

Geostationärer Orbit ▹ Kreisförmige Umlaufbahn eines Satelliten, auf der er die Erde in genau 24Stunden umrundet und daher über einem Punkt der Erde still zu stehen scheint. (Höhe 35.786 Kilometer über der Erdoberfläche, Bahnradius 42.164 Kilometer)

Geosynchroner Orbit ▹ Inklinierte und/oder elliptische Umlaufbahn eines Satelliten, auf welcher er die Erde in genau 24 Stunden einmal umrundet.

GLONASS ▹ Russisches globales Navigationssatellitensystem (Глобальная навигационная спутниковая система, (Globalnaja Navigatsionnaja Sputnikowaja Sistema)

GMT ▹ Greenwich Mean Time.

HALO ▹ Habitation And Logistics Outpost. Mini-Habitat am Lunaren Gateway.

Halo-Orbit ▹ Eine Umlaufbahn um einen der Lagrange-Punkte L1 bis L3, des Erde-Mond-Systems oder des Sonne-Erde-Systems, die – im Gegensatz zu einem Lissajous-Orbit – annähernd periodisch ist. Das ARTEMIS-Gateway beschreibt einen Halo-Orbit um L2 im Erde-Mondsystem.

HLCS ▹ Halo Lunar Communication System. Bestandteil des europäischen ESPRIT-Moduls für den Lunar Gateway.

HHMU ▹ Hand Held Maneuvering Unit. Von den Astronauten als „zip gun" bezeichnet. Bewegungshilfe bei der Durchführung einer EVA.

ICPS ▹ Interim Cryogenic Propulsion Stage. Oberstufe des SLS Block 1. Wird bis zur Mission ARTEMIS III verwendet.

IML-1 ▹ International Microgravity Laboratory-1. Flog bei der Mission STS-42.

Isolane ▹ Fester Treibstoff für Oberstufen der Diamant-Trägerraketen und für französische Höhenforschungsraketen der sechziger Jahre.

ISPR ▹ International Standard Payload Rack. Standardisierter Nutzlastschrank für die Ausrüstung der ISS-Module.

ITOS ▹ Improved TIROS Operational Satellite.

JSC ▹ Johnson Space Centre. Zentrum für bemannte Raumfahrt der NASA in Houston, Texas.

Kommunikationssatellit ▹ Raumfahrzeug zur Übertragung von Informationen und Daten.

KPdSU ▹ Kommunistische Partei der Sowjetunion.

L3S ▹ Lanceur 3ieme Generation Substitution. Programmname des Ariane-Projektes während der Definitionsphase.

LECP ▹ Low-Energy Charged Particle Detector. Instrument an Bord der Voyager-Raumsonden.

LH_2 ▹ Flüssiger Wasserstoff.

LEO ▹ Low Earth Orbit. Erdnahe Umlaufbahn.

LOX ▹ Flüssiger Sauerstoff.

MASCOT ▹ Mobile Asteroid Surface SCOuT. Landesonde von Hayabusa 2

MBB ▹ Messerschmitt-Bölkow-Blohm. Deutscher Luft-

und Raumfahrtkonzern. Eines der Gründungsunternehmen des heutigen Airbus-Konzerns.

MET ▹ Abkürzung für **M**ission **E**lapsed **T**ime. Zeit, die seit Missionsbeginn in Stunden, Minuten und Sekunden vergangen ist.

MEZ ▹ **M**ittel**E**uropäische **Z**eit (GMT + 1 Stunde)

MINERVA ▹ **MI**cro/**N**ano **E**xperimental **R**obot **V**ehicle for **A**steroid. Landesonde von Hayabusa 1

MON 10 ▹ Oxidatorkomponente hypergoler Treibstoffe. Besteht zu 90 Prozent aus N_2O_4 und zu 10 Prozent aus NO.

MVac ▹ **M**erlin **Vac**uum Engine. Version des SpaceX Merlin-Triebwerks für die zweite Stufe der Falcon 9.

N2O4 ▹ Stickstofftetroxid. Oxidator für hypergole Treibstoffe

NASDA ▹ **Na**tional **S**pace **D**evelopment **A**gency. Japanische Raumfahrtagentur

NOAA ▹ **N**ational **O**ceanic and **A**tmospheric **A**dministration (US-Behörde für Meeres- und Atmosphärenforschung).

NRHO ▹ **N**ear **R**ectiliniear **H**alo **O**rbit.

Orbit ▹ Umlaufbahn eines Raumfahrzeugs um einen Himmelskörper.

PBAN ▹ Polybutadienacrylnitril. Treibstoffkomponente von Festtreibstoffen.

Periareion ▹ Planetennächster Punkt einer elliptischen Umlaufbahn um den Mars.

Perihel ▹ Sonnennächster Punkt einer elliptischen Umlaufbahn um die Sonne.

PMA ▹ **P**ressurized **M**ating **A**dapter. Kopplungsstutzen am US-Modul Unity der ISS.

Pogo-Effekt ▹ Gefährliche Resonanzschwingung in der Längsachse von Trägerraketen, hervorgerufen durch Verbrennungsinstabilitäten.

PPE ▹ **P**ower and **P**ropulsion **E**lement. Antriebs- und Energieversorgungsmodul des Lunaren Outpost

Roskosmos ▹ Russische Raumfahrtagentur.

RTG ▹ ▹ **R**adioisotope **T**hermoelectric **G**enerator. Konvertiert radioaktive Zerfallswärme in elektrische Energie.

SAST ▹ **S**hanghai **A**cademy of **S**paceflight **T**echnology

SCI ▹ **S**mall **C**arry on **I**mpactor. Einschlagsonde von Hayabusa 2

S.E.R.E.B ▹ **S**ociété d'**É**tude et de **Réalisation d›E**ngins **B**alistiques. Unternehmen, das ursprünglich für die Entwicklung der französischen Nuklearraketen geschaffen wurde und auch die Entwicklung der Diamant-Rakete managte.

SEP ▹ **S**ociété **E**uropéenne de **P**ropulsion. Vorläufer des französischen Technologieunternehmens SAFRAN.

SLS ▹ **S**pace **L**aunch **S**ystem. Superschwere Trägerrakete der USA für die ARTEMIS-Mondmissionen. Trägerrakete für das Orion-System.

SNAP ▹ **S**ystems **N**uclear **A**uxiliary **P**ower. Programm experimenteller RTGs und Weltraumreaktoren der sechziger Jahre.

SpX-DM1 ▹ **Sp**ace**X**-**D**emonstration **M**ission **1**. Erster, noch unbemannter, Testflug des Crew Dragon von SpaceX.

Starliner ▹ Eines der beiden US-Systeme für die Besatzungstransfers zur ISS, entwickelt von Boeing. Das andere ist der Crew Dragon von SpaceX.

Starlink ▹ Konstellation niedrig fliegender Kommunikationssatelliten von SpaceX, die einen weltumspannenden Breitband-Internetzugang ermöglichen sollen.

Starship ▹ Neuartiges, voll wiederverwendbares Raumschiff von SpaceX.

SS1 ▹ **S**pace**S**hip**O**ne. Raketenflugzeug von Scaled Composites.

STS ▹ **S**pace **T**ransportation **S**ystem. Offizielle Bezeichnung für den Space Shuttle. Zusammen mit einer Zahl bezeichnete es auch die Flugnummer (z. B. STS-2)

Tanegashima ▹ Insel im Süden Japans, auf dem das Tanegashima Space Center der japanischen Raumfahrtagentur JAXA liegt.

TASS ▹ **T**elegrafnoje **A**gentstwo **S**owjetskowo **S**ojusa. Zentrale russische (und zuvor sowjetische) Nachrichtenagentur.

TEI ▹ Abkürzung für **T**rans **E**arth **I**njection. Einschuss aus einem Mond- oder Planetenorbit in die Rückkehrbahn zur Erde.

TIROS ▹ **T**elevision **I**nfra**R**ed **O**bservation **S**atellite. Erste Generation von US-Wettersatelliten.

TLI ▹ **T**rans **L**unar **I**nsertion. Der Einschuss eines Raumfahrzeuges in eine lunare Transferbahn.

Transponder ▹ Funk-Kommunikationsgerät, das eingehende Signale aufnimmt und automatisch beantwortet bzw. weiterleitet, gebildet aus den Begriffen Transmitter (Übertrager) und Responder (Beantworter).

UH 25 ▹ Mischung aus 25 Prozent Hydrazinhydrat und 75 Prozent Unsymmetrischem Di-Methylhydrazin.

VEEGA ▹ **V**enus-**E**arth-**E**arth-**G**ravity **A**ssist. Flugbahn der Jupitersonde Galileo, die Swingby-Manöver an der Erde (2x) und an der Venus (1x) durchführte, um genügend Geschwindigkeit für den Jupiter-Transfer zu erhalten.

VfR ▹ **V**erein **f**ür **R**aumschiffahrt (mit zwei „f"). Vereinigung deutscher Raketen- und Raumfahrtpioniere in den 20er und 30er-Jahren des letzten Jahrhunderts.

WK1 ▹ **W**hite**K**night**O**ne. Trägerflugzeug von Scaled Composites für das SS1

Zip gun ▹ Siehe HHMU

Einige Internet-Referenzen

Mir ist bewusst, dass die Halbwertszeit von URLs ziemlich begrenzt ist. Trotzdem habe ich Ihnen, liebe Leserin, lieber Leser, eine kleine Auswahl von 30 Raumfahrt-Internetadressen quer durchs raumfahrtthematische Gemüsebeet aufgeschrieben. Die meisten sind seit Jahren stabil und unverändert und sie verweisen auf Inhalte, die so gut sind, dass Sie zumindest den Versuch machen sollten, sie aufzufinden.

Damit Sie nicht lange alphanumerische Ungetüme eintippen müssen, habe ich Ihnen, mit Ausnahme der Adressen die ohnehin schon sehr kurz sind, Kurz-URLs präpariert. Sollten die dennoch in einigen Jahren nicht mehr gehen, dann ist das auch nicht so schlimm, schließlich haben Sie dann ja immer noch das Buch. Soweit es die Wikipedia betrifft habe ich die Sprache gewählt, in welcher das Thema am besten beschrieben ist. Allerdings habe ich mich dabei auf Deutsch, Englisch, Französisch und Italienisch beschränkt. Sollten Sie mit einer dieser Sprachen nicht zurechtkommen, hilft der Google Translator https://bit.ly/2SGBVDj zuverlässig und – zumindest in den genannten Sprachen – auch recht präzise. Die Sache ist es wert, denn grade in der Raumfahrt sind auf Wikipedia die deutschen Seiten meist (aber nicht immer) auf keinem guten Stand. Hier also ein paar Tipps zu weiterführenden Informationen.

SpaceX ist immer ein interessantes Thema. Wollen Sie wissen, wie der Status der Wiederverwendung der Boosterstufen ist? Hier https://bit.ly/3fhuN7Y können Sie es nachsehen. Hier https://bit.ly/3fbM9mZ und hier https://bit.ly/3fek8en erfahren Sie alles über die Starships. Und wenn wir grade bei SpaceX sind, es gibt da eine sehr gute Fotoseite https://bit.ly/3uIZ4Dr des Unternehmens auf Flickr.

Eine sehr gute und äußerst ausführliche Beschreibung des **Cassini-Projektes** bietet die Wikipedia in ihrer deutschen bit.ly/3dyfMPC und französischen Ausgabe bit.ly/3x4xZvU.

Die Liste der **bemannte**n bit.ly/3dN4S8O **Raumflüge** und **unbemannte**n bit.ly/3dLso67 **Missionen zur Internationalen Raumstation** und die Liste der **Expeditionen**, die bislang erfolgt sind bit.ly/2PfFlvu, sowie eine Liste aller bisher erfolgten **Sojus-Missionen** https://bit.ly/2SD3flW.

Auch eine Liste zu den **Shuttle-Starts** inklusive weiterführender links gibt es https://bit.ly/3tH3OZ0

Noch ein bisschen was zur **Frühgeschichte der Raketen**? Da hätten wir hier https://bit.ly/3y7vPfx und hier https://go.nasa.gov/3biRWG4 und hier https://bit.ly/2QiDEy4 etwas.

Sehr ausführlich und gut ist die Beschreibung der **Raumsonde Chang'e 5** in der französischen Wikipedia: https://bit.ly/3bollt3. Der deutschsprachige Beitrag dazu findet sich hier https://bit.ly/3bo28Nt Er ist etwa um ein Drittel kürzer, aber immer noch recht gut.

Hier etwas zu den **Corona-Satelliten** https://bit.ly/3tGHdM5 und speziell zu Discoverer 13 https://bit.ly/33CXpDl

Projekt **ARTEMIS** wird in den nächsten Jahren die Raumfahrt-Schlagzeilen mitbestimmen, deshalb auch hier einige Seiten. Die hier https://bit.ly/2RIr7El hat das Lunar Gateway zum Thema, und die hier https://bit.ly/3eD9te9 das Space Launch System.

Und hier noch einige Seiten für **allgemeine Raumfahrtinformationen**. Gunters Space Page https://bit.ly/3obfkKQ, NASA Spaceflight.com https://www.nasaspaceflight.com/ Hier sollten sie sich vor allem die Foren ansehen, da gibt es kein Raumfahrtthema, das es nicht gibt. Auch bei Raumfahrer.net finden Sie viel Interessantes https://bit.ly/33Afj9Y (auch hier vor allem die Foren). Jonathans Space Pages https://bit.ly/3tKOcU6 sind ebenfalls ein unerschöpflicher **Quell des Raumfahrtwissens**. Und wenn Sie technische Daten zu Trägerraketen wissen wollen, dann schauen Sie hier http://www.b14643.de/Spacerockets/ rein.

Und nun noch einige Internet-Adressen zu den letzten fünf Kapiteln des Buches. Die sind ein wenig volatiler, als die bisher genannten. Kann gut sein, dass die schon nach ein paar Jahren nicht mehr existieren. Sie sind aber sehr reizvoll, weil sie sich mit der gleichen Spekulation beschäftigen, die auch die Kapitel 96-100 dieses Buches bewegen. Da wäre zum Beispiel bit.ly/2Pmpn2K das einen **hypothetischen Mars-Kolonialisierungszeitplan** pflegt. Wenn Sie die Frage bewegt, wie es mit dem **Aufbau der Marsbasis** vonstattengehen gehen könnte, hier bit.ly/3gBKM35 finden Sie Antwort. Welche **Abflug- und Ankunftszeiten aus himmelsmechanischen Gründen** (weitgehend) vorgegeben sind, sagt Ihnen der „Cosmic Train Schedule", den Sie hier https://bit.ly/2SQnX1X finden. Hier https://bit.ly/33M2aul sehen Sie kunstvoll gestaltete Grafiken, die sich mit dem **Aufbau der Marsbasis** beschäftigen. Sollten Sie **selber zum Mond fliegen** wollen dann ist das „Dear Moon"-Projekt des japanischen Milliardärs Yusaku Maezawa die nächste sich bietende Gelegenheit. Sie können sich hier https://dearmoon.earth/ darüber informieren.

Bildquellen und Infografiken

Bildquellen: Airbus DS GmbH, Archiv für chinesische Geschichte, Kultur und Kreativität, Archiv Dietmar Röttler, Archiv Reichl, Blue Origin, Bundesarchiv (Avus, Raketenauto), CCTV, CMS, Chinanews, China Today, CNES, CNSA, Deutsches Museum (RAK 7), DLR, Dr. Rohde und Kornatz (Luna 1), Energija, ESA, Indybay, ISAS, JAXA, JPL, Konstantin E. Ziolkowski-Museum Kaluga, Matjaz, Musée de l'Air et de l'Lespace Le Bourget, NASA Dryden, NASA JSC, NASA JPL, NASA Kennedy, National Air and Space Museum – Smithsonian Institution, Prawda, Raumfahrthistorisches Archiv Bremen (Azur), RIAN, Roskosmos, Russian Space Web, Smithsonian Science Education Center, Smithsonian National Air & Space Museum, SpaceX, Spacelaunch Schedule, Stadtarchiv Weißenburg in Bayern, TASS, Technikmuseum Speyer, The Project Apollo Image Gallery.

Alle Infografiken: Dietmar Röttler

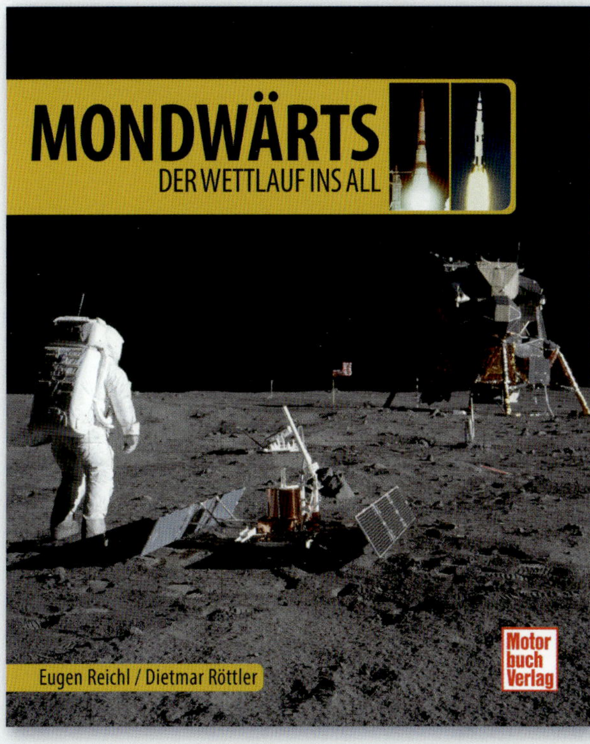

MONDWÄRTS
DER WETTLAUF INS ALL
Eugen Reichl / Dietmar Röttler
Motor buch Verlag

RAKETEN
DIE INTERNATIONALE ENZYKLOPÄDIE
Eugen Reichl / Dietmar Röttler
Motor buch Verlag